当代中国人文大系

邱仁宗 著

生命伦理学

（增订版）

中国人民大学出版社
·北京·

"当代中国人文大系"
出版说明

改革开放以来，中国社会的变革波澜壮阔，学术研究的发展自成一景。对当代学术成就加以梳理，对已出版的学术著作做一番披沙拣金、择优再版的工作，出版界责无旁贷。很多著作或因出版时日已久，学界无从寻觅；或在今天看来也许在主题、范式或研究方法上略显陈旧，但在学术发展史上不可或缺；或历时既久，在学界赢得口碑，渐显经典之相。它们至今都闪烁着智慧的光芒，有再版的价值。因此，把有价值的学术著作作为一个大的学术系列集中再版，让几代学者凝聚心血的研究成果得以再现，无论对于学术、学者还是学生，都是很有意义的事。

披沙拣金，说起来容易做起来难。俗话说，"文无第一，武无第二"。人文学科的学术著作没有绝对的评价标准，我们只能根据专家推荐意见、引用率等因素综合考量。我们不敢说，入选的著作都堪称经典，未入选的著作就价值不大。因为，不仅书目的推荐者见仁见智，更主要的是，为数不少公认一流的学术著作因无法获得版权而无缘纳入本系列。

"当代中国人文大系"分文学、史学、哲学等子系列。每个系列所选著作不求数量上相等，在体例上则尽可能一致。由于所选著作都是"旧作"，为全面呈现作者的研究成果和思想变化，我们一般要求作者提供若干篇后来发表过的相关论文作为附录，或提供一篇概述学术历程的"学术自述"，以便读者比较全面地了解作者的相关研究成果。至于有的作者希望出版修订后的作品，自然为我们所期盼。

"当代中国人文大系"是一套开放性的丛书，殷切期望新出现的或可获得版权的佳作加入。弘扬学术是一项崇高而艰辛的事业。中国人民大学出版社在学术出版园地上辛勤耕耘，收获颇丰，不仅得到读者的认可和褒扬，也得到作者的肯定和信任。我们将坚守自己的文化理念和出版使命，为中国的学术进展和文明传承继续做出贡献。

"当代中国人文大系"的策划和出版，得到了来自中国社会科学院、北京大学、清华大学、中国人民大学、北京师范大学、复旦大学、南京大学、南开大学等学术机构的学人的热情支持和帮助，谨此致谢！我们同样热切期待得到广大读者的支持与厚爱！

中国人民大学出版社

增订版序

1978年我从北京协和医学院调往中国社会科学院哲学研究所工作后，我需要确定我今后的研究方向。当时中国社会科学院副院长汝信教授在《人民日报》发表整版文章，建议马克思主义哲学家研究当代的科学技术和人。这使我深受启发。所以我选择了科学哲学和生命伦理学作为我今后的研究方向，这两门学科既与科技有关，又与人有关。20世纪80年代初，上海人民出版社拟出版一部书介绍国际上的新学科，这是我们经历"文化大革命"与世隔绝多年后哲学界和科学界的需要，也是社会和大众的需要。他们知道我在从事生命伦理学的研究，邀请我写一部这方面的书，我就建议书名为《生命伦理学》。1986年我已写出初稿，后来我应邀在教育部组织的生命伦理学讲习班上做了五天的讲演，就是依据这一初稿。《生命伦理学》一书则在1987年5月由上海人民出版社出版，第一次印刷4万册销售一空。香港中华书局于1988年1月以《生死之间——道德难题与生命伦理》为题出版繁体版。同年9月台湾中华书局以同名出版繁体版。2010年1月中国人民大学出版社《生命伦理学》再版出版。我在"再版序"中指出，1987年初版除一些明显错误或文字不妥之处外基本不做修改，因为它毕竟是在我国、亚洲和发展中国家第一本系统论述生命伦理学方方面面的著作，具有历史的意义。但为了让读者了解生命伦理学的最新进展，再版时收录了一些对新问题探讨不足或没有探讨的文章。此次中国人民大学出版社编辑出版这本《生命伦理学》（增订版），也持这一方针，但收录的文章除两篇外，皆做了更换，以便跟上新颖生物科技的发展。

生命伦理学在我国已经发展30余年，最近我有多篇文章和多次讲演探讨了生命伦理学的性质，值得在这里指出的首先就是，生命伦理学是一门独特的学科，需要经过专门的训练才能掌握其基本的知识和应用的技能，并不是仅仅学过一般伦理学或生命科学的人就能在解决其伦理问题上信口雌黄，乱加评论。其次，生命伦理学实现了马克思墓志铭上表达的医嘱，希望哲学家不仅是要解释世界，更重要的是要改造世界。最后，根据在我国的经验，我将生命伦理学表述为帮助拥有专业权力的医生、科学家和公共卫生人员，以及拥有公权力的监管机构做出合适的决策的一门实践伦理学。所谓"合适"也就是合乎伦理，其核心是我们对病人、研究参与者和目标人群所做的干预必须具有一个有利的风险-受益比，以及在干预过程中尊重他们作为一个人的自主性、人的尊严和权利，以及作为人的内在价值，同时也要关心动物的福利和环境的保护。生命伦理学的诞生和发展，标志着数千年来医学从以医生、科学家和公共卫生人员为中心向以病人、研究参与者和目标人群为中心转移的范式转换。这种转换同时保持医生、科学家和公共卫生人员的专业责任不变。

然而，由于生命伦理学目前已经有了更为宽广和更有深度的发展，我这本书作为一本生命伦理学的入门书来对待应较为合适。

邱仁宗
北京草桥欣园
2019 年 11 月 23 日

再 版 序

《生命伦理学》自初版问世后，已经过了 22 年。在这 22 年中，生命科学、生物医学和生物技术的发展趋势始终强劲，不断地向人类提出新的伦理、法律和社会方面的挑战；但同时各个国家和国际社会加强了对生命伦理学这一学科的支持和发展，应对这些挑战，尤其是生命伦理学的体制化，使得生命伦理学研究成果通过法规、条例、规章或准则及时转化为行动。这是生命伦理学这门学科的特点，也是它的优势所在。

生命伦理学与哲学伦理学不同，它以生命科学、生物医学和生物技术以及医疗卫生中的伦理问题为导向。在这些领域中应该做什么（实质伦理学）和应该如何做（程序伦理学）的解决，不是靠伦理理论和原则的演绎推理所能解决的，而是必须从实际出发，以伦理理论和原则为引导，找到具体问题的具体解决办法。伦理理论和原则所规定的行动规范或要求都是"初始的"（prima facie），而在实际上我们应该采取何种行动必须权衡相关方面的价值，既能尊重人和相关实体，又能使风险最小化和受益最大化。因此，从事生命伦理学的人们必须对临床、研究和公共卫生的实际具有敏感性，必须善于向科学家、医生、社会学家、法学家、心理学家以及行政管理专家学习，同时也必须以开放的态度，了解伦理学的进展，运用合适的理论和方法解决实际的伦理问题。然而生命科学、生物医学和生物技术发展迅猛，伦理问题是如此新颖独特和千差万别，企图依赖一种理论来解决所有伦理问题，既是不切实际的，也是不合适的，因为这会阻碍我们对急迫的伦理问题寻求合适的解决办法。

由于《生命伦理学》是在我国，也是在亚洲和发展中国家的第一本系统论述生命伦理学方方面面的著作，因此本身似乎具有一些历史的意义。在整体上将它保留下来，便于人们了解我国生命伦理学发展的历程。所以当上海人民出版社的编辑曾希望我重写《生命伦理学》时我犹豫再三，始终没有承诺下来。但毕竟《生命伦理学》出版于1987年，在这20余年中，研究伦理学和艾滋病伦理学的发展成果显著，近几年公共卫生伦理学又异军突起。所以中国人民大学出版社编辑建议补充一篇"学术自述"，并收录一些原《生命伦理学》没有探讨或探讨较少的问题的文章附在后面，以补不足。但即使如此，由于篇幅关系仍然不能补足缺陷，好在翟晓梅教授与我合编的《生命伦理学导论》（清华大学出版社，2005年）包含了这方面的内容，同时该书还有探讨"艾滋病伦理学"以及干细胞、生物信息库和药物遗传学中伦理问题的内容。

因此，再版的《生命伦理学》基本上与初版没有出入，然而校正了初版时没有发现的错误，做了一些文字上的修改，加了一些脚注来说明现在的变化。

希望这本书的再版，会给对生命伦理学感兴趣的读者一些帮助，并希望读者们不吝指教。

邱仁宗
北京草桥欣园
2009年11月5日

目 录

I **难题和挑战** …………………………………………… 1
  1. 生命伦理学的兴起 ………………………………… 1
  2. 医德、医学伦理学和生命伦理学 ………………… 4
    2.1 医学伦理学的扩展 …………………………… 4
    2.2 义务论与价值论 ……………………………… 6
    2.3 不可通约的论证 ……………………………… 6
  3. 作为应用规范伦理学的生命伦理学 ……………… 8
    3.1 作为道德哲学研究的伦理学 ………………… 8
    3.2 规范伦理学 …………………………………… 8
    3.3 元伦理学 ……………………………………… 9
    3.4 伦理学理论 …………………………………… 12
  4. 科学技术和伦理学 ………………………………… 15

II **生殖技术** …………………………………………… 19
  1. "奇妙的新世界" …………………………………… 19
    1.1 正在成为现实的幻想 ………………………… 19
    1.2 什么是生殖技术？ …………………………… 19
    1.3 非自然生殖 …………………………………… 20
  2. 性别选择 …………………………………………… 21
    2.1 什么是性别选择？ …………………………… 21
    2.2 性别选择方法 ………………………………… 21
    2.3 性别选择对社会的利弊 ……………………… 23
  3. 人工授精 …………………………………………… 24
    3.1 非自然生殖的第一步 ………………………… 24
    3.2 生儿育女与婚姻的纽带 ……………………… 25
    3.3 什么是父亲？ ………………………………… 26
    3.4 精子的地位 …………………………………… 27

3.5　精子应该成为商品吗？ ……………………………… 27
　　3.6　非婚妇女的人工授精 ………………………………… 28
　　3.7　人工授精与优生 ……………………………………… 28
4. 体外受精 ……………………………………………………… 29
　　4.1　从 love-making 到 baby-making ……………………… 29
　　4.2　制造婴儿的技术 ……………………………………… 30
　　4.3　"医学分外之事" ……………………………………… 31
　　4.4　父母的身份 …………………………………………… 32
　　4.5　胚胎是人吗？ ………………………………………… 33
　　4.6　公正分配 ……………………………………………… 36
　　4.7　社会控制 ……………………………………………… 37
5. 代理母亲 ……………………………………………………… 38
　　5.1　什么是代理母亲？ …………………………………… 38
　　5.2　"白鹳"的功能 ……………………………………… 39
　　5.3　可能的代价 …………………………………………… 40
　　5.4　代理母亲合乎道德吗？ ……………………………… 41
6. 无性生殖 ……………………………………………………… 42
　　6.1　什么是无性生殖？ …………………………………… 42
　　6.2　核转移技术 …………………………………………… 43
　　6.3　关于无性生殖的争论 ………………………………… 45

Ⅲ　生育控制 ……………………………………………………… 47
1. 避孕 …………………………………………………………… 47
　　1.1　避孕的历史 …………………………………………… 47
　　1.2　避孕是不道德的吗？ ………………………………… 48
　　1.3　争取避孕的合法 ……………………………………… 50
　　1.4　避孕的问题 …………………………………………… 52
2. 人工流产 ……………………………………………………… 53
　　2.1　流产和人工流产 ……………………………………… 53
　　2.2　胎儿的发育 …………………………………………… 53
　　2.3　人工流产问题上的各派观点 ………………………… 55
　　2.4　胎儿是人吗？ ………………………………………… 56
　　2.5　胎儿不是人吗？ ……………………………………… 58
　　2.6　什么是人？ …………………………………………… 60
　　2.7　胎儿的生的权利 ……………………………………… 63

  2.8 人工流产问题上的价值冲突 …………………… 65
  2.9 人工流产的控制 …………………………………… 66
 3. 绝育 …………………………………………………………… 69
  3.1 剥夺生育的能力 …………………………………… 69
  3.2 关于绝育的争论 …………………………………… 70
 4. 胎儿研究 ……………………………………………………… 72
  4.1 胎儿研究的必要 …………………………………… 72
  4.2 胎儿研究的争论 …………………………………… 73
  4.3 胎儿研究的管制 …………………………………… 74

Ⅳ 遗传和优生 …………………………………………………… 76
 1. 产前诊断 ……………………………………………………… 76
  1.1 产前诊断技术 ……………………………………… 76
  1.2 产前诊断的适应症和风险 ………………………… 77
  1.3 选择性流产 ………………………………………… 79
 2. 遗传咨询 ……………………………………………………… 82
  2.1 遗传咨询的概念 …………………………………… 82
  2.2 自由和操纵 ………………………………………… 84
 3. 遗传普查 ……………………………………………………… 85
  3.1 遗传普查的概念 …………………………………… 85
  3.2 代价和受益 ………………………………………… 87
  3.3 权利和义务 ………………………………………… 88
  3.4 应对工人进行易感性普查吗？ …………………… 89
 4. 基因疗法 ……………………………………………………… 90
  4.1 体细胞基因治疗 …………………………………… 90
  4.2 生殖系基因治疗 …………………………………… 91
  4.3 增强基因工程和优生基因工程 …………………… 92
 5. 重组 DNA …………………………………………………… 93
  5.1 拼接生命 …………………………………………… 93
  5.2 停止研究的原则 …………………………………… 95
 6. 优生 …………………………………………………………… 96
  6.1 概念和历史 ………………………………………… 96
  6.2 优生的伦理学 ……………………………………… 98

Ⅴ 有缺陷新生儿 ………………………………………………… 100
 1. 有缺陷新生儿和低出生体重儿 …………………………… 100

        1.1 有缺陷新生儿 ································· 100
        1.2 低出生体重儿 ································· 101
    2. 难题和困境——若干案例 ······················· 102
        2.1 Baby Houle ································· 102
        2.2 Baby Girl Vataj ······························ 103
        2.3 Baby Doe ··································· 103
        2.4 Baby Jane Doe ······························ 105
        2.5 心脏先天畸形 ································· 106
        2.6 小头症 ······································ 107
        2.7 染色体异常 ··································· 107
    3. 应该或必须治疗有严重缺陷的新生儿吗? ········ 108
    4. 新生儿是人吗? ································· 110
        4.1 "婴儿是人,有绝对的生的权利" ················ 110
        4.2 "婴儿是人,但并无绝对的生的权利" ············ 110
        4.3 "婴儿不是人,杀婴是容许的" ··················· 111
        4.4 "婴儿并无生的权利,但有高度价值" ············ 112
        4.5 "后果合意就可结束婴儿的生命" ··············· 112
    5. 生命的价值和生命的质量 ······················· 113
        5.1 生命的价值 ··································· 113
        5.2 生命的质量 ··································· 114
    6. 有缺陷新生儿的安乐死 ························· 115
    7. 杀婴 ·· 117
        7.1 杀婴与文化 ··································· 118
        7.2 对杀婴的道德态度 ····························· 118
    8. 由谁作出决定? ································· 119

Ⅵ 死亡和安乐死 ·· 123
    1. 从若干案例谈起 ································· 123
        1.1 Karen Ann Quinlan ·························· 123
        1.2 Joseph Saikewicz ···························· 124
        1.3 Clarence Herbert ···························· 125
        1.4 Claive Convoy ······························· 126
        1.5 Mary Hier ··································· 127
    2. 死亡的定义和标准 ······························· 128
        2.1 死亡的心脏呼吸概念 ························· 128

2.2　死亡的脑死定义 ……………………………………… 129
　　2.3　"范式"的转换 ………………………………………… 131
　　2.4　死亡的宣布 …………………………………………… 133
3. 安乐死能否在伦理学上得到辩护? ………………………… 135
　　3.1　安乐死的概念和历史 ………………………………… 135
　　3.2　安乐死的伦理学根据 ………………………………… 136
　　3.3　主动与被动 …………………………………………… 137
　　3.4　通常与非常 …………………………………………… 138
　　3.5　有意与无意 …………………………………………… 140
　　3.6　自愿与非自愿 ………………………………………… 141
4. 头脑与心灵的争斗 …………………………………………… 143
5. 安乐死的政策和立法 ………………………………………… 145
　　5.1　由谁决定? …………………………………………… 145
　　5.2　"预嘱" ………………………………………………… 146
　　5.3　立法 …………………………………………………… 146
6. 拒绝治疗 ……………………………………………………… 148

Ⅶ　器官移植 …………………………………………………… 151
1. 历史和现状 …………………………………………………… 151
2. 移植器官的来源 ……………………………………………… 153
　　2.1　供不应求 ……………………………………………… 153
　　2.2　活体器官和尸体器官 ………………………………… 153
　　2.3　自愿捐献 ……………………………………………… 155
　　2.4　商业化 ………………………………………………… 156
　　2.5　推定同意 ……………………………………………… 158
3. 病人的选择 …………………………………………………… 159
4. 分配的公正 …………………………………………………… 160
5. 异种器官移植 ………………………………………………… 162
　　5.1　Baby Fae ……………………………………………… 162
　　5.2　异种器官移植的效益 ………………………………… 163
　　5.3　知情同意和严格审查 ………………………………… 165
　　5.4　研究准则 ……………………………………………… 165
　　5.5　资源分配和动物权利 ………………………………… 166
6. 人工心脏 ……………………………………………………… 166
　　6.1　心脏代用品 …………………………………………… 166

… 5

6.2　暂时性人工心脏 ……………………………………… 167
　　6.3　永久性人工心脏 ……………………………………… 170
Ⅷ　行为控制 ………………………………………………………… 173
　1. 行为控制技术 ………………………………………………… 173
　2. 脑的电刺激 …………………………………………………… 174
　3. 精神外科 ……………………………………………………… 177
　　3.1　什么是精神外科？ …………………………………… 177
　　3.2　精神外科的治疗价值 ………………………………… 178
　　3.3　精神外科的社会使用 ………………………………… 179
　4. 行为的药物控制 ……………………………………………… 181
　　4.1　控制行为的药物 ……………………………………… 181
　　4.2　使用控制行为药物的问题 …………………………… 181
　5. 行为和遗传 …………………………………………………… 183
　　5.1　人类行为的遗传学基础 ……………………………… 183
　　5.2　决定与责任 …………………………………………… 185
　6. 精神病人的行为控制 ………………………………………… 186
　7. 控制与自主 …………………………………………………… 188
Ⅸ　政策和伦理学 …………………………………………………… 194
　1. 卫生政策、伦理学和人类价值 ……………………………… 194
　　1.1　伦理学是卫生政策与人类价值之间的桥梁 ………… 194
　　1.2　价值在决策中的作用 ………………………………… 196
　　1.3　舆论的建立 …………………………………………… 197
　2. 健康权利 ……………………………………………………… 199
　　2.1　卫生保健概念 ………………………………………… 199
　　2.2　社会公正 ……………………………………………… 200
　3. 政府、集体和个人的责任 …………………………………… 201
　　3.1　政府的责任 …………………………………………… 201
　　3.2　个人的责任 …………………………………………… 202
　4. 卫生保健资源的宏观分配 …………………………………… 203
　5. 卫生保健资源的微观分配 …………………………………… 204

主要参考文献 ………………………………………………………… 206
附录一　改变世界的哲学：实践伦理学 …………………………… 223
附录二　生命伦理学的使命 ………………………………………… 241

附录三	生命伦理学基本原则	257
附录四	可遗传基因组编辑引起的伦理和治理挑战	273
附录五	对优生学和优生实践的批判性分析	290
附录六	人类头颅移植不可克服障碍：科学的、伦理学的和法律的层面	304
附录七	杂合体和嵌合体研究：应该允许还是应该禁止？——生命科学中的伦理问题	319
附录八	非人灵长类动物实验的伦理问题	327
附录九	医疗卫生改革和卫生政策在认识和伦理学上的失误	342
附录十	基本医疗保险制度中的公平问题	370

Ⅰ 难题和挑战

1. 生命伦理学的兴起

生命伦理学是 20 世纪 70 年代兴起的一门新学科。1969 年在美国纽约建立了一个社会、伦理学和生命科学研究所,现在通称为海斯汀中心(The Hastings Center),1971 年该中心出版了双月刊《海斯汀中心报道》(*The Hastings Center Report*)。同年在美国华盛顿乔治城大学建立了肯尼迪伦理学研究所(Kennedy Institute of Ethics),1975 年《医学哲学杂志》(*The Journal of Medicine and Philosophy*)创刊,1978 年肯尼迪伦理学研究所组织编写的四卷本《生命伦理学百科全书》(*Encyclopedia of Bioethics*)出版。从此以后,北美、西欧、日本等国大学出现了越来越多的生命伦理学研究中心,各国和国际的有关生命伦理学的学术会议、专题学术讨论会、研讨会连绵不断,出版了大量的学术论文和专著,并且引起了医学界和哲学界以外的学术界、司法和立法部门、新闻媒介和公众的关注。[215]①

生命伦理学(bioethics)一词第一次是由波特(van Pansselar Potter)在他的《生命伦理学:通往未来的桥梁》一书中使用的。[176] 但他使用这个术语的含义与现在不同,他定义生命伦理学为用生命科学来改善生命的质量,是"争取生存的科学"。他把应用科学与伦理学混为一谈了。

生命伦理学 bioethics 由两个希腊词构成:bio(生命)和 ēthikē(伦理学)。生命主要指人类生命,但与之有关也涉及动物生命和植物生命。伦理学是指对道德的哲学研究(我们将在下面详细讨论这个问题)。有人定义生命伦理学为根据道德价值和原则对生命科学和卫生保健领域内的人类行为进行系统的研究。生命科学是研究生命

---

① 方括号中的数字为本书《主要参考文献》序码。下同。

体和生命过程的科学部门，包括生物学、医学、人类学和社会学。卫生保健是指对人类疾病的治疗和预防以及对健康的维护。所以生命伦理学是一门边缘学科，多种学科在这里交叉。[63]

生物技术的进步，使医学面临了许多前所未有的新难题，并对传统的伦理观念提出了新挑战，这是产生生命伦理学的根本原因。生物医学技术大大增强了专业人员的力量和知识。过去人们不能做的事现在能够做了，如使垂死的病人继续存活，在产前检查出胎儿的疾病，移植身体的器官，等等。于是就提出了这样的问题："我们应该干这种事吗？"由于知识的增加，我们可以预测原来不可预测的行动后果，迫使我们作出道德决定。例如，有严重遗传病的夫妇所生育的后代，有身心缺陷的可能性非常之大，是否可作出不允许他们生育的决定？力量和知识的增加可带来许多好处，如使不能生育的人生儿育女，某一器官衰竭的病人可以获得代替的器官，这又提出资源的公平分配问题。"不许伤害病人"是一条传统的医学伦理学原则。那么，关闭一个脑死病人的呼吸器是不是伤害病人？不让一个有严重缺陷的胎儿出生是不是伤害病人？不去抢救一个没有存活希望的无脑儿或脊柱裂婴儿是不是伤害病人？因为得不到供体肾而使肾衰竭病人死去是不是伤害病人？等等。

生命伦理学就是为了解决这类难题和回答这种挑战而产生的。

现在生命伦理学已成为医学家、哲学家、生物学家、社会学家、宗教界人士、新闻界人士、立法者、决策者和公众共同关心的问题。美国和法国都成立了总统委员会来处理这些问题。1983年2月23日，法国总统密特朗在建立"国家生命和健康科学伦理学顾问委员会"时说："谁是父亲？谁是母亲？作为父母的权利不再截然分明了，因为体外受精现在已有可能。"由于社会—文化上的父母与生物学父母的分离，"扰乱了作为我们家庭和社会基础的身份的宪法关系……产生了一些可怕的问题……你们委员会必须是对话、思考和建议的场所，可以成为集体感觉和公共权威干预的中介。"该委员会以密特朗为主席，36名委员中有5名哲学家和宗教学家，15名伦理学家，16名生物学和医学专家。

生命伦理学的产生和社会对它的关注可以从以下几个方面来进一步理解：

（1）生物医学技术的进步使人们不但能更有效地诊断、治疗和预防疾病，而且有可能操纵基因、精子或卵、受精卵、胚胎以至人脑、人的行为和人体。这种增大了的力量可以被正确使用，也可以被滥用，对此如何进行有效的控制？而且这种力量的影响可能涉及这一代，也可能涉及下一代和以后几代。当目前这一代人的利益与子孙后代的利益发生冲突时怎么办？

生物医学技术进步对社会影响增大的一个例子是生殖技术和生育控制技术对家庭模式变化的作用。把性行为与生育分开，把产卵、受精、胚胎三者分开的这种技术发展下去，很可能会根本改变家庭模式。设想一下如果可以用人造子宫来进行体外妊娠，进行无性生殖，加上社会化的婴幼儿培养教育系统，传统的家庭就会遇到更大的挑战。在一些国家中，非婚同居、单亲家庭的数目正在增长。婚姻、家庭模式的这种变化趋势，会不会对整个社会起瓦解作用？社会应不应该对这种趋势加以控制？如果需要，是不是应该对这些技术的应用加以控制？

（2）生物医学技术的发展使人们产生了或加强了许多非医学的需要。一种非医学的需要是社会的，例如人口控制。长期以来，人类没有感到有控制人口的必要和可能。马尔萨斯理论的积极作用之一就是使人们感到有必要控制人口。但是如何控制、是否能够控制，这些问题长期没有解决。生育控制技术的发展以及相应的行政措施使这种控制成为可能。这样医学就越出了它传统的范围。于是产生一个问题：传统的医德要求医生对病人个人负责，现在又要求医生对社会负责，当这两种责任发生矛盾时，医生应该怎么办？这是过去的医生没有遇到过的问题。

另一种非医学的需要是个人的。例如不育的父母要求有个孩子，五官不端正的人要求做美容术。体外受精技术不是为了治疗输卵管阻塞症，而是为了补偿因这种疾病而造成的功能障碍。低鼻梁、单眼皮、乳房平坦、下颚突出等也不是疾病，人们要求整形外科来解决这些非医学问题。随着经济的发展、技术的进步和人民生活水平的提高，一些重要疾病得到控制，这种非医学需要越来越多地要求医学能予以解决。于是就产生一个满足医学需要与满足非医学需要之间如何平衡的问题。

即使对于传统上属于医学范围的问题，现在也越来越需要采取非医学的方法来干预。且不说环境引起的疾病，仅举目前危害人类健康和生命最严重的心血管病和癌症为例，如果要真正贯彻预防为主的方针，就必须强调改变人们的行为模式和改善自然—社会环境。

这些都属于非医学的干预。医务工作者和医疗卫生部门对此究竟应负有多少责任？该花多少力量？

（3）生物医学技术的进步本身带来了使用它们的压力，造成医疗费用的猛增。越是比较发达的国家，医疗费用在国家开支中所占的比重越大。例如美国的卫生经费占政府总开支的12%，但是人们仍然感到不够。这就使国家资源在卫生事业与其他事业之间以及卫生事业内部各部门之间的合理分配问题更突出了。除了这种宏观分配外还有一个微观分配问题。由于器官移植技术的发展，许多病人等待着器官供给，但是可用的供体器官很有限，那么应该根据什么原则来把这稀有的资源分配给病人呢？这也是一个新问题。那么多资源投入卫生保健事业，也就更加引起公众与立法机构的关注。

（4）生物医学技术的进步使人们的价值观念发生了变化，使人们更加重视有用、有效、效益。在医疗卫生机构中，人们也更重视低费用高效益，即使不是为了赢利。这样容易忽视人的价值，从而使医学内部的两个要素（认知的和情感的要素）、两个责任（技术责任和人类责任）和两个价值（科学价值和人的价值）之间更不平衡，公众对医疗工作缺乏对人的同情更为敏感。[51]

2. 医德、医学伦理学和生命伦理学

2.1 医学伦理学的扩展

生命伦理学是医学伦理学的扩展。在传统意义上的医德，它包括范围广泛的职业戒条，这些戒条随不同的历史时期、文化和医学类型而有异。例如"要谦逊"、"尊敬师长"等一般准则以及"同行不要相争"、"不要登广告招徕顾客"等行会或职业戒条已不包括在现代医学伦理学领域内。现代的医学伦理学在两部分内容上是与医德重叠的。[210]

（1）关于美德的理论。即有道德的医生是什么样的人？医生应该成为什么样的人？他应该具备哪些美德或品格？例如要求医生仁慈、正直、庄重、值得信任等等。[197]

（2）关于义务的理论。即规定借以判断医生行为正当与否的标准。医生应该做什么？可以做什么？不应该做什么？他的责任是什么？并对医生的意向和后果、动机和条件的关系进行分析，以保证

医生的行为在道德上正确。

《希波克拉底誓词》[168]和孙思邈的《大医精诚》[15]就包括这两部分的内容。前者要求医生对病人应尽力而为、公正、不伤害、不堕胎、不做手术、不与之发生性关系、保密,要像对待父母一样对待师傅。后者要求医生"无欲无求,先发大慈恻隐之心","不得问其贵贱贫富,长幼妍媸,怨亲善友,华夷愚智,普同一等,皆如至亲之想","不得恃己所长,专心经略财物",等等。[171,172,174]

但现代医学伦理学的第三部分内容是传统的医德所没有的。

(3) 关于公益的理论。即医学这种社会性事业如何才能做到公正?因为现代医学已从一种医生与病人之间私人进行的技术上的相互作用,变成一种由各层次医院和诊所、医学院校、生物医学研究机构、公共卫生机构等组成的社会性事业了。作为一种社会性事业,就有一个收益和负担的分配和分配是否公正的问题。如日益复杂的治疗设备增加非受治者的负担;某些垂死病人可以延长临终时间,加重活人的感情和经济负担;稀有医疗资源如何合理分配?医学资源的宏观分配如何才能合理?现代医学与传统医学的关系如何处理?医疗制度如何完善?这部分内容实际上已涉及卫生政策、卫生发展战略以及医疗卫生体制和制度等问题了。这是传统的医德所没有的内容。[121]

生命伦理学(又称生物医学伦理学,biomedical ethics)的内容则比现代意义的医学伦理学更广泛。大致有以下四个方面的内容:

(1) 所有卫生专业提出的伦理学问题。这一方面相当于医学伦理学。

(2) 生物医学和行为研究,不管这种研究是否与治疗直接有关,如人体实验的伦理学问题。

(3) 广泛的社会问题。如环境伦理学和人口伦理学等。

(4) 动物和植物的生命问题。如动物实验和生态学中植物保护的伦理学问题。

1981年,美国出版的《生物医学伦理学》[149]一书有这样一些内容:

生物医学伦理学和伦理学理论;医患关系:干涉权、说真话和知情同意;病人的权利和医生的义务;人体实验中的伦理学问题;健康、疾病和价值;非自愿的民事关押和行为控制;自杀和拒绝抢救;安乐死;成人和有缺陷新生儿;人工流产和胎儿研究;遗传学、人类生殖和科学研究的界限;社会公正和卫生保健。

2.2 义务论与价值论

但生命伦理学和医学伦理学与传统的医德的差别不仅仅是在内容上。医德，不论是希波克拉底传统，还是我国医学传统，都是义务论的（deontological），即或用法典的形式，或用判例的形式，把医生的义务作为绝对的要求提出，把道德的价值理所当然地作为适用于一切人的预设前提，而不引用任何价值理论。而现代医学伦理学和生命伦理学则是价值论的（axiological），即基于更自觉的价值理论。尤其是在现代社会，行为所依据的价值有很大的个人和社会的后果，我们涉及各种价值的交叉：病人、医生和社会的价值，当这些价值发生冲突时，哪一个应占优先地位？我们如何作出决定？可以说，生命伦理学的兴起就是由于原来作为绝对要求的道德本身成了问题，或者相对立的道德观念、价值观念发生了冲突需要解决。这样就要求系统地批判、审查传统的和现今的道德观念，不仅要承认价值在作出决定中的重要作用，而且要证明作为决定基础的价值的正确性。如希波克拉底和中国传统的医德都不许堕胎，但是随着人口爆炸问题的提出和女权运动的兴起，产生了医生的社会责任和尊重妇女的自主权问题。医生在作出有关人工流产的决定时，涉及胎儿、母亲、社会诸方面的利益。这就是生命伦理学和现代医学伦理学要解决的问题。

2.3 不可通约的论证

现在让我们更深入一些探讨这个问题。设有三个问题，每一个问题都有相对立的论据：

（1）人工流产是否合法？它在道德上是否正当？

（1）a. 当母亲怀我时，我可不让母亲人工流产，除非是死胎或有严重损伤。对我是这样，我如何能前后不一致地否认这种我自己要求有的生命权利呢？如果我承认母亲一般有权进行人工流产，我就破坏了推己及人的箴言。

（1）b. 每个人对她或他自己的身体拥有某些权利。任何别的人都没有权利干扰我们实现对自己身体的愿望。因此，当胚胎基本上是母亲身体的一部分时，母亲有权作出自己是否要人工流产的决定。

（2）一个医生是否应该告诉病人他快要死了？一个医生是否应该把对病人病情的真实诊断告诉给病人？

(2) a. 一个医生应该根据在特定情况下告诉或不告诉病人病情会产生的后果来决定是否把真情告诉给重病或垂死的病人。如果病人的健康和幸福因知道了真情而增加，那么就应该讲真情；反之，就不应该讲。

(2) b. 合乎道德地对待一个人是要注意他的尊严，而不是他的幸福。剥夺一个人了解有关他自己的疾病或死亡的真相，就是剥夺他的尊严，也就损害了他作为人的地位。

(3) 医疗保健的供应是否应该服从自由市场经济的要求？得到方便的医疗保健是否应该是唯一的标准？资源应该如何在不同的需要之间进行分配？

(3) a. 公正要求每一个公民尽可能有同等的机会发展他的才能和其他潜力。而良好的健康是这种发展的前提。每一个公民应该拥有得到卫生健康的同等权利。所以应公正要求全民免费医疗，费用从税收中抽取，私人不能经营。

(3) b. 每个人有权只承受那些他选择的义务，自由地订立他愿意的契约。所以每一个医生应该有收治病人的自由，并根据他选择的条件行医。如果其他人不愿与他打交道，这是他们的自由选择。自由要求契约自由。契约自由要求医学成为私人的事业。

上述六个论证中，每一个都有自己的前提，并从前提合乎逻辑地推到结论。但每一个前提都以不同的价值观念作为基础。而这些价值观念又是不可通约的，并且都有其哲学的根源。(1) a 可追溯至康德的思想以至基督教；(1) b 可追溯到杰弗逊、罗伯斯庇尔和卢梭的思想；(2) a 可追溯到边沁的功利主义；(2) b 可追溯到康德和黑格尔；(3) a 可追溯至格林和卢梭；(3) b 可追溯到亚当·斯密和洛克。生命伦理学就是要处理这些伦理学难题，解决不同价值观念之间的冲突。

所以，如果用图形来表示医德、医学伦理学、生命伦理学之间的关系，可以表示如图1—1。

需要指出的是，迄今为止，生命伦理学中比较发展的还是关于义务和公益的理论，关于美德的理论在较长的时间内没有得到足够的重视。近年来有人强调美德的重要性，提出医学

图1—1 医德、医学伦理学与生命伦理学的关系

伦理学要"转向美德"。① 正如前面指出的，美德理论应该作为医学伦理学的一个组成部分，但目前它在理论上和实践上都没有发展到足以与关于义务的理论相匹配的地步。而对于美德的定义、分类、来源和表现等问题，即使在其支持者中也还没有取得一致意见。即使美德理论发展起来，也不能指望它解决一切问题，或用它来代替其他组成部分——关于义务和公益的理论。

3. 作为应用规范伦理学的生命伦理学

3.1 作为道德哲学研究的伦理学

生命伦理学是应用规范伦理学的一个分支学科。伦理学是道德的哲学研究。广义地说，伦理学是关于理由的理论——做或不做某事的理由，同意或不同意某事的理由，认为某个行动、规则、做法、制度、政策和目标好坏的理由。它的任务是寻找和确定与行为有关的行动、动机、态度、判断、规则、理想和目标的理由。对理由的关心，说明伦理学是理性的活动，它是实践理性。它包括规范伦理学和元伦理学两部分。它与作为道德的科学研究的描述性伦理学不同。描述性伦理学试图描述和解释那些事实上已被接受的道德观点。规范伦理学试图确定哪些道德是可证明的，因而应该被接受。规范伦理学又分为普通规范伦理学和应用规范伦理学。前者的任务是对道德义务理论提供理性证明，从而确定某一伦理学理论，以便对什么是道德上正确的或错误的作出解答。应用规范伦理学是解决特定的道德问题，如人工流产在道德上是否可被证明正确等。[132]

3.2 规范伦理学

规范伦理学的问题是：我们应该做什么？一般地说，我们应该根据什么原则安排我们的生活？特殊地说，对眼下这件事我们应该做什么？例如对一个脊柱裂的婴儿我们应该做什么？这可以是一个特定的医生对一个特定的婴儿做什么的问题，可以是一个医院的管理者对这类婴儿的处理作出决定的问题，也可以是政府卫生机构对

---

① MacIntyre, A.: *After Virtue: A Study in Moral Theory*, The University of Notre Dame Press, 1981.

这类婴儿处理的政策问题。规范伦理学的问题可以由于以下问题而产生：

(1) 由于利益冲突而提出的"应该"问题。这是指需要、愿望、爱好、快乐或其他"主观价值"之间的冲突。在冲突的情况下是否可能满足一种利益（或价值）而不牺牲另一种？如不可能，应该作出何种选择？所以罗尔斯（Rawls）认为伦理学的主要功能是提供一种客观的程序，在冲突的利益中作出判定，其任务是发展一种排列利益优先次序和轻重缓急的方法。有人主张用最大多数最大利益的原则来排列诸利益的轻重缓急和先后次序，这反映了后果论或功利主义①的观点。

(2) 由于道德难题而引起的"应该"问题。这是指道德要求或义务的冲突。这种冲突产生于这样一种特定情况，在这种情况下人们完成一种义务必然影响对另一种义务的完成。与利益冲突不同的是，这些行动都是合乎道德的，所以是道德难题或伦理学难题。例如医生要抢救一个有重病的孕妇的生命，就不得不牺牲胎儿的生命。抢救孕妇的生命和保存胎儿的生命都是合乎伦理的。罗斯（Ross）主张把义务分成初步义务和绝对义务两种，后者是压倒一切的义务。例如抢救婴儿是医生的初步义务，而抢救母亲则是压倒一切的绝对义务，这是一种义务论②的观点。还有人主张用效用原则或迫切性、重要性原则来解决这个问题，则是一种功利主义观点。③

(3) 由于伦理学不一致产生的"应该"问题。不同的文化、不同的意识形态、不同的宗教不可避免地会产生不同的是非曲直观和伦理观。对某一行动，某一集团认为是对的，另一集团则认为错。它们是不相容的，在逻辑上是相互排斥的。解决这类问题要求发展一种伦理推理理论。例如，耶和华作证派（基督教内一个小教派）的病人反对输血，那么医生尊重病人错误的宗教信仰是否应该压倒他抢救病人生命的义务？[100，106，202]

3.3 元伦理学

元伦理学以伦理学为对象，研究伦理学究竟是或应该是怎样的理论。它与伦理学的关系犹如科学哲学与科学的关系。它研究三类问题：

---

① 鉴于"功利主义"在我国具有负面意义，改译为中性的"效用论"更好。
② 或译为"道义论"。
③ 关于"义务论"、"功利主义"请阅本章 3.4 节。

... 9

（1）事实与道德判断之间的关系问题。也是"是"（is）与"应该"（ought）之间的关系问题。在特殊情况下就是生命科学研究成果与生命伦理学判断之间的关系问题。例如医学科学目前证明，某些临终癌症病人的疼痛是无法解除的。能否从这个事实得出安乐死是对的这一伦理学结论呢？又如医学社会学发现，通过器官移植救一个人的生命所要求的医学资源，如果分配给化疗，可以救两到三个人的生命。能否从这个事实得出医学资源用于器官移植不是最好的分配这个结论呢？对这种关系问题有五种解决办法：

1）科学事实本身就蕴涵着伦理学的结论。结论只是断言事实前提中已断言的东西，无须借助其他前提（伦理学原则）。例如结论说："在某些情况下安乐死是正确的"，这个结论不过是断言在前提中已断言的："在某些情况中安乐死是唯一摆脱疼痛的方法"。把"正确的"定义为"最有助于快乐或摆脱疼痛"，那么结论中不过是用另一个词（"正确的"）来重复前提中已知的事实（"唯一摆脱疼痛的方法"）。同样，如果把"最佳分配"定义为"救活最多的人的生命的分配"，那么医学资源用于器官移植救活的人比用于化疗救活的人少这一事实就意味着这不是最佳的分配。

2）科学事实与伦理学结论，仅在它可包容于某一普遍性伦理学原则之下时才相关。即认为以科学事实作为小前提，以伦理学原则作为大前提，才能推演出伦理学结论。这是伦理学的"演绎规律"（D-N）模型。例如正确的行动总是导致快乐或没有疼痛的行动（伦理学原则），在某些情况下安乐死是解除疼痛的唯一有效方法（科学事实），从这两个前提中可推演出在某些情况下实行安乐死是正确的结论。同样，"医学资源用于器官移植不能救最大多数人的生命"这个科学事实小前提，仅当与伦理学大前提"医学资源的最佳分配是救人生命最多的分配"结合起来，才可推演出"它不是医学资源最佳分配"的结论。因此，生命科学的发现只有在与不同的学科即伦理学提供的普遍原则相结合时，才能成为伦理学结论的理由。

3）科学事实通过某种非演绎推理来支持伦理学结论。持这种观点的有美国著名科学哲学家图尔明（S. Toulmin）。正如科学推理借助归纳逻辑一样，伦理学推论受一种特殊的伦理学逻辑支配。联系事实前提与伦理学结论的不是伦理学原则，也不是自然主义的定义，而是一种伦理学推理规则。这些推论不遵循标准的演绎逻辑规则，因此它们在演绎上不是正确的；但它们遵循适合于伦理学的一组不同的逻辑规则，因此在某种逻辑意义上仍然是正确的。但对这种逻辑是什么以及什么使它在逻辑上是正确的，意见不一致。

4) 科学事实与伦理学结论没有逻辑上的联系，只有心理上的联系。有时安乐死是解除疼痛的唯一方法这一事实，并不在逻辑上蕴涵着有时安乐死是对的，但由于大多数人不喜欢疼痛，并同意不管用什么办法来摆脱疼痛都行，所以科学事实在心理学上支持安乐死有时是正确的结论，因为相信这个科学事实往往使一个人对安乐死持有利态度。同样，相信医学资源分配于器官移植救活的人不多这个事实，往往引起对这种分配持不利的态度。

5) 科学事实与伦理学结论之间没有必然的联系。有人从事实前提中得出这个结论，别的人从同样事实中得出那个结论，这取决于当事人在特定情况下作出何种决定。

（2）道德判断与行动的关系问题。当一个人对应该或不应该行动作出合乎伦理的判断以后，他是否能在实际上采取或不采取行动？对此也有三种观点：

1) 道德判断是一个人采取行动的理由，一旦一个人对应该或不应该采取某种行动作出道德上的判断，他就必然会采取或不采取这个行动。也就是说，道德判断与实际行动之间有必然联系。这是柏拉图和亚里士多德的观点。他们否认人们会认识到应该做什么而故意不去做。一个医生认识到他必须把病人的血压降下来，就会去考虑何种药具有这一作用，然后开出处方。

2) 道德判断与行动之间的必然联系是由感情这个因素来保证的。理性的结论是惰性的。一个人作出了正确的道德判断，由于意志薄弱，实际上不能采取相应的行动。只有理性结论与感情结合起来，才能使他采取或避免某种行动。这是休谟的观点。如果前一种观点认为道德判断与实际行动之间有必然的逻辑联系，那么这种观点认为两者之间有必然的心理联系。

3) 道德判断与实际行动之间只有偶然的联系。持某一道德判断的人，实际上可以这样行动，也可以不这样行动，一切决定于采取实际行动时的情境。当一个人在两种选择中犹豫未决时，一个偶然因素便可触发他去采取其中一种选择。

（3）原则、规则与行动之间的关系问题。这是道德证明①的模

---

① 即道德辩护。

型问题。

1）演绎模型。某一特定行动在道德上得到证明，是由于它符合某一伦理学规则，而规则又是从伦理学原则推导出来的。如果结果证明符合规则的行动在伦理学上成问题，那么它就证伪了这条规则，规则的证伪又证伪从中推导出规则的原则。如说某一实验程序在伦理学上是正确的，因为从受试者那里得到知情同意，这样使受试者冒风险在伦理学上是可容许的；而知情同意原则则得到我们把别人不仅当做手段而且当做目的的伦理学原则的支持。那么伦理学原则如何得到证明？这些原则必须导源于本身需要证明的更抽象的原则或自明的原则。

2）归纳模型。证明不是从原则到规则，从规则到行动，而是相反从行动到规则，从规则到原则。伦理学规则和原则是特定的、合乎道德的行动的概括和总结。原则的证明视其是否得到规则的支持，规则的证明则由行动提供支持。

对于规则与行动的关系还有如下两种观点：

第一，总结观：规则是总结我们对某些行动是否属于应该做的或可以允许做的认识。因此完成一个行动可先于采取或接受调节行动的规则。例如我们总结了种种吸烟行动可能引起的后果后，制定了一些吸烟规则。规定医生开安慰剂处方的条件的规则等也属于这一类。

第二，实践观：规则并不起独立调节已有行动的作用，而是用于创造新的行动方式的可能性。如球类规则、医生为病人保密等规则。

3.4 伦理学理论

在医学伦理学和生命伦理学中最有影响的伦理学理论是：后果论、义务论和自然律论。

后果论

后果论的主要代表是边沁和密尔的功利主义，以效用作为检验行动在道德上对错的标准。一个行动在道德上是否对，要看它的后果是什么，然后确定后果的好坏。如何判断一个行动的后果？要看它能不能带来快乐或幸福。给谁带来幸福或快乐？如果以是否给自己带来幸福或快乐为标准，就是利己主义的功利主义。如果以是否给他人带来幸福或快乐为标准，就是利他主义的功利主义。功利主义的决策程序是：首先列举一切可供选择的办法，然后计算每一种办法可能的后果，对自己和别人产生多少幸福（快乐）和不幸（痛苦），最后比较这些后果，找出导致最大量幸福（快乐）和最小量不幸（痛苦）的办法。按照功利主义的理论，例如杀人那样的行动本身在道德上不一定是错的，错在后果，如果杀某个人给世界带来的不幸少于不杀这个人，那么杀这个人就是对的。医生可以给一个不可救治的病人服药使他无痛苦死亡，只要：（1）治疗病人已经不可能；（2）病人极度痛苦，医药无法缓解；（3）病人本身和家属要求服用此药。

功利主义又分为行动功利主义和规则功利主义两种。

行动功利主义将效用原则直接应用于所有特定的行动。规则功利主义认为行动的对错看是否符合规则，而效用的检验决定规则的正确性。规则又可分为积极的规则或要求（如"信守诺言"）和消极的规则或禁令（如"不许偷窃"）。规则功利主义可摆脱行动功利主义的困难。例如一个人杀了人，不留丝毫痕迹，结果这个人未遭逮捕和惩罚，另一个人杀了人则被判了刑。一般认为两者都有罪，而按照行动功利主义的观点，前者带来的不幸要比后者少。而按常识的道德判断，前者比后者更坏。当然行动功利主义也可以辩解说，前者本人更不幸，因为他良心受到责备，总是害怕警察抓他，或鼓励他再次犯罪。但是如果一个人并未感到良心的责备，不怕警察抓他，他也不再犯罪，又如何呢？若按规则功利主义的观点，则认为这两者都有罪，因为他们都破坏了"我们应该尊重他人生命"的规则。

规则功利主义认为，衡量行动对错的是带来的功利比其他原则大的伦理学规则，如"一切杀人犯应受法律惩罚"这条规则。说规则是行动对错的标准，是指一个特定的行动符合这条规则就是对的，破坏它就是错的。但规则有没有例外？即某一行动破坏了一般说来是正确的伦理学规则，但它却是合乎道德的。

这有两种情况：（1）当两条规则发生冲突时，就必须使一条规则成为例外。例如纳粹秘密警察来查问犹太人藏在何处，"防止伤害无辜的人"与"讲真话"这两条规则发生矛盾，但遵循第一条规则更为重要。（2）在特定情况下，例外的后果比遵守规则好。例如一家快要饿死的穷人捡到一个百万富翁的钱包，饿死一家人的不幸比捡了百万富翁的钱包不还的不幸更大。按照（1），需要某种更高的伦理学规则，即二级伦理学原则来处理这两条规则的冲突。按照这二级原则，"不伤害"规则比"说真话"规则更重要。而检验二级规则的正确性也是它的功利。按照（2），规则功利主义认为，需要参照某种原则来决定，如按规则行动的后果之坏是否超过了破坏规则，检验这种原则的标准也是视它带来的功利有多大。[213]

义务论

义务论的最大代表是康德。康德伦理学理论的基本原则是绝对至上命令。绝对至上命令有两种形式。

（1）第一种形式：一个行动在道德上是对的，当且仅当这个行动准则可以普遍化。例如自杀（a_1）。

自杀的准则（Ma_1）是："当继续生活给我带来的痛苦比快乐大时，我将因自爱而自杀。"

这个准则的普遍化形式（GMa_1）是："每当继续生活给任何人带来的痛苦比快乐大时，他将因自爱而自杀。"

康德论证自杀行为是错的，因为自杀者不能使他的行动准则成为一条普遍化规律。他的论证如下：

1）GMa_1 不可能成为一条普遍化的规律。

2）如果 GMa_1 不可能成为一条普遍规律，a_1 的行动者不能使 GMa_1 成为一条普遍规律。

3）a_1 在道德上是对的，当且仅当 a_1 的行动者能使 GMa_1 成为一条普遍规律。

4）所以，a_1 在道德上是不对的。

康德这种形式的绝对至上命令作为一种伦理学理论在很多方面难以为人接受。

（2）第二种形式：一个行动在道德上是对的，当且仅当行动者在完成这个行动时不把任何人仅当做手段。因为人有尊严、"人为贵"，不能像对待汽车、花草一样"利用"人。康德的论证如下：

1）如果人本身不是目的，那么任何事物本身都不是目的了。

2）如果任何事物本身都不是目的，那么也就没有理由以这种或那种方式行动。

3）有时有理由以这种或那种方式行动。

4）所以，人本身是目的。

但也可能人本身不是目的，例如幸福是目的，而且"把某人只当做手段"的概念也不清楚。无疑，如果有人虐待奴隶，就是把他们当做手段。但一个顾客点菜瞅也不瞅服务员一眼，是否把别人只当做手段？反之，如果顾客微笑、给小费是否仍是把别人当做手段？还是把他们当做目的本身？而且这种形式的绝对至上命令是否能成为最高伦理学原则？是否所有错误的行为都是把人当做手段？所有的道德义务都是把人当做目的？等等，都是有问题的。

康德的伦理学的优点是十分明确而提供深刻的洞察力。大家会同意人类生命具有重大的内在价值。但他的陈述复杂，术语含糊，论证晦涩，难以使人理解。[38，90]

自然律论

自然律论的主要代表是托马斯·阿奎那。他认为伦理学的"第一原理"是扬善避恶。善就是实现人的自然目的。人的自然目的是什么？（1）保存我们存在的倾向；（2）繁殖我们物种的倾向；（3）认识真理和在有组织社会中生活的倾向。为此就要有生活、健康、爱情、自由、正义、物质需要的满足和安全。[58]

自然律的一级规则（如正义）是普遍适用的。二级规则与特定的可变的问题有关，它们不是绝对的，只是在大多数情况下适用。如"白首偕老"、"借物要还"。但自然律理论家内部对二级规则的应用有争议。生殖是人的自然目的，性行为与生殖有联系，这种联系是否在道德上要求性交产生新生命？许多人认为这是肯定的，所以反对避孕，其他人则持否定的态度。政府对人民的管理哪些是合理的，哪些是不合理的？自然律论也很难解决。①

4. 科学技术和伦理学

生命伦理学基本上是规范性的。上述这些规范伦理学理论都对它有影响，某些生命伦理学问题就是应用这种或那种理论解决的。同时生命伦理学也蕴涵着元伦理学问题。不仅如此，生命伦理学还与社会政治哲学和法律哲学有关。如解决资源的宏观分配和微观分配②问题，就要涉及"权利"、"公正"等概念，这与社会政治哲学有关；讨论用法律惩罚自杀的人是否正确，就要涉及法律哲学问题。

---

① 参阅 Mappe, T. and Zembaty, J. (eds.): *Biomedical Ethics*. NY: McGraw-Hill, 1981.

② 参阅第Ⅸ章 4 和 5 节。

生命伦理学还与概念和事实问题纠缠在一起。如精神外科作为行为控制技术在伦理学上是否可接受的问题，基本上是个规范问题。然而我们必须弄清精神外科的性质，这是一个概念问题：精神外科是什么？是在脑子上动手术吗？行为控制是什么？一旦概念问题弄清了，又面临事实问题：精神外科的实际效应是什么？它有什么危险？对个性会有什么影响？最后我们必须把伦理学理论应用于解决精神外科问题，但伦理学原则的应用要根据概念结构和事实信息。

现在我们以下面两个图解（图1—2，图1—3）说明生命伦理学与其相邻学科的关系：

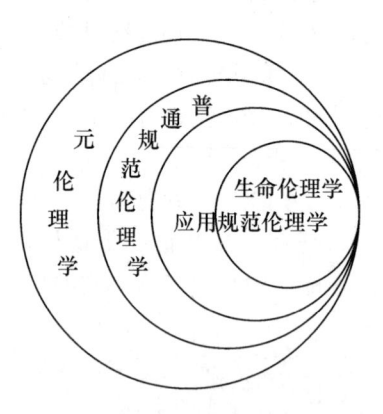

图1—2 生命伦理学在伦理学中的地位

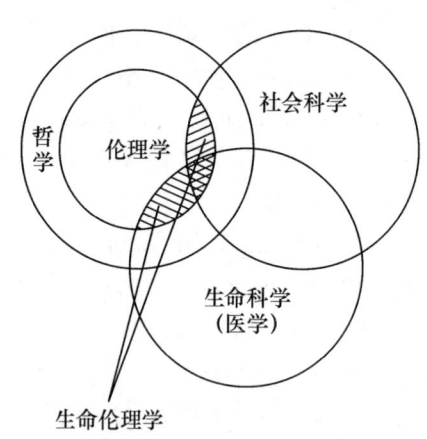

图1—3 生命伦理学与其相邻学科的关系

生命伦理学是将伦理学应用于解决生物医学技术引起的难题和挑战的。面临这些难题的不仅有医生、医院管理人员，还有卫生决策者和社会。所以各个层次人员面临这些难题时都要作出决断。生命伦理学就是要帮助他们作出正确的、合乎道德的决断。

生命伦理学的兴起反映了对新技术的使用要进行社会控制的要求。由于现代生物医学的力量日益增大，被滥用的可能也就增大，从而引起人们的不安，他们要求使这种技术的使用合乎道德，而不被滥用。如行为控制，实际上我们一直在控制某种行为，但新技术使这种控制更容易、更快、更有把握。像义务教育那样，虽然干扰了人们一些自由，但导致更大的自由，人们的科学文化教育的水平普遍提高了。要求取得病人的知情同意才可以试行某种新疗法，但怎么知道这个病人确实知道新疗法和其他可供选择疗法的后果，并且确实是自由地表示同意呢？只有解决这些问题才能防止滥用人体进行实验。生命伦理学就是要解决对新技术的使用如何进行社会控制的问题。达到这个目的的重要手段就是要制定一项政策，鼓励最优的利用而防止滥用。基因工程、无性生殖、体外受精、优生、有限卫生资源的分配、对后代的义务、环境的卫生和污染、人口控制、人工流产、安乐死、行为控制、人体实验、器官移植等伦理学问题，它们的核心是人们对人体、人心、生命质量控制技术的关心。生命伦理学就是要帮助人们决定在影响出生、死亡、人性、生命质量等生物医学领域中应如何行动，这在许多方面涉及社会和国家的政策。所以，生命伦理学是涉及人类生命领域的决策的理论基础。

在生物医学领域内，医学的临床决断和伦理学决断，是结合在一起的。但是不是两者合二为一而不能分开呢？这个问题涉及生命伦理学的作用问题。有人强调两者不能分开。例如面对不可救治的病人是否进行抢救有两个问题：一是限制抢救的努力是否可证明正确的道德问题；二是何时才算真正的不可救治的医学判断问题。但这两个问题不能分开，何时应该抢救的问题很快会变成应该如何抢救的问题。伦理学问题最后都可归结为技术问题。在英国，超过50岁的病人不予接受作肾透析，理由是临床上不适合，因此这不是一个伦理学问题。如果50岁以上老人肾透析后临床效果良好，因而认为他们也适宜于作肾透析，英国就很快会因透析场所不足而发生危机。所以不给50岁以上老人作肾透析的决定反映了在技术手段不足时赋予不同年龄集团的不同待遇。同样，给脑损伤的新生儿使用呼吸器的决定是属于伦理学判断。但求过于供怎么办？所以临床医生的工作的一部分就是作出价值判断。既然伦理学判断是医生工作的一部分，它又与临床判断分不开，因此由临床以外的伦理学家来说三道四是不合适的。

这种观点是片面的。伦理学判断和临床判断是密切联系的，因此生命伦理学家必须具备临床方面的知识，了解医疗中的问题，严格依据可靠的医学事实。但不等于说两者是不可区分的。例如有这样一个例子。一个病儿出生第二天就患肺炎。本来的临床决断是进行治疗。由于父母拒绝，医生也就没有去治他。结果孩子死了。不治是一个伦理学决断，并被检察官认为是谋杀。后来发现病儿有唐氏综合征①，心、肺和脑都有先天性缺陷，才撤销了对医生的起诉。

---

① 参阅第Ⅳ、Ⅴ章有关部分。

所以这位医生的决断不是一个临床决断,而是一个伦理学决断。虽然道德决断贯穿在临床决断中,但不管有多少医学知识也不能告诉我们耶和华作证派在道德上是否有权拒绝输血,患乳腺癌的妇女是否应该能够在乳房切除术与肿块切除术之间进行选择,有严重缺陷的新生儿是否必须让更健康的婴儿住进拥挤的加强医疗病房。有人所作的调查也表明,美国医学科学家中有相当一部分人在进行人体实验时并不关心这种实验给病人带来的危险是否超过益处,也不要求征得病人的知情同意,更不注意对同事和助手在伦理学方面的要求。

　　这个问题同时也是一个生命伦理学的作用问题。把伦理学问题归结为技术问题,必然导致否认生命伦理学、否认社会控制。但另一方面,伦理学问题与生物医学技术问题的关系是如此紧密,生命伦理学绝不能脱离生物医学的实际而把自己的结论强加于生物医学家。生命伦理学可以提醒医生,例如有健全心智的病人有权决定对他们的身体做些什么;也可对概念问题或规范问题进行分析,鉴定出种种选择蕴涵的价值,指出这些选择对其他价值的含义,评价选择的论据在逻辑上是否自洽;也可以对伦理学难题的"深层结构"进行解剖。例如当不可能抢救所有人时,抢救谁就成为一个最困难的问题。生命伦理学要探讨谁应该睡在最后一张加强医疗病床上这一"悲剧的选择"问题,但也要探讨为什么这张加强医疗病床是最后一张这个更深一层的问题:是否因为医院行政没有分配给加强医疗病房以足够的资源?是否加强医疗科主任对谁进或谁出这个病房没有进行很好的控制?如此等等。

Ⅱ 生殖技术

1. "奇妙的新世界"

1.1 正在成为现实的幻想

1932 年出版了 A. 赫胥黎的一本科学幻想小说《奇妙的新世界》[117]。现在论述生殖技术的社会、伦理、法律方面的著作或在新闻媒介上发表的有关报道，许多都要提到这本小说，甚至用这本小说的题目作为标题。A. 赫胥黎是 T. 赫胥黎（达尔文的战友）的孙子，英国著名生物学家 J. 赫胥黎的兄弟。这本小说描写这样一个社会，在其中人类的生殖完全在试管、器皿中进行，由人对卵子和精子进行操纵，按照社会的需要生产出不同类型的人。如机器操作工不需要太多的智力，在生产他们时就可少提供一些氧气。同一类型的人都是一样的，没有差别，因为通过操纵可以从一个卵中生产出 96 个人。因而也不需要家庭，因为生儿育女、抚养、教育等职能全由社会负担。男女之间可以发生性关系，但必须使用避孕药，禁止自然妊娠。所以父母子女关系也不再存在。这样就可以实现一个"一致、同一、稳固"的社会的理想。但具有讽刺意味的是，这样产生的人仍然要追求爱情、家庭、亲子关系等价值，而这种秩序的最无情的维护者却原来曾与一个以同样方式生产的女人在访问异国他乡时发生了情爱，并以自然妊娠方式生下了一个儿子。而他害怕遭到惩罚，把母子俩遗弃在异国他乡。作者以深刻的洞察力预见到今天生殖技术的发展以及可能引起的社会和伦理学问题。

1.2 什么是生殖技术？

自然的人类生殖过程由性交、输卵管受精、植入子宫、子宫内妊娠等步骤组成。[167] 生殖技术是指代替上述自然过程某一步骤或全部步骤的手段。三种基本的生殖技术是：人工授精（AI，artificial insemination），体外受精（IVF，in vitro fertilization），无性生殖（cloning）①。人工授精代替性交。体外受精代替性交、输卵管受精和自然植入子宫。无性生殖则是用低等生物生殖方式来繁殖高等动物。生殖过程的前提条件是卵子和精子的成熟和产生。生殖技术可以使用第三者（供体）的卵或精子，也可以将胚胎植入第三者的子宫内，即使用代理母亲。上述种种变量的不同组合可以有九种生殖方式：（1）性交—妊娠方式；（2）用丈夫的精子对妻子进行人工授精（AIH）②；（3）用供体的精子对妻子进行人工授精（AID）③；（4）用丈夫的精子对妻子的卵人工授精后植入她自己的子宫；（5）在受精以前把供体的卵转移到另一个妇女的子宫中；（6）把胚胎从供体转移到受体子宫中（产前收养）；（7）用人工胎盘在子宫外发育，也称体外发生；（8）无性生殖，将卵中的核取出，然后将体细胞的核嵌入，再植入子宫；（9）孤雌生殖或孤雄生殖，即从单个性细胞生出一个完整的机体。

1.3 非自然生殖

根据配子来源、受精场所和妊娠场所三个变量可有16种组合的非自然生殖方式（表2—1）。

表2—1　　　　　　　　非自然生殖方式

	配子来源		受精场所	妊娠场所	注
	男	女			
（1）	H	W	W	W	AIH
（2）	S	W	W	W	AID
（3）	H	W	L	W	IVF
（4）	S	W	L	W	用供体精子作 IVF
（5）	H	S	L	W	用供体卵作 IVF
（6）	S	S	L	W	用供体配子（或胚胎）作 IVF
（7）	H	S	S	W	用供体妇女作 AIH 加上子宫灌洗（半供体胚胎）
（8）	S	S	S	W	用供体妇女作 AID 加上子宫灌洗（供体胚胎）

---

① 现在称"人的生殖性克隆"。
② AIH＝artificial insemination by husband.
③ AID＝artificial insemination by donor.

续前表

	配子来源		受精场所	妊娠场所	注
(9)	H	W	W	S	
(10)	S	W	W	S	
(11)	H	W	L	S	
(12)	S	W	L	S	代理母亲
(13)	H	S	L	S	
(14)	S	S	L	S	
(15)	H	S	S	S	
(16)	S	S	S	S	

H=丈夫；W=妻子；S=第三者；L=实验室

这种种非自然生殖方式似乎告诉我们，婴儿是可以制造的，生殖过程中诸变量之间是可以分离的，生殖过程与情爱、天伦、家庭似乎也是可以分离的。A. 赫胥黎的"奇妙的新世界"赫然在目。在这样的新世界中，传统的义务、权利、伦理、价值、家庭、社会会不会沦丧？这给人类提出了空前的难题。[47，96，127，183，187]

2. 性别选择

2.1　什么是性别选择？

性别选择（sex selection）或性别控制（sex control）、性别决定（sex determination）、性别预定（sex predetermination）、性别预选（sex preselection），都是选择后代性别的技术或手段。

3 000余年前的古埃及人就试图选择后代性别。《犹太圣法经传》（Hebrew Talmud）中提到，把结婚用的床按南北方向放置，有利于怀男孩。在各国的民间传说中也有不少选择性别的方法。斯拉夫国家中传说，如果夫妇要一个男孩，在性交时妻子捏丈夫右边的睾丸。德国的民间传说建议，如果丈夫要一个男孩，他应该带一把斧子同他一起上床。但是只有到了现代，生物学知识才使性别选择的方法有效可行。

2.2　性别选择方法

性别选择有孕前方法和孕后方法两种：
（1）孕前方法：后代的性别决定于使卵受精的精子类型。成熟的精子中，一部分是雄性（带性染色体Y）精子，另一部分是雌性（带性染色体X）精子。选择性别的孕前方法是控制使卵受精的精子类型，从而选择所要的性别。

1）遗传学家认为，性别的确定不单取决于X或Y染色体的存在，而且取决于特定染色体上存在的一个或几个基因。例如在Y染色体上有一种H-Y抗原，为发育男性胎儿所必需。但迄今还没有办法来操纵这个抗原以控制性别。

2）精子的生成受一系列因素的制约。如能确定哪些因素（生化条件、体温、刺激）可影响雄性或雌性精子的产生，就可选择性别。

3）雄性精子比雌性精子活动力强，但寿命短，特异的生化条件可影响精子的活动性。如酸性环境更有利于雌性精子的活动和生存，碱性环境更有利于雄性精子的活动和生存。排卵和性欲高潮增加生殖道内的碱性。阴道的分泌物比子宫或宫颈的更具酸性，不利于雄性精子的活动和存在。因此可以通过影响精子在生殖道内运动的条件来选择性别。有人报告，对一组48对夫妇进行这种试验，约85%成功地生出一个所选择的性别的婴儿。

4）雄性精子比雌性精子小，可以用一个膜置于妇女生殖道内，把雌性精子滤出，只让雄性精子到达卵。

5）将男性精液作特殊处理，然后进行人工授精。用离心、电泳、凝集、白蛋白分离，把雄性精子与雌性精子分开，然后用选出的精子对妇女进行人工授精。

离心法基于雌性精子比雄性精子重，可以用高速离心法分离二者。电泳法基于发现，由于某些未知的原因，当精子受电流影响时，雄性精子集于阳极，雌性精子集于阴极，用电泳后的精子授精，动物实验的成功率达70%，这种技术尚未应用于人。凝集法基于发现雌性精子比雄性精子有更大的密度，因此它们沉淀得更快。白蛋白分离法是基于发现雄性精子具有更大的活动力，把精液稀释后置于牛的血清白蛋白顶层，然后分离出含于白蛋白中的高度活动的精子，有人报告用此法分离出的精子85%是雄性的，其中94%是活动的。

（2）孕后方法：一种方法是从母亲子宫中取出胚泡①，鉴定它的性别，如果是所需要的，再植入子宫。也可在母亲体外形成胚泡

---

① 受精卵发育为胚胎，当胚胎由一个或若干个细胞层组成，中央有个腔时称为胚泡。

后再植入子宫。但即使有可能,所需的技术费用昂贵也过于复杂。另一种方法是用产前诊断(参看第Ⅳ章)技术鉴别子宫中胎儿的性别。妊娠到12周,可用羊水穿刺(参看第Ⅳ章)确定胎儿的性别。[136]

2.3 性别选择对社会的利弊

性别选择技术的研究和发展应用可能有如下好处:

(1)控制伴性的和受性别影响的疾病。如血友病与X染色体有关,如果父母中有一人为血友病患者,则男孩患血友病的可能比女孩更大,就应该选择女孩。

(2)促进家庭幸福。如夫妇生下一个双方都合意的性别的孩子,父母、子女、家庭就会更加幸福和睦。

(3)有利于降低出生率。如果一对夫妇已经有了他们所要性别的子女,就不会再去生更多的孩子。

(4)有利于积累有关生殖的知识。

但性别选择技术的普遍使用可能产生严重的不良后果。其中最大的问题是造成社会中的两性比例失去平衡。夫妇选择子女性别往往根据个人的爱好或一时的兴致,这种爱好或兴致受文化或观念的影响。尤其是像我国这样受几千年封建礼教影响比较深的国家,对女性的歧视不是一朝一夕所能清除的。更多的人也许会选择男孩。因此性别选择的客观效应便是造成男女比例的不平衡。在我国,某些农村已经出现男女比例不当的问题,当然这不是孕前或孕后选择方法造成的,而是产后选择(如杀女婴)的结果。现在我们设想,一个社会男性比女性多出10%,那会造成什么样的后果?在这种情况下,我们传统的婚姻、家庭、社会规范是否能够维持下去?例如,一夫一妻制是社会两性比较平衡时的规范。如果男性比女性多出10%,会不会因缺乏女性而造成一妻多夫现象(公开的或隐蔽的)增加,从而破坏传统的规范和社会的稳定?其次,分配给医疗卫生的资源本身非常有限,利用这些资源去研究和发展并非不可缺少的技术,是不合适的。所以,我认为,尤其在目前我国推行独生子女政策的条件下,性别选择技术只能应用于预防伴性遗传病。从长远来看,可以研究这种技术,在人类对人口的发展趋势可作出更可靠的预测,以及在人们的观念中已基本清除性别歧视并能够服从社会大局利益时,可用性别选择技术作为调整两性比例的方法。[136]

3. 人工授精

3.1 非自然生殖的第一步

人工授精主要用来解决丈夫不育症引起的问题。人工授精的成功率很高，成功取决于精液的质量和授精的时间。没有证据表明人工授精的后代死亡率或异常率比自然生殖产生的后代要高。[89，223]

人工授精分两类：同源人工授精和异源人工授精。前者使用丈夫的精液（AIH），后者使用供体的精液（AID）。利用 AIH 的原因是，由于生理或心理的困难，不能通过性交受精或丈夫患精子缺少症。正常射精时精子数达 3 亿，但有的男子不够此数。在美国估计有 1 000 万人患精子缺少症。可把丈夫的精液收集起来，把精子分离出来，然后用浓缩的形式授精。利用 AID 的原因是男子不育、有严重的遗传病、Rh 不相容①或精子缺乏。估计美国每年总计有 1 万人通过人工授精怀孕。20 世纪 60 年代以来，妇女用供体精子生出的孩子已达 25 万。我国上海第二医学院、湖南医学院等先后自 1983 年、1984 年以来对妇女施行人工授精，获得成功。

由于要使用供体精子，提出了供体精子的贮存问题。于是出现了贮存精子的机构——精子库。我国也于 1985 年开始建立。在精子库中，人们用冷冻和低温保存精子，把精子浸于 －196.5℃ 的液氮中。虽然冷冻精子授精能力约为新鲜精液的 2/3，但对人工授精的成功率没有太大的影响。精子库开辟了人工生殖的更大可能性。例如行输精管切断术的丈夫，可以在术前把精液保存起来，供以后授精用，寡妇也可用丈夫逝世前贮存的精子受孕。法国马赛警察局女秘书帕尔帕莱的丈夫于 1984 年死于癌症，死前他的精子保存于精子库中，她要求用丈夫的精子使她受孕，因为她丈夫生前希望有个儿子，将来能成为钢琴家，并取名为托马斯，但并没有成功。法国的精子库共有 20 个。其中的"精子保存研究中心"就已用人工授精帮助产生了 1 万个婴儿。这个中心至多将一个供体的精子用于五个妇女。要求供体必须是已婚者，有孩子，因而不想要继承者。提供精子前必须得到妻子的允许。受精妇女也必须已婚，但不完全拒绝单身妇

---

① 母亲的血液中含有 Rh 因子阴性，可与新生儿的血液不相容而使之发生溶血。

女和女同性恋者。授精前要告诉她们精子供体的血型、肤色、发色和眼睛的颜色，但不告诉供体的姓名和地址。他们的精子供不应求，有的妇女要等待一年，才能得到供体精子。

精子库的建立本来是为了解决男子不育症的，但有人试图用来进行积极优生。美国加利福尼亚州的埃斯孔迪多（Escondido）开设了一个诺贝尔精子库，该机构宣称它提供诺贝尔奖金获得者供给的精子，据说已有三位诺贝尔奖金获得者提供，用这些精子授精已生出15个儿童。联邦德国有一家医院也宣布它提供的精子"没有胖子、长耳朵、鹰钩鼻子"。

人工授精和精子库引起了一系列伦理学问题，围绕这些问题进行了激烈的争论。

3.2 生儿育女与婚姻的纽带

人工授精是否切断了婚姻与生儿育女的纽带，是否就因而破坏了婚姻关系？赖姆塞（Ramsey）等人认为，生儿育女是婚姻爱情结合的永恒体现，人工授精切断了生儿育女与婚姻的联系，而这种联系为家庭所必需。生儿育女是一个理想、美满、幸福的婚姻所不可缺少的。由于人工授精，把生儿育女变成配种而与夫妻之间性的结合分开，把家庭的神圣殿堂变成一个生物学实验室，使妻子认为为了满足有孩子的愿望，无须丈夫和家庭，从而破坏了婚姻关系。尤其是异源人工授精（AID），与妻子的卵结合的是第三者的精子，这与通奸致孕实际上没有什么不同，或者会使妻子认为宁愿用自然的方式（性交）接受供体的精子，这至少也是妻子不忠实于丈夫的一种表现。而AID儿童的存在使第三者进入了婚姻的排外的心身关系，破坏了婚姻的心理、物理统一性。并且也使人类分裂为两个人种：用技术繁殖的和自然繁殖的两类。[183]弗雷彻（Fletcher）等人则认为，婚姻是由情爱培养的人与人的关系，其中起主要作用的不是性的垄断，而是彼此间的爱情和对儿女的照料。对于许多无子女的夫妇，人工授精是促进爱情的行动。人工授精与通奸根本不同，妻子并不与供体本身发生关系，关系仅发生在她的卵与后者的精子之间，并且事先取得丈夫的同意。[85]

前一种观点是站不住脚的。人工授精在伦理学上是否可接受，应该视它是否增进家庭的幸福和对他人或社会有无损害。如果人工授精是在夫妇双方知情同意条件下进行的，而且供体的姓名和地址对夫妇双方秘而不宣，也不让孩子知道自己以这种方式出生，并不让供体知道受体和孩子的姓名和地址，这有利于促进家庭的幸福，而对社会有益无损。因此，对人工授精采取绝对排斥态度是不合理的。但是，确实需要采取切实有效的程序和措施，保证人工授精尤其是AID能在平安的条件下进行，防止有可能危及家庭或社会的行动发生。

3.3　什么是父亲？

AID提出的一个新问题是："什么是父亲？"采用AID技术生出的孩子可以说有两个父亲：一个是养育他（她）的父亲，一个是提供他（她）一半遗传物质的父亲。那么，在养育父亲和遗传父亲中间，哪一个是对他（她）具有道德上和法律上的权利和义务的父亲？正因为这个"父亲"概念不明确，所以有些国家的法律认为用AID这种方法生出的孩子不合法，理由是他并不是丈夫与妻子二人真正的生物学后代。

当然，这个问题也并不是完全新的，但至少AID以更尖锐的方式重新提出了这个问题例如儿女的收养和过继问题。这是一个古老的问题。由于传统观念强调亲子之间的生物学联系，被收养的儿女一旦知道自己非父母所生，常常渴望去寻找生身父母。也有被收养的儿女即使知道父母并非生身父母，但多年建立起来的感情使他们始终对待收养父母视同亲生父母。在我国，由于革命战争的流动性和十年"文化大革命"，这种问题也比较突出。有不少的小说、电影以此为题材。但这种情况多半由于环境所迫，所以孩子一般都回到他们生身父母的身边。根据我国颁布的继承法[①]，有关领养孩子或赡养人继承权的处理是根据抚养—赡养原则确定的。我认为这是正确的。抚养是亲代对子代的义务，赡养是子代对亲代的义务，因而才可以有相应的权利（包括继承权）。如果仅仅凭借生物学或遗传学上的联系而并未尽什么义务，在道德上和法律上也就没有相应的权利。因此，一个生物学父亲或遗传父亲对用AID所生的儿女在道德上和法律上没有义务和权利，反之这些儿女对他也没有义务和权利。而一个社会父亲或养育父亲则对这些儿女有道德上法律上的义务和权利。反之亦然。有人问：如果后来夫妻离婚，离婚后这个不育的

[①]《中华人民共和国继承法》，1985年。

父亲（社会父亲或养育父亲）对这种儿女是否能拒绝提供经济上的支持？反之，能否有拒绝他会见这种儿女的权利？按上述的原则，我的回答是不能。也就是说，一个不育父亲与用 AID 出生的儿女的关系在道德上和法律上应该同一个可育父亲与自然出生的儿女的关系完全一样。而妨碍这一点的正是传统的过分看重生物—遗传关系的亲子观念。美国对皮普尔·索伦森案例的判决是正确的，这个案例涉及妻子通过 AID 怀了一个孩子时丈夫的权利和义务。该案判决为如果 AID 是丈夫同意的，他有义务抚养这个孩子，虽然他不是生物父亲。

3.4　精子的地位

这主要是指在 AIH 条件下，死去的丈夫遗留下的精子的地位问题。上面提到的法国妇女帕尔帕莱，在丈夫死后要求从精子库中取出丈夫的精子使她受孕，遭到精子库的拒绝。因为她丈夫生前没有留下一旦死后如何处理他精子的指示。她向法院起诉。但法律无章可循。法庭在辩论时集中于"死人留下的冷冻精子是什么"这样一个形而上学的问题：它是一个器官移植物，还是一份可继承的遗产？检察官支持精子库，认为它是死人的一部分，未亡人没权利索要它，正如她没有权利索要她丈夫的一条腿或一只耳朵一样。她的律师说，这是一种契约，应该归她。法官最后判她胜诉。这一判决是正确的。毕竟，留下的冷冻精子与一条腿、一只耳朵不是一回事。而帕尔帕莱用这精子受孕也出于一种正当的动机，可以看做是她与丈夫的关系的延续。

另一个问题是：这种死者留下的精子能否供研究者用来研究？这个问题的解决也不取决于精子本身的性质。精子本身并无内在的道德价值。而应该视研究目的本身是否正当，以及是否取得妻子的同意。如果研究者企图用这精子来给雌黑猩猩作人工授精，以获得一个将来可用做人类奴隶的半猿—半人，那么这种研究本身是不道德的。所以，精子本身的性质既不支持也不排斥它的供体死后对它的使用，而应视这种使用本身是否正当。

3.5　精子应该成为商品吗？

在 AID 条件下由供体提供精子，那么对供体是否应给予报酬？在美国，供体出卖精子已成为常规。如果精子可以成为商品，那么肾、心、肺等脏器是否也可以成为商品？另外，精子的价格如何确定？是根据供体的健康状况、智力高低、外貌、社会上的成就来定价，还是根据人工授精后产生的子女的情况来定价？精子的商品化很可能使供体不关心他行为的后果，有意或无意地隐瞒自己身体上、心理上、行为上的缺陷。例如供体隐瞒自己或家族中有某种遗传病或严重传染病，结果把遗传病和艾滋病传给通过 AID 出生的孩子。精子库也可能由于竞争或追求赢利，而忽视精子的质量。反之，也有可能为了追求高质量，精子库只提供一类他们认为"最佳的"精子，结果使人类基因库变得单调而缺乏多样性。当然，非商品化并不能消除所有以上这些问题。但是商品化无疑会使这些问题尖锐化。我认为精子的商品化是不可取的。人类有机体的器官、组织、细胞成为商品都会造成许多弊端。精子的商品化不仅给 AID 带来危害，而且会形成一个促使其他组织和器官商品化的滑坡。提供精子以解决别人的不育、促进他人家庭幸福，本身是一种人道行为，是"仁"的体现，不应该以谋求金钱作为报答。

3.6　非婚妇女的人工授精

非婚妇女的人工授精包括对单身妇女或女性同性恋者用供体精子施行人工授精。在美国，已有一位未婚女心理学家用诺贝尔奖金获得者的精子受精，并已生出了一个女孩；由两个女同性恋者结成的家庭中，扮演女方的通过 AID 生出儿女作为两者的共同孩子来抚养，已不属个别。有人认为这种做法是不合适的。因为这样做的结果会使正常的家庭解体，并且在这种不正常家庭中成长的儿童会具有怎样的行为倾向也不容乐观。因此，应该限制对非婚妇女施行人工授精。换言之，人工授精术应仅施于丈夫患有精子缺乏症、不育症、Rh 因子阴性、遗传病的已婚妇女。

3.7　人工授精与优生

人工授精可利用经过仔细挑选的供体的精子来影响人类质量。这种影响可以通过两种途径实现。

（1）如果夫妇都是遗传病基因携带者①，就可以仔细选择一个非携带者的健康供体的精子进行人工授精，而防止生出一个有缺陷

---

① 人有 23 对染色体，如果一对染色体中，一条上为有病基因，另一条上为正常基因，此人即为携带者。

的婴儿。这就是消极优生学。应该给予每个儿童生下就有健康的体力和智力的权利,这是合理的。人工授精有助于实现这种权利。

(2) 有计划地选择具有"最佳基因"的精子对妇女进行人工授精,以提高人类质量。这就是将 AID 用于积极优生学。这种做法值得怀疑。因为人类的智力发展不单单取决于基因,而是遗传物质与社会环境相互作用的结果。单单有好的基因,并不能提高人类的质量。再说,要提高人类什么样的质量?什么是好的基因?由谁来决定?这些问题难以取得一致意见。所以,这种做法是不足取的。

4. 体外受精

4.1 从 love-making 到 baby-making[①]

受精是生育的前提。在自然生殖过程中,受精是在输卵管实现的。体外受精技术能使受精在体外进行,然后用人工方法将胚胎植入子宫,从而代替了自然生殖过程中的这些步骤。[183]

体外受精主要是为了解决妇女不育问题。据美国国家卫生统计中心估计,目前已婚的十五至四十四岁妇女中大约有一半患有不同程度的不育症。已婚夫妇有 10% 至少在婚后一年内不能怀孕。妇女不育的主要原因是输卵管受阻塞或异常。只有 40%~50% 的不育妇女可通过手术治疗。但对于输卵管缺乏或损坏的妇女,体外受精是唯一的生育方法。体外受精也可用来解决男子精子缺少问题。自然生殖需要精子二至三亿,而在实验室受精只需五万。体外受精也可用来解决由于妇女宫颈粘膜不利于精子通过,以及其他原因不明的不育症问题。取出的卵和体外受精的胚胎可以冷冻起来供以后使用。体外受精结合供体卵还可以解决妇女没有卵或卵功能有障碍的问题。体外受精最近又与代理母亲结合起来,即如果妻子由于子宫有病或已切除不能妊娠或不愿意妊娠,便可将体外受精胚胎植入代理母亲子宫中代替未来婴儿的养育母亲妊娠。

世界上第一个通过体外受精产生的婴儿即试管婴儿路易·布朗,

---

① love-making 意为"求爱"、"性交",由"爱情"与"制造"二词组成;baby-making 意为"制造婴儿"。过去人类只能"制造爱情"不能"制造婴儿",而现在人类能够"制造婴儿"了。

1978年9月生于英国。有人估计，到1985年用体外受精技术生出的婴儿已超过700人，甚至达1000人，其中有56对双生（112人），8个三生（24人），2个四生（8人）。美国的起步较晚，1981年12月才出生第一个试管婴儿，但发展较快。到1984年1月，两年中已出生试管婴儿200人，体外受精中心已达46个。我国也正在研究体外受精技术。[1]

4.2 制造婴儿的技术

体外受精技术的程序如下：

（1）取卵。用垂体激素可使卵巢平均每月产5.8~17个卵。用验血和超声波监测表明卵已成熟，3至4个小时后将卵取出。

（2）培养。将卵洗净后置于含营养物的培养皿中，置暖箱中4至8小时。同时从丈夫处获得精液。用离心器把精子分离出来，并测得一定的量。

（3）受精。将一定量的精子置于含卵的培养皿上，放在相当于体温的暖箱中24小时。这时营养物、温度、给氧的平衡对于正常发育十分重要。

（4）植入。当受精卵发育到2至8个细胞时植入子宫内。植入时间必须与子宫内膜的变化相一致。（图2—1）

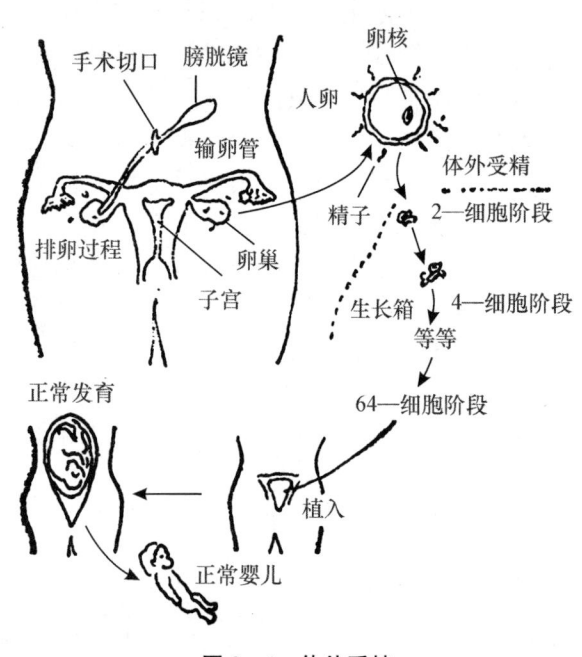

图2—1 体外受精

体外受精虽然本来是旨在解决不育问题，但也可用于实验研究，如在体外试验抗不育剂的有效性；评价不育病人卵的可育性和评价反复自发性流产病人孕体在结构和生化上是否正常；在体外评价有毒物质或致畸原对孕体的作用；研究例如产生唐氏综合征的疾病机制，借以发展预测或预防出生缺陷的方法；推进对正常和异常细胞分化生长的研究等。

（5）胚胎转移。当妻子不能或不愿怀孕时，将体外受精胚胎转移到代理母亲的子宫中［上面表2—1的（11）］。但还有另一种胚胎转移，即当妻子没有卵时，胚胎从卵供体的子宫中转移到妻子子宫中［表2—1的（7）］。1948年美国洛杉矶加州大学医学中心的妇产科教授巴斯特（J. Buster）等人发展了这一技术，分五步：

（1）校正胚胎供体和受体妇女的排卵时间；

（2）用不育受体妇女的丈夫的精子对供体妇女的卵施行人工授精；

（3）在授精约五天后冲洗供体子宫；

（4）从冲洗液中取出胚胎；

（5）将胚胎转移到受体子宫中。

这种胚胎转移已不属人工授精。也存在着另一种不属于人工授精的胚胎转移，即通过自然生殖过程怀孕后从妻子子宫中冲洗出胚胎转移到代理母亲子宫中［表2—1的（9）］。从表中可看出涉及代理母亲的生殖方法有八种，其中四种，即（11）、（12）、（13）、（14）与体外受精有关。

体外受精引起了比人工授精更尖锐的伦理学难题，其中有些难题与后者引起的相同，但更为突出。［118，128，150］

4.3 "医学分外之事"

有人反对体外受精，认为医学的基本目的是恢复伤病员的健康，而不是满足其他需要。或认为不育是对淫乱的惩罚，不育患者应该接受这种惩罚。

前一种看法虽有一定的道理，但失之片面。医学的"基本目的"是恢复伤病员的健康，但也还有"非基本的目的"，而且随生物医学知识和技术的进步，这些"非基本的目的"有越来越增加的趋势。体外受精不是治疗不育症，而是解决不育症留下的问题。这种"非基本的目的"还包括：非治疗性人工流产、美容整形、行为模式的改变等。因而以非基本目的为理由而拒绝体外受精是没有道理的。

妇女输卵管堵塞的一个重要原因是炎症。而炎症可由性交时感染引起。尤其是性活动过于频繁或自由时。但是也还有其他的原因，如晚育或先天性缺陷。所以，笼统地说不育是对淫乱的惩罚，那是错误的。淫乱是不道德行为，但对由此而引起的疾病还是要进行治疗或处理。我们对待性病病人也不能采取拒之门外的态度。何况，不育夫妇想有个儿女是正当合理的要求，并且体外受精还有利于推进科学知识。

4.4 父母的身份

AID 提出的"什么是父亲"的问题，随着 AID 与体外受精、胚胎转移技术的结合，扩大为"什么是父母"的问题。提供精子的供体是不是父亲？提供卵的供体是不是母亲？仅负责怀胎十月的代理母亲是不是母亲？提供了卵又怀胎但后来又转移给别人而没有抚养这个孩子的人是不是孩子的母亲？没有提供卵也没有怀胎但养育这个孩子的人是不是孩子的母亲？

因此，斯诺登（Snowden）把母亲分为"遗传母亲"（Xg）、"孕育母亲"（Xc）、"养育母亲"（Xn）三种，三者合一者为"完全母亲"（Xg＋c＋n）；父亲则分为"遗传父亲"（Yg）、"养育父亲"（Yn）两种，二者合一者为"完全父亲"（Yg＋n）。按表 2—1，这 16 种非自然生殖方式各有如下数目的父母：

(1) Xg＋c＋n, Yg＋n
(2) Xg＋c＋n, Yn, Yg
(3) Xg＋c＋n, Yg＋n
(4) Xg＋c＋n, Yn, Yg
(5) Xn, Xg, Yg＋n
(6) Xc＋n, Xg, Yn, Yg
(7) Xn, Xg, Xc, Yg＋n
(8) Xg, Xc＋n, Yn, Yg
(9) Xg＋n, Xc, Yg＋n
(10) Xg＋n, Xc, Yg, Yn
(11) Xg＋n, Xc, Yg＋n
(12) Xg＋n, Xc, Yg, Yn
(13) Xg, Xc, Xn, Yg＋n

(14) Xg, Xc, Xn, Yg, Yn
(15) Xg, Xc, Xn, Yg+n
(16) Xg, Xc, Xn, Yg, Yn

除了（1）、（3）有两个父母外，其余有三个到五个父母不等。（14）、（16）各有五个父母。其中谁是对孩子在道德上和法律上是有义务和权利的父母？

这个问题可以按照我们在 3.3 中阐述的原则作出解答。我们可以从中分出"生物父母"和"社会父母"两类。遗传父母、孕育父母均属"生物父母"，而养育父母属于"社会父母"。当完全父母分解时，社会父母应该是道德和法律上的合法父母，因为我认为养育比提供遗传物质更重要，也比提供胚胎营养场所更重要。亲子关系是通过长期养育行为建立的。

但是应该承认，体外受精与 AID、代理母亲、胚胎转移结合起来，进一步切断了婚姻和生儿育女的联系。例如在存在五个父母的情况下，儿女与父母几乎没有任何生物学的联系。如果传统的观念不变，就容易使夫妻、亲子关系遭到破坏，造成家庭结构的不稳定。这种传统观念就是强调亲子之间的生物学联系，即仅根据是否提供遗传物质来确定父母的身份。改变这种传统观念是不容易的。

但另一方面，如果无节制地使用这种生殖技术，确实不但会破坏家庭而且会破坏社会的稳定性。设想一对夫妇，都有生殖能力，但他们很富有，出于好奇，通过体外受精、AID 和代理母亲得到了一些儿女。这种玩世不恭的态度日后很可能会影响亲子关系和夫妻关系，并对社会造成威胁。所以，我认为应该控制这种技术的使用。即这种技术主要应用于女子不育症、男子不育症和女子子宫不能妊娠等场合，而不得用于有生育妊娠能力的已婚夫妇。从宏观上来说，生殖技术只能作为人类自然生殖过程的补充手段。一旦普遍使用这种生殖技术，并且用来代替自然生殖过程，那就是"奇妙的新世界"到来之日。在这个新世界中，一切我们现在珍视的价值都要失去，我们人类也会从智人（Homo sapiens）变成机器人（Homo mechanics）。

4.5 胚胎是人吗？

体外受精涉及对受精卵和胚胎的操纵。这种操纵是否合适？回答这个问题首先要回答受精卵和胚胎是什么的问题。它们是人吗？它们的本体论地位和道德地位如何？对这个问题存在着两种相反的答案。现在让我们用对话的形式来展开双方的论点：

甲：胚胎是人，受精卵是人的开始。因为他们是人，就应该尊重他们。不应该把他们作为工具、手段来使用，不应该伤害他们，不应该未得他们本人的同意而操纵他们。

乙：道德地位决定于本体论地位，这是对的。但受精卵和胚胎不是人。胚胎与人不是同一的范畴。所以它们也不应该具有同人一样的道德地位。

甲：你说受精卵和胚胎不是人，那是什么？

乙：它们是一块"遗传物质"、"生物学物质"，或"生物学生命"。

甲：把胚胎还原为一堆没有特殊性质的生命物质，在科学上和哲学上都是不对的。所谓"生物学生命"是不存在的，因为生命只有通过个体而存在，而个体总有特殊性质。

乙：在八个细胞阶段以前，胚胎并不是一个多细胞个体。即使是多细胞个体，也只是成为一个人的前提，但本身还不是人。

甲：那你说的人是指什么？难道胚胎不是智人这个物种的一个活的成员吗？胚胎是智人的一个成员，这是一个科学的事实，这个科学事实的道德含义就是从受精卵一开始，就应该把他作为人类大家庭中的一员来对待他、爱护他、尊重他，他不可被伤害、不可被利用。

乙：我说胚胎不是人，这个人是指 person，他是理性的、有自我意识的，在道德上或法律上具有一定义务和权利的主体或行动者。如果人是指 human being，当然可以说它是人，那不过是说，它属于脊椎动物门、哺乳类、灵长目、人科、人属而已。我们也可以把前者叫"社会的人"，后者叫"生物的人"。

甲：我承认两者有区别。但是这两者怎么能分开呢？有不是 human being 的 person 吗？有不是 person 的 human being 吗？

乙：当然有。胚胎、胎儿、脑死病人可以说是不是 person 的 human being，而像《外星人》（E.T.）电影中的外星人就是不是 human being 的 person。

甲：那么你认为当一个胚胎发育为一个 person 时，human being 是否消失？这种发育是发育为一个 person 的过程，还是一个 person 自身发育的过程？

乙：当胚胎发育为 person 时，human being 并未消失。如果我们有朝一日能够像在科幻小说中那样，把一个人的中枢神经系统移植到一个机械装置上，并继续发挥其功能，那么，这时作为 human being 已经消失，但 person 仍继续存在。一个脑死病人，作为 person 已消失，human being 仍存在。所以胚胎发育为 person 不是 person 自身的发育过程，而是发育成为 person 的过程。

甲：这就与情理相悖了。作为一个 human being 就是一个 person，反之亦然。我们不是 human being 和 person 这两个事物的合成体。这里有两个原理：（1）统一性原理，意指人就是一种实体、一种存在，我们并不是先有一个人类有机体，然后加上自我意识或灵魂，才成为 person 的；（2）潜在性原理，指我们在某个发展阶段达到自我意识，我们必定已经是能够达到自我意识的那种存在。

乙：你的统一性原理和潜在性原理是很有道理的。我同意作为一个 person 与他以前的状态具有一种内在的联系。我不过是要说明一个胚胎还不是一个社会的人，因此它不具有与人一样的道德地位，但由于它毕竟可以说是生物学的人，所以它应该具有比一般的生命物质更高的道德地位。

这个对话并没有结束，但我们只好就此打住。乙就是我的观点。

我要补充的是：胚胎虽然不是"社会的人"，但它是"生物的人"，具有发展为"社会的人"的潜力，因此我们毕竟不能像摆弄一管试剂或一片树叶那样去处理和操纵胚胎。我们必须考虑冷冻、体外操作、转移胚胎对未来的孩子可能会产生什么样的近期或远期的影响。从目前试管婴儿的身心发育来看，他们与自然生殖出生的孩子并没有丝毫区别。但毕竟生殖技术发展的时间还比较短，需要我们继续睁大警觉的监测的眼睛。有人担心这种生殖方式会对婴儿的心理有影响，或者他们把自己、或者社会把他们看成一个与众不同的集团，把他们的优缺点都归诸这种生殖方式。我认为这个问题主要决定于家庭、学校、社会。俗话说"少见多怪"，如果试管婴儿多了，也就"见怪不怪"了。只要家庭、学校、社会能够一视同仁地对待这些孩子，就不会出现上述顾虑的情况。从目前来说，这方面似乎并没有产生什么问题。

一个实际问题是当父母逝世后，这些冷冻的胚胎该如何处理？美国洛杉矶一对拥有百万家财的里奥斯（Rios）夫妇膝下无子，原因是里奥斯有不育症。1981年他们去澳大利亚墨尔本接受体外受精术。医生从里奥斯夫人体内取出若干卵，用一个匿名供体的精子授精，将其中若干胚胎植入她子宫，余下两个冷冻在医院中。里奥斯夫人对医院说："你们必须为我保存他们。"但植入失败了。后来里奥斯夫妇于智利死于飞机失事。这样就产生一个问题：这两个胚胎有没有权利活下来并继承他们的财产？是否应该破坏它们？澳大利亚专门成立了一个国家研究委员会来研究这个问题。1984年该委员会建议破坏里奥斯夫人的两个胚胎。但维多利亚州议会上院决定把胚胎植入代理母亲子宫中，长大后继承遗产。我认为，只要胚胎的本体论地位和道德地位确定，这个问题是不难解决的。[102，212]

4.6 公正分配

体外受精在世界上最有经验的中心成功率达 20%～30% 左右。如果一次移植更多的胚胎，例如移植两个，成功率为 28%，三个则为 38%。费用一次为 4 千至 7 千美元，最高达 1.2 万美元。还不包括旅费和因请假而扣除的工资。有的试了三次花了 3.6 万美元，还有的试了七次，花了 8 万美元。① 费用之高令一些专家关注。乔治·华盛顿大学妇产科教授舒尔曼（J. Schulman）说：“有钱人是这个领域进步的主要受益者”。体外受精组中通常包括遗传学家、外科医师、内分泌学家、实验技师和护士。这样就提出了宏观分配和微观分配问题。

宏观分配是指在整个卫生或科学研究经费中，体外受精技术的研究和应用是否应该占一定的比重，占多少比重为宜？如果我们认为体外受精是不道德的或不适宜的，那么它的比重应为零。目前在英美等国，由于对发展这个技术没有取得一致意见，这方面的经费均由私人捐助。但为了提高体外受精成功率，就必须加强胚胎学的研究，单靠私人捐款是不够的。如果这种技术并非不道德的，加以适当的控制对社会的利大于弊，就要考虑分配给多少经费为适宜。我认为，如上分析所表明的，体外受精技术本身在道德上是容许的，而且确实能解决一部分人不育的问题，并且对推动科学进步也有好处，可以也应该用一部分经费从事这方面的研究。但它的比重不宜太大。因为我们的经费首先应用于基层卫生保健工作的改善和增加，以及对严重危害人类生命健康的主要疾病的防治。就是在不育问题上，我们也应该把主要精力放于预防生殖道的感染、进行性行为的教育、研究治疗不育症的新技术，然后才是体外受精技术的研究和应用。

---

① 这是 20 世纪 80 年代的费用，现在更高了。

在微观分配上，我们应该首先把这种新技术用来满足患有无法治疗的不育症，而又极想有个孩子的已婚夫妇的要求。然后再考虑用于有生育能力的夫妇和未婚男女。

4.7 社会控制

一种新技术本身很难说是"善"还是"恶"，它们常常是一把双刃剑：既有积极作用也有消极作用。如果社会控制得当可以增大积极作用而减少消极作用。这种社会控制可以在医院或研究机构、学会或联合会、立法机构等不同层次上进行。例如英国和澳大利亚都成立了一个专门委员会来研究与体外受精有关的社会、伦理学和法律问题，英国称"探究人类受精和胚胎学委员会"，澳大利亚称"探讨体外受精提出的社会、伦理学和法律问题委员会"，这两个委员会均于1984年发表了报告。在英国的报告中，建议所有进行AID、IVF和提供卵的机构都应登记批准，禁止用14天以上的胚胎进行研究，并禁止代理母亲。该委员会主席、剑桥的华纳克（D. M. Warnock）建议成立一个法定的权威机构来监测和控制体外受精的使用、精子和卵的供给和生殖研究的其他方面。但保守党议员帕厄尔（E. Powell）要求完全禁止用胚胎作研究，得到了罗马天主教会和英国圣公会牧师的支持。1984年11月澳大利亚维多利亚州通过了第一个全面的人工生殖法，涉及体外受精、供体精子、卵和胚胎的使用等法律问题。

在第一个试管婴儿于1978年诞生后，美国当时的卫生、教育和福利部部长加利芬诺（J. Califano）指示国家伦理学咨询委员会（EAB）研究有关体外受精的社会、伦理、法律和医学问题。EAB研究了一年，在11个城市举行听证会，提供证词的达170人，另有18人提供书面证词。EAB还审阅了2 000份报告，并听取了生殖科学、伦理学、神学、法律和社会科学方面专家的意见。最后EAB形成了一个报告，于1979年5月4日提交部长。EAB一致认为，用胚胎进行体外受精研究"从伦理学观点看是可接受的"，涉及人类体外受精而无胚胎转移的研究可增加我们对异常后代可能危险的知识，胚胎转移只能限于来自合法婚姻夫妇的配子。报告于1979年6月18日发表，得到了13 000份公众的评论，大多数对报告持否定态度，问题涉及对胚胎的破坏和处置、胚胎的道德地位、这种技术对未来的意义。国会的反应也同样不佳。部长收到由20位参议员、73位众议员签署的50封来信，大多数认为体外受精是不道德的，对未来的含义是严重的。然而1978年哈里斯（Harris）和盖洛普（Gallup）民意测验表明，美国人以二与一之比支持用体外受精和胚胎转移来帮助没有孩子的夫妇。1980年5月，总统研究医学和生物医学以及行为研究委员会主席亚伯拉姆（M. Abram）写信给参议员肯尼迪（E. Kennedy）和哈奇（O. Hatch）指出，总统委员会认为EAB对体外受精的调查研究工作是充分的、全面的，它的结论得到广泛的支持。但由于部机关改组，部长三易其人，至今部里没有表态。[26，190]

5. 代理母亲

5.1 什么是代理母亲？

70年代末开始有代理母亲，现在用代理母亲生出的孩子已有150至200人左右。在美国最早从密歇根、肯塔基、加利福尼亚州开始，现已成为全国性现象。在马里兰、亚利桑那等州，成立了代理母亲中心，还出版一份代理母亲通讯，组织了一个代理母亲协会，名叫"白鹳"（The Stork）。①

代理母亲（surrogate mother）本来是指代人妊娠的妇女，或用自己的卵人工授精后妊娠，分娩后交给别人抚养，或利用他人的受精卵植入自己子宫妊娠，分娩后交该人抚养。但有人指出，这样的理解是用词不当。罗伯逊（Robertson）认为，提供卵和子宫的自然母亲，与为一个不育妻子的丈夫怀孩子的代理妻子一样不是代理母亲。他认为养育母亲才是这个孩子的代理母亲，因为她做了另一个人生的孩子的母亲。[191]然而，我们仍然按通常的用法来理解这个术语。

在美国，代理母亲的一般做法如下。一位经纪人（通常是一位律师）以5 000至10 000美元的费用使一对不育夫妇（或者一个单身男子，但不多见）与一个愿意做代理母亲的妇女订约。如果双方同意他们就签约。一般说来，契约有涉及产前检查、人工流产、代理母亲在妊娠期间行为，以及她同意在出生时放弃这个孩子的条款。

---

① 传说婴儿是由白鹳送来的，象征代理母亲给人送来婴儿。

这对夫妇则同意支付与妊娠有关的医疗费用，负责照管这个孩子，以及付给代理母亲大约 10 000 美元。律师也要准备确认这对不育夫妇的父母身份、终止代理母亲的权利和使收养合法化的文件。

例如，在新泽西州，有人登广告征求代理母亲，有 300 人报名应征。她们填表说明的动机有："我喜欢怀孕"、"分享做母亲的快乐"、"赎我过去人工流产的罪"、"家里需要钱"等。代理母亲收费 10 000 美元，经纪人收费 7 500 美元，医生、律师等费用为 4 000 美元。有的双方不见面，有的来往密切。有的代理母亲拒绝放弃已怀了 9 个月的孩子，有的约束自己不去看望孩子，只看照片。在最早使用代理母亲的密歇根州有过两个案件。其一是代理母亲 S，同意用 M 的精子施行人工授精，孩子生出后收费 10 000 美元。1983 年婴儿出生后是个小脑儿，M 说不是他的。经血型检验表明确实不是 M 的小孩。因为在授精时 S 与她丈夫发生了性关系。其二是 S 夫妇在孩子转让后付给代理母亲 10 000 美元。但州法院拒绝承认 S 是孩子的父亲。有的律师主张判罚代理母亲 90 天监禁或 10 000 美元罚款。在联邦德国，有一个男子因登广告征求代理母亲被罚款 1 750 美元。

代理母亲在道德上和法律上是否容许？这也完全是一个新的问题。

5.2 "白鹳"的功能

代理母亲的兴起是由于这种做法能给有关各方带来裨益。

首先，这种做法可满足夫妇抚养一个健康孩子的愿望，尤其是抚养一个具有夫妇一方基因的孩子的愿望。所以会有这种需要，是由于妻子患有常染色体显性或伴性遗传病，如血友病；更多的是由于妻子有不育症，但夫妇迫切需要孩子。对一些不育夫妇来说，不能有孩子会影响家庭和睦，使双方感到不幸。领养孩子在美国要排很长的队，由于生育控制、人工流产、未婚妇女愿意抚养自己的孩子，供领养的孩子来源缺乏，甚至要等好几年。在这种情况下，代理母亲是一条出路。愿意有个孩子这是合理的愿望，并有着深刻的心理、社会和生物学根源。

其次，这种做法有利于代理母亲。通常妇女怀孕、分娩是因为她们要抚养孩子。但有些妇女只想体验一下怀孕和分娩，并不想承担抚养的责任。从大多数代理母亲申请者的填表动机看，她们都是已婚者，并且已经有了孩子。她们愿做代理母亲主要因为这提供了一个比其他职业更好的经济来源。但也有人是因为觉得怀孕很有意思，喜欢因怀孕而享受的尊敬和注意。也有人因为过去作了人工流产或生了孩子送给了别人抚养而感到有罪，这是一种赎罪方法。还有人像器官供体一样，因她给另一对夫妇送去了"生命的礼物"而感到高兴。

最后，代理母亲对所生孩子也有好处。否则，这个孩子就不会生出来。这与平常的领养不同，领养是这孩子已经怀了或已分娩了。而在这里，怀这个孩子仅是代理协议的结果，没有代理母亲，就不会怀这个孩子，所以，即使这种孩子与领养孩子一样有"这是谁的孩子"的问题，但没有代理母亲他（她）就不会出世。

5.3 可能的代价

对于准备抚养孩子的一对美国夫妇来说，他们得花 20 000 至 25 000 美元，包括律师的费用和按契约的规定提供给代理母亲的费用。这个价钱使得只有中产阶级以上的家庭才能用得起代理母亲。他们必须以紧张不安的心情准备参与一种许多人认为不自然的新的社会关系：他们对他们的亲友怎么说？他们以后对这孩子怎么说？这个孩子与代理母亲应该或可以保持接触吗？在妊娠期间和以后，他们与代理母亲及其家庭保持什么样的关系？如果不以一定的模式解决这些问题，有关各方就会感到混乱、沮丧和尴尬。由于在大多数情况下，代理母亲是个陌生人，从未见过这对夫妇，他们就会产生这样一些问题：她会不会照顾自己？在怀孕期间她会不会与其他人发生性关系？她会不会在以后还与孩子保持联系？在她放弃孩子时会不会要更多的钱？

其次，代理母亲也会发现许多令人不安之处。怀一个孩子可能需要授精几次才能成功。妊娠和分娩可能带来比她预期的更多的痛苦和副作用。那对夫妇可能比她希望的要冷淡。随着分娩的临近，她可能会更多地考虑这孩子是"他们的"而不是"她的"这一问题。分娩后放弃孩子可能比她预期的更令人沮丧，以致可能有几周时间的茫然若失和失眠。对于断绝与孩子的一切联系她可能感到不高兴，对放弃这个孩子感到有罪，最后可能后悔。

最后，代理母亲不像胚胎转移或基因治疗那样可能给孩子带来身体方面的损害，但可能带来心理社会的损害。代理母亲与领养、AID 一样把遗传的妊娠的父母与社会的父母分开。这种分离可能对发现这一点的孩子提出一个问题。像领养的孩子一样，他（或她）可能很想知道代理母亲是谁，甚至想建立某种联系。做不到这一点时，可能会影响他（或她）的自尊心，会猜想自己是由于个人的某种过错而被抛弃的。如果抚养他（或她）的父母不是合适的父母，更可能伤害这个孩子。

5.4 代理母亲合乎道德吗？

代理母亲产生一个生命，但又有意放弃而不去养育它。这是否合乎道德？

代理母亲可有两种职能：一是生育者，即提供受精的卵；二是胎儿的宿主，提供营养和保护。如果当生物学母亲不能怀孩子时，利用代理母亲作为胎儿的宿主，正如用其他人来教育、训练、照料一个孩子一样，在道德上是不容反对的。作为生殖者的职能，也不是一个重要的伦理学问题。但这二者结合，代理母亲提供卵、受精、怀孕，但对孩子日后的养育她不负责任，在她脑子里清楚地把怀孕和养育分开，而这种分开的目的主要是为了钱。这在伦理学上是大可怀疑的。因为这种做法涉及生儿育女动机上的深刻变化：从愿望有孩子本身到愿望有孩子是因为他们能够提供某种好处。代理母亲生孩子不是因为她要孩子，也不是因为她愿意帮助别人，而是因为她自己从生孩子得到好处，具体地说就是为了钱。这就把子宫变成制造婴儿的机器，或"出租子宫"、"租用子宫"。这是不合乎道德的。

有人指出，如果允许这样做，那就也会允许以下种种情况发生：例如《洛杉矶时报》1979年9月17日第1～2页上曾报道，一对夫妇决定生一个孩子，目的是用他来为他的哥哥作骨髓供体；或者用无性生殖方法产生人以供应器官移植的备用部件；或者用脑死病人作为自动补充的血库和人体激素的制造厂。这样就跟纳粹差不多了。纽伦堡审判时，纳粹战犯的一条罪状就是把人用作实现其他目的的手段，而不把他们作为目的本身来对待。

代理母亲有可能破坏家庭结构。如果单身男子也使用代理母亲，与单身女子使用AID在一起，就会使作为现代社会结构单位的一夫一妻制家庭逐渐消失。对于养育代理母亲所生孩子的家庭，由于孩子与养育母亲没有生物学关系，而与养育父亲则有生物学关系，在发生争吵时父亲就会说："他是我的儿子，不是你的！"如果最后他们离婚了，如何解决收养母亲和生物学父亲之间关于监护孩子的争论？对于代理母亲的家庭，他们也会不时地想起这个孩子。正如一个常常提供精子作人工授精的医生的母亲所说的："我不知道我有多少我从没有见过的和永远不能抱一抱的孙子孙女。"

根据上述，我认为在妻子不能怀孕的条件下而代理母亲又非出于获利的动机，那么，在道德上是容许的。至于亲子关系，可以按上述的原则来处理，即养育是亲子关系的主要依据。对单身男女，或可以怀孕而不愿怀孕的已婚妇女使用代理母亲，或出于获利的动机而去做代理母亲，则是在道德上不容许的。1983年美国妇产科学会发布的医师准则"代理母亲中的伦理学问题"中指出：（1）代理母亲面临妊娠的一切风险以及当她与孩子分开时可能遭受心理损害；（2）代理母亲是否应作出影响孩子或孩子父母幸福的决定（和妊娠期间吸烟、喝酒）还不清楚；（3）如果代理母亲决定人工流产或留下孩子，就会发生困难；（4）如果由于某种理由，将对孩子的监护权返回给代理母亲也会发生困难，出卖婴儿是非法和不道德的，但很难区分支付的是怀孩子的服务费用还是孩子本身的费用，并要医生谨防并非不育夫妇而是不愿怀孕或不愿中断他们的事业的夫妇需要一个代理母亲为他们怀孩子；（5）收养父母只有得到代理母亲同意时才能就临床干预和妊娠处理作出决定。1984年7月，英国探索人类受精和胚胎学委员会建议禁止代理母亲。1985年1月，英国一地方法院法官命令代理母亲卡顿不要让她的婴儿从医院被取走，但最高法院仍把孩子判给了委托的一对美国夫妇，卡顿最后拿到了报酬。工党议员阿贝（L. Abe）在国会中说："代理母亲生的未来婴儿不能由出租子宫的妇女任性决定，也不能按委托父母的一时兴致决定，他们很容易把孩子当做商品。"在华纳克委员会和许多医生支持下，国会通过法律禁止商业的代理母亲。[34，131，191]

6. 无性生殖

6.1 什么是无性生殖？

无性生殖（cloning）是简单生命形态的生殖方式。单细胞机体常常通过直接的二裂法生殖。真菌和水母等多细胞机体，通过发芽、释出单细胞或分出一堆细胞，能够再生该机体。无性生殖的单细胞或机体的后代叫无性系（clone）。一个无性系的所有个体在遗传学上是同一的。有性生殖增加遗传的多样性，具有进化上的优点。然而高等有机体仍存在无性生殖能力。如有性植物通过嫁接、插条或成熟机体单细胞培养后繁殖后代。美国康奈尔大学的斯蒂瓦特（F. Stewart）把成熟胡萝卜植物以高速搅拌获得个别细胞，然后把胡萝卜细胞置于生长培养基中，培养出成体胡萝卜。（图 2—2）

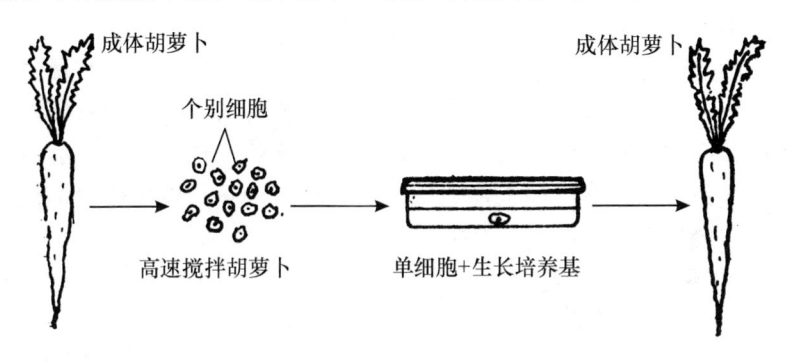

图 2—2　植物的无性生殖

6.2　核转移技术

核转移技术的发展为高等动物无性生殖和无性系创造了新的可能。这种可能基于这一概念：在成体机体的每一个细胞的核中含有整套遗传密码。例如用成体小肠细胞核取代卵核，可以开始发育过程：体细胞和卵都很多，所以可以通过无性生殖产生出大量遗传上相同的机体。美国华盛顿卡内基学院的布里格斯（R. Briggs）和金（T. King）摘出蛙卵的核，植入取自蛙不同发育阶段的细胞核。他们发现供体核越年轻，即越不特化，发育完全的蝌蚪的机会就越大。（图 2—3）

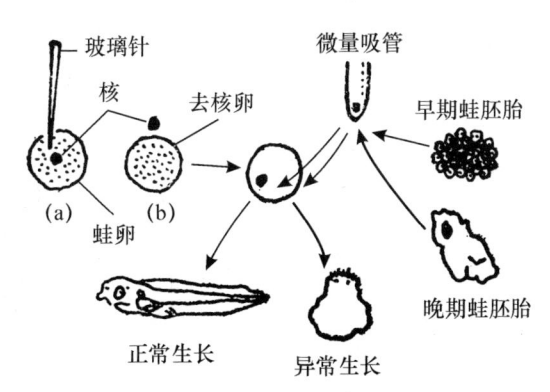

图 2—3　蛙的无性生殖

接着，英国的格尔登（J. Gurden）把一个成体肠细胞核或皮肤细胞核从一个蟾蜍移植到另一蟾蜍卵内。虽然他的许多移植物未能存活，但有一些存活下来。这些移植物成为结构完整的成体蟾蜍，各方面都很正常。唯一的不同是它们没有生物学意义上的母亲或父亲。由于未知的原因，拥有转移核的卵的发育，如同它受精后一样，在许多情况下产生正常的成体。由于一个细胞的几乎所有的遗传物质含在核内，去核的卵和它发育成的个体，在遗传上与作为转移核供体的机体是同一的。因此，新的个体的发生不是卵和精子的结合，新的机体是一个已经存在的基因型的拷贝。生物学家称这些遗传学上相同的机体为无性系；供体蟾蜍和无性生殖的后代是无性系。格尔登的工作表明，在脊椎动物和人中，无性系是可行的。（图 2—4，图 2—5）

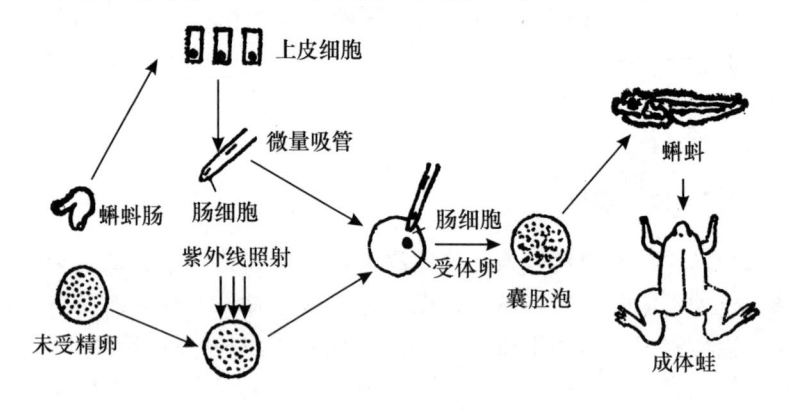

图 2—4 蛙的无性系

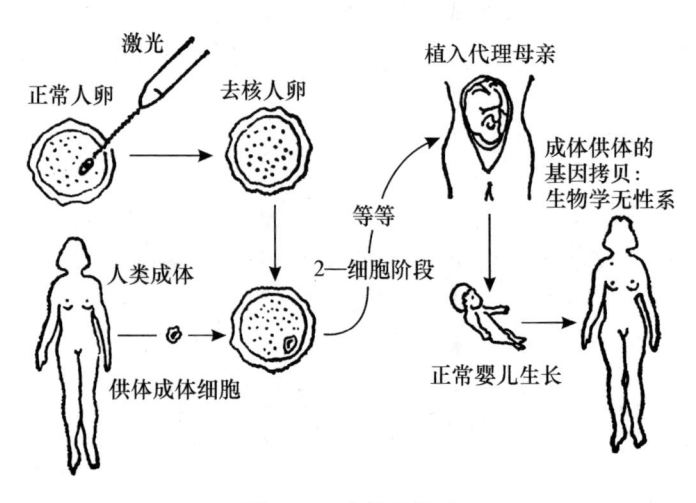

图 2—5 人的无性系

哺乳动物的无性生殖尚未成功。① 小鼠的卵的大小为蛙卵的 1/3 500，用机械方法容易受到破坏。通过细胞融合引入核很不满意，可能需要剥去卵的正常保护层或穿过这些层。

有人建议用无性生殖增加特定基因型人群的比例。例如选择具有这样一些质的基因，如智力或艺术、体育能力、体形美、长寿、顺从、温顺、听话等，从而改善人类生命质量或满足社会的需要。这就提出了严重的伦理学问题。

6.3 关于无性生殖的争论

对于无性生殖用于人在道德上的可容许性问题，多数人持否定的意见，他们的理由如下：

（1）用这种办法在实验室繁殖人是不人道的。

（2）每个人有具有"独特的基因型"的权利，同卵孪生失去这种权利不是由于人的过错，这是个"悲剧"，而无性生殖是有意剥夺这个权利，这是"邪恶"。

（3）无性生殖不管是为了优生，还是同性恋者为了复制自己，都会使人类失去遗传多样性，对人类这一物种的生存起破坏作用。

（4）无性生殖可能被滥用。如犯罪集团头子利用它复制一些犯罪分子去作案；仇人可从对方手臂上偷走一些细胞，复制一个基因型；妇女利用无性生殖制造后代，摆脱男性，建立一个女权社会；有些统治者利用它制造一些智力低于人类的人，用作奴隶等。

支持者的意见有：

（1）无性生殖使人成为生殖的制造者、选择者、设计者，更合理性、更合人道。

（2）如果一对夫妇不能通过自然生殖过程生育，也不愿收养义子，也反对用体外受精和代理母亲，就可以用丈夫或妻子的体细胞作核转移得到后代。

（3）如果一对夫妇带有遗传病的隐性基因，他们不愿采取 AID 或收养义子，也可以用无性生殖得到后代。

（4）无性生殖可以使我们永远保持我们物种中的最佳基因。例如用爱因斯坦的体细胞来复制许多具有他全套遗传物质的个体。也可以用它来阻止缺陷基因在人类基因库中的传播。

---

① 1997 年 2 月英国《自然》杂志发表了 I. Wilmut 等人的论文，报告他们成功地克隆了"多莉"羊（*Nature* 385：210-213，1997）。

（5）在作宇宙航行时，可以带若干体细胞去其他行星，在那里繁殖个体。

人的无性生殖还是未来的事。不过，我想指出的是，即使具有同一遗传结构、处于同一文化和社会环境内，生命及其受制约的模式也是多变的。独一无二的基因型与独一无二的环境相互作用以一种独一无二的方式产生独一无二的个体。即使一个无性生殖的基因型不是独一无二的，当它与它自己的环境相互作用时，也形成独一无二的个体。爱因斯坦的无性系，在遗传上与爱因斯坦是同一的，但他们所处的环境已不同于爱因基坦所处的环境，因此他们的历史也与他不同：他们也许都可以姓爱因斯坦，但他们不是那个阿尔伯特·爱因斯坦。

现代生殖技术使人类能够实现过去不可想象的可能：在双亲逝世十年后使他们的胚胎发育为一个孩子；一个不愿怀自己孩子的妇女可以用其他妇女代她怀孕；可以把胚胎提供给要怀孕父母；在实验室内使胚胎成为研究材料，使之生长到不同的发展阶段等等。这种潜在的可能对传统观念提出了严重的挑战，并提出了种种伦理学难题。

首先，生殖技术操纵了许多人认为不应该由技术干预的自然生殖过程。这种干预、操纵可以是为了个人的目的（如解决不育），也可以是为了社会的目的（如优生）。其次，生殖技术在不同程度上使遗传的、妊娠的父母身份与养育的父母身份分离，这种分离可能危及家庭和社会的结构。再次，生殖技术让第三者提供一个在通常的生殖中不存在的遗传或妊娠因素，从而使家庭关系复杂化。我们需要尊重不同文化的多种价值与尊重我们文化固有的共同价值之间、在通过研究推进科学知识与在当这种进展威胁其他重要价值时需要加以约束之间、在满足想当父母的合理愿望与为了社会和后代的利益必须约束生殖的自主权之间，保持适当的平衡。而为了更好地处理生殖技术引起的种种伦理学难题，我认为需要在后果论与义务论之间保持必要的张力：尽可能地把人类传统的道德价值与为人类带来最大的幸福结合起来。[85，200]

Ⅲ 生育控制

1. 避孕

1.1 避孕的历史

避孕的技术和方法古已有之，但大多数是无效的或效用可疑，不过反映了人们对避孕的愿望和要求。即使是在避孕被当做不道德或非法的行动而被压制时，也仍然有人在研究和实行避孕。

公元前1900—前1100年古埃及的医学纸草纸已记载有防止妊娠的药方，如鳄鱼粪、金合欢末梢、药西瓜瓤和椰枣，目的是阻碍或杀死男子的精子。这些药方并未被证明真正有效，但表明古埃及人（1）认为避孕在伦理学上是可接受的；（2）对生育机制已有一定的认识。

在公元前7世纪古印度《生育咒语和仪式》中有一个避孕咒语，如果男子不要他妻子怀孕，就念如下咒语："我要从你处收回精液"，于是他妻子就得不到精液。公元前3世纪的坦陀罗①说，真正的瑜伽会自我控制性交时不射精。传说印度教三主神之一、破坏和生育神湿婆与雪山神女就这样性交了1000年，直到被最高的神打断。但印度教的主流派认为在完成死后超生的仪式中，男子的后代是不可少的。

在古希腊—罗马，避孕药十分常见。公元前5世纪希波克拉底的一篇论文《妇女的本性》（The Nature of Women）中介绍了一种避孕酒（misy），是铜的馏出液。公元前3世纪亚里士多德指出，将雪松油、铅油膏或兰丹油和橄榄油涂于精子经过之处可阻止妊娠。公元前1世纪左右，狄奥斯科里德斯（Doiscorides）和普利尼（Pliny）都开列过药膏或油膏作为杀精子剂涂于男性生殖器上。罗马人与埃及人一样也使用子宫托。希波克拉底曾指出在月经后一段时

---

① Tantra，即经咒，论述印度教、佛教和耆那教某些派别中的神秘修炼的经文。

期妇女最易怀孕。希腊妇科医生索拉努斯（Soranus）建议如果避孕就要避开这个时期。他又注意到在月经期或月经开始来以前不可能妊娠。希罗多德（Herodotus）报告说，公元前6世纪雅典的暴君皮西斯特拉图斯（Pisistratus）违反惯例，与他妻子性交避免生孩子，这是指他采用中断性交的方法。这是古代较为行之有效的避孕法。

在《圣经·创世记》38章8—10提到了欧能（Onan）的故事。欧能拒不执行他父亲要他尽的与他兄弟的寡妇生儿育女的义务，将精子射在体外。所以直到现在还称中断性交为onanism。这是犹太人在《旧约》中第一次提到的避孕术。公元1世纪巴比伦的《犹太圣法经传》提到过中断性交、子宫托和避孕药水。在古代地中海国家，避孕的原因有妓女卖淫、男女通奸、妇女为了保持体态容貌和孩子过多。

当基督教统治欧洲禁止避孕时，阿拉伯国家发展了避孕术。《可兰经》没有关于避孕的教导。主要的神学家和法官并未谴责阿拉伯医学发展的避孕措施。11世纪的伊本西拿（Ibn Sina，即 Avicenna 阿维森纳）在他的《医典》（Canon of Medicine）中开列了许多避孕药，他的药典中有植物杀精子剂、子宫托等。《医典》第三册在"防止怀孕"的标题下，开列了坐药、杀精子剂和药水。

在早期中世纪欧洲，居住在西欧的凯尔特和日耳曼人熟悉防止妊娠的草药。1150年以后西欧知道了阿维森纳《医典》中的许多避孕药，这本书是欧洲人从那以后500年的标准教科书。在英国诗人乔叟（G. Chaucer）的《坎特伯雷故事集》（Canterbury Tales）中说到三种避孕方法，其中有一种是草药。彼得·德·帕鲁德（Peter de Palude）注意到一个丈夫因为孩子太多无力抚养而采取中断性交法。西耶纳的凯思林（Catherine of Siena）写道，在结婚的布尔乔亚中都用避孕法。17世纪中叶出现了一种新的避孕工具——男性避孕套，但效果不好且又昂贵。在中国，过去传统避孕法是用药物，效用难以查明。

1880年曼辛格（W. Mensinger）研究了新的子宫托。1935年有200种避孕套或子宫托在西方社会使用。种种化学物质被用作杀精子剂和阻塞物。20世纪50年代末研制了有效的避孕药孕酮丸和停止排卵药。目前避孕的主要方法不外是机械的和化学的方法两种。

1.2 避孕是不道德的吗？

避孕长期以来得不到社会的承认，甚至被认为是不道德的，主要是由于两方面的原因。首先,是宗教方面的原因,尤其是犹太—基督教关于婚姻与生育不可分的观念,使某些宗教界人士和教会成为避孕的强大反对者,有些哲学流派也持这种观念;其次,是世俗方面的原因,由于以往的避孕方法不安全而且无效,遭到医学界和其他人士的反对。另外,一些长期被压制的民族为了本民族的生存也反对避孕。例如犹太人就是一例。

犹太教强调生育是人的天职。《圣经》中要求:"你们中间每一个男子或女子都应有孩子";不育是诅咒,大家庭是赐福。《圣经》虽未谴责避孕本身,但它强调生育,为后人的反对提供根据。上帝耶和华不喜欢欧能并杀了他,就是因为欧能不服从父亲的命令,未能使他兄弟的寡妇有后代。这成为经典范例,被后来的犹太—基督教人士援引来证明中断性交是严重的罪恶。早期的基督教也主张性交与生育的不可分离,反对避孕。反对避孕的还有哲学家。公元前 1 世纪,斯多葛派的鲁夫斯(Musonius Rufus)认为,性交的目的是生育,否则是非自然的、错误的,避孕有罪,主张用立法禁止。新毕达哥拉斯主义者鲁卡努斯(Ocellus Lucanus)认为,我们进行性交不是为了快乐,而是为了生育。亚历山大城的斐洛(Philo)认为,为了快乐而性交是非法的,如果一个男子娶了一个已知不育的妇女,他就是行为不端。

当基督教由巴勒斯坦扩展到以意大利为中心的地中海国家时,它面临两种情况:(1)在这个社会中妇女被当做取乐对象,卖淫、通奸、离婚、堕胎、杀婴盛行;(2)基督教内部出现了一个反对生育、主张把性交和生育分离的诺斯提教派。所以,基督教采取严厉的斯多葛主义,用法律禁止避孕。公元 3 至 4 世纪,教皇列奥(Leo)强调结婚必须生儿育女。神父圣奥古斯丁(St. Augustine)认为,没有生育意向使婚姻成为罪行;积极干预生育是把新房变成妓院;夫妻用不育药避孕不是因婚姻而结合,而是因通奸而结合。中世纪的神父阿尔斯的西萨留斯(Caesarius of Arles)进一步认为,避孕就是杀人:"避免多少次怀孕,就是杀死多少人"。中世纪著名神学家托马斯·阿奎那(Thomas Aquina)谴责避孕破坏潜在的生命、损害性交的功能和违反了结婚的主要目的。

新教也反对避孕。路德(M. Luther)说:夫妻结婚的目的是生儿育女。卡尔文(J. Calvin)认为中断性交"特别可恶",是"灭绝种族,在儿子生出前就把他杀掉"。直至 20 世纪初、第二次世界大战前,比利时(1904)、德国(1913)、法国(1919)、美国(1920)的教会仍在给教友的公开信中谴责避孕。其顶峰是 1930 年 12 月 31 日教皇庇乌斯十一世（Pius XI）发布的《婚姻法》（Casti Connubii），认为避孕是"剥夺人繁殖生命的自然力，破坏上帝和自然的法律，干这种事的人犯了严重的、致命的过失"。当时比利时、爱尔兰、西班牙、法国立法禁止出售避孕药。俄国和后来的苏联以及德国、意大利也不鼓励避孕。

历史上认为避孕不道德的理由之一，是认为避孕切断了性交与生育之间自然而神圣的联系。这个理由随着观念的改变而不再成立。第二个理由是认为避孕是预先扼杀了一个人的生命。这个理由也十分勉强。怎么能杀死一个还没有存在的人呢？按这个理论推理，如果性交射精而没有致孕也就是杀人了，甚至不结婚、结婚之前都是在杀人了。这是荒谬的。在历史上真正站得住脚的理由是以前所谓的避孕药或避孕装置不但无效，而且可能不安全、有毒。所以一旦研制出安全可靠的避孕方法，任何力量都难以阻挡人们去使用它们。但是研制避孕术，需要有一定的观念气候。在中国，曾经有一个时候，由于对马尔萨斯的错误批判，错误地强调人不但有一张嘴，主要地有一双手，不重视甚至反对控制人口，在这种观念气候下，人们就不会去重视研究避孕方法。

1.3 争取避孕的合法

控制生育为社会健全发展所需，而避孕是控制生育的主要手段。避孕是理性社会、理性人的合理要求。柏拉图认为，在理想的城邦中居民不宜生许多孩子，免得陷入贫困和战争，实际上他认为避孕是公民的义务。在古代和中世纪，这种合理需要，以变形的形式在某些教派的学说中反映出来。上述的诺斯提教派反问：生育的目的是什么？救世主已经来到人世，基督教徒干吗还要效法基督？公元 4 世纪由波斯传至西方的摩尼教认为，人是黑暗王子吞食光明王子之后与公主性交的产物。在人内部，光明的粒子仍然存在，但被禁锢着，它们要争取自由。所以生育是最大的罪恶，它禁锢光明不让它自由。这种排斥生育但不排斥性交的观点有利于避孕，被认为是 20 世纪中叶避孕思想的先驱。10 世纪在保加利亚兴起一个新诺斯提教派，影响伸展到东罗马帝国首都君士坦丁和西方的波斯尼，以及意大利北部和法国南部。他们歌颂不导致生育的爱，反对引起生育的性交，认为魔鬼在"种子"里，当妇女怀孕时，魔鬼就住在那里。因而孕妇常被拒绝施圣礼。

即使在正统的教义内，也不能绝对排除结婚与性交的分离。例如教会允许不育的或已过生育年龄的那些人结婚，这就意味着生育的目的对于结婚不是必不可少的。同时随着历史的发展，人们更重视人口质量，强调对后代要进行教育，"养而不教"、"以量胜质"对社会是不利的。

但在避孕思想中起关键性作用的是马尔萨斯学说。虽然有人发现，中国在1793年已有人看到人口过剩与社会不幸的联系，但起世界性影响的还是马尔萨斯。他在《人口论》中提出，如果不加限制，人口每25年按几何级数增长。但他的解决办法不是避孕，而是晚婚。边沁和普莱斯（F. Place）则主张避孕。1830年欧文主张用中断性交控制生育。但蒲鲁东于1859年预言：马尔萨斯主义会灭绝法国，正如罗马帝国之被灭绝一样。18世纪以来，人们逐渐接受了避孕的思想，原因是人是机器的思想逐渐深入人心：人和机器一样是可以控制的。19世纪末，多数人认为避孕是避免由于过度生育引起的不幸的解决办法。1878年，从英国开始，接着在德国、法国、波希米亚、西班牙、巴西、比利时、古巴、瑞士、瑞典、意大利、美国相继成立了马尔萨斯协会，1900年在巴黎举行第一次国际控制生育大会。从1880年到1930年，由于安全而有效的避孕方法的问世和使用，医学界转而接受了避孕术。同时科学、社会学、经济学界也改变了对避孕的态度。人们看到，过多的不合意的妊娠引起了不幸和健康恶化，禁止避孕的结果是杀婴和堕胎的增多。1930年教会的态度也有了变化。英国圣公教教会主教批准接受避孕法。1930年至1958年间，主要的新教教会都不再禁止已婚夫妇避孕。1959年世界教会会议批准避孕。

天主教教会对避孕态度的变化则比较微妙。首先，在中世纪已开始有人承认非生育的性交。15世纪神学家勒迈斯特（M. Le Maistre）认为婚姻性交为了取乐可以无罪。17世纪神学家桑切斯（T. Sanchez）也认为非生育性交无罪。18世纪末，神学家一般已不再坚持婚姻性交的生育目的。其次，神学家看到了非生育性交的积极价值。19世纪法国耶稣会教士格里（J. Gury）认为，非生育性交"可表现或促进夫妻感情"。1935年多马斯（H. Domas）认为，爱情对于夫妇性交的意义至关重要。1930年庇乌斯十一世发布的《婚姻法》批准了妻子不育时的婚姻性交。在这种气候下，教皇会议上大多数人建议允许婚姻中的避孕性交。但教皇保罗六世（Paul VI）在

1968年7月25日发布的通谕中又重申了对避孕的谴责。英格兰、爱尔兰、意大利和美国的主教团表示拥护,然而比利时、加拿大、法国、德国、印尼、荷兰却允许天主教徒避孕。

1.4 避孕的问题

(1) 避孕是把结婚与生育分离开来的第一步。这种分离会不会发展到这样的程度,使人们放弃了生育的义务,从而影响到社会和国家的利益与人种的生存和延续?应该承认这种潜在的可能性是存在的。因而对于避孕术的研制、分配和使用,应加以调节和控制。例如当"人口爆炸"时,避孕药和工具可以大量生产、低价出售或无偿使用;当人口短缺时,则限制生产和高价出售等。这样,就要在宏观层次上,与整个社会发展相适应地制定人口控制规划,把避孕作为实现人口控制规划的一个主要手段来考虑。

(2) 把性交与生育分离的避孕术的推广使用会不会引致性关系的混乱?这种可能也是存在的。避孕肯定有助于减轻对性生活的压制,使性关系比过去自由,这是社会发展进程中必然要经历的步骤。但这种"减压"会不会失控?在某些条件下是可能或必然发生的。例如婚前性关系就会比以前增多,甚至也会使非婚性关系增加。婚前性关系和非婚性关系都有可能带来不幸。

(3) 鼓励避孕会不会导致更多的人工流产?从日本的资料看,避孕与人工流产呈正相关。但也有事实表明,禁止避孕也会导致更多的人工流产。因为人们观念上并不认为生育是绝对义务,因此当避孕失败就求助于人工流产。但另一方面,如避孕成功就不必要作人工流产,但由于禁止避孕,人们只好求助于人工流产了。所以,避孕与人工流产不一定有必然的相关,主要取决于当时的社会—文化情境。

(4) 如何使避孕措施更有效、更公正?有人认为,目前的避孕方法都不理想,或者在分配不平等的社会中要求避孕的可能大多是穷人或少数民族,因此主张采取如下措施:1) 要生儿育女的人必须持有执照(波尔丁[K. Boulding]);2) 在供水中添加不育剂,需要生育时再设法中和它(艾利希[P. Erhkich]);3) 使所有女孩暂时可逆的不育,仅在政府批准时允许恢复。这些具体办法是否切实可行是另一个问题,但都赋予政府对生育更有力的控制权力。在特定条件下这样做也许是不得已的。但作为一种长期的常规,恐怕需慎重考虑。

2. 人工流产

2.1 流产和人工流产

流产可定义为：在胎儿具有可存活性以前自发地或诱发地终止妊娠。前者为自发流产，后者为人工流产，也称诱发流产。诱发流产又可分为治疗性流产和非治疗性流产。在历史上，无论是医学实践还是伦理学，母亲总被认为比胎儿更重要，所以引产救母是个长期传统。治疗性流产就是合法流产。医生不会因在医院给生命危险的孕妇引产而被起诉，而非治疗性流产则被认为是非法流产。但在胎儿具有可活性以前终止妊娠，并非都是流产。如在月经周期后作诊断性刮宫术，那时受精卵可能已在输卵管，但不能在子宫上着床。还有因使用宫内避孕器而阻碍受精卵植入。这些也都属诱发性终止妊娠，但不是流产。

人工流产的种种理由归纳起来有：（1）如果让胎儿正常发育并且分娩，母亲的生命会受到威胁；（2）如果妊娠继续，母亲的身心健康会受到严重损害；（3）妊娠很可能或肯定产生一个有严重缺陷的婴儿；（4）妊娠是强奸或乱伦的结果；（5）母亲未婚先孕，感到耻辱；（6）已有儿女，再生一个孩子对家庭是不可忍受的经济负担；（7）再增加一个孩子妨碍母亲、双亲或家庭的幸福；（8）妇女或夫妇双方有很强的事业心，不愿意有孩子；（9）由于人口爆炸，为控制生育，少要或不要孩子，等等。

20世纪中叶以前，人工流产主要是为了救治母亲生命，因而在伦理学上不成问题。20世纪中叶，一方面发现母亲风疹发病率与婴儿先天异常发生率之间的相关、羊水液细胞培养技术使得有可能直接诊断胎儿缺陷，另一方面研究出安全、方便、简单的人工流产技术，人工流产率的目的越来越多地出自个人或社会动机的生育控制或计划生育、避免异常婴儿出生、提高人口质量。这样就与传统的伦理学观念发生了冲突，引起了一次最大的生命伦理学争论。争论的焦点在于：人工流产在伦理学上是否可以接受？与这个问题密切联系在一起的是：胎儿的本体论地位和道德地位是什么？

在讨论这些问题以前，我们先介绍一下胎儿的发育情况。

2.2 胎儿的发育

卵从卵巢排出后的存活时间为24小时之内，精子必须首先经过化学变化，获得能育力，才能进入卵，使卵受精。这个过程发生在6至8小时内。避孕就是干预这段时间内的过程。受精卵称为合子，由一个细胞分裂为二、四、八个细胞。开始六七天受精卵在输卵管中而不在子宫内，这对人工流产有意义。刮宫术、避孕环、甾类避孕药都是阻碍受精卵植入子宫。六七天后受精卵植入子宫。排卵与行经之间相隔十四天，新生命在输卵管中待七天，胎盘有七天时间可以产生足够的激素使母亲停经，以免使合子流掉。正是这些激素使我们能够诊断妊娠。妊娠第二周合子成为胚胎。[103，109，110]

胎儿正常发育情况见下表（表3—1）：

表3—1　　　　　　　胎儿正常发育的主要阶段

时间	心血管系统	神经系统	其他标准
0小时	——	——	受精，1个细胞，常称合子
约22小时	——	——	2个细胞
约24小时	——	——	4个细胞
约66小时	——	——	8个细胞
约4天	——	——	16个细胞；桑葚期
约6～7天	——	——	植入——常称"胚泡"期
2周	——	——	名称从合子改为胚胎
3～4周	心脏泵血	——	——
6周		——	器官呈现
7～8周		口或鼻搔痒，颈屈曲	——
8周		脑电活动	名称从胚胎改为胎儿，长3厘米，可辨认手指、脚趾
9～10周		吞咽、眯眼、缩舌等局部反射自发运动	——
10周			——
11周			吮吸大拇指，X光可见骨骼细节，脑结构完善，长10厘米
12周	通过母亲可取胎儿心电图		
13周			此后禁忌刮宫
12～16周			胎动，16周长18厘米
16～20周	可听到胎儿心脏跳动		20周长25厘米
20周			名称从流产胎到早产儿
20～28周			10%存活
28周			"可存活"胎儿
40周			分娩

2.3 人工流产问题上的各派观点

在人工流产问题上有两个极端：保守派和自由派。在这两极之间是带有各种色彩的中庸派：从接近保守派这一端到接受自由派这一端，中间则有弱的保守派和弱的自由派的不同组合。

强的保守派观点反对任何形式、任何阶段的人工流产。他们认为胎儿就是人，具有与成人一样的权利，因而，一切形式的人工流产都是不道德的，甚至是非法的，是犯罪，应该受到惩罚。例如基督徒初期认为一切人工流产都是错误的，不作任何区别。新教创始人路德和卡尔文认为胎儿从妊娠起就有完全的人性，因为胎儿的灵魂来自父亲的精子，所以反对任何阶段的人工流产。1588年罗马天主教教皇西克斯图斯五世（Sixtus V）反对一切形式的人工流产，宣称它们都是有罪的。1965年教皇庇乌斯九世（Pius IX）也重申一切人工流产有罪。1869年第二次梵蒂冈主教会议谴责人工流产是罪恶，要求对胎儿自受孕之日起给予最大的护理权利。但是这种强的保守观点是很难在现代社会中站得住脚的。支持这种观点的人不多，即使在天主教会内对此也持异议。

强的自由派观点则相反，认为胎儿不但不是人，而且不过是母亲的一块组织，甚至与阑尾差不多，还不如狗、马等高等动物。因此，胎儿没有任何权利。人工流产在任何阶段、由于任何理由都是在伦理学上可以接受的。这种强的自由派观点也难以为多数人接受。有人举例说，有一个妇女已怀孕七个月，一切正常，但是为了与丈夫去欧洲旅行，去医院作了人工流产。这种形式的人工流产在道德上是可以接受的吗？大多数人认为不可接受，虽然个别持强的自由派观点的人认为可以接受。

由于强的保守派观点和强的自由派观点都很难站得住脚，所以都各自向另一端移动，出现了弱的保守派观点和弱的自由派观点等种种形式的中庸派观点。

保守派观点向另一端移动出现这样一种弱的保守观点：认为虽然胎儿从怀孕起就是人，具有与成人一样的权利，但他的权利不是绝对的，当他的权利与母亲的权利势不两立时，应该服从后者。例如继续妊娠会给母亲带来生命危险时，人工流产就是可以允许的。不同宗教的许多人大都持这种观点。这种弱的保守观点还表现在把成为一个人的起点多从怀孕时刻往后移，例如从合子植入子宫起成为人。这些观点可称为保守—中庸观。

自由派观点向另一端移动则出现了弱的自由派观点：如认为胎儿虽然不是人，但毕竟不是一块组织、一个器官，而是一个生命，在怀孕后期作人工流产比初期要提供更具说服力的理由。而在何时开始成为人的问题上，则向前移，例如向前移到可存活性这个时刻，即具有可存活性的胎儿是人。这种观点可称为自由—中庸观。

极端的保守派和自由派观点是简单明确的。但中庸派观点具有多种色彩，可以有多种选择，因而也就有更多的争论。

所有各派的争论集中在两个问题上：（1）胎儿的本体论地位，即胎儿是不是人？什么时候成为人？如果胎儿不是人则是什么样的实体？（2）胎儿的道德地位，即胎儿是否拥有任何权利？拥有什么权利？

但是，人们在讨论中发现：

（1）"胎儿是不是人"似乎是一个科学事实问题，但实际上是个形而上学问题。

（2）胎儿的本体论地位似乎决定胎儿的道德地位，但实际上胎儿的本体论地位如何并不完全决定胎儿的道德地位如何。

（3）解决了胎儿的权利问题似乎就可解决人工流产在伦理学上是否可接受的问题，但实际上权利或价值冲突问题并不能靠胎儿本身的道德地位来解决。

但是弄清胎儿的本体论地位和道德地位，虽然不能直接地、自然而然地解决人工流产的合道德性问题，毕竟对解决这个问题有积极意义。[50]

下面我们将详细讨论这些问题。

2.4　胎儿是人吗？

胎儿是不是人的问题，或胎儿是一个什么样的实体的问题就是胎儿的本体论地位问题。对这个问题可以有两种回答：胎儿是人，或胎儿不是人。但是不管认为胎儿是人，还是认为胎儿不是人，必须回答"人"是什么？如果认为胎儿是人，还必须回答胎儿何时成为人的问题。如果认为胎儿不是人，则必须回答胎儿是什么的问题。

我们先考察认为胎儿是人的种种论点。

认为胎儿是人的论据各种各样，因而胎儿成为人的起点也各种各样。但主要有五种观点：从受孕一开始就是人；合子植入子宫后成为人；脑电波出现后成为人；母亲感到胎动时成为人；胎儿在体外可存活时成为人。

（1）认为胎儿从受孕一开始就是人的论据如下：因为胎儿的父母是人，所以它也就是人，受孕是非人成为人的临界点；从受精开始，新的存在物就有一套独特的遗传密码，正是这套遗传密码决定它的特征，这是人的智能的生物学基础；预成论认为胎儿的发育是小人的扩展，受精卵内已经有后来发育为成人的小人存在；精子具有灵魂，卵提供营养，受精卵已是灵魂和肉体的统一体，所以从受孕起受精卵就具有人性。

预成论已被胚胎学证明是不正确的，受精卵不过是一个细胞，核内有分别从父母双方继承各一半的46条染色体。经过如表3—1列的各阶段才发育为一个婴儿。精子或受精卵有灵魂一说，更不能成立，因为科学业已证明连成人也不存在原来意义上的"灵魂"。所以这两类论证不能成立。至于前两类论证，存在这样的问题：受精卵来自人，是否就等于人？受精卵已具有成为人的生物学基础，生物学基础是否就是人？对胎儿是否是人的深入讨论，逐渐转移到什么是人的讨论，而对什么是人的问题的进一步了解，越来越使人感到人与受精卵之间存在很大的差异，因而前两类论据也很难成立。我们将在后面详细讨论什么是人的问题。

（2）认为合子植入子宫时成为人的论据是，在植入前，细胞之间没有发育上的相互联系，每个细胞孤立时都可形成完全的胚胎，几个细胞融合可形成一个胚胎，而植入后就形成为一个多细胞个体，细胞之间有紧密的发育联系，它们都是多细胞个体的一部分。植入前后的胚胎存在着这样的区别，这是生物学上的事实。但植入后的这种多细胞个体是人吗？这又提出了什么是人的问题。

（3）认为脑电波出现时胎儿成为人的主要论据是，大脑皮层是作为人的特征的意识和反思的基质。但是皮层的出现只是发育中的重要一步，人的神经基质与人不是一回事。这也涉及什么是人的问题。

这种论点是古代和中世纪赋予形式或赋予灵魂的观点的现代形式。公元3世纪基督教曾把已具形式与不具形式的胎儿分开。此后在不同历史时期，天主教和新教的教会都曾强调这种区别，以便区别流产已具形式的胎儿的非法性和流产不具形式的胎儿的合法性。这种观点与亚里士多德的见解相符合。亚里士多德认为最初的胚胎是植物性的存在，仅是"营养灵魂"，后来是个动物，具有"感觉灵魂"，具有形状的胎儿则是人，因具有"理性灵魂"，男胎于40天时成为人，女胎于90天时成为人。在此以后作人工流产就是不道德的。

（4）认为胎动时胎儿成为人的论据是，因为在胎动或母亲感到胎儿在子宫内活动以前，母亲认为胎儿是她自己的一部分，不是一个独立的个体，而在胎动以后，胎儿作为一个独立的存在更实在了，母亲常常用一个名字来称呼它，赋予它人格的特征。这个论据有两个问题，其一，胎动是母亲对胎儿的感觉，这种感觉可以反映胎儿发展到一定的阶段，但并没有表明胎儿在这个阶段已成为什么；其二，当母亲感到胎儿是一个独立实体，并给它起一个名字时与胎儿本身就是人并不是一回事。

（5）认为胎儿在子宫外可以存活时成为人的论据是，胎儿能在子宫外存活，就表明它已成为一个独立的不再依赖母亲的实体。这个论据与（4）类似，因此也有类似的困难：胎儿能在子宫外存活时是否就是人？任何动物也都可以在外环境中存活，但它们不是人。美国最高法院法官布莱克门（Blackmun）将可存活性定义为胎儿在此阶段有可能在母亲子宫之外生活，尽管需要人工辅助，时间为第24至28周。但是正如恩格尔哈特（Engelhardt）指出的，这种可存活性可随医学科学的进展而越来越往前推移，但是往前推移后，用人工辅助存活下来的胎儿是否都是真正的人？[75，201]

2.5 胎儿不是人吗？

从历史、民俗以及宗教、哲学学说来看，胎儿往往并不被当做成人一样对待，而是被认为与成人不同。把胎儿与成人一样看待只是后来的事，或始终只是一部分人的看法。

古巴比伦的汉谟拉比（Hammurabi）法典规定，殴打妇女导致流产，根据她的地位课以罚款：如系贵族和自由民的女儿罚10个锡克尔①，如系平民或佃民的女儿罚5个，奴隶的女儿罚2个。希伯来法律对此类情况也课以罚款。亚述的法律把这种情况视同侵犯丈夫的财产。赫梯人对这种案子则根据流产胎儿的妊娠年龄罚款：10个月的胎儿罚10个银币，5个月的胎儿罚5个银币。

---

① 古巴比伦货币单位。

在《犹太圣法经传》中，胎儿被认为是"母亲的一部分"，不是独立的实体。一个怀孕母亲改宗，把胎儿包括在内与母亲一起改宗，无须追加的仪式。在犹太、罗马法律中杀胎儿与杀婴儿、杀人是有区别的。《犹太圣法经传》解释，婴儿出生一天就是人，而胎儿不是人。在犹太法中杀胎儿没有犯罪。在《旧约》中说："如人殴打怀孕妇女，引致流产，而未伤害她，课以由她丈夫规定的罚款。但如伤害她，则以命偿命。"后来在公元前3世纪，把伤害（harm）解释为伤及具有形式（form）的实体，杀害已具形式（灵魂）的胎儿的判死刑。犹太法律规定，人的生命（human life）从出生日开始。

早期基督教受《旧约》影响，不认为胎儿是人：伤及孕妇生命，要"以命偿命"（a life for a life），伤及所怀胎儿只提"以眼还眼"（an eye for an eye）。13世纪的医生马尔库斯（I. Marcus），17世纪的神父桑切斯都认为胎儿是母亲的一部分，不是人。尽管他们的意见并不是天主教会中的主流。现代认为胎儿不是人的论据更加充分，他们首先明确什么是人这一概念，胎儿是不是人这个问题也就迎刃而解了。这些论据我们将在下一节讨论。

从民族学的证据看，一些部落或民族在习惯上不把胎儿认作是人。泰国北部的普沃卡伦（Pwo Karen）人，认为从妊娠到出生后数天内不算人，在举行了赋予灵魂的仪式后就是人了。印尼婆罗洲的杜逊（Dusun）人，两岁以前不予命名，他们认为："如果我们给这婴儿一个名字，他死了，我们就失去了他"。菲律宾人称未经洗礼的婴儿为Muritu（还不是人），这种孩子死了，人们不在乎，要是受过洗礼的孩子死了，人们愿意为他做一切可能做的事。在中国的传统习俗中，对流产的胎儿或早夭的婴儿不像对待死人一样办丧事，从中也可看出对待胎儿与人是有区别的。

中国古代一些哲学家认为人在出世时才开始。荀子说："生，人之始也；死，人之终也。"韩非子说："人始于生，而卒于死。始之谓出，卒之称入。故曰：'出生入死'。"古罗马哲学家卢克莱修（Lucretius）认为人的生命在两端上要比作为人的生物学基质的机体的生命要短，因为有机生命开始的发育过程和结束时的退化过程不足以支持有意识的功能。

以上说明在不同的社会—文化中，不管在民俗中还是在宗教和哲学界都曾认为胎儿不是人，甚至认为初生婴儿也不是人，他们把人的起点定于出生时刻甚至出生以后。

现代认为胎儿不是人的主要论据有二：

（1）关系论据。即认为胎儿出生前后在关系上有本质区别，也就是说胎儿—孕母和婴儿—母亲的关系有本质区别。前者是个一元存在，一个合二为一的单位，胎儿完全依靠母亲；而后者是个二元存在，新生儿虽然依赖母亲的营养和照料，但至少已可独立获得他所需的氧，在饥渴和需要爱抚时，会用自己的行动引起成人的相应的行为。胎儿在社会上不扮演任何角色，但婴儿不同，他已成为家庭和社会的一个成员，他可扮演子女、病人等角色，与社会上其他人已有身心的交往。

（2）意识论据。即认为胎儿以至初生婴儿没有意识，因此都不是人。他们之中有人强调自我意识，有人强调推理能力，有人强调交往能力，有人强调理性。

但是，说胎儿不是人，总觉得不能接受，即使胎儿按关系或意识标准确实还不是人。难道它不是"潜在的人"、"可能的人"、"正在成为人"？对这一反驳不难回答。"潜在的人"、"可能的人"、"正在成为人"都不是人。当我们说 X 是潜在的 Y 时，X 并不是 Y。X 是潜在的总统，不能说 X 就是总统，就有总统权力。当一对夫妇生下一个畸形儿后，期待第二个孩子是健康的、正常的，并且预先取名为"宝宝"。"宝宝"就是一个可能的人，但还不是人。或者说某个合子是一个几率为 0.4 的人即有 40% 的机会成为一个人，但仍然还不是一个人。

即使如此，难道胎儿不是人的胎儿吗？人的胎儿还不是人但也并非是"非人"。否则"非人"如何变成为一个人呢？而且受精卵、合子、胚胎、胎儿、婴儿、儿童、少年、青年、中年、老年不是一个人的连续统吗？怎能把胎儿孤立出来不算人呢？胎儿如是"非人的"，就不会有后来这些阶段。确实，这些反驳不是没有道理的。所以回答"什么是人"的问题不可避免了。

2.6 什么是人？

在讨论什么是人这个问题时，即从胎儿的本体论进入人的本体论时，最重要的进展是把 human being 和 person 区别开来，或者把人类的生物学生命（human biological life）和人类的人格生命（human personal life）区别开来。如果用我们熟悉的话来说，就是把生物的人和社会的人区分开来。[72，76，77，78，159，175]

人的生物学生命或生物的人是指属于生命分类中脊椎动物门、哺乳类、灵长目、人科、人属的有机体。这个有机体是迄今生物进化的顶峰，具有一系列不同于其他物种的形态、生理、心理方面的独特特点，拥有一套不同于其他物种的独特的基因结构—遗传物质。许多人之所以认为受精卵、合子、胚胎或胎儿是人，就是根据这一生物学标准来论证的。但是他们所说的人，实际上是人类的生物学生命。可以举例来进一步说明。一个失去大脑皮层的男子，他可以继续产生精子，他还是他这个物种的一个成员，他仍然具有人类的生物学生命。但是作为人类的人格生命，作为社会的人，他已经死了。普切蒂（Puccetti）打了一个比方：有一幢房子，我们想知道楼上是否有人住着，但由于法律和伦理学上的理由，我们不能进去看；我们站在外面守着、听着；我们听到炉子在燃烧，可能是个自动加热器；晚上有灯光，可能是个防止窃贼的自动定时器；我们打电话进去，知道电话没有坏，但没有人接；我们测出炉子发出的温度不足以维持一个人冬天居住需要的温度；我们在外墙安了窃听器，窗上安了录像机，但什么也没有发现。我们的结论是：楼上没有人（person）。对于一个昏迷不可逆的病人来说，虽然他还有心跳呼吸，我们可以这样说：他的生物学生命还存在，但他的人格生命已不存在了。所以，人类的生物学生命与人类的人格生命的区别不但适用于胎儿，也适用于脑死病人。[12]

从受精卵开始到最后死亡，在遗传学上有连续性，这种连续性是人类的生物学生命。人类的人格生命仅在某一阶段才发生，有时并不与人类的生物学生命同消失。那么什么是人类的人格生命或社会的人？

前面已谈到了作为一个人的意识标准和关系标准。我认为这就是作为一个社会的人、人类的人格生命的基本标准。而且这两条标准是密切联系的。

人类的人格生命或社会的人的本质特征是具有自我意识。因此可以把人定义为具有自我意识的实体。许多哲学家论述过自我意识的重要性。笛卡儿把自我意识作为他的哲学基础："我思故我在。"康德认为，自我意识不仅是世界的中心，而且是世界的源泉。费希特甚至认为："我就是一切"。王阳明也说过"万物皆备于我"。当然他们的唯心主义是错误的，但这也从一个方面说明自我意识的重要性。有人问大学生愿不愿意同某个妖怪搞一项交易："这个妖怪可以使你们的智商增加到400，使你们成为国家的领导人，使你们画出的画超过毕加索，使你们获得诺贝尔奖金，条件是永远不再有自我意识的经验。你们干不干？"大多数学生表示不愿意，因为他们不愿意失去有意识经验的能力，失去了这种能力就不再是人（person）了。

正是这种自我意识，把人（person）与非人灵长类、与受精卵、胚胎、胎儿以及脑死者区别开来。正是这种自我意识，使人体发展全过程的连续统发生质的变化：当人体发展到产生自我意识时，人类的生物学生命发展为人类的人格生命；当不可逆地丧失自我意识时，又复归为人类的生物学生命。

把人（person）定义为有自我意识的实体有一些困难。某些非人灵长类似乎有自我意识，如黑猩猩能够在镜子中辨认自己的脸和身体，受过训练的大猩猩科科能够用手势说话，会使用单数第一人称。而有些原始民族部落的语言却没有第一人称单数。但这个问题仍然是可以争论的：比如还不能说科科等有自我意识，或者它们只是一些个别的例外；没有第一人称单数的部落不是没有自我意识，而是他们的语言有缺陷，缺乏表达自我的词汇等。

但仅仅具有自我意识这个特征似乎还不够。我们可以进一步问：人类有机体如何才能产生自我意识？自我意识当然首先需要一定的生物学基质——人脑作为前提。但在孤立状态中不能产生自我意识。狼孩等事例有力地证明了这一点，它们不具备自我意识，仅有生物学生命，尽管有人脑、有人的遗传物质。自我意识必须在同其他人的交往、关系中产生，即必须在社会关系中才能产生。所以，当我们说婴儿在二至三岁时产生自我意识，这就隐含着这样一个前提：这个婴儿处于正常的社会关系中。由于婴儿处在一定的社会关系中，因而他也就扮演一定的角色。并由于这种社会角色，与社会上其他人发生相互作用。这种社会相互作用使他产生自我意识。在镜子中能辨认自己的黑猩猩没有这种社会关系；像科科等个别的大猩猩也许进入了这种社会关系中；没有第一人称单数的部落的婴儿则处于一定的社会关系中。于是我们得到这样的定义：人（person）是在社会关系中扮演一定社会角色的有自我意识的实体。

有人提出，person 与 human being 怎么能分开呢？person 难道不都是 human being 吗？不然。一旦我们与外星人相遇，它们是什么样的人？如果它们具有与我们类似的机体，并且有自我意识，它们既是 person，又是 human being；如果它们的机体不能纳入我们目前生物学的分类系统中，而它们有自我意识，例如 E. T. 中的外星人，那样它们是 person，不是 human being。所以所有的人类生命并不都是人类的人格生命。事实上许多人类的生物学生命永远不能成为人类的人格生命，即大量的合子从未发育到分娩。而且很可能，也不是所有的人格生命都是人类的。其他行星上的智能生命很可能不是人类生命。人类的生物学生命成为人类的人格生命有一个变化和发展的过程。

那么，我们用什么操作标准来判定婴儿何时已发育为具有自我意识的人呢？这是困难的。因为每个婴儿的发育情况不完全一样，无论是婴儿自己的特质还是它所处的环境都有区别。因此，自我意识发育的时间有早有迟。另一方面，婴儿一经出生，就处于社会关系之中，扮演一定的社会角色。因此，即使按上述的定义那时虽然它还不是人，我们也应该而且可以把它作为人来看待。所以，荀子说的"生，人之始也"，韩非子说的"人始于生"适用于这里。但这是一个操作标准，是为了实用的方便，因此必然会有例外。在其他章节中我们将讨论这个问题。

回答了"人是什么"的问题，就可以回答"胎儿是什么"的问题。胎儿不是人类的人格生命、不是 person，但也不只是一块组织、一个器官、一个动物。它是具有人类的生物学生命的特殊实体。

2.7 胎儿的生的权利

关于胎儿的道德地位问题主要是胎儿有没有权利的问题，主要是胎儿有没有生的权利，或更确切地说，出生的权利问题。权利是社会给个人的许可。"生的权利"或"出生权利"就是"许可出生"，别人有义务不干涉。出生权利问题又与人工流产的合道德性问题直接联系在一起。

胎儿有无出生的权利，可以根据不同的论据作出不同的回答。

（1）胎儿有绝对的生的权利。对这一论点的传统论证是：

杀死一个无辜的人是错误的；

胎儿是无辜的人；

杀死胎儿是错误的。

第一个前提是不成问题的。第二个前提现在有了问题："无辜的人"中的人是 person，而胎儿不是 person。

（2）即使认为胎儿是人，或一个潜在的人、可能的人，也可以论证胎儿没有绝对的生的权利,即在一定条件下不让它出生在道德上是可容许的。

12世纪犹太教神父、医生和哲学家迈蒙尼德斯（Maimonides）指出,如果继续怀孕威胁母亲的生命,那胎儿就是侵犯者,这时人工流产就不是谋杀。按照犹太教的教义,胎儿的权利不能超过母亲的权利,但一旦胎儿出生就神圣不可侵犯。17世纪的天主教神学家桑切斯利用自卫论据来反对胎儿对母亲的侵犯。还有一些神学家用双重效应原则为在一定条件下否认胎儿生的权利辩护：人工流产的直接目的是为了挽救母亲的生命,流产胎儿不是直接目的而是间接效应：把它从一个它不能在那里活下去的地方转到一个它必定要死的地方。[81]

有人把自卫论据进一步扩大到特殊条件下可以杀一个无辜的人。设一个疯狂的科学家,把一个无辜的人催眠,使他从丛林中跳出来用刀攻击另一个无辜的过路人。如果你被攻击,而杀死攻击者是保护你的生命的唯一办法,你就有权利杀死攻击者。虽然胎儿是无辜的,如果对孕妇的身心健康或生命构成威胁,不让胎儿出生而流产,这是容许的。自卫权利也可以转移到你的代理人。例如你雇用一个保镖帮助你杀死攻击者。这个保镖就类似帮助孕妇人工流产的医生。

还有一个有趣的论据,可证明胎儿的权利不能超过孕妇的权利,或一个潜在的人的权利不能超过一个实际的人的权利。设我们的空间探险家落在一个异己文化的人手中。那里的科学家决定把他的身体分解为他的组成细胞来创造几十万的人类（human beings）,用他的遗传密码创造出发育完全的人类。这样创造出的每一个人,具有原来的人的能力、技能、知识,也具有自我意识,即每一个人都是一个person。在这种情况下,我们的空间探险家会尽可能逃避,从而剥夺所有这些潜在的人的潜在的生命,因为他的生的权利超过了所有这些未来的人的权利。

这些论证揭示了一个重要的问题：在人工流产问题上,存在着不同权利、利益、价值的冲突。关键是如何处理这种冲突更为妥善。

（3）胎儿没有生的权利,因为它不是人。论证如下：

以任何理由破坏一个不是人的实体总是允许的;

胎儿不是人;

以任何理由破坏胎儿总是允许的。

有些自由派似乎采用了这样的论证。按这种观点,一个怀了七个月的胎儿的孕妇，仅仅为了同丈夫去欧洲旅行而进行人工流产，在道德上也是容许的。但是这一论证的大前提是成问题的：我们不能以任何理由去破坏一个不是人的实体。山脉、河流、植物、动物都不是人，我们不能以任何理由去破坏它们。

(4) 即使胎儿不是人，也不应剥夺它出生的权利。可以用"滑坡"论据来支持这种观点。胎儿虽然不是人，但毕竟与成人之间有连续性，在逐渐发育成为人。即使成人死后，尸体不再是人，我们仍需尊重尸体。同样，我们也必须尊重胎儿。需要有合适的理由才能剥夺它出生的权利。如果对胎儿没有丝毫的尊重，借用一些微不足道的理由就破坏它，就会逐渐地侵蚀我们对人的态度。

所以，胎儿的特性有时可以作为胎儿具有生的权利的必要条件，但不是充分条件。生的权利指每个人有义务不干涉其他人的生命。但这种权利不可能是绝对的。例如对杀人、强奸、抢劫等罪行要惩处，直至死刑。所以生的权利是指你若遵守社会的规则，社会许可你活着，社会有义务不伤害或干涉你的生命。受精卵或胎儿的发育一方面视其是否存在遗传结构，另一方面视其是否有适宜发育的环境。一棵橡树子落在离橡树一米远的土中，长出树苗，它能成长为橡树吗？不行。所以橡树苗是否有"生的权利"决定于环境条件。如孕妇不愿怀第二、第三个孩子，或人口爆炸使人口控制成为必要，或妊娠是强奸所致，这时个人和社会的环境都不接受该受精卵的发育。如果家庭和整个社会都不具备该受精卵或胎儿的发育环境和养育条件，也就没有它们的生的权利。[65]

2.8 人工流产问题上的价值冲突

人工流产问题涉及胎儿、父母、家庭、社会、后代等多种价值的交叉和冲突。过去，堕胎术原始而危险，往往不是夺去母亲生命，就是危害她的身心健康。在这种情况下，权衡的天平容易倾向禁止一切人工流产，至多允许个别例外。自从有了安全、简便、有效的人工流产方法后，情况就不同了。天平的一端是父母、家庭和社会，而另一端只留下胎儿一个。胎儿不是人（person），但毕竟是人类的生命，所以仍然具有一定的内在价值，但这个价值不足以赋予它与成人乃至婴儿同样的权利。尽管成人的权利也不是绝对的。当胎儿与父母、社会的利益发生冲突时，它不得不服从于后者。这一点不是哪个人的意志所能左右的。

所以，胎儿主要具有外在价值。当一个社会人口过度膨胀，像中国这样，已经大大影响到社会生产和人民生活时，放宽对人工流产的限制，作为避孕失败后的生育控制辅助措施，是必要的。这时胎儿的价值由于社会的原因而大为降低。在这种情况下，虽然会牺牲一些胎儿，但对留下来的胎儿可以有更好的照料，并使它们有更好的前途。反之，像欧洲某些发达国家，人口不但出现零增长，而且出现负增长，长此以往就会出现劳动力严重短缺和人口异常老化的情况，给这些国家带来严重威胁。他们就会鼓励生育，就像现在已经做的那样，还会用法律来严格限制以至一般禁止人工流产。那时胎儿的价值就会因社会的理由而大为增大。

另一方面，胎儿毕竟也是人类的生命，它与以后的发育阶段有内在的联系，因此我们也应给予必要的尊重。否则对于社会和人类也是不利的。

因此，对人工流产进行合适的社会控制，在任何社会中总是必要的。[195]

2.9 人工流产的控制

对人工流产的社会控制主要通过法律，历史上有三种模型：

(1) 为了保护胎儿。这种模型一般是用法律禁止一切人工流产，或只给予某种例外——继续怀孕危及孕妇生命。1630年英国的法律视胎动（16周）以后的人工流产为仅次于死罪的大罪。1803年规定所有人工流产都是犯罪，胎动后流产则惩罚更重。1861年规定任何企图引起流产的行为，不管由孕妇或其他人引起，都判重罪。这一法律一直实施到1967年。美国的第一个反人工流产法，于1821年在康涅狄格州通过。1868年36个州通过反流产法。1965年所有50个州禁止任何阶段的人工流产和流产企图。42个州和华盛顿特区甚至禁止为救母亲生命而行人工流产。至70年代初，大约有60个国家的法律是这一种模型。

(2) 为了医疗实践的统一。这一模型是第一个模型的放宽。人工流产需根据医学的标准由独立的官员来批准才可允许。在北欧各国设立了委员会来审批，其标准包括评价分娩和照料儿童对妇女身心健康的影响；考虑她现实的和未来的生活条件。1967年和1973年初，美国12个司法机构采取1962年美国法律学会建议的模型：如果一个持执照的医生认为继续妊娠将严重损害母亲的身心健康，生出的儿童会有严重的身心缺陷，或由强奸、乱伦及其他犯罪引起的妊娠，即可在一认可的医院中，经医院一个有关的委员会批准后进行人工流产。1969年加拿大的法律就采取这种模型。匈牙利、罗马尼亚、保加利亚则规定，仅当得到国家的一个委员会批准后才允许人工流产。

（3）为了妇女自由。只要是由医学上有资格的人进行流产术，即合法。目的是给予妇女以控制自己身体的权利。1920年苏联的法令规定，凡在一个国家医院中，由医生实施的人工流产均合法。目的是保护和解放妇女。1936年该法令被另一法律代替，该法律规定：除妊娠危及孕妇生命或严重威胁孕妇健康，或胎儿可能有严重遗传病外，禁止人工流产。这是由于害怕出生率下降和人们对婚姻和生育采取不负责任的态度。1955年又废除1936年法律，规定妇女有作出决定的自由，以防止非法堕胎给妇女带来的危害。1967年英国通过人工流产法案，只要有两个医生认为继续妊娠"给孕妇生命带来的危险、对孕妇或她家庭已有儿童的身心健康的危害大于终止妊娠带来的危害"，即可允许人工流产。20世纪70年代以来，许多国家采取第三个模型的法律。我国采取的也是这个模型。

1973年，美国一假名为Jane Roe的孕妇对得克萨斯州的反人工流产法是否符合宪法提出异议。按照该法律，除非为了挽救母亲的生命，否则实施人工流产即构成犯罪，判有期徒刑二至五年。美国最高法院以5∶2裁决，一个妇女作终止妊娠的决定符合美国宪法的个人权利。从此以后，美国各州的法律采取第三个模型。大致内容为：（1）任何法律不能限制妇女在怀孕前期（头三个月）由一位医生实施人工流产的权利；（2）中期流产由法律管制以维护母亲的健康；（3）后期，即胎儿可存活时，法律禁止流产，在需要保护妇女的生命或身心健康时可例外；（4）任何法律不能要求所有流产在认可的医院内进行，或由医院委员会批准。其理由是：前期流产的死亡率与正常分娩一样低，甚至更低；随着到中期危险逐渐增加，以致超过正常分娩；后期胎儿可存活，国家应给予保护，这时胎儿的权利可压倒母亲的个人权利。但是美国关于人工流产立法的争论并没有结束。[45]

1980年，关于人工流产政策的争论集中在法院对"医疗补贴计划"（Medicaid）资助穷苦妇女人工流产的裁决上。1981年，人工流产的争论从法院移到国会。参议员赫姆勒斯（J. Hemles）提出了一项人类生命法案，宣称胎儿从怀孕一开始就是一个人（human being），要求联邦政府不要去资助人工流产。里根总统表示支持人类生命法案。后来参议员哈特菲尔德（M. Hartfield）又提出一个限制联邦资助人工流产法案，限制"医疗补贴计划"资助人工流产，除非妊娠危及母亲生命，其中未提及人类生命开始问题。国会要求提供科学依据解决人类生命从何时开始的问题。起初，7个医生和科学家作证词说，在生物学上，一个独特的、遗传学上个别的人（human being）从怀孕起就存在了。但是其他科学家批评了这个问题的提法，指出真正的问题不是新受精的卵是否在生物学上属于人类，而是能否说这个有机体为一个具有完全的道德和法律地位的人（person）。许多医生、科学家和哲学家的一致意见是，将道德和法律地位赋予新生的、正在发育的人类生命，不是一个科学能提供定论性答案的问题。鲁宾斯（F. Robbins）指出，"科学可以勾画出出生前脑发育的诸阶段，但评价这种知识并选择某一生命阶段作为'具有人格身份'，则有广泛的活动余地"。在作证中，许多科学家指出，一个新受精的卵在生物学上也许是智人物种的一员，但仅作为这一物种的一员，并不足以把人格身份赋予孕体。而且科学材料并不自动产生道德结论。卡拉汉（D. Callahan）指出，"论证人类生命从怀孕开始，但断言在某些条件下妇女舍弃这种生命的权利是道德上更好的方针，这是完全可能的"。从生物学上来说，遗传学上个体化的人从怀孕起就存在。但正如科学用测量心电图和心跳来定义死亡一样，不管是生命的开始或结束，总是由具有一定目的的人来决定什么时候赋予生命以人格身份。关于生命和死亡的决定要立足于科学知识，这是对的；但它们最终是伦理学决定。[50]

于是赫姆勒斯法案的听证会把注意力从"人类生命在何时开始"问题转移到"如果孕体在生物学上是人类的一员，什么时候社会赋予这个新生的、正在发育的人（human being）以价值，使之得到完全的法律保护"这个问题了。人工流产的拥护者和反对者在哲学上的分歧有如下四个方面：

（1）价值的确定。反对者认为一个事物的价值是由事物本性客观决定的，不是由人主观赋予的。胎儿作为人类一员的生物学地位就决定了胎儿的价值。反之，支持者认为价值是人赋予的。他们更强调人类的意识和自由，而不是事物的本性。胎儿的价值不决定于其本性，而决定于具有一定目的的人。所以，孩子是否是"所要的"

或"不要的"、妊娠是否是"自愿的"或"非自愿的"非常重要。

（2）法律与道德的关系。反对者认为法律与道德不可分。确定胎儿是人的道德判定，就是在法律上禁止人工流产。拥护者主张法律与道德的分离。"该不该做是一回事，法律是另一回事"，不要把犯罪与罪过混为一谈。社会上对人工流产意见不一致时，法律应该把决断留给个人去做。

（3）政策解决社会问题的局限性。反对者认为人工流产不是个人问题，而是社会问题，因为人工流产破坏人类生命，所以在理想社会中必须禁止。但拥护者认为政策的作用是有限的。也许在理想社会中没有人工流产的地位，但在现实世界中，关于人工流产的政策必须与公民的实际行为相适应，而不能只是规定他们应该有怎样的行为。

（4）对科学应用和控制以及科学进步的价值的态度。拥护者认为，科学使控制自然成为可能，进步就在于此。医学和科学知识的进展促进对生命的合理计划和控制，这是人类自由的前提条件。而反对者认为，社会进步不一定是科学进展的必然结果，并对科学在现代社会中的作用有一种矛盾的心理，因为技术进步有两重性。他们同意韦伯（M. Weber）的观点："科学没有回答我们应该做什么和我们应该如何生活等问题。"[225]

3. 绝育

3.1 剥夺生育的能力

（1）绝育的概念

绝育是用手术剥夺生育能力。在20世纪初发明并于目前推广的绝育术主要是用手术切断或结扎男子的输精管和女子的输卵管，使精子或卵子不能通过。目前这种手术安全可靠。据美国估计，1970年左右美国育龄夫妇中已有275万人接受绝育手术，男女约各占一半；20至39岁之间的已婚夫妇，其中有一方行绝育术的占总数的1/6。单单1974年，美国15至64岁妇女的输卵管结扎术就达32.6万例。

（2）绝育手术

男子绝育术过去我国就有，如太监或对某些犯人行宫刑。这种手术野蛮而不安全。现在对男子进行双侧输精管切断术，比妇女的绝育术更安全而简单，一般在门诊就能做，20分钟即可。先行局部麻醉，在阴囊作一小切口，分离和切断输精管，目的是使精子无法到达尿道。输精管切断后并非马上不育。活的精子可存在于输精管远端达数月之久。所以术后必须用显微镜检查精液样本，直到确认没有活的精子为止。

女子绝育术是用可吸收的缝线结扎两侧输卵管，然后切断。当缝线吸收，切断的两侧分离，使每一条都堵塞，目的是使精子在输卵管无法与卵相遇。成功率可达99%。输卵管结扎术可通过腹部切口也可通过阴道切口进行。有些国家在研究通过用子宫镜插入子宫烧灼子宫与输卵管的接合部以阻断两侧输卵管。另一种办法是行子宫切除术。但子宫切除术比较复杂，花费又大，发病率达20%，死亡率为输卵管结扎的4倍。

（3）绝育的目的

治疗：如果继续怀孕，对妇女和胎儿都会带来致命的危险，通过绝育术可保母亲平安。

避孕：为了使夫妇不再生孩子，或由于夫妇个人的考虑，或由于控制人口、提高人口质量等社会需要。

优生：如果夫妇一方或双方有严重遗传病，绝育可保证遗传病人不再传递到下一代，也可改善人类基因库质量，造福于社会。这是用作消极优生学的一种方法。

惩罚：对于犯罪或反社会行为，尤其是强奸和其他性犯罪，用绝育作为惩罚手段。中国古代用宫刑作为刑法中的一种。

（4）绝育方式

自愿的：即得到受绝育术者本人知情同意的。

非自愿的或义务的：即无须得到本人同意的。例如美国有些州的法律规定，智力严重低下的人必须接受绝育术。

3.2 关于绝育的争论

罗马天主教会反对绝育有两个理由。其一，绝育破坏了人体的整体性原则；其二，绝育使我们人类这个物种不能繁衍。但是面对着妇女未来妊娠将危及她们生命的许多例子，对绝育持完全排斥的态度显然是不行的。所以，他们应用双重效应原则来解决接受治疗性绝育的问题。所谓双重效应原则是指：绝育手术的意向的、直接的效应是为了治疗妇女的疾病（如因子宫肌瘤而摘除子宫），或预防遗传病，剥夺生育能力只是非意向的、间接的效应。

犹太—基督教的传统观点认为，生儿育女是人人应尽的义务。因此，除了治疗性绝育外，只允许有儿女的人行绝育术。但是女权运动的兴起强调要尊重妇女控制自己身体的权利，包括自愿绝育。德尔奥利奥（A. dell'Olio）指出，妇女在政治和经济上所受的歧视，来源于生物学上的屈从，要纠正这种屈从，唯有重申对自己身体的控制权利，赋予妇女一切生育控制手段，而输卵管结扎术是"容易、快速、安全、有效和便宜"的最佳方法。女权运动的发展已使绝育成为由每个男女自主决定的权利。

在西方国家，绝育作为个人的权利似已得到社会的承认，但出于社会的理由而行绝育术所遇到的阻力则更大。美国的"人类改善基金会"曾主张，由于精神病和先天性缺陷对国家造成威胁，并且通过遗传延续下去，为了国家利益应牺牲个人自由，广泛实行绝育。但遭到绝大多数人的反对。它不得不改名为"自愿绝育协会"。利用绝育作为惩罚性犯罪的手段，也遭到大多数人的反对。

美国某些州曾有对"智力上无能力的"成人和未成年人进行强制绝育的法律，理由是：（1）智力低下的父母不能照料他们的儿女；（2）智力低下是遗传的，社会应预防有缺陷后代的出生。1927年，美国最高法院法官霍尔姆斯（O. Holmes）在 Buck v. Bell 案例中表示，绝育措施符合宪法，这些法律为社会所必需。以后，许多州法院法官对强制绝育法律作了判决，有些州宣布这些法律不合宪法。1942年美国最高法院裁决生育权利是宪法权利，在 Skinner v. Oklahoma 的案例中指出，绝育法律是对人的歧视、干涉人的自由，但又明确承认："国家干涉个人的自由以预防通过遗传传递对社会有害的缺陷是符合宪法的。"但道格拉斯（Douglas）法官说，生育权利是人的最基本的公民权利之一。几年以后，最高法院把生育或不生育的权利推及所有未婚和已婚的个人。

关于自愿绝育有三个问题：（1）无行为能力的成人或儿童能否对自愿绝育表示知情同意？无行为能力的人或儿童不可能表示这种知情同意。（2）有行为能力的未成年人能否对绝育表示知情同意？对未成年人自愿的和非自愿的绝育都应禁止。美国各州也都有这种禁令。（3）对有行为能力的成人绝育必须满足哪些条件？根据各国的法律有如下规定：

等待期。有的人作出了绝育决定后可能反悔，所以需要有个等待期。一般为 30 天，最长者为丹麦，规定有 6 个月。

最低限度儿女。新加坡规定为 1 个，巴拿马规定 5 个。

经济或社会困难的证明。丹麦、瑞典等国都有此要求。

配偶的同意。丹麦、新加坡、日本等国都有此要求。

由政府监督。捷克、丹麦、新加坡等国都有此要求。

绝育彻底地把婚姻和生育分离开来，使婚姻成为或不再成为能生育的婚姻。不管是出于个人的动机，还是出于社会的动机，只要合理，例如个人不愿多育，甚至为了事业不愿生育，为了疾病的治疗和预防，为了控制人口和提高人口质量等，只要自愿都是在伦理学上可接受的。

但社会对绝育措施也应有控制。首先，对未成年人不得行绝育术。其次，绝育一般都应得到本人和配偶的知情同意，自愿进行。再次，就是自愿绝育也需要经过一定的程序。

对绝育条件的掌握应视人口数量和质量情况而定。在数量过多、质量不高的情况下，绝育的条件可以稍宽一些；反之，在数量过多、质量不低的情况下，条件就应稍紧一些。[137]

4. 胎儿研究

胎儿研究或胎儿实验本身不是生育控制问题，但是与生育控制密切相关的一个问题。所以也放在这一章来讨论。

4.1 胎儿研究的必要

研究胎儿的结构和功能，从形态、生理、生化方面研究胎儿，为预防和治疗胎儿和孕妇的疾病、提高妇幼保健的质量所必需。例如胎儿研究可提高监测子宫内胎儿状况的能力，如通过培养胎儿细胞可在子宫内诊断先天畸形；通过分析羊水中的胎儿产物可分析胎儿年龄，确定最优的分娩时期，避免过早引产或剖腹产引起的早产；以及在子宫内诊断胎儿的健康状况。对胎儿的研究，可以用动物作模型，但毕竟人与动物不同，最终还必须在人类胎儿上进行。而且离体的胎儿与在子宫内的胎儿又有不同，所以有些实验还必须在子宫内进行。

几千年以前，人们就对胎儿如何在母亲体内存活感兴趣。希波克拉底和亚里士多德曾猜测胎儿也进行呼吸。盖仑（Galen）和维萨里（Vesalius）认为母亲的血管通过胎盘直到胎儿。1651年，哈维（Harvey）猜测，母亲的血管与胎儿血管之间有吻合。1628年尼曼（Nyman）发现母亲的心率与胎儿的心率不同。1683年莫里梭（Mauriceau）否定了胎儿用肺呼吸。18世纪罗德（Roeder）发现，母亲与胎儿血管并不直接连在一起。因而胎儿不是由母亲动脉直接供应血液的一个器官，而是与母亲血管分离的一个实体。对它进行独立研究是有必要的。

4.2 胎儿研究的争论

胎儿研究在原则上是否允许，首先决定于人类胎儿的本体论地位，即它是什么样的实体？这个问题在前面已作详细讨论。这里不再展开。

对用可存活的活的胎儿在子宫外进行研究，多数人持否定态度。对于死胎及其组织的研究，一般没有异议。有争论的是：（1）对不可存活的活的胎儿在子宫外进行研究，和（2）对子宫内胎儿的研究。

对子宫内胎儿的研究。如果这种研究属于治疗性质，对胎儿的风险小，又能解决母亲的健康问题，则可以且应该进行。如属非治疗性研究，对胎儿和孕妇没有风险或风险极小，也可进行。但要求预先有动物实验的准备。这同样适用于对准备流产的子宫内胎儿的非治疗性研究。对子宫内胎儿的研究的益处和风险，涉及四个变量：（1）治疗效果，（2）经验和知识的获得，（3）孕妇的安全，（4）胎儿的安全，其利益涉及受试孕妇、受试胎儿、其他孕妇和胎儿、社会或人类、研究者。有的人强调研究者不仅仅对受试者而且对整个人类负有义务或责任，因此强调这种研究绝对必要。有的人则强调不能损害孕妇和胎儿是个绝对原则。如果坚持"在不能损害孕妇和胎儿的前提下进行研究"这个原则，就可以取得一致意见。

对子宫外不可存活的活胎的研究则有较大的分歧。反对者认为，对不可存活的活胎在子宫外进行研究，（1）会导致对人类生命的价值、对不能照顾自己的人（婴儿、老人、重病人、智力低下者）的权利和需要、对临终病人的要求、对不自愿的受试者的权利不敏感、漠不关心；（2）如果研究表明，用不可存活的活胎进行研究非常有用，就会使受试胎儿供不应求，就会出现种种刺激鼓励使胎儿成为受试对象，使科学界和医学界不知不觉地放宽了什么情况应作人工流产的标准，而社会经济地位低的人容易被这种压力或引诱吸引；（3）当社会上许多人知道了活胎被用来做实验，会产生厌恶和沮丧情绪，好比知道有人吃人或挖祖坟一样，会破坏社会的和谐和安宁。但支持者认为，只有通过这类实验，人们才能学会如何维持和改善人类生命；而所用的胎儿虽然是活的，但是不可存活。那就是说，不管做什么或不做什么都一样，不超过几小时，一切生命现象都同样会消失。

另一个问题是知情同意问题。反对者的理由之一是，无法从胎儿获得知情同意，因为胎儿没有能力知情并表示同意。有人提出"推定同意"或"代理同意"（即由胎儿的母亲表示同意）的概念。即如果研究有益于胎儿，我们可以推定胎儿是会同意的。根据什么作出这种推定？根据人类本性：当救援自己的同胞且没有或风险极小时，人都会这样去做。胎儿研究对胎儿无害，对同胞有益，可以推定胎儿会表示同意。

正是由于胎儿研究对孕妇、胎儿、他人、社会有益，可是又有可能给孕妇或胎儿带来风险，所以必须加以适当的控制。[149]

4.3 胎儿研究的管制

胎儿有着独特的道德地位，它是人类生命，可又不具有人格的生命（即不是社会的人），它比婴儿地位要低些，但比高等动物又要高些。所以需要满足一定条件才能进行胎儿研究。

1972年，英国以妇产科专家皮尔（J. Peel）为首的顾问小组提出如下条件：（1）活的胎儿不应作非治疗性研究；（2）可存活胎儿的胎龄应定为20周，体重400至500克；（3）可用死胎及其组织进行研究；（4）有关胎儿研究不应有金钱交易，要保持完整记录；（5）如活胎体重低于300克，肯定不可存活，可作研究使用，但需经伦理学委员会批准；（6）不准为了弄清试剂的效应而给子宫内胎儿注射可能有害的试剂。

1974年成立的美国国家保护生物医学和行为研究人类受试者委员会认为：非治疗性的子宫内胎儿研究，如果对胎儿只有"最低限度的"风险，便是可接受的；在某些规定的限度内，子宫外非治疗性胎儿研究也是可接受的。委员会认为胎儿研究若满足以下条件，在伦理学上可以接受：（1）必须充分利用动物模型和非孕妇完成先行研究；（2）所要获得的知识是重要的，且不能用其他合理手段获得；（3）对母亲的和胎儿的风险和益处必须进行充分的评价和描述；（4）必须取得母亲的知情同意；（5）不因经济、种族和社会阶级的不同而选择受试者，从而不公平地分配风险和益处。

  此外，委员会还规定了如下主要准则（以母亲表示知情同意为前提）：（1）如果对胎儿风险极小，又能有利于母亲的健康，可对孕妇进行治疗性研究；（2）如果对胎儿没有风险或风险极小，可对孕妇进行非治疗性研究；（3）如果有重要理由，对胎儿没有风险或风险极小，事先对怀孕动物或非孕妇有充分的研究，可对不准备流产的子宫内胎儿进行非治疗性研究；（4）对准备流产的子宫内胎儿进行非治疗性研究，应按（3）进行；（5）可对人工流产时或子宫外不可存活的活胎进行非治疗性研究，如果这种研究是重要的，在此以前已经过动物或非孕妇的研究，胎儿不足 20 周，不因研究而改变人工流产的决定等；（6）如果对胎儿的健康没有危险，并遵守上述规则，也可对可存活的胎儿进行非治疗性研究；（7）可对死胎及其组织进行研究；（8）不应因研究而改变人工流产的适宜时间和方法；（9）胎儿研究不准进行金钱交易；（10）由美国政府帮助的在美国以外的胎儿研究，应按与国内同样的原则办理等。[69，193]

Ⅳ 遗传和优生

医学遗传学是遗传学与临床医学相互渗透而形成的一门学科。它以人体的疾病和异常性状为对象，研究疾病与遗传之间的关系，研究遗传病的遗传方式、病因、发病机制、诊断、治疗和预防措施。随着医学的发展，原先严重威胁人类生命的一些疾病已得到控制，发病率大大下降；而遗传性疾病所占的比重日益突出。目前已发现的遗传病已超过 3 000 种，估计每 1 000 个新生儿中有 3 至 10 个患有各种遗传病。而这个百分比也只是冰山一角。从卵巢排出并被精子包围的卵，15％不能受精，10％～15％不能植入子宫，12％～33％在植入子宫后初期死亡，9％～13％自发流产，1％在围产期死亡。只有 28％～48％存活到出生。产前高死亡率主要由于染色体异常。在妊娠 22 周，约 5％的流产是染色体异常；在妊娠 16 周，为 30％；在 8 至 12 周为 60％。以血红蛋白症为例，全世界杂合子①有 2.4 亿，每年生下来就死亡的纯合子有 20 万，其中一半是地中海贫血症，一半是镰形细胞病②。对遗传病的诊断、治疗和预防不仅涉及个别人体，而且关系到社会和整个人类，提出了一系列伦理学问题。[140，180]

1. 产前诊断

1.1 产前诊断技术

1900 年，英国产科学家巴伦廷（Ballentyne）曾谈到通过听胎儿

---

① 细胞核内染色体成对，每条染色体上都有决定同样性状的基因叫纯合子，如果这个性状是某种疾病，纯合子即为病人；如果一条染色体上是正常基因，另一条染色体上是有病基因，就是杂合子，又叫携带者。

② 地中海贫血症是血红蛋白分子中缺乏 α 链或 β 链，镰形细胞病是 β 链第 6 位谷氨酸为缬氨酸代替。

心音来诊断胎儿心脏病和无脑儿。1949 年,巴尔（M. Barr）和伯特拉姆（E. Bertram）在猫的神经细胞核中观察到性别差异。1956 年,确定了人体每个细胞的染色体为 46 条,不是 30 年前认为的 48 条。1956 年,莱尤纳（J. Lejeune）描述了唐氏综合征的异常染色体模式。1960 年,利莱（A. Liley）等人用羊水穿刺获得羊水液,分析被破坏的血色素量,以诊断胎儿 Rh 不相容性的严重性。1966 年,有两组科学家同时报告,有可能从羊水腔取出胎儿细胞来作染色体分析。1967 年,瓦伦蒂（G. Valenti）和纳德勒（H. Nadler）利用这个新技术来诊断胎儿的唐氏综合征。这是医学遗传学领域最重要的突破之一。羊水穿刺法是产前诊断的主要手段,其他有超声波和 X 线检查、胎儿镜、绒毛膜取样检查等。

遗传病产前诊断的主要步骤如下:采取详细的家庭史是产前诊断的关键步骤,因为它可揭示需要对何种遗传病作出诊断。作在羊水穿刺前,要用超声波确定是否双胎及胎盘的部位。局部麻醉后用针插入病人下腹部,进入子宫,注射器吸满 20 毫升时将针拔出。羊水液含少量活体细胞。当羊水液与含营养的培养液混合,并在暖箱保持于 37℃时,活细胞附在培养皿壁上,并进行繁殖。起初胎儿细胞长得很慢,在 1 周、1 周半或 2 周后到达大量。约 2 周后,就可对培养的胎儿细胞作染色体分析;作生物化学检查则需 4 星期来积累足够的细胞。大多数产前诊断是借助分析培养细胞,有时也用液体本身。

1.2 产前诊断的适应症和风险

产前诊断用于诊断染色体异常、伴性疾病、先天性代谢病以及无脑儿和脊柱裂。前三者通过检查羊水细胞,后二者通过分析羊水本身。

（1）染色体异常:世界上每年有 70 万以上的活产婴儿有染色体异常。技术的进步可使所有染色体异常在妊娠初期得到诊断,使母亲进行选择性流产。30 岁以上高龄孕妇的染色体发生率增加:30 岁至 39 岁孕妇为 1‰～2‰,40 岁以上孕妇为 3‰～10‰。至少有五种与母亲年龄有关的染色体异常已可诊断:13、18 和 21－三体型[①]、XXY、XXX。唐氏综合征发生率在 30 岁以下孕妇为 1/1 500,35 至 39 岁孕妇为 1/300,40 至 49 岁为 1/40。

---

① 指第 13、18、21 对染色体为三条,而不是正常的两条。唐氏综合征即为 21－三体型。

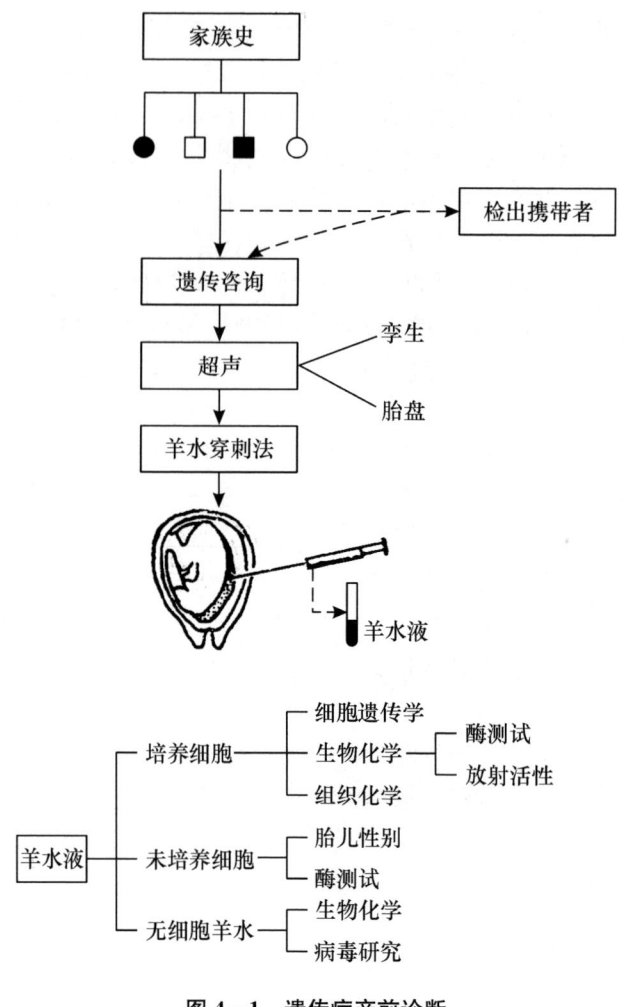

图 4—1　遗传病产前诊断

（2）伴性疾病：指与性染色体异常有关的遗传疾病。伴性疾病有 150 种，其中 4 种病可在男性胎儿诊断出来。有的个体外表正常，但具有致病基因或异常染色体，因而可将疾病遗传至后代，称为携带者。一个母亲为 X 伴性疾病（例如血友病）的携带者，她怀的男性胎儿有 50% 机会有这种病。① 但产前不能诊断出血友病，只能通过确定胎儿性别和流产来加以避免。

---

① 女的血友病患者的两条性染色体 XX 中一条正常另一条异常，而她的男性胎儿的两条性染色体 XY 中只有一条是 X。血友病基因在 X 染色体上。所以男性胎儿有这种病的可能是 50%。

(3) 先天性代谢病：有粘多糖代谢病、脂类代谢病、糖代谢病、氨基酸代谢病等。由单个有缺陷的基因引起，没有可见的染色体异常。诊断此类疾病可视羊水细胞是否有某种酶，或者是否存在异常化合物。没有这种酶就不能代谢这类化合物，造成它的积累。

(4) 无脑儿和脊柱裂：1972 年，观察到羊水中甲胎蛋白浓度与胎儿神经管缺陷之间的联系，从而有可能在早期妊娠时诊断出 90% 的无脑儿、脊柱裂等疾病。脑和脊髓起源于胚胎中的一个沟，于第二个月形成封闭的神经管。以后颅骨和脊椎把它包裹起来。大约 1/500 活产婴儿神经沟不能封闭为管，因而不能为骨覆盖。如果在脑水平上不能形成管，成为无脑儿；如果在脊髓水平上不能形成管，成为脊柱裂。产前诊断检查无细胞羊水中的甲胎蛋白含量。1972 年有报道说，在无脑儿羊水中，甲胎蛋白含量超过正常值 10 倍。

包括羊水穿刺法在内的产前诊断比较安全。羊水穿刺引起的流产率不比自发流产率高。美国和加拿大曾作了数千例对照研究，羊水穿刺引起的并发症、死产、难产、畸形、对儿童的发育影响均无显著增加。主要危险是针可能刺着胎儿，曾发生过几次，但若只刺着躯干或四肢，留下疤痕并不重要，只有刺到脸或眼睛才重要，但这种可能性不大。其他并发症有刺到了子宫或腹壁的大血管而出血，子宫内发生感染，可能是通过针带入的细菌而引起，也可能针刺到胎盘的血管，使血从 Rh 阳性的胎儿流入 Rh 阴性母亲的循环中。但这只有零星的报告。所以，总的说来，产前诊断是比较安全的技术。

1.3 选择性流产

产前诊断的目的是在妊娠时就诊断出胎儿是否患有遗传病。它是遗传咨询中的一个重要组成部分，所以应在弄清家庭史后进行。如果不存在任何异常的家庭史，仅仅为了解除父母的疑虑，或为了知道胎儿的性别，是否应该进行产前诊断？

必须明确，产前诊断的目的是为了检出胎儿的遗传病，若检出为阳性结果往往是选择性流产。因为不可能在子宫内治疗这些遗传病，出生后实际上也不能治疗，有些病则可以通过环境工程，即限制饮食、补充某些食物或药物来避免发病。而产前诊断尤其在发展中国家是供不应求的技术，检查细胞培养物要求的时间很长。不应该把它仅用于解除父母的疑虑，更不应该用于确定胎儿性别。我国某些医院已开始采用产前诊断胎儿性别的技术。在目前条件下，这会造成人口中男女性别在某一地区或全国不平衡的严重恶果。而在"重男轻女"思想还有严重影响的那些地区，就会造成男性大大超过女性的后果。① 这个问题我们在第Ⅱ章说到性别选择时已经加以讨论。

产前诊断如果获得阳性结果，很可能导致对有缺陷胎儿的人工流产。这样做在伦理学上是否可接受？

一些生命伦理学家根据种种理由反对这种选择性流产。赖姆塞根据神学论证反对选择性流产，因为人的尊严来源于上帝的无条件赐予，有病胎儿具有平等的作为病人受保护的权利。而流产对于胎儿决不是治疗性的。如此对待有病胎儿会导致对残疾的歧视。卡斯（Kass）根据自然律论证指出，所有生命一生下就有保护自我的本能，所有的人不管情况如何都有生命权利，对有病胎儿实行选择性流产威胁了对所有的人在道德上平等的信念，带给有病胎儿的应该是照料而不是死亡，正如对老人一样。莱巴克兹（Lebacqz）和迪克（Dyck）则根据社会学的论据认为，对有病胎儿实行选择性流产，改变了医生的角色，即他们不再是治疗者，而是社会改造者了，并且把决定谁死谁活的权力交给了并没有经过这方面专门训练的医生。这些观点虽然强调了人与人之间的平等，对有残疾的胎儿表示了同情，保护了一切有残疾的人的生命，但是忽视了如果允许这种有病胎儿出生可能对父母、家庭和社会造成的损害，以及允许它们出生造成的危害甚至可能比流产引起的损失更大。

正如米伦斯基（Milunsky）[157]所指出的，产前诊断的主要目的是，当生出一个有缺陷婴儿的危险太大时，保证父母有一个没有病残的后代。之所以需要这种保证是由于许多家庭因生出这种病残儿童而痛苦。医疗费用、心理情绪对于家庭和亲属都是一个沉重的负担。对病儿给予过多的照料会影响对其他孩子的照料。过多的精力花在病儿身上，还影响了父母事业的发展。这类病儿的出生和成长也给社会造成严重经济负担，而且人类基因库中有缺陷基因的增加会对后代产生严重后果。据统计，社会维持有缺陷后代的费用，如治疗一个地中海贫血症患者，每年要花 5 000 美元，是通过产前诊断和选择性流产进行预防的费用的 30 倍。米伦斯基估计美国每年把 10 至 20 万的智力低下者增加到美国人口中，而智力低下者生存机会的增加与人口中不利基因频率的增加有关。医学的进步使以前要死

---

① 我国法律已禁止产前诊断胎儿性别，如《母婴保健法》、《人口和计划生育法》。

亡的能生活和生殖，于是缺陷基因以不断增长的数目增加到未来世代中。而且，不能过一种独立自主的、有意义、有尊严的生活，对残疾儿童本身也许也是一种痛苦。所以，选择性流产不仅对父母、兄弟姐妹、家庭、社会、未来世代，而且对否则就要出世的残疾儿童本身都是有益的。这种观点虽然可能为忽视其他有缺陷、残疾或垂死的人的生命权利提供先例，并且不能说明个人或家庭战胜缺陷所带来的不幸的若干实例，但它加强了人类对控制生殖后果的责任，增加了有关家庭的自由范围，减少了人类痛苦和遗传学危害，保护了社会资源。

这里涉及个人权利和社会责任的关系这一根本性问题。胎儿作为一个并非社会的人的人类生命实体，并没有绝对的生命权利。如果它出生后，需要付出的治疗代价很大，而且治疗后并不能使病人获得一个有意义的生命，那么它的出生就不如不出生为好。另一方面，父母对社会有责任，即父母不应生出一个对社会甚至未来世代负担太大的后代。有时从个体看这种有害效应不明显，但从总体和长期来看，这种有害效应是比较严重的，并且是不可逆转的。有人建议，后代可能有遗传病的父母，如果不去作产前检查和流产，要交纳更高的保险费。正如有高血压和糖尿病的人要付出更多的生命保险费一样。对于利用产前诊断的夫妇，由于他们的子女出生缺陷率低，可付较少的保险费。至于什么样的有病胎儿适宜于选择性流产，要根据疾病的严重性、发作年龄、发病率、死亡率、是否存在慢性疾病、智力低下、畸形等因素来考虑。

选择性流产的一个特殊问题是，对没有症状的携带者和47－三体型（XYY）等是否应进行选择性流产？正常人一般都有三至五个缺陷基因。另外，杂合子状态有时有生存上的好处。例如镰刀形贫血症的携带者血红蛋白的两条 β 链，一条是正常的，一条第6位谷氨酸被缬氨酸代替，他们对恶性疟原虫的抵抗力较强。在疟疾猖獗的环境下，这些携带者比正常人有更强的生存力。而且据有人计算，人口中携带者数量的增加速度并不大。因此没有理由将产前诊断和选择性流产用于携带者。虽然人们发现47－三体型（XYY）在犯人中的发生率比正常人群高，但它与进攻性反社会行为的因果关系并未得到证明，而大多数具有XYY的男子通常是遵守法律的公民，因此目前也没有根据将产前诊断和选择性流产用于具有47－三体型（XYY）的胎儿。

产前诊断是否会造成过多的人口流产，因而影响人类的繁殖呢？事实证明不会。据 1979 年调查，用羊水穿刺检查的 95% 以上胎儿是正常的，经检查须作流产的只占流产总数的 1%～1.7%。根据英国威尔士对有可能生出脊柱裂婴儿的夫妇所作的调查，在开展产前诊断以前，只有 50% 的夫妇在遗传咨询一年内开始另一次妊娠，而 50% 决定不再要孩子；开展产前诊断后 50% 的夫妇在第一年内即怀孕，只有 25% 的夫妇决定不再要孩子。

产前诊断和选择性流产对遗传病的预防有重大成果。据希腊估计，通过产前诊断进行预防，使地中海贫血新生儿减少了 50%。在塞浦路斯，β-地中海贫血携带者发生率为 15%，产前诊断加选择性流产的结果是几乎没有新的携带者增加。所以，在我国应该大力推广普及这方面的技术。[122，135，156]

2. 遗传咨询

2.1 遗传咨询的概念

黑人妇女桑德拉是个护士，她和她的丈夫都是镰刀形细胞病的携带者，即他们都有一条该病的基因，他们的孩子有 1/4 的机会继承两条有病基因。他们几乎放弃了要孩子的想法。但向约翰·霍普金斯大学儿科遗传学主任小卡扎西安（H. Kazazian）医生咨询后，他们知道，研究人员已研制出一种产前检出这种病的方法。他们决定要孩子，如检查结果是阳性，就进行人工流产。桑德拉怀孕 4 个月后，医生进行羊水穿刺法检查，经 DNA 分析后，这对夫妇得到了好消息：胎儿并未继承一对有病的基因。现在他们已经有了一个 3 岁半的孩子。

遗传咨询在 20 世纪 20 年代末 30 年代初开始发展起来。1934 年，举行了第一次关于遗传咨询的学术讨论会。1941 年，美国明尼苏达大学达艾特学院成为第一个提供遗传咨询的机构。现在美国已有遗传咨询中心 600 个。我国一些大城市的医学院或医院也已开设了遗传咨询门诊。

遗传咨询是一个或更多个受过专业训练的人，试图告诉受咨人或他的家庭有关遗传病的诊断、遗传机制、预后和处理这种病的种种方针和知识，便于受咨人按照这种病带来的医疗、经济和心理负担、他的直接和长远目标、伦理学和宗教信念等决定采取某一方针。

遗传咨询的对象包括：

受咨人已经知道，父母之一、兄弟姐妹之一或近亲之一有遗传病，他或她有继承这种病的危险，并要求知道有什么危险，如何避免它。

一对夫妇已生了一个有遗传病的儿童，要求知道再生一个这种孩子的几率有多大，如何避免它。

已有两、三次自发流产或不能怀孕的夫妇，要求知道他们的问题是否由于遗传上的原因。

以前生了有病子女的夫妇要求进行产前诊断，以防又生出异常后代。

有遗传病孩子的父母要求知道他们这个孩子或其他无病的孩子是否有生出有病后代的危险等。

所以，遗传咨询是一种特殊的医学形式。与通常的医患关系不同的是：（i）所涉及的疾病主要是基因或遗传物质异常的结果；（ii）作出决定的焦点，通常是未来的儿童，即某种病在一对夫妇的后代中发生和复发的机会如何；（iii）主要关心的对象不是病人，而是夫妇或家庭；（iv）咨询的目的不是治疗，而是分享有关的信息，这种信息是受咨人作出决定所必须了解的。

遗传咨询的过程包括四个阶段：咨询者根据受咨人的介绍，确定他的智力、心理和社会经济特点；咨询者不仅向受咨人提供有关疾病的知识，并且使他了解基因如何遗传、偶然性如何起作用；咨询者确定受咨人已接受或理解上述的有关知识，并且在智力上和情绪上能够作出必要的决定；需要短期或长期的随访，以确定受咨人并没有忘记传授的大多数事实和概念，并确定咨询对家庭所作的决定起什么作用。由于决定涉及胎儿的生死，在情绪上带来一定的紧张，随访要提供情绪支持和补充知识，以帮助受咨人采取合适的行动。

咨询者要了解咨询结局必须知道：受咨人已接受和记住了什么样的信息？他是否能有效地对待家庭中有残疾的孩子？他将作出什么样的生殖决定？咨询是否有效主要视受咨人作出什么样的生殖选择。因为如果他们要避免生出有病的后代，唯一的选择就是不再生育。按这个标准判断，遗传咨询是相当有效的。有证据表明，人们确实利用提供给他们的信息来作出决定并改变他们的生殖模式。三项不同的调查表明，高危夫妇（有超过10%的可能生出一个异常婴儿)中64%、82%、52%决定不再要孩子,而低危夫妇(生出一个异常婴儿的可能不到10%)只有24%、39%、26%。另一项随访调查表明,几乎所有的病人都极为认真地考虑是否要再有个孩子,而那些没有其他孩子的人也这样,因为考虑到有生出病儿的危险或有一个有病孩子的可能负担。决定不再要孩子的夫妇中,有超过1/3的人在咨询的两年内进行了绝育术。咨询也常常无效。例如在我国就有咨询后高危夫妇仍然生孩子的情况。这往往是由于文化教育水平或传统的价值、道德观念在起作用。所以,在我国要提高遗传咨询的效果,必须同时提高国民的文化教育水平和改变传统的价值、道德观念。

2.2 自由和操纵

遗传咨询中最重要的伦理学问题是如何对待自由和操纵之间的关系。遗传咨询在原则上应该是中性的、非指令性的。咨询者要与受咨人分享科学知识,这些知识是很复杂的,必须根据受咨人的理解水平向他说明,使他理解,有时要反复讲解多次。在传授知识的过程中,必然要涉及生殖计划、生育控制和流产这些将由受咨人作出决定的问题。咨询者对这些问题必然有他自己的意见,必须把他的意见和他所传授的知识分开。他传授给受咨人的是他们生出一个有病婴儿的危险、他们有一个正常儿童的可能、他们面前有哪些选择,以便使他们处于这样一种地位,能由自己来判断和决定是否妊娠或流产。咨询者有时并不知道什么是符合受咨人意志的决定。例如有一对患某种侏儒症(软骨发育不全)的夫妇在咨询后决定要同他们一样患有这种病的孩子。而通常认为受咨人要的是正常的儿童。那对夫妇把这种病看做一种优点,因为作为马戏团丑角他们有一个安全可靠而收入不错的职业,他们希望他们家里有人继承这种职业。

所以,遗传咨询一般应该是非指令性的,不妨碍受咨人的选择自由。但是完全中性的咨询实际上是不可能的。咨询者的建议必然会影响受咨人的决定。至少在下列情况下,咨询者给予受咨人以必要的指导仍然是必要的:如据医学遗传学家判断,遗传病的危险很大(25%以上)且病情严重;由于病情严重,如严重智力低下或严重先天畸形,孩子出生后成为家庭和社会的严重负担;家庭没有心理上和经济上的能力来对付这种情况,尤其是当他们已有一个病儿时。

第二个问题是保密。咨询者是否要求受咨人把有关的遗传病信息告诉给家庭中的其他成员，因为他们本人也许就是遗传病患者或者基因携带者。这涉及另一个问题：遗传病信息是否属于公共卫生信息？虽然遗传病不是通常意义上的传染病，但在遗传意义上可以说是传染的，即是垂直传染的。

第三个问题是讲真话问题。遗传咨询就是提供信息，一切有关信息都应该毫无保留地提供给受咨人。但有两个例外：（i）该信息可能破坏夫妻关系，例如发现孩子不是其中一个人生的；（ii）妻子看起来是女的，但其性染色体是 XY，不是 XX，即患有睾丸女性化症。这种人下腹部有睾丸，精子产生障碍，无卵巢，有正常女外阴，阴道是盲端，乳房可发育良好。说出真相对他的家庭起不良作用，丈夫一般要提出分居或离婚。[94]

3. 遗传普查

3.1 遗传普查的概念

遗传普查[①]指在群体中查出具有某些基因型的个体，包括遗传病患者、具有在特定环境条件下可能发病的基因型的个体和携带者，从而探索治疗或预防措施。[114]

20 世纪 60 年代中，古斯里（Guthrie）等提出了检查血液中苯丙氨酸浓度的简易方法，用于大规模普查新生儿苯丙酮尿症。由于患者遗传性缺乏苯丙氨酸羟化酶，苯丙氨酸不能转变为酪氨酸，造成苯丙氨酸的堆积。患儿 3 至 4 月时出现渐进性智能发育不全，未治患儿智商多在 20 以下，属于白痴，20％出现反复的痉挛发作，3/4 在 3 岁前死亡。该病的发生率最高为吉卜赛人（1∶40），其次为爱尔兰人（1∶4 000）、比利时人、联邦德国人、苏格兰人（1∶6 000），我国为 1∶10 000。美国至 1978 年已普查了新生儿 1 300 万人以上，查出患儿 1 100 人以上。在美国，凡婴儿出生后 3 天即在医院中进行普查。在英国，则由访问护士于出生第 3 周去收集血液样本。

另一项大规模遗传学普查是在犹太人中普查泰—萨克斯氏病（Tay-Sachs 病，缩写为 TSD）基因携带者，此病又名家庭性黑蒙性

---

① 即遗传筛查。

痴呆。主要特征是失明、进行性痴呆、瘫痪。多在二三岁合并感染症死亡。由于体内缺乏 β-N 乙酰氨基乙糖酶 A，不能代谢神经节苷酯，使之在中枢神经系统堆积，产生变性病变。此病在犹太人中的发生率为 1∶6 000，而在非犹太人中为 1∶500 000。我国也有发现。东欧出生的阿希肯纳兹（Ashkenazi）犹太人中此病的发生率最高，为非犹太人的 100 倍。1881 年英国眼科学家泰（W. Tay）首先观察到该病。几年后美国神经学家萨克斯（B. Sachs）详细描述了 TSD。1970 年有人（J. O'Brien 和 S. Okada）发现了一种有可能测定 Tay-Sachs 携带者的血液检查法。同年施奈克（L. Schneck）等人研究出了能诊断出子宫内有病胎儿的方法。这些发现使普查携带者和产前诊断成为可能。由于对 TSD 无法治疗，医生、遗传学家、家庭和慈善机构便集中精力于预防。从 70 年代初以来，主要是对犹太人进行大规模普查，以检出携带者并对他们进行遗传咨询。不久，在巴尔的摩—华盛顿开始了一个社区普查计划，7 000 人志愿接受血液检查，在以后的 5 年中，按照这个模式，在 5 个国家进行了 60 次普查。到 1975 年 10 月左右，10 万余犹太人在美国进行了 TSD 普查。从 96 657 个并无已知家庭史的人中间，发现了 3 539 人为携带者。另外在有 TSD 家庭史的 4 355 人中发现 632 个携带者。在包括美国、英国、以色列和南非的"世界性"普查计划中，1969—1976 年对 151 719 人进行了检查，第一次发现 124 对夫妇都是携带者。1981 年卡贝克（M. Kaback）报告，到 1980 年 6 月普查了 312 214 名犹太人，发现了 268 对携带者夫妇，他们以前没有生过 TSD 的孩子。但他们每次妊娠生出病儿的平均危险为 25%。对其中 814 对夫妇的妊娠进行了监测，其中 175 对进行了流产，636 对生了没有病的孩子。大致说来，过去 10 年中由于大规模普查的结果，美国犹太人口中 TSD 的患病率减少了 70%～85%，到 1981 年，只有少数病儿出生，而且大多数不是犹太人。

  70 年代初，美国还开始了另一项普查，即普查镰形细胞性贫血。该病在黑人中比较常见，在地中海后裔的白人中也有。这种病的临床表现差异很大，从夭折、生活痛苦到生命接近正常、不严重。没有满意的治疗方法，也没有合适的产前诊断方法。但是这项普查由于被认为是对黑人的歧视而没有实现。

  除了遗传病、携带者外，还有易感性普查。50 年代发现，遗传特征和对药物的危险反应之间有特殊的联系。参加朝鲜战争的美国士兵在服用抗疟疾药伯氨喹啉后,某些人,尤其是黑人和地中海后裔的士兵发生溶血现象(即红细胞遭到破坏)。这种高度易感性是由于遗传性代谢异常即葡萄-6-磷酸脱氢酶(G_6PD)缺乏所致。缺乏这种酶的人在食用蚕豆或服用40种药物时会发生溶血。在60年代初,一些毒理学家把服用药物同接触化学物质进行类比,提出如果预先对工人作出易感性评价,就可以避免把一些人放在接触易感物质的岗位上。10年后,斯托金格(Stokinger)和施尔(Scheel)建议进行5种易感性普查:G_6PD、镰形细胞性状、a_1抗胰蛋白酶缺乏症(可能易患肺气肿),以及二氧化硫和有机氰酸盐。最近,美国国会技术评估局调查了500家大公司、50家大的私人公用事业和11个工会。在作出回答的366家中,5家说他们正在进行遗传学普查,12家说他们在过去几年中进行过普查,54家说他们在以后5年内打算进行普查。

另一方面是在儿童和年轻人中寻找高血胆固醇和其他脂质者,30至40年后他们可能患种种血管病,对他们可以及早采取预防措施。[178]

3.2 代价和受益

遗传普查与许多其他医学领域不同的是,它涉及大量人群,甚至整个人类。因而它提出了更多的伦理学问题。首先是代价和受益问题。

代价和受益问题有三个方面:从个人角度看;从防治遗传病角度看;以及从普查所占社会资源的比重这个角度看。

从个人角度看,普查本身对于个人并无任何值得重视的影响。在加拿大的蒙特利尔,7 000犹太人作TSD普查,2/5是18岁以下的年轻人。调查了普查对45个携带者和45个非携带者的心理影响,知道自己是携带者的在青少年中引起的不安持续了平均8个多月,从6周到17个月不等。这种不安最终消失。在巴尔的摩,所有经过普查的人90%认为应该对所有犹太人进行TSD普查;44%认为普查TSD应该成为法律上的义务;50%认为对其他疾病也应进行普查。在洛杉矶,82%的携带者认为TSD普查是"绝对必要的";36.5%认为这种普查应该成为法律上的义务。这有力地说明普查对个人带来的好处。

普查的费用问题。按加拿大的经验,检查每个血样本,花费0.5美元~1美元。但对大批人群进行普查,加上其他费用,数目将相当可观。例如加拿大对 21 071 人进行 TSD 普查，发现了 24 对有危险的夫妇、监测了 3 个孕妇、流产了 1 个胎儿，共花费 10 万美元。但是这笔钱比起治疗和护理遗传病患者来说，要少得多。而普查给社会和人类带来的好处，不能完全用金钱来衡量。

需要考虑的是发展中国家，在那里危害最大的疾病还是一些传染病，遗传病相对来说不占重要地位，这些国家的主要资源要投入对传染病的防治和控制，还没有条件开展遗传普查。在我国，由于各地区发展不平衡，在传染病已不是主要危险的城市或地区，应该着手或准备遗传普查工作。

3.3 权利和义务

作为整个社会或人类的一员，每个人有义务使自己的孩子得到正常健康的生命，或者有义务给社会提供一个正常健康的成员。我们的法律也保证每个人有生命健康权，这也意味着父母有生一个能享有健康生命权的孩子的义务。我们可以用亨廷顿氏（Huntington）舞蹈病作为案例来进行具体分析。

亨廷顿氏舞蹈病的症状于三四十岁时出现，在不知不觉中发作。首先是面部、颈部、手臂抽搐，不规则运动和过度紧张。呼吸肌、嘴唇和舌收缩引起口吃。躯干有不随意运动、步态混乱、跳舞式动作。可发现个性改变，如固执、喜怒无常、缺乏主动性等。有些病人性情暴躁，有破坏性暴力行为。随着病情的进展，病人不能行走、吞咽困难、痴呆，常发生自杀。该病一般持续 15 年，最后死亡。我国也发现过这类病例。这种病的遗传方式是常染色体显性遗传。即如果你有 50% 的机会得病，你的每个孩子也有 50% 机会得病。你应该有孩子吗？按照上述的义务，不应该。

"不应该"意味着（i）你就要失去生殖的权利；（ii）你另一个可能是正常的孩子因此失去了生的权利。

对于（i），人为什么要孩子？有了孩子使家庭更幸福。这可以通过领养或生殖技术（如供体人工授精、供体卵植入等）解决。为了给社会增加一个有用的新成员。那么这个目的与生殖权利相矛盾。为了使遗传家谱能够延续下去。但达到这个目的，就要损害别人、损害社会。所以为了履行给孩子提供正常健康机会的义务，你的生殖权利必须放弃。对于（ii），由于这个正常的孩子并不存在，所以不存在剥夺他生的权利的问题。

遗传普查是我们对潜在的儿童和社会履行义务的最好办法。为了孩子、我们自己和社会的利益，进行遗传普查在伦理学上是可以证明的。我们的法律为什么禁止无执照驾驶？因为无执照驾驶伤害自己、伤害别人、危害社会。因此你就没有无执照驾驶的权利。疫苗接种、义务教育都是如此。

人类征服传染病减少了许多麻烦的根源，但是征服遗传病却增加了麻烦的根源。传染源来自周围环境，而遗传差错来自人体内部。使遗传病病人能够存活下来，就是使他能够通过越来越多的携带者传播疾病。所以，通过遗传普查来减少或防止遗传病的发生，是使家庭拥有正常健康孩子的最好办法。正如弗雷彻所说，在这个问题上，我们需要道德上的望远镜。[83，161]

3.4 应对工人进行易感性普查吗？

对工人进行易感性普查，尤其在私有制社会中，可能引起特殊的伦理学问题。例如，利用遗传普查来调换或辞退工人，就会引起严重的道德难题。因为遗传上的异常只是疾病原因中的一个因素。所有疾病都依赖于机体和环境的相互作用。即使我们有理论上的理由相信在某些情况下，遗传特征、工作场所接触和病症之间有联系，我们也往往缺乏必要的资料来验证。例如我们可能拥有个人临床报告，揭示具有这种遗传特征的工人生了病。但是我们没有确证工人人群、工作场所接触和病症之间联系的流行病学研究，以及利用遗传普查减少这种病症的可行性研究。即使我们有强有力的证据来证明这种联系，也不一定因此去调换工人。如果具有这种易感性的人很少，而这种易感性使他们因接触某种物质而患癌症的可能大为增加，例如增加几百倍，使5个人中就有1个患癌症，那么我们就应该毫不迟疑地说，应该调换工作，即使工人不愿意。但是如果有许多人有这种易感性，它增加的危险很小，而这种物质又存在于数10万个工种中，那么调换这些人的工作就是不合理的。

墨雷（T. Murray）对工人易感性普查提出了如下意见：

（1）利用遗传学检查来诊断工人的特殊病症，一般可以接受。这使医生有义务向工人充分说明，具有某种遗传上的易感性对个人是否重要。

（2）对遗传异常、工作场所接触和疾病之间的关系进行研究是合理的。然而，应该另外考虑的是，指导其他领域人体实验的道德和法律规则在多大程度上适用于这里。

(3) 当有充分证据证明遗传异常、接触与产生疾病之间有联系时，把工人的遗传异常告诉他们是正当的。否则，这种资料可能会被滥用，而不是为了避免危险。

(4) 调换工人工作必须根据下列条件：
1) 遗传异常与接触、发病必须有可靠的科学基础；
2) 相对和绝对的危险应该非常大；
3) 诊断错误的可能性很小，并且容易纠正；
4) 调动的人数很少；
5) 涉及的工种很少；
6) 疾病应该是严重的、不可逆的，在前临床阶段不易诊断等。

(5) 当考虑采取有效的、既保护工人健康、又不给厂方和公众增加负担的政策时，应该衡量调换工人可能引起的道德上和政治上的损失。

(6) 我们必须承认，我们的选择虽然肯定会受科学或经济考虑的影响，但显然不是由这些考虑决定的。我们面临的选择是政治的和道德的：如何保护社会的利益和工人的健康。[163]

4. 基因疗法

基因疗法是基因工程的应用，通过把基因植入人体来达到治疗疾病、增强体质、改善人种的目的。基因疗法有 4 种类型：体细胞基因治疗、生殖系基因治疗、增强基因工程和优生基因工程。

4.1 体细胞基因治疗

许多病是由于缺乏某个基因。体细胞基因治疗最初是将基因植入细胞内，以产生缺失的酶或蛋白质。可以利用分离的纯人体 DNA 片段，也可以用病毒作为载体，将所缺乏的人体片段植入体细胞中。有人报道，已成功地把一种人的基因植入在试管内生长的小鼠细胞中，以及利用一种猴子病毒 SV_{40} DNA 作为载体，与人体 DNA 结合后产生一种重组 DNA 分子，整合入人体细胞 DNA 中。

最可能用于第一批人类基因治疗实验的基因是：次黄嘌呤鸟嘌呤磷酸核糖基转移酶（HPRT），缺乏这种酶会产生莱施—尼汉氏病

(Lesch-Nyhan 病），这是一种可引起不可控制的、自我毁伤的严重神经疾患；腺苷脱氨酶（ADA），缺乏这种酶会产生另一种严重的免疫缺乏症。嘌呤核甙酸磷酸化酶（PNP），缺乏这种酶会产生另一种严重的免疫缺乏症。例如，由 ADA 基因缺陷引起的严重免疫缺乏症，可通过注入取自组织相容供体的正常骨髓细胞而得到纠正。这揭示有可能从病人体中取走有缺陷的骨髓，通过基因疗法将正常 ADA 基因植入一些细胞内，把经过处理的骨髓重新植入病人体内。也有一些证据表明，含有正常 HPRT 基因的细胞比没有这种基因的细胞具有生长的优势，如果这样，就不一定要破坏病人自己的骨髓。

将遗传物质植入人体，只是为了在医学上校正该病人的严重遗传缺陷，即体细胞基因治疗，这是合乎伦理的。在临床上试验体细胞基因治疗以前应满足哪些标准？安德逊（Anderson）和弗雷彻在 1980 年提出三条：在动物实验中应表明（1）能够把新基因置于正确的靶细胞内，并且在细胞内能够发挥作用；（2）新基因可以适当的水平在细胞内表达；（3）新基因不会伤害细胞或动物。

目前能够有效地用于基因转移的唯一人体组织是骨髓。其他细胞都不能从体内取出，在培养物中生长，植入外源基因后再重新成功地植入病人体内。但利用逆转录病毒（retrovirus）作为携带外源基因的宿主进入人体很有希望。100% 的细胞都能感染这种逆转录病毒，并且整合的病毒基因都能表达。而且，逆转录病毒粒子含有一个只识别人类造血细胞的外壳，使得静脉内注射逆转录病毒宿主时不会去感染骨髓除造血细胞以外的细胞。这种特异性在未来可使例如肝和脑也分别得到处理。有些实验室报告了由逆转录病毒携带的外源基因在动物体内得到表达。实验表明，缺乏 HPRT 的人类造血细胞可通过包含活性 HPRT 基因的逆转录病毒宿主而得到纠正。然而也有这样的可能，一个逆转录病毒宿主与一个内源病毒片段重组形成一个传染性重组病毒，甚至可能引起恶性肿瘤。因此还需要进一步研究才能应用于人。

4.2 生殖系基因治疗

生殖系基因治疗是将一个基因引入病人的生殖细胞，使之能传至后代，并且在后代能以正确的方式在正确的细胞中发挥作用。

若干实验室利用受精卵微注射技术，把基因植入小鼠，获得了生殖系传递和表达，但这种技术不能应用于人，并且一次只能注射一个细胞。微注射用于把基因转移入小鼠合子取得了很大成功。可把DNA微注射入刚受精的小鼠卵的以前两个核内。它可以发育成一个在每个体细胞和生殖细胞上都带有外源DNA的正常小鼠。而且这被注入的DNA可以孟德尔（Mendel）定律的方式传递给后代。这种技术可用来部分纠正小鼠缺少生长激素。用一个大鼠生长激素基因接在一个活性调节基因上，获得一个重组DNA，可在遗传上有缺陷的小鼠以及它的一些后代中产生生长激素。微注射受精卵还不能用于人类基因治疗，因为失败率高，可能产生有害结果，用途有限。最近将免疫球蛋白基因微注射入小鼠卵，300个小鼠卵中只有6个（2％）发育后带有这种基因。将兔子的β-球蛋白基因注入小鼠，结果这个基因在肌肉或睾丸等不适当的组织中表达。即使没有这些问题，被植入并传递的基因或它引起的副作用对后代有无不良效应？这需要研究许多代才能找到答案。而且这样一种治疗方法会不会把由于这种治疗产生的任何错误或问题永远留给未来世代？安德逊认为，将生殖系基因治疗用于人以前，至少应满足三个条件：（1）应该取得体细胞基因治疗的大量经验，保证体细胞治疗的有效性和安全性；（2）应该有充分的动物研究表明生殖系治疗的可重复性、可靠性和安全性；（3）应该有公众对这种治疗方法表示的知情同意。如果满足这三个条件，目的在于纠正遗传缺陷的生殖系基因治疗是合乎伦理的。[29]

4.3　增强基因工程和优生基因工程

增强基因工程不再是治疗遗传病，而是植入一个补充的正常基因使某些特征得到人们所需要的改变。例如，植入一个补充生长激素基因，使个体变得很大。但是植入一个基因来改进或改变某一特征，会影响个别细胞和整个身体中的代谢平衡。如希望增加某一产物，可能对许多其他代谢通路产生不良影响。现已可以将大鼠的生长激素基因植入小鼠细胞内，使小鼠长成"巨小鼠"，比正常小鼠大80％。那么，如果父母把一个生长激素基因植入他们正常生长的儿子，以使他长成一个大个儿的足球或篮球运动员，是否明智或合乎伦理？

但在某些情况下，增强基因工程是合乎伦理的。例如，动脉粥样硬化的发展速度与血中胆固醇含量增高直接相关。低密度脂蛋白（LDL）是血浆中主要运输胆固醇的蛋白质。细胞上LDL受体数目多，血胆固醇含量就低。将补充的 LDL 受体基因植入正常人，可大大降低动脉粥样硬化引起的发病率和死亡率。而这种变化可能不会破坏其他生理学或生物化学通路。

优生基因工程纯粹是理论性的，在可预见的将来没有实际意义。像个性、性格、器官的形成、生殖力、智能以及其他体力、智力和情感特征，可能是数十、数百个基因以完全不为人知的方式相互作用的结果，其中还有环境因素的作用。这些复杂的多基因性状不可能以可预见的方式受基因工程影响，研究出一种可引起这种改变的技术要花许多年。所以，科学上还没有基础来讨论这个问题。但从哲学上看，优生基因工程涉及这样一些问题：使我们成为人的是什么？为什么我们是这个样子？有没有确实是"人类的"基因？如果我们改变这些基因，我们是否就不再是人？我们对人体、人心如何发挥作用的知识了解得还非常粗浅，除了治疗目的外，我们不应试图去操纵人的遗传结构。例如，操纵动物胚胎的新进展，可使一个个体有四个自然父母，用小鼠、兔子、大鼠、绵羊作实验已获成功。将胚胎从母体子宫中取出并加以培养，然后使两个遗传上无关的胚胎相接触，形成一个人工混合物。虽然每一个胚胎都有它自己的父母，但混合物组织成了一个统一的胚胎，其中遗传结构根本不同的细胞没有融合而是共存。然后把这统一的胚胎移植到代理母亲子宫中。用这种办法产生的实验动物完全可以存活，但它们是个细胞嵌合体，每一种组织包括两种遗传上不同的细胞，它们和谐地整合在一起。这种嵌合体可能具有治疗作用，如将正常小鼠胚胎细胞和恶性肿瘤细胞结合，肿瘤细胞在正常胚胎环境中能转变为正常细胞，发展为种种具有正常功能的组织。但如果把人和猿的遗传物质结合在一起，形成一个专门从事单调乏味工作的亚人种，这合乎伦理吗？任何试图用基因工程来改造人种或创造新人种的尝试，目前都是不可接受的。[84，165，192，198]

5. 重组 DNA

5.1 拼接生命

基因工程发展到现在，使我们可以把基因切开、粘上，从一个生物转移到另一个生物，从一种动物转移到另一种动物，从细胞转移到植物，把新切下的基因植入任何生命细胞中，在分子生物学实验室中制造产生胰岛素、制造抗体的细菌，使我们得到更有效的廉价药品，更好地理解癌症原因，得到更高产的粮食作物和解决能源问题。但是基因工程也可能使新创造的耐药病原体逸出实验室，在全世界流行；使不用肥料就能生长良好的粮食作物占领地球，把其他植物赶走，破坏全球的生态平衡；给军国主义者和恐怖主义分子提供新的杀人手段；甚至可能使人拥有支配和控制人类灵魂的力量。

1973年，重组DNA刚开始时，斯坦福大学的伯格（P. Berg）反对把动物肿瘤病毒植入E. coli（大肠杆菌），认为虽然危险不大，但并非不存在危险。1974年夏，美国科学院成立了由伯格任主席的特设委员会，建议暂停重组DNA研究，直到国际会议订出适宜的安全措施为止。这是在科学史上第一次科学家自愿不进行某种实验，而且是技术上最富挑战性、理论上最使人激动的实验。1975年，在阿西洛马举行三天国际会议，140名分子生物学家（包括从苏联来的非正式代表团）和一些律师一起起草了一个重组DNA研究的安全准则。1983年，美国全国基督教教会会议（NCCC）生命伦理学专家小组起草了一个研究报告，报告中说：

"现在人类有可能有意创造以前在这个地球上从未出现过的新的生命类型……"

"现在也有可能对使某些生命类型存在的方法和这些生命类型本身拥有专利权。"

"现在已有可能有意消灭一些被称为'坏的'基因，代之以被称为'好的'基因。"

"现在有可能以人类史无前例的精确性和速度改变一切生命类型。也有可能改变生命，使之不仅影响现在，而且也影响未来一切世代的基因库。"

"一些属于教会最好语言的那些词现在也是当代生物学革命的词了。生命、死亡、创造、新生命、新时代、新地球，现在是生物科学、生物技术和生物企业的词汇。"

但同年，美国研究医学以及生物医学和行为研究伦理问题委员会在题为《拼接生命：关于人类基因工程社会和伦理问题的一个报告》中说：

公众对微生物实验研究中的拼接基因的关心，反映了对这一领域的工作可能改造人类的深切不安。委员会认为，这种担心被夸大了。确实，基因工程技术不仅是操纵自然的有力新工具——包括治疗人类病症的手段——并且是对某些根深蒂固的对人和家庭血统意义的感情的挑战。但是作为人类研究和聪明才智的产物，新知识是人类创造性的胜利……

关于基因拼接是否妥当的问题，有时被说成是反对人"摆布上帝"。委员会并不认为这种科学程序本质上不宜为人类利用。然而它确实相信，这种反对意见……可作为一种有价值的提醒：巨大的力量意味着重大的责任。[48，177]

5.2 停止研究的原则

暂停重组 DNA 的研究，引起了争论：暂停重组 DNA 研究是否明智？停止研究带来的损失是否与继续研究一样大？是否有充分根据来暂停这种研究？而更一般的问题是：什么时候或根据什么原则可以停止一项研究？

停止研究的推理可重建如下：

大前提：具有某些可鉴定的特点（p，q，r，……）的研究可以（或必须）停止。

小前提：这种研究（重组 DNA）正好具有这些特点。

结论：这种研究可以（或必须）停止。

大前提就是停止研究的原则。可提出 6 条原则：

(1) 当研究的目的是发现人类掌握它是错误的知识时，不应允许。

(2) 当研究的目的是发现可能引起十分有害结果的知识时，不应允许。

(3) 当研究的目的在于发展或完善杀人或伤人工具时，不应允许。

(4) 当研究不公开进行、不让别人检查进程和结果时，不应允许。

(5) 当研究是通过强迫或欺骗进行、不尊重受试者或参与者权利时，不应允许。

(6) 当研究由于"走火"或"事故"，对参与研究的人，即受试者、研究人员及其助手、其他人有危险时，不应允许。

原则(1)不成立。因为没有一种知识是人类不应该掌握的。害怕知识被滥用不是关闭探索道路的合理理由。否则，不仅是重组

DNA，而且核聚变、天体探测、相对论、避孕技术都可成为知识研究的禁区。

原则（2）基本上也应放弃，除非引起十分有害的后果有高度的几率，并且有令人信服的证据说明有哪些具体的灾难、用什么方法判定它以及如何确定灾难发生的可能性。但这不适用于重组 DNA。因为根据现在的证据，重组 DNA 的研究结果被作为战争工具或实现某种"奇妙的新世界"而滥用的几率很小。

原则（3）可作为停止某些研究的大前提，但不能用于停止重组 DNA 研究，因为重组 DNA 研究与之无关。

原则（4）只是表达了一种理想。由于国家安全、公司或个人方面的利益，使这种公开性成为不可能。某项研究不能因缺乏这种理想而被停止。公开性原则不能成为停止重组 DNA 研究以及其他研究的基础。而且，重组 DNA 研究的性质、地点和条件比其他领域的研究具有更大的公开性。

原则（5）与（4）同样只是一种关于行动准则的原则，不是停止研究的理由。

原则（6）是合理的，并且是可以应用的。对于重组 DNA，"走火"是创造一个具有耐抗菌素的意外的病原体；"事故"是指封存的微生物从实验室逸出，引起感染。但医学、物理学、生物学、航空学中都有这些问题。问题是重组 DNA 的危险是否已经大到必须停止这一研究？没有充分证据证明这一点。

虽然当时决定停止重组 DNA 研究的根据是不充分的，但停止的时间比较短，而且停止引起了学术界和世人对这个问题的注意，进而对重组 DNA 研究的利害得失作了全面的权衡，并制定了研究准则。这对重组 DNA 研究的长远发展是有利的。

6. 优生

6.1 概念和历史

"优生"一词在不同时期有不同的意义。种族主义者和纳粹主义者心目中的"优生"，就是用大规模屠杀的办法灭绝他们所谓的"劣等民族"或身心有残疾的人。这种"优生"是一种伪科学、一种大倒退。我们现在所说的"优生"是指用公众同意的方法改善或提高人群在体力上和智力上的质量。设法降低或防止有身心残疾或严重智能低下的人出生的叫做消极优生学，设法增加体力和智力更佳者的出生率或改良人种的叫做积极优生学。

在人类早期的习俗和宗教中，关于乱伦和亲婚等禁律似乎主要是本能的排斥和道德观念发展的产物。但是在这个发展过程中，也逐渐萌生出原始的优生思想。如《旧约》禁止乱伦，对乱伦生的孩子与通奸生的孩子不加区别。但以色列男子不准与癫痫或麻风病人的家庭成员通婚，可能是第一个优生法令。13世纪的犹太教士朱达（Judah）拒绝与侄女结婚，因为有不好的遗传后果。怀孕初期（前3个月）禁止性交，因为对胚胎有害。这些已表明有初步的优生意识。各派基督教也都禁止直系、亲子婚姻，旁系甚至延伸到3代甚至7代以内。理由是这种婚姻破坏对父母的尊敬，破坏家庭结构，以及容易使年轻人道德堕落。但古代或中世纪的人也并非没有注意到乱伦的孩子容易死亡或有严重残疾，家庭断子绝孙。贝内迪克特（Benedict）写道："从这些婚姻中常常生出瞎子、聋子、驼背、智力有缺陷的孩子"。教皇格雷戈里（Gregory）说到，亲婚生的孩子有病或不能发育成长。但只是在进化论之后才出现优生学。优生学创始人戈尔顿（F.Galton）的优生思想是他的表兄达尔文的进化论学说之后提出的。

1900年，现代遗传学的产生使早期对优生学的兴趣成为一个有组织的运动。孟德尔定律解释了性状如何从一代到下一代的传递和分布，为优生计划提供了科学基础。优生组织在世界上许多国家成立，中心在美国长岛冷泉港。1905—1930年，美国优生学家提出，通过消极优生学和积极优生学来改善美国人的遗传质量。他们建议用限制婚姻、绝育和永远监禁身心有缺陷的人来中止遗传"退化者"生育，而遗传"退化者"包括癫痫患者、罪犯、酒鬼、妓女、乞丐、疯子、低能者，并鼓励"优等"夫妇多生孩子。但第一次世界大战发生时，遗传学的发展使人怀疑优生学建议的科学价值，因为许多研究表明，环境和遗传性一样对人的发育有重大影响。结果许多遗传学家在第一次世界大战期间对优生运动失去了兴趣。

随着第一次世界大战的结束，开始了长达10年之久的优生立法运动。优生学家提出了绝育立法和限制移民的建议。1931年左右，美国31个州通过了强制绝育措施，对象包括"身心有缺陷者"、"性反常者"、"瘾君子"、"酒鬼"等。1924年通过了移民限制法，限制南欧、东欧人进入美国，理由是他们"在生物学上是低等人"。20年代，在德国和美国的优生运动中，出现了种族主义。随着希特勒的夺权，德国的优生运动与纳粹统治结合起来。1937年7月14日希特勒颁布《遗传卫生法》或叫《优生绝育法》，导致了1939年的安乐死实验，大规模屠杀了数百万无辜人民。

德国的教训以及大萧条中各种族一律受到的打击，使美国原来的优生运动一蹶不振。遗传学家强调人类的特征是许多基因相互作用，遗传性与环境相互作用，以及许多环境相互作用的结果。心理学家和人类学家强调文化和环境对个体、种族或社会的影响。群体遗传学表明这种优生计划不能很快提高人群的遗传质量。

50至70年代，优生运动又重新兴起。新运动的倡导人承认早期优生学家的生物学主张是荒谬的，排除了阶级和种族偏见。新的优生计划沿两条路发展。其一是遗传咨询；其二是"基因工程"，即通过基因手术来消除遗传病或改善遗传质量。对前者没有争议，对后者争议较大。这在上面我们已经加以讨论，不再重复。［40，80，142］

6.2 优生的伦理学

优生涉及一系列伦理学问题。其一，人类的遗传学现状是否已经恶化到必须采取行动进行纠正的程度了？桑（Sang）认为，随着人类的繁殖，缺陷基因的携带者日益增加，这些有害基因不可避免地会在人群中传播。梅多沃（Medawar）认为人类面临的遗传危险大多数并不严重。实际情况可能是介于二者之间：既不能说人类遗传组成已发生恶化，也不能忽视潜在危险。人群的遗传学现状决定于动态因素及其与突变原的接触。辐射、突变率、生殖年龄等都是增加人群有害基因负荷的独立变量。除此以外，人群本身的增长率也对基因负荷有重要影响：如增长快的人群往往比稳定的或减少的人群有更低的突变率，因为夫妇往往在年轻时，即在超量的新突变增加以前就生育。这种人口效应就意味着，优生政策有可能与其他政策（如限制人口的政策）相冲突。

其二，什么是有利的或不利的基因？优生的目的是改变人类基因的相对频率。这意味着要增加有利的基因，减少不利的基因。那么什么是有利的基因？什么是不利的基因？根据什么标准来鉴别？例如H_bS基因，有两条这种基因的就是镰形细胞性贫血患者，而有一条这种基因的携带者，比普通人更能在疟疾猖獗的环境中生存。那么 H_bS 基因是有利基因还是不利基因？显然，这需要具体分析。

其三，一个人的身心残疾、能力低下在多大程度上是遗传因素作用的结果？就遗传病而言，遗传因素起主要作用。即使如此，同一遗传病的不同患者也可能有不同的症状表现。至于其他疾病，例如肿瘤，也许存在着一种遗传学上的易感性，这种易感性表明了接触致癌原后体细胞发生突变的几率。利用环境工程（如消除环境污染、限制吸烟）可以大大降低人群中肿瘤的发病率，并不受优生政策的影响。更不要说人的一些反映社会弊病的恶习了。基因在人体上的宏观表现是基因与其他基因、基因与体内环境、基因与体外环境相互作用的终极结果。影响基因表现的环境因素，如膳食（维生素缺乏）、痕量元素（铅污染）、子宫内环境等，都会导致缺陷或残疾的出现。社会经济因素与无脑儿等出生缺陷的发生率或智商高低的关系也已为人所认识。因此，不能夸大遗传因素在非遗传病、行为模式、性格特征、智力水平方面的作用，必须限定优生的范围。

其四，如何处理个人与国家的关系？在优生工作中，个人的生殖行为要受到限制或影响。用税收和其他奖励办法限制携带有害基因的人生育是为了公益。这与重视自主和自决的伦理学传统发生了冲突。因而，必须建立起个人对社会、未来世代负责的义务感：我们有义务使我们的后代至少在遗传上不比我们更糟。但是同时应该加强教育，使越来越多的人认识到这样做的必要性，使他们有机会发表意见，把国家规定的义务变为他们自主的决定。[134]

V 有缺陷新生儿

1. 有缺陷新生儿和低出生体重儿

根据我国第一届围产医学会议的定义，凡出生1小时内测量体重不足2 500克的新生儿，为低出生体重儿。体重低于500克的胎儿不易存活，从围产期统计角度看，不算出生。按联合国世界卫生组织（WHO）定义，围产期是从胎儿体重达到1 000克（相当于足28周的胎龄）到出生后足7日之末（满168小时）。低出生体重儿分两类：一类与先天畸形有关，另一类则与先天畸形无关。先天畸形儿或有缺陷新生儿出生体重并不都低。[14，24，230]

1.1 有缺陷新生儿

我国先天畸形儿的发生率为1‰～2‰，先天缺陷患者达数千万人。国外有人报告畸形发生率为3‰，从皮肤瑕疵到严重的心脏病或脑部疾患。大多数畸形不存在严重的医疗问题或伦理学问题，或者因为它们对生命的质量或持续时间没有威胁，或者因为它们是致命的，根本没有有效的治疗方法。能够通过治疗大大延长生命的畸形儿比例肯定不超过1/6，可能低于1/10。

关于畸形儿有三个问题：通过避孕预防；通过人工流产排除；出生后的处理。目前还不可能识别可能生出畸形儿的父母，所以不能预防大多数畸形儿的妊娠。对孕妇所怀胎儿作早期鉴定，以肯定是否属严重畸形儿，有时是可能的，这时可进行选择性流产。但有不少还不能鉴定出来。因此在不远的将来，畸形儿基本上是出生后的处理问题。对大多数畸形儿的处理是没有争论的。如缝合兔唇，或对先天性心脏病进行手术，以使病儿获得正常的生命，否则他就会夭折。问题发生于治疗的结局往往是病儿带着严重的身心残疾存活下来。这时治疗是否合适要考虑到通过治疗干预而延长的生命质量，以及亲人和社会为照料畸形儿所付出教育和医疗服务的代价。虽然也有人主张不应考虑后果如何，凡是生命就应尽可能设法延长。

有缺陷新生儿是出生时即具有引起智力低下或身体失能的疾病的婴儿，为先天畸形儿中比较严重者。这种疾病有的是静态的，指已存在的智力或体力缺陷不大可能恶化；有的是进行性的，指智力或体力缺陷将进一步恶化，通常是缩短寿命。对进行性疾病，有可能通过治疗逆转或进一步恶化。如无脑畸胎、脊柱裂是先天畸形儿或有缺陷新生儿中最严重的异常。无脑畸胎是由于脑发育不良，多数出生后数小时即死亡。脊柱裂是由于在出生前发育期间脊髓没有闭合，用手术闭合后可延长某些婴儿的生命，但它们要在麻痹、大小便失禁或智力低下的情况下度过一生。

据中国福利会国际保健院的资料，1966—1975 年先天畸形儿发生率为 14.8%，1981 年我国某省调查了部分地区 14 岁以下的 275 642 名儿童，缺陷病儿有 5 634 人。

1.2 低出生体重儿

1982 年联合国世界卫生组织估计，在 12 700 万出生婴儿中低出生体重儿为 16%，发展中国家为 17.6%，南亚达 31.1%。这些婴儿大多数出生在经济收入比较低的国家，营养不足、受教育差或少数民族的家庭。低出生体重儿第一个月的死亡机会是正常儿的 40 倍，体重越低，死亡率越高，发生严重先天性异常或其他严重损害的机会就越大。低出生体重儿容易有永久性损害和出生缺陷。在发达国家，大多数低出生体重儿是由于早产，早产最常见的并发症是透明软骨膜疾病，它是肺发育不良的结果，补氧又可引致肺损害或失明，也可由于胃肠道发育不良而不能吸收食物，由于免疫系统缺陷而容易感染，由于缺乏凝集因子而内部出血、贫血等。根据美国的调查研究，引起低出生体重儿产生的因素有：缺乏围产期保健、母亲营养不良、母亲年龄大、怀孕间隔不到两年、吸烟、饮酒、吸毒或滥用药物。发展中国家的低出生体重儿比例很高，大多数由于胎儿生长迟缓，原因包括母亲营养不良、食物摄入量少、妊娠期间的繁重体力劳动、感染等，并发症有低血糖症、智力低下、脑膜炎、脑炎等。

近年来对低出生体重儿的治疗有迅速的进展。根据若干发达国家的报告，10 年前 1 500 克以下的新生儿出生死亡率为 50%。今天，在一些优秀的医院中，65%～70%可存活，而且没有明显的体力或智力缺陷。但是，这种改进是否会部分地被残疾儿童数目的增加所抵消？显然，如果更多的婴儿存活，而残疾发生率不变，残疾者数目就会增加。在瑞典，1971—1976年期间，当采用更积极更专门的新生儿保健方法时，大脑性麻痹也增加了。根据若干发达国家的资料，1956—1960年的残疾发生率不变，或比较低（6%～8%）。然而，负责早产婴儿病房的医生相信，最近5年内残疾发生率略有降低，并将进一步降低。他们把这种改进归因于更好的治疗和仔细挑选他们要治的病人。

问题是，医疗资源用于这些费用高的设施——新生儿监护病房是否明智：这些设施可使相当数量的健康儿童和少量残疾儿童存活下来，其中的利害得失是否相当？另一个问题是：如果存活的残疾儿童的比例保持在5%～6%，大得多的比例（约占所有1 500克以下婴儿的30%）必定仍未得到治疗。如果他们存活，几乎所有这些婴儿都将是严重残疾。在美国，救治一个极低出生体重儿有时需要花费几十万美元，这是一个不堪承受的负担。[67，154，181]

2. 难题和困境——若干案例

难题和困境是由于医学进步而产生的：人们过去不能但现在有可能治疗低出生体重儿或有缺陷新生儿了，人们应该或必须治疗他们吗？如果人们不一定治疗这些新生儿，人们可加速他们的死亡吗？

美国从70年代开始，一直到现在，陆续发生有关有缺陷新生儿处理的法律诉讼。撇开美国社会和法律制度赋予的特点不谈，这些案件突出了医学进步引起的难题和有缺陷新生儿处理中的伦理学问题。

2.1 Baby Houle

1974年2月9日，霍尔（R. Houle）夫妇在缅因医学中心生下一男婴，左侧残缺，没有左眼、左耳，左手残废，脊髓数处没有闭合，且有气管食管瘘，不能通过口喂食，空气漏入胃，液体从胃进入肺。不久，婴儿病情恶化，发生肺炎。由于血液循环不良，脑受损害。瘘可用手术缝合，但鉴于婴儿的其他缺陷和畸形，父母拒绝对孩子动手术。医学中心的医生持不同意见，将此事提交法院。缅因州最高法院法官罗伯茨（D. Roberts）下令手术，他裁决说："在出生时确实存在一个应从法律上充分保护的人（human being），每一个人享有的基本权利是有权活着。"2 月 24 日婴儿死亡。

2.2　Baby Girl Vataj

Vataj 1979 年在纽约出生，患有脊髓脊膜突出。脊髓脊膜突出是脊柱裂的医学名称。包裹脊髓的脊膜由于脊柱在胎儿发育时没有闭合而突入一个囊中。如果脊髓本身突出，即为脊髓脊膜突出。这种先天畸形发生率约为 1/1 000。医生建议马上动手术以挽救她的生命。起初，孩子父亲表示同意，当把孩子病情的严重性向他说明后，他撤销了同意。父母坚持要把孩子带回家。她父亲说："让上帝决定"她应该活还是死。这时医院院长西塞罗（F. Cicero）要求任命一个监护人同意手术。纽约州最高法院否定了父母的决定权利，并说："儿童不是父母可随意处置的财产……当儿童的福利要求法律干预时，法院有权干预。"这种病如果发生在颈部或脑部，很可能留下的是残疾的、麻痹的、大多数功能丧失的生命。Vataj 的病在下部，经治疗，她的肢体缺陷可仅在脚部，但对膀胱和肛门仍无括约控制，行走要靠支架，智力发育可望正常。

2.3　Baby Doe

1982 年 4 月 9 日，Baby Doe[①]生于印第安纳州的布鲁明顿医院中。他患有唐氏综合征（即先天愚型或伸舌样痴呆，我国患此病者有 160 万人）。他同时又有气管食管瘘，即食管不与胃连接，无法进食。修补手术比较简单。父母根据医生的建议决定不对婴儿做手术，因为他患有唐氏综合征。地方法院和印第安纳州最高法院批准了父母的决定。由于不给水、食物和手术，第六天婴儿死于饥饿。这个案件在新闻媒介中广为报道，引起了公众愤怒。10 个月后，波士顿电视台放了一部电视系列片："谁应该活着？"这部电视系列片讲的是 John Hopkins Baby 的案例：1971 年出生的该婴儿患有唐氏综合征和十二指肠闭锁，后者可用手术治疗，但为父母拒绝，15 天以后孩子在医院中死于饥饿。美国健康和人类服务部发布一个给医务人

---

① Doe，意为无名氏。

员的公告:"一个接受联邦政府资助的医院,不给有残疾的婴儿营养或医疗是非法的",并通知医院,如果不给残疾者治疗或营养,它们就要冒失去他们资助的风险。该部部长并在一封信中说:"总统已指示我向全国医务人员澄清,联邦法律不容许在医疗上歧视有残疾婴儿。"公告还附有一张传单,传单上印有免费的24小时值班的"热线"电话号码,鼓励知情人用电话揭发歧视有残疾婴儿,不给他们食物或医疗的事件,健康和人类服务部有权直接采取行动保护婴儿。此公告发布后,医学界舆论大哗。1983年3月18日,美国儿科学会、美国儿童医院协会和儿童医院全国医学中心向法院控告健康和人类服务部和新任部长赫克勒(M. Heckler)。4月12日,法官格塞尔(G. Gesell)以该部没有遵循应有的程序为理由,裁决他们的规定为非法。[87]

Baby Doe 的命运在美国并不少见。除了上述 John Hopkins Baby 外,1973年,耶鲁大学的两位儿科医生达夫(R. Duff)和坎贝尔(A. Campell)宣称,他们在过去两年内曾允许43名有残疾婴儿死亡。对于非常轻微和非常严重的畸形病儿是否给予医疗很容易达到一致意见,困难的是大量处于中间状态的病儿。很少人会支持不给畸形足或兔唇儿常规治疗的要求,也很少会有人去干预家长的不给一个无脑儿加强医疗或手术而让其死亡的要求。对于唐氏综合征和脊柱裂,则意见不一致,2/3的儿科医生允许这些孩子根据家长的要求死亡,即使医生本人并不一定同意。健康和人类服务部的公告用语模糊,似乎对任何有缺陷的新生儿都不允许不予治疗。所以,专家们对公告纷纷进行了抨击。

1984年1月12日,健康和人类服务部发表了它关于残疾儿保健的规定,鼓励医院成立"婴儿保健审查委员会",任务有三:规定医院对各类型病例的政策,对特殊病例提供建议,对不予治疗的婴儿进行回顾性检查。

1984年6月,美国二十九届国会记录中发表了提交参议院的作为共和党和民主党妥协结果的"Baby Doe"议案,议案要求在发生滥用或疏忽时任命一名临时监护人,要求各州接受联邦资助的医院建立保护儿童的制度,同时决定不给联邦政府干预医学决策的权力。后来该议案在国会通过,要求健康和人类服务部起草规定说明如何实施这项议案。

1985年4月15日,健康和人类服务部公布关于"Baby Doe"的最后规定，4月15日生效，正好是Baby Doe逝世3周年。规定"医疗疏忽"的定义包括"不给一个具有危及生命的病情的残疾儿医疗上相应的治疗"，"不给医疗上相应的治疗"是指对婴儿危及生命的病情未能作出提供治疗（包括给营养、给水和给药）的反应。按照医生的合理的医学判断，这种治疗对于改善或纠正所有这些病情很可能是有效的。"婴儿"定义为1岁以下的儿童。"合理的医疗判断"定义为"合理审慎的、熟知这个病例和治疗可能的医生作出的医学判断"。规定还指定州儿童保护服务机构为不使婴儿成为"医疗疏忽"的牺牲者的合适团体。但有三个例外，其中每一个都足以使不予治疗不构成"医疗疏忽"。

（1）婴儿是慢性的和不可逆的昏迷病人；

（2）提供这种治疗仅是延长死亡，而不是有效地改善或纠正婴儿的危及生命的病情，或在其他方面无益于婴儿的存活；

（3）提供这种治疗确实无益于婴儿存活，并且治疗本身在这种情况下是不人道的。

这个规定被认为是有效地保护有残疾婴儿的权利与避免政府不合理地干预医学实践和父母责任之间的妥协。作为一个政治上可接受的妥协，它对实践没有丝毫影响：医生得到了他们的"合理的医学判断"会被尊重的认可，主张尽一切可能抢救残病儿的集团得到了一个反对不予治疗的联邦规定，里根政府可以说，它已为Baby Doe尽了力。也有人认为这个规定支持了对例如Baby Doe那种非致命的身心都有缺陷的残疾儿采取积极治疗的态度。[126，163]

2.4 Baby Jane Doe

1983年10月11日，Baby Jane Doe生于长岛。她患有脊髓脊膜突出、脑积水、小头症。医生通知她父母，除非对她进行手术纠正脊柱裂和脑积水，她的预期寿命为数周或两年。如做手术，她可以活20年，但智力严重低下，癫痫、麻痹、长期卧床，并经常发生泌尿道和膀胱感染。她从纽约杰弗逊港圣查尔斯（St. Charles）医院转到石溪城纽约州立大学医院，那里可以做这种手术。然而父母与神经学专家、护士、宗教顾问和社会工作者长期协商后，拒绝手术。相反，他们选择使用抗菌素来对付脊柱感染。

这时，律师小沃什朋（L. Washburn, Jr.）得到密告，说这个婴儿被拒绝进行救生手术。过去13年中，这个律师在许多州多次代表未生胎儿、残疾儿、重病人提出保护生命权利的法律诉讼。他要求纽约州最高法院法官开庭审理这案件。法官任命韦伯（W. Weber）律师为孩子的监护人。在10月20日举行听证会后，法官裁决需要马上给这个婴儿做手术以抢救她的生命，并授权韦伯同意这个手术。韦伯谴责孩子父母迫切希望孩子死去，父母坚持认为他们决定不做手术是出于对孩子的爱。但10月21日上诉法院推翻了法官的裁决，认为父母的决定符合婴儿的最佳利益，因此没有法律干预的根据。10月28日纽约上诉法院确认中级上诉法院的推翻，认为一个完全无关的人，对这个婴儿及其病情和治疗毫无所知，他的干预既侵犯了父母的隐私权，又违反了有关的立法。中级上诉法院还认为，Jane Doe的父母并不反对一切治疗，而是选择了一种保守的疗法，用抗菌素治疗当然有更大风险，但手术也是有风险和代价的。

11月底，Jane Doe病情恶化。她处于危险情况中，通过静脉喂饲。然而过了一段时间后，她的情况出乎意料地有所改善，基本已脱离危险。事情的这种转折引起了最困难的问题：如果婴儿活下来怎么办？假定这个婴儿不治后很快死去，延长生命对她是否有益？除了那些主张不顾一切抢救任何生命的人外，一致的意见是延长生命并非都是有益的。[139，205]

有缺陷新生儿的处理在我国也已成为一个严重问题。

2.5　心脏先天畸形

某产妇，32岁，曾自然流产4次。此次妊娠至38周。因臀位、早破水，于1985年11月2日住院行剖腹产手术。剖腹娩出之男婴呈青紫色、窒息。经气管插管，加压给氧，呼吸好转，生后24小时，新生儿又全身发绀，啼哭加重。医生进一步检查，发现心音在右胸骨缘较左缘清楚，于是怀疑右位心合并复杂畸形。又经儿科会诊，做X片、心电图、超声心动检查，最后诊断：右位心，纠正型大血管转位，左心发育不良，室间隔缺损，房间隔缺损。医生向家长交待病情，说明对此病目前无根治办法。开始家长提出会诊，争取能够治疗，万一不能根治，也希望留在医院，经费家长愿意自负。后来，家长走访别的医院，确信我国目前无根治办法，才提出不必积极处理，并希望产妇先出院，孩子留在医院或转院。医生同意产妇先出院，孩子一定要接回，医院不能久留。产妇出院后，医生又催促家长将孩子接回，家长申明困难，并签字让医院处理。

2.6 小头症

某产妇，26岁，妊娠38周，因出现先兆子痫于1983年12月2日急诊入院。12月3日血压达170/110毫米汞柱，胎心120次/分，因胎儿窘迫行剖腹产术。剖腹后发现羊水粘绿，有胎盘早剥和子宫卒中现象。剖腹娩出女婴呈严重青紫、窒息，经气管插管，加压给氧，脐静脉注射药物，新生儿好转。几小时后，新生儿又停止呼吸，再次抢救，又恢复自主呼吸。医生向家长交待病情，指出因抢救时间长，预后差，不宜积极抢救。家长同意放弃进一步抢救，并签字让医院处理。但是，新生儿渐渐恢复，外表又无明显畸形，医生通知家长放弃让医院处理，接回家养，而家长拒绝接回家。新生儿留在婴儿室内，照旧喂养，约1个月出现小头症，逐渐傻呆。在妇产科住院5个月，以后又在小儿科住院6个月，傻呆愈加明显，连翻身都不会，更不会坐、立，双眼也无视力。但不论妇产科或小儿科均不敢自行处理，医院也不敢决定，最后送到保育院。

2.7 染色体异常

某产妇，28岁，第一胎孕40天停育，行刮宫术。1984年4月自然分娩一男婴，体重3 150克，头围33厘米，身长49厘米，眼距宽、高鼻梁、蹼颈，阴茎短约1厘米，双睾丸已降，船行足，耳廓弯曲畸形，双小手指少一指节。查新生染色体有不平衡易位。查产妇染色体也有染色体不平衡易位。医生向家长交待，新生儿畸形原因是遗传造成的染色体不平衡易位，这种易位不但会造成智力低下，而且长大结婚会造成遗传性疾病。家长怀疑这种判断，虽然产妇也智力低下，但不愿意进一步对家庭其他成员进行检查。现在孩子已经1岁半，经随访孩子虽在治疗中，尚不能很好站立，也不会叫爸爸、妈妈。

上述案例提出如下的伦理学问题：

（1）对有严重缺陷的新生儿或出生体重非常低的新生儿，应该不顾一切地进行治疗，还是应该考虑婴儿的生命质量？对于不予治疗的婴儿，是否可以加速他死亡？

（2）对这些婴儿的治与不治，应该由谁来作出决定？

（3）由于资源有限，作为社会和个人能够提供多少资源来治疗和护理这些有高度风险的患者？治疗和护理他们所花的代价是否值得？在美国，一个被送入新生儿监护病房的婴儿平均住 8 至 18 天，平均每个婴儿花 8 000 美元，这对父母是个负担，1978 年，美国单是在新生儿监护上就花了 15 亿美元。在我国，由于资源有限，不把新生儿监护病房作为发展重点，这一政策是正确的。[91，112]

3. 应该或必须治疗有严重缺陷的新生儿吗？

70 年代以来对这个问题有三种观点：

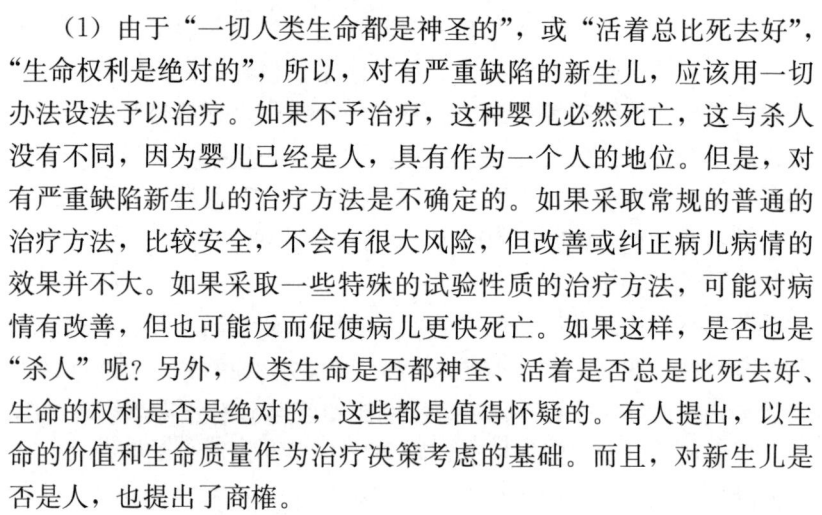

（1）由于"一切人类生命都是神圣的"，或"活着总比死去好"，"生命权利是绝对的"，所以，对有严重缺陷的新生儿，应该用一切办法设法予以治疗。如果不予治疗，这种婴儿必然死亡，这与杀人没有不同，因为婴儿已经是人，具有作为一个人的地位。但是，对有严重缺陷新生儿的治疗方法是不确定的。如果采取常规的普通的治疗方法，比较安全，不会有很大风险，但改善或纠正病儿病情的效果并不大。如果采取一些特殊的试验性质的治疗方法，可能对病情有改善，但也可能反而促使病儿更快死亡。如果这样，是否也是"杀人"呢？另外，人类生命是否都神圣、活着是否总是比死去好、生命的权利是否是绝对的，这些都是值得怀疑的。有人提出，以生命的价值和生命质量作为治疗决策考虑的基础。而且，对新生儿是否是人，也提出了商榷。

（2）制定一些生命质量的标准来选择应予治疗的病儿。对于预后生命质量很低的病人，如严重身心残疾，不采取积极的、特殊的治疗，只给予一般的护理。这些生命质量标准，在消极方面指病人的痛苦，如反复手术、住院和超量费用，在积极方面指身体健康、智力能力、心理社会适应，包括自尊、幸福、能够结婚、自主、在社会中有独立的地位。

（3）对于不予治疗的新生儿可选择的处理办法有：提供"通常的"护理，但不喂食，允许婴儿饥渴，预期可活 7 至 21 天；不喂食，但给婴儿服镇静剂，使其不致啼哭太厉害；静脉输液，延长生存时间，但只是延长饥饿导致的死亡；静脉给予营养，不定期地延长生命；提供"通常的"护理和喂食，即使知道婴儿不可能吸收；静脉给钾迅速结束婴儿生命，避免饿死。有人认为仅仅不给治疗和营养，即被动安乐死，由于死得慢，给病人、家庭和医务人员都带来痛苦，这是不人道的。而采取措施加速病儿死亡，即主动安乐死，对于大多数被选择不治的严重病儿有时是最人道的政策。有人甚至进一步认为，杀掉脊髓脊膜突出的婴儿可能是医生工作的一部分职责。

这些观点表明，决定治与不治的医学标准不但是一个诊断和预后的技术问题，而且是个价值问题或伦理学问题，需要对医学标准提供更明确的伦理学证明。例如为什么生命的价值应该依据一定的体力水平或一定的智力水平，决定治疗标准的价值是医学专家的价值，还是需要包括父母、社会的价值和其他得到公认的价值。

在有严重缺陷新生儿的处理问题上，出现了各方利益或价值的冲突。其中哪一方面的利益或价值是决定性的？医生在决策时主要考虑的是如何能够使病人、家庭和社会获得最大的好处。问题是什么是最好的，对谁最好？在有严重缺陷新生儿的处理问题上，保持一个新生儿的生命是否"最好"？

婴儿的利益。一般认为保持生命和改善健康是病人的最佳利益。许多人将未来生命质量作为婴儿的最佳利益。如果要求为病人的利益而行动，那么婴儿的利益是否不如儿童或成人的利益？许多人对胚胎、胎儿、婴儿、儿童的感觉和态度有区别，胚胎不如胎儿，胎儿不如婴儿，婴儿不如儿童。其他人认为不管什么发育阶段，人的价值基本相等。这两种态度对"病人利益"有两种不同的决策标准。另一方面，医务人员越来越感觉到，虽然生命本身有价值，但个人生命的价值与它的质量有关。

家庭的利益。一般说来，大多数家庭把儿童利益置于他们自己的利益之上。有时家庭会考虑儿童对他们的经济状况、婚姻和其他孩子的影响，把这些考虑置于新生儿"利益"之上。

医务人员的利益。对有缺陷新生儿的加强医疗和长期护理影响到医生、护士和医院工作人员。对医务人员的影响可从感到小小的不方便到苦恼、痛苦。这些潜在的感觉是否应该影响有关对有缺陷新生儿处理的决定？

社会的利益。社会利益决定医生和家长对有缺陷儿童的态度。事实上，病儿的残疾程度在很大程度上取决于社会提供的设备和机会。对有缺陷新生儿的可供选择的处理办法受资源的限制，医生或决策者只能在他们可得到的社会资源范围内作出判断。［107，130，185，189］

4. 新生儿是人吗？

在对有严重缺陷的新生儿的处理上，一个很重要的问题是：新生儿是人吗？于是我们又遇到这样的本体论问题。与胎儿一样，新生儿也有本体论地位和道德地位这两个问题，它们之间既有联系也有区别。

4.1 "婴儿是人，有绝对的生的权利"

第一种观点认为婴儿是人（person）。一切人类生命都是神圣的。因此人们必须遵守如下两条互补的规则：（1）一个人不可直接和有意杀死一个无辜的人；（2）一个人有义务维持人类生命，这对于负有照料责任的人尤其是义不容辞的。这种义务不决定于父母或医生的愿望和需要，而是决定于婴儿这个实体的本体论地位，即它是人。只要一个实体是人，就有不可剥夺的生的权利，因为所有的人是平等的，不能因财产、地位或阶级而受歧视，也不能因有缺陷或缺陷严重而受歧视。生的权利又是人的第一权利或基本权利，没有它就没有其他权利而言，因此"好死不如赖活"。这是一种强的义务论观点。按照这种观点，一个新生儿不管缺陷有多严重，都应该救治。这种观点在实际上行不通。

4.2 "婴儿是人，但并无绝对的生的权利"

第二种观点认为婴儿是人，一般说来它具有不可剥夺的生的权利，但保护和维持人类生命的上述两条规则有限制和例外。因此，人类生命并不具有绝对的价值，生命不一定是最大的善，死亡也不一定是最大的恶："好死并不一定不如赖活"。例如许多国家法律都可因犯谋杀罪而剥夺杀人犯的生命，取消保护和维持人类生命的义务。某些新生儿的缺陷如此严重（如无脑儿），已经不能成为受保护和照顾的主体，不能享有生的权利。持这种观点的人认为虽然婴儿是人，但并不因此就一定享有生的权利。为了证明他们的观点，他们提出一个非常手段原则，即有义务用平常手段维持生命，但对于利用非常手段维持的生命没有严格的义务。非常手段是指不用超量的代价、痛苦或其他不便便不能获得或利用的手段，或不提供无合理成功希望的手段。根据这种非常手段原则，杀人与允许死亡是有区别的，延长生命与延长死亡是有区别的。一个具有严重缺陷的婴儿因我们只采用平常的手段而死亡，这不是它被杀而是它被允许死亡。还有些严重缺陷婴儿，采用非常手段去治疗它，并不是延长生命，而是延长痛苦、延长死亡。在这种情况下，可以应用双重效应原则，即直接意向是缩短和解除它的痛苦，死亡只是间接的副产物。如果一种手术不给婴儿带来很大的痛苦或危险，且有合理的成功希望，就有义务进行治疗。反之，这种手术对婴儿不但无效而且有害，就没有治疗的义务，甚至有义务不治。不治不是为了别的，正是为了婴儿的利益。这种观点比第一种切合实际，但它还没有考虑到生命质量问题，也没有考虑到对家庭和社会的超量困难。例如对于合并十二指肠闭锁症或气管食管瘘的唐氏综合征，治疗合并症的手术不是非常的，按照这种观点，就有义务对这种病儿进行手术。但手术后婴儿的生命质量很低，对家庭、社会都造成很大困难。

4.3 "婴儿不是人，杀婴是容许的"

第三种观点认为，人（person）是权利的主体，是具有道德地位的实体。因此人拥有生的权利。不予治疗就是破坏一个人生的权利。但"拥有某种权利"意味着（1）一个人能够愿望某种东西，（2）有这种愿望并且把其他人置于一个不去阻碍这种愿望实现的地位上。这二者都是拥有权利的必要条件。但是一个婴儿不能有这种愿望，因此它不是一个有生的权利的人。既然不是人，决定不予治疗有缺陷婴儿就不是杀人。这种观点以涂莱（M. Tooley）为代表。他进一步指出，一个人（person）能够回忆他过去的状态和设想未来，杀害这种无辜的人是错误的。有人指出，按照他的观点，不予治疗一个健康婴儿在道德上也是允许的了。他指出，"杀一个无辜的人是错误的"这是个基本道德原则，只有这个基本原则加上一个经验前提"婴儿是人"，才能导出"杀一个婴儿是错误的"道德原则。但是这个经验前提是假的，所以导出这个道德原则是错误的。"杀一个新生儿并不比杀一个胎儿更坏"。涂莱的论证有点过于简单：即使婴儿不是人，但它毕竟具有比胎儿更高的生命价值。由于出生，婴儿脱离了母亲反射式的生理活动保护，进入家庭或社会，依赖于社会成员的随意活动，社会成员有义务抚养和保护他们。无视这些义务，对社会也是不利的。另外，有人指出，不能因为某一实体不是人，就认为它没有任何生的权利。例如动物和植物不是人，也不应毫无理由肆意杀害或破坏它们。

4.4 "婴儿并无生的权利，但有高度价值"

第四种观点认为，在严格意义上婴儿不是人（person），因为人是一个负有责任的动因、权利和义务的载体，而婴儿没有自我意识、没有理性，不能对它们的行动负责。但由于它在家庭和社会中扮演和充当一定的角色："孩子"的角色，在性质上不同于胎儿，所以它有权利要求别人把它作为人来对待，也可以说，它是社会意义上的人。这种观点以恩格尔哈特（T. Engelhardt）为代表。根据这种观点：

（1）由于婴儿严格地说并没有生的权利，决定不予治疗有缺陷婴儿并没有破坏一个人生的权利；

（2）由于婴儿的特殊社会地位和高度价值，决定不予治疗要求有严肃的辩护理由，例如不可能达到适当的生命质量或继续照料婴儿成为家庭的严重负担；

（3）"生命具有负值"。当死亡不可避免，治疗只是延长痛苦时，不予治疗甚至采取措施加速死亡，不仅是允许的，而且是必要的。在这种情况下，"不伤害"原则要求结束生命。[74]

4.5 "后果合意就可结束婴儿的生命"

第五种观点认为，按照最大多数人最大幸福的原则，如果根据成本—效益分析，只要合意的结果（如避免痛苦）超过了损失，结束一个人的生命就是善。这个观点以弗雷彻为代表。他还提出了"人"的20条标准，作为我们决定维持还是结束人类生命的根据。最低标准有：脑的活动、自我意识、智能、自我控制、与他人交往。智商在40以下，成为一个人就有问题；智商在20以下就不是人。脑的活动是所有其他标准的前提条件，没有这些最低标准，就是一个"亚人"（subperson）客体，结束它的生命并不违反道德。如患唐氏综合征的婴儿就不是一个人，安乐死是处理这种婴儿的优选方法。[83]

我在前面的章节中已经充分阐述了我对于"什么是人"的观点，这里不予重复。应用在婴儿问题上，我的主要论点扼要叙述如下：

（1）婴儿按严格定义不是人，但按操作标准是人。所以在一般情况下，婴儿有病不治或无故结束它的生命是不应该的。

（2）对于有严重缺陷的新生儿，可以根据其生命价值或生命质量低下而决定不予治疗，这样做也有利于婴儿本身的利益。但对生命价值和质量低下到不宜维持生命的程度应有个标准。

（3）治疗决定不仅应考虑婴儿的利益，也应考虑家庭、社会和人类未来的利益。因此也应引入代价概念。我国支持舍弃有严重缺陷新生儿的论点多半出自对社会、人口质量和后代的考虑。这种考虑是对的，但是不够。我们应防止有人以家庭或社会的利益为借口，对婴儿的生命采取玩忽的态度。[7，21，22，35]

5. 生命的价值和生命的质量

5.1 生命的价值

这里谈的生命的价值，主要是指人的生命的价值。"人"（person），在拉丁语中意指一个演员用的面具，后来指扮演一定角色（role）或行动者（agent）的人。按照《牛津英语词典》的定义，是"一个有自我意识的或理性的存在"。但也要谈到非人生命的价值。

人的生命为什么有价值？有人认为，人的生命的价值来源于人类生命的神圣性。为什么人类生命具有神圣性？宗教的论证是上帝按照他自己的形象创造了人（犹太—基督教），非宗教的论证有"天地之性，人为贵"（孔子）。其他人认为，人的生命有价值是由于它是幸福的前提。对于人的生命或人类生命有价值这一点，大家没有异议。

人的生命价值有多大？人们常常说，生命是无价的。但是实际上从来也不可能不惜一切代价去挽救一个人的生命。在许多情况下，付出的代价还未到"一切"，病人已经没有指望了。裴多菲有句著名诗句："生命诚可贵，爱情价更高，若为自由故，二者皆可抛。"对于他，生命的价值在自由、爱情之后。人的生命价值能不能计算？如何计算？经济学家已试图用货币来评价人类生命的价值。把钱与人类生命放在一起是令人厌恶的，但为了确定一个社会把多少资源花在救命治疗、公共卫生和公路安全上，这甚至是必要的。但有时也会得出荒谬的结果。如英国有人计算出，1973年一个英国人值17 000英镑。也许可以根据一个人一生中生产出的财富减去他一生中所消费的来计算出一个人的价值。但不生产物质财富的人的价值如何计算？一个人对社会的贡献，对家庭、友人的意义，并非都与财富有关。

人的生命是否具有独一无二的价值？有。这并不是因为《圣经》上说，上帝让人统治其他动物，而是由于人是理性的行动者，能够制造工具改造自然。因此，人的生命有内在价值。有人认为，其他物种的生命也有价值，但主要具有外部价值。因为动植物之有价值主要由于人类的存在。为了保持人类生命，可以取走动植物的生命，虽然它们有一定的价值。否则人类也就无法生存。密尔（J. Mill）说，即使不满意的苏格拉底也比满意的猪更幸福，这表明人有更高的价值。但人类并不能因此而采取人类沙文主义，肆意残害其他物种的生命。

根据上述，在微生物、植物、动物、高等动物、灵长类、人这个系统发育连续统中，生命的价值在逐渐增长。同样，在受精卵、胚胎、胎儿、婴儿、儿童这个个体发育连续统中，生命的价值也在逐渐增长。那么除了这种纵向衡量生命的价值外，如何横向衡量生命的价值呢？例如同是新生儿，如何衡量它们的生命价值呢？这决定于两个因素：一是生命本身的质量，一是对他人、对社会的意义。前者决定生命的内在价值，后者决定生命的外在价值。但生命质量低者，也常常对他人和社会具有很小的甚至负的意义。[199]

5.2 生命的质量

50年代以来，广泛使用生命质量这一概念，这与维持或结束人类生命的生物医学决定有关。生命质量可用于描述性、评价性和规范性陈述。用于描述性陈述，生命质量是指生命的某种质、特征或性质，以描述一个病人现在或未来的状态。在这种用法中，生命质量这个概念在道德上是中性的。用于评价性陈述，生命质量是赋予一定的个体或一种人类生命的特征以一定的价值。这种价值不是道德价值，是指某种生命的质是合意的或有价值的，但并不意味着应该或不应该维持或结束这种生命。例如我们高度评价一个身体灵活的生命，这种评价并没有说对这个生命应该采取什么行动。用于规范性陈述，生命质量的高低意味着我们应该保护或结束这个生命。

生命的数量是指个体生命的寿命或救活或失去的个体生命的数目。当在社会中维持的生命数量超过了维持它们所需要的资源时，生命质量问题就突出起来，具有更高生命质量的个体对于支持生命的资源有更大的权利要求。

生命质量可有三类：（1）主要质量，即个体的身体或智力状态，严重的先天心脏畸形和无脑儿使婴儿的生命质量低到不应该维持下去的地步；（2）根本质量，即生命的意义和目的，与其他人在社会和道德上的相互作用，严重的脊柱裂婴儿使生命失却了意义，极度痛苦的晚期癌症病人与不可逆的昏迷病人也是如此；（3）操作质量，如智商，用来测知智能方面的质量。这三类生命质量相互依赖，都具有规范性。如果从消极方面看，生命质量与痛苦和意识丧失程度成正比，处于极度痛苦或意识完全丧失状态的人，其生命质量就低得接近零。

由谁来判定生命质量？（1）由主体自己判定，他在身体、心理、社会、精神方面的情况如何，自杀、拒绝治疗与这种判定有关；（2）代理人判定，由代表来对无行为能力者的生命质量作出判定；（3）第三方判定，即家属、医生的判定，这种判定可影响主体，也可影响无行为能力者的代表。后两类判定与有关胎儿、婴儿、智力严重低下者、精神病人、脑死病人的治疗决策有关。

从上述可见，生命价值和生命质量并不仅与有缺陷新生儿的处理有关。胚胎（第Ⅱ章）、胎儿（第Ⅲ、Ⅳ章）、脑死病人或临终病人（第Ⅵ章）、精神病人（第Ⅷ章）都与生命价值和生命质量问题有关。

6. 有缺陷新生儿的安乐死

安乐死（euthanasia）一词来自希腊文，原意为"无痛苦死亡"。关于安乐死问题，我们将在下一章作更详细的讨论。这里只涉及与有缺陷新生儿的处理有关的安乐死问题。

一个有严重缺陷的新生儿，如果不予治疗或撤除治疗，或者仅给通常的治疗和营养，它逐渐死亡，称为被动安乐死。如果采取措施促其早日死亡，称为主动安乐死。① 由于婴儿自己不能表示是否同意安乐死，这种情况被称为非自愿安乐死。

---

① 目前学界倾向于唯有"主动安乐死"才是安乐死，"被动安乐死"是"不给或撤除治疗"。

现在的问题是：对有严重缺陷的新生儿实行安乐死，在道德上是否容许？

根据上面第4、5节的讨论，由于婴儿的生命价值本身不能与成人等同，如果某个婴儿的生命质量又很低，因此不予治疗或撤除治疗不但在道德上是容许的，而且是必要的。不予治疗或撤除治疗，实际上就是被动安乐死。问题是，新生儿的缺陷严重到何等程度，方能认为对它实施安乐死在道德上是容许的而且是必要的呢？这就要制定一个标准。美国有人提出以下的标准：

(1) 不能活过婴儿期，已处于濒死状态；

(2) 生活于不可救治的疼痛中，直接治疗或长期治疗都不能缓解；

(3) 不具有最低限度的人类经验，对别人的照料在感情和认知上没有反应能力。

像无脑儿、18三体综合征等就满足这些标准。我国北京医科大学丁蕙孙等人提出对无脑儿、重度脑积水、严重的内脏缺损等不予治疗，但对单纯兔唇、阴阳人、轻度肢体缺损等婴儿应给予生的权利。其他人主张把唐氏综合征、克门病、先天性盲、失去治疗机会的苯丙酮尿症、13三体综合征、18三体综合征、脑积水等列为第一批舍弃对象。[2]我认为，既要有标准，也要有分类，开始时可以对舍弃不治的那一类掌握稍严一些，对应给予生的权利的那一类稍宽一些，然后根据经验定期修订。

对有严重缺陷的新生儿作安乐死处理，是为婴儿本身的利益，还是为了家庭和社会的利益？二者兼有。为了婴儿本身的利益，是指不延长它的痛苦，不延长它的死亡，也是指使它不致陷入一个无意义的、不幸的生命。但有人也许会提出异议：谁能代表婴儿作出"赖活不如好死"的判断？也许婴儿宁愿有这种无意义的生命？或者它根本意识不到这种生命是无意义的或不幸的？对此，我们只能说，根据人之常情，可以代替婴儿作出判断。所以，仅仅为了婴儿的利益不是充分的，也必须考虑家庭和社会的利益，如果一个国家禁止对有严重缺陷的新生儿实行安乐死，而这个国家又很穷，一般家庭刚够温饱或还不够温饱。社会上也没有收容有缺陷儿童的设施，那么这种禁止也是无效的。但是，又如何防止有人以家庭或社会的利益为理由不公正对待有缺陷新生儿（多数缺陷不是严重的）呢？所以需要制定标准和类别，并且需要建立一个大家可以接受的决策程序。这一点我们将在下一节讨论。

颇有争议的一个问题是主动安乐死。许多国家禁止主动安乐死。美国医学会正式表明它反对安乐死。美国的法律一般推定，活产后即存在一个人，因而所有婴儿有权得到通常的法律保护，不管它的身体或智力特征如何。对此有两种解释：一种解释为不给有缺陷婴儿治疗就是杀人；另一种认为只有不给正常的合理的医疗护理才算杀人，不给非常的治疗不算。在美国，有选择地不给医疗早已广泛实施，所以 1976 年以来，从未有父母或医生因不给有缺陷新生儿治疗而被判罪。

主动安乐死在特定情况下是被动安乐死的延伸。设我们按照制定的标准和类别，对某些有严重缺陷的新生儿例如 Baby Jane Doe 采取被动安乐死，即不予治疗。这类病儿无法进食，不治就必然饿死，这个过程有时很长，病儿啼哭不止。在这种情况下，为了病儿的利益难道就不可以采取主动安乐死？虽然主动安乐死作为常规是不允许的，但作为特殊情况下的处理办法还是允许的。所以，我认为，对于可以或应该施行被动安乐死的病例，为了避免病儿陷入极度痛苦，可以施行主动安乐死。

当采取安乐死时，病儿的生命质量具有负值。恩格尔哈特列举了美国两个案子说明生命质量可以有负值。一个律师曾代表一个儿童控诉他父亲私生了他，这是对儿童的伤害，可得到赔偿。另一个案子也是律师代表儿童控诉他是他母亲被强奸而生的，而这个儿童是精神病患者。这两个案子都假定，孩子不存在这个世界上比出生为好。这时生命本身成为一种伤害。因此，人类有义务不使这类孩子出生。对于出生缺陷来说，也存在这种生命质量为负值的情况。如泰—萨克斯氏病，由于痉挛越来越严重，最后使吞咽发生困难，三四岁时导致死亡。又如莱施—尼汉氏病，有强迫性自残行为。对于这种儿童，主动安乐死不但是允许的，而且也是必要的。［52，57，74］

7. 杀婴

对有严重缺陷的新生儿施行安乐死，在道德上是可以容许的，有时甚至是必要的。这是否能同时证明杀婴也是在道德上可以容许的？在国外的医学伦理学和生命伦理学文献中，常常把二者混淆起来。我认为是不妥的。

7.1 杀婴与文化

在古代，杀婴被广泛实施。古希腊斯巴达的法律要求遗弃弱的、畸形的婴儿。遗弃健康的婴儿也不被认为是严重罪过。柏拉图在《理想国》中不仅主张杀死有缺陷的儿童，而且主张杀死低等父母或已过理想生育年龄的人的儿女。亚里士多德在《政治学》（*Politics*）中主张不应让畸形婴儿活着。在古罗马，杀一个弱的畸形的婴儿不仅被认可，而且为习惯和法律所要求，杀健康婴儿虽不许可，但不是严重罪行。健康婴儿被遗弃的不多，因为国家需要足够的人口来维持庞大的军队。19世纪以前的欧洲，杀婴仍是限制人口的重要手段，尽管当时杀婴已被认为是应予以惩罚的罪行。20世纪在不发达社会中，杀婴仍很普遍。杀死有缺陷的、有病的、不合法的或被认为不祥之兆的婴儿十分经常。在南太平洋诸岛，习俗规定一个家庭应有多少儿童，杀婴是达到合意家庭规模的一个手段。在澳大利亚的土著部落中，一个妇女养育太多的儿童要受罚。在非洲的说斯瓦希利语的一些部落以及南北美洲的一些印第安部落中，也常有杀婴发生。在我国，旧社会中杀婴弃婴也十分常见，近年来在农村中杀女婴的事件迭有发生。

7.2 对杀婴的道德态度

为什么有些文化会认可杀婴？由于经济条件和道德态度。当社会的物质生活条件很差时，就会想到抛弃不能养活的婴儿。当父母认为女孩的劳动力不如男孩时，他们就可能留下男孩，舍弃女孩。在原始部落中，把敌人俘虏过来作为奴隶使用并任意拷打，被认为是自然的。同样，他们认为杀婴也是自然的，并没有内疚的心情。这与我国旧社会中有的父母忍痛遗弃子女后长期后悔的情况不同。这就反映了道德态度的不同。

对杀婴的道德态度的变化除了物质经济条件改善以外，有两个因素：（1）宗教理由：如基督教认为，生命是上帝的礼物，人是上帝的创造物；佛教认为，所有生命都有同等价值，人们应该"普度众生"等等。（2）哲学论证：人在性质上根本不同于其他生物，他具有独一无二的价值；或正如孔子所说："天地之性，人为贵"。

涂莱等美国生命伦理学家，把杀婴与对有严重缺陷新生儿施行被动或主动安乐死混为一谈，他认为，由于后者在道德上是可以允许的，因而前者在道德上也是可以允许的。我认为这是不妥的。

我们可以作一个类比：杀人与对谋杀无辜的人执行死刑是完全不同的两件事。我们不能因对一个谋杀无辜的人执行死刑而为杀人辩护。当然，对有严重缺陷的新生儿实行安乐死与对这种死囚执行死刑有性质上的不同，前者对它所处的状态不负任何责任，而后者是咎由自取。但有一点相同：他们都处于生命质量为负值的状态。另一方面，"杀人"的"人"包括所有人，而因犯罪被判死刑的人总是少数。同理，"杀婴"的"婴"包括所有婴儿，而因有严重缺陷被实施安乐死的婴儿总是少数。过去，人类处理这少数婴儿时，没有把它们从一般婴儿中分离出来。现在为了避免概念上的混淆，有理由把它们与一般婴儿分开。因而，虽然对这少数婴儿实行安乐死在道德上是可以容许的，甚至是必要的，但笼统的杀婴仍是不容许的。正如对因谋害无辜的人而被执行死刑在道德上是容许的且是必要的，而笼统的杀人仍是不容许的一样。

涂莱用"婴儿不是人"这个论点来为杀婴辩护，也是站不住脚的。在严格的人的意义上，可以说婴儿不是人，但它毕竟有成为人的潜力，它毕竟是人的开端，它理应具有较高的生命价值。如果容许"杀婴"，就会削弱对其他人类生命的尊重，就会削弱对儿童、后代的感情，这对社会和人类都会产生破坏性影响。［203，216］

8. 由谁作出决定？

一般病人有权作出接受或拒绝治疗的决定，但是对于有缺陷或低出生体重婴儿，应委托谁替婴儿作出决定？

父母。应由父母作出决定的理由是：婴儿是他们所生的孩子，是家庭的一个成员；婴儿存活与否，父母是最大的受益者或情感和经济代价的最大承担者；当父母支持治疗时，他们最可能承诺作出最佳的照料。但是有人反对由父母作决定，甚至反对父母参与决定。

理由之一是，如果父母决定不予治疗，孩子死亡，或他们决定抢救一个严重残疾的孩子，孩子死亡，他们会感到强烈的内疚与痛苦。所以把决定的全部重担放在父母身上是不公正的。（艾弗里

[B. Avery])

理由之二是，让父母作出关于他们孩子的生死决定几乎肯定会引起他们极大的焦虑。尤其是允许孩子死亡的决定很可能会对家庭产生很大的压力，使他们不能作出胜任的和理性的决定。（福斯特[N. Fost]）

理由之三是，父母处于震惊之中很难理解关于他们孩子病情的真相，紧张会影响清晰的思考和理智的判断。因此，通常父母由于情绪过于激动，不能作出客观的决定。（斯塔尔曼[M. Stahlman]）

但是把父母排除在作出决定的人之外的上述三条理由都很难成立。把父母排除在外是由于他们生出一个残疾儿引起的困难，但是这些困难大于医生同他们商量时他们需要忍受的内疚和焦急。大多数父母尽管开始时感到震惊，但仍然能适当地理解病情，理性地作出决定。而且什么是对特定的家长最好的决定主要取决于他们的价值观、志向和信念，而这些是别人难以知道的。

把父母排除在作出决定之外还有一个理由：医生的主要义务是促进病人的利益，把病人的利益放在第一位，而父母并不知道什么才是对病人最好的。在有严重缺陷新生儿的情况下，要知道什么对婴儿最好，就要求对活下去比死更好还是更糟作出判断。这需要对病儿所患的疾病及其严重性有充分的知识和经验。但父母缺乏这种知识和经验，因此他们不能作出符合病儿最佳利益的决定。

但是对于婴儿来说，是否在任何情况下病人利益都应该放在第一位呢？如果决定让一个有残疾新生儿活下去，这沉重负担将要落在父母肩上，而又不让父母参与决定，这是难以行得通的。设想一个初生儿妊娠28周用剖腹产分娩，出生体重1 130克，一出生就遇险情，在注射肾上腺素后将婴儿置于呼吸器上，它只有偶然阵发性的呼吸努力，而没有自发运动，CT扫描表明脑内有出血区。所有证据提示，如果他存活下来将有严重脑损害。如果没有足够的设施来长期收养这种孩子，他的存活对父母将是沉重的负担。在这种情况下，医生若未经与父母协商就决定让这个孩子活下来，是不可想象的、不合理的。所以，我认为在对有严重缺陷的新生儿作出生死决定时，父母应是最后决定者。

医生。由于医生具有关于新生儿缺陷的性质和预后的知识和经验，医生应是合格的作出决定人，在这一方面他们具有父母所没有的客观性。强调医生在作决定中的作用的其他主张有：尽管医生也有情绪压力，并且父母在不予治疗的决定中也应起作用，但归根到底应由医生决定（弗里曼［Freeman］）；婴儿是在医生的照料下（英格尔芬格［Ingel-finger］）；在多数情况下父母受医生意见的影响（里卡姆［Rickham］）。但也有不少人提出了医生不能作为合格决定者的种种理由：由医生作出决定会鼓励医疗中的家长作风和医生操纵知识的危险（达夫，福斯特）；医生的决定也不具有客观性，因为预后总是有几率的，医生之间对治疗决定也会有不同意见，医学上的资格并不等于道德上的资格，不能保证一个医学上可靠的决定本身也就是道德上可靠的决定（罗伯逊［Robertson］，史密斯［Smith］）；医生对这些问题的决定实际上很少依靠他们的医学知识，而是依靠他们的道德和宗教信念（麦克尼尔［Magnire］）；医生并没有把他们的道德价值强加于病儿或病儿父母的权威（古斯塔夫逊［Gustafson］）。但尽管如此，医生的知识和经验、他们对于病人的责任，都是作出合理决定所必不可少的，从而使他们在作决定中起着重要的甚至可以说是指导的作用，虽然他们不是最后决定者。作为最后决定者的父母毕竟要受医生的很大影响。

护士。有人主张在涉及新生儿的决定中，照料新生儿的护士也应参与。理由是：决定与她们有关；她们有独立于医生的责任和义务；她们的职能在增大，现在担负着过去由医生执行的职能。这个意见是正确的。如果护士不参与决定，就不能使作出的决定考虑得更全面，并保证决定的顺利执行。

社会。有缺陷新生儿的处理涉及社会的利益，社会的利益一般由医生、医院行政人员代表。在有些国家则也由律师来代表。

在一些国家中建立了一些有关新生儿处理的委员会，大致有以下四种：

（1）审查性组织：当医生和父母均同意不予治疗时，由这种组织来审查通过这个决定；

（2）咨询委员会：旨在提供建议并帮助父母和医生作出决定；

（3）起代理决定者作用的委员会：由于病儿无行为能力，由该委员会决定如果婴儿能够作出判断时婴儿会要做什么，或决定为了婴儿的利益，什么是社会上和伦理学上可接受的；

（4）医院审查委员会：负责审查和实施临床上的决定。

委员会的好处是，能为考虑不周的判断或决定提供重要的防护措施；在生命价值和质量的判断问题上可更客观，因为没有个人或职业上的干系；提供了一个发表更广泛的观点和意见的机会，包括可以在委员会中任命一个代表婴儿的人作为委员；可提供比单单由父母或医生作决定时更多的伦理学专业知识。这些委员会的缺点是，它们更远离婴儿和家庭的现实，并与决定的后果无关；委员会有时也容易接受某些权威的压力；集体作出决定的机制不能保证意见一致。[31，32，87]

我认为在有缺陷新生儿的处理问题上，建立审查委员会不失为一个适宜的办法。这种委员会可以起咨询、监督和检查的作用。咨询是指帮助父母作出最合适的决定，因为父母是最后决定者。监督是指防止或纠正在伦理学上不容许的决定，并使作出决定者负有一定的道德责任。检查是指定期回顾有关案例，总结经验教训，提出改进意见。委员会可由儿科医生、护士、医院行政人员、伦理学家等人组成。

Ⅵ 死亡和安乐死

生物医学技术进步引起的伦理学问题主要集中在生和死两端。前面第Ⅱ章讨论生的问题，第Ⅲ、Ⅳ章对生和死的问题都涉及，第Ⅴ章和本章讨论与生死有关的问题。本章要讨论的是，生物医学技术的进步救活了许多本来要死亡的病人，同时也延长了不少临终病人的生命。这种延长是"延长生命"，还是"延长死亡"？如果是"延长死亡"，这种延长是否应该？如果不应该"延长死亡"，那又应该怎么办？这就是本章要讨论的问题。

1. 从若干案例谈起

从 1975 年以来，各国都出现了一些有关是否应该维持生命或延长死亡的棘手案例。尤以美国的几个案例最为著称，因为这些案例通过新闻媒介广为传播，成为公众关注的焦点。

1.1 Karen Ann Quinlan

Karen Ann Quinlan 案件是美国生命伦理学历史上的重要里程碑。从 1966 年起，12 岁的 Karen Ann Quinlan 就是个昏迷病人，靠呼吸器维持心跳呼吸，静脉点滴维持营养。1975 年她 21 岁。她的父亲约瑟夫·昆兰要求成为她的监护人。作为监护人，他有权表示同意撤除一切治疗，包括取走呼吸器。新泽西的高等法院法官缪尔（Muir）驳回了他的要求，认为"认可这一点就是杀人"，破坏了生命权利。但新泽西州最高法院法官休斯（Hughes）推翻了缪尔的否决，同意约瑟夫·昆兰作为他女儿的监护人，允许他和医生撤除一切治疗，并认为中止呼吸器和中断人工喂饲没有区别。据说，Karen 曾有三次说过，她决不要靠特殊手段活着，即没有证据证明取走呼吸器违反了她已知的选择。但当时辩论的焦点在于是否应该或可以取走呼吸器。因为人们认为取走呼吸器会导致 Karen 的死亡，虽然某些神经病学家并不同意这一点。然而，当问约瑟夫是否同意医生取走供应 Karen 达 9 年之久的静脉点滴管时，他吃惊地回答说："可这是她的营养啊！"取走呼吸器后，Karen 没有死亡，却恢复了自主呼吸，但仍昏迷不醒，直至 1985 年死亡。死时体重仅三十余公斤。法院同意病人家属取走病人的呼吸器，这在美国历史上是空前的。尔后，许多类似案例都援引新泽西州最高法院对 Karen Ann Quinlan 的这一裁决。

例如，Brother Fox 案件。Fox 也是昏迷病人，1980 年值 83 岁，靠呼吸器维持，处于持久的植物状态中。他以前曾口头表示过如下的愿望：如果他处于与 Karen Ann Quinlan 类似的状况时，遵照教皇庇乌斯十二世的意见，不要用"非常手段"维持。纽约上述法院断定，Brother Fox 具有拒绝治疗的习惯法权利，这种拒绝治疗的权利在失去行为能力以后依然存在，只要有"明确的和令人信服的证据"证明他表示过拒绝。而 Fox 的口头表示是"庄严的宣布"，不是随便说的话。由于发现 Fox 个人拒绝过治疗，法院认为没有必要提出代理人问题或隐私的宪法权利问题。法院只是断定，一个有行为能力的成人可以拒绝治疗，并且必须尊重他的愿望。但是，在高等法院作出裁决之前，Fox 就死亡了。纽约上诉法院认为，如果 Fox 活着，他的呼吸器是可以取走的，最重要的是，这个法院重新肯定了一个有行为能力的人拒绝治疗的权利，并把这种权利一直推广到该人成为无行为能力者时，也就是认为病人以前在有行为能力时所表达的愿望，不管通过口头宣布还是用书面写下（living will，预嘱）都是足资证明的。

1.2 Joseph Saikewicz

Joseph Saikewicz 是个智力严重低下的癌症病人，1977 年时为 67 岁。马萨诸塞州最高法院断定，Saikewicz 可以拒绝癌症的化疗，因为化疗会产生使他感到恐惧的不良副作用，而他对这种治疗不能理解。他不能理解是因为他智力低下。但在法院明确批准给予拒绝治疗权利前，病人就死亡了。但法院在这个案件中第一次使用了代理判断，即代替病人作出判断。

John Storar 案件与之类似。Storar 是个 52 岁的智力严重低下者，住在纽约州的一所护理院中，他的智力年龄相当于 18 个月。他的亲人是他的母亲，一位 73 岁的寡妇，住在护理院附近，几乎每天去看他。1979 年 7 月，他被诊断为患有膀胱癌，他的母亲被任命为他的监护人，同意进行放疗，因放疗可减轻病情。1980 年开始内出血。对他的膀胱进行了电烙，但未能止血。这时癌转移到肺，这是致命的，已无法做手术。5 月，医生要求他的母亲允许输血。她不情愿地同意了，但在 6 月她要求中止输血，这时血已输了两个星期。Storar 所住护理院的医学中心主任上诉法院要求授权继续输血。母亲反对。听证会上所有证人同意 Storar 不能理解他患了不可逆转膀胱癌，也不知道靠输血只能活三至六星期。而不输血他将最终出血至死。输血使他痛苦，因为输血后他的尿中的血和血块增加了。所以不得不在输血前不时使用止痛剂。其他专家作证说，能够使用的治疗只有止痛片。他母亲作证说，她只要她儿子舒适，由于他显然不喜欢输血，并试图避免输血，她相信他本人要求中止输血。中级法院认为，在这些情况下，Storar 可由他的母亲行使拒绝治疗的权利，因为她所处的地位使她能决定他要什么。但是纽约上诉法院推翻了这个决定，理由是没有实际办法决定 Storar 本人要干什么。法院说，问这个问题就是问："如果整个夏天都下雪，它是不是冬天？"法院判断，由于 Storar 在智力上是个婴儿，必须给予他与婴儿一样的权利。由于父母不能拒绝别人给她的儿子输血，法院决定 Storar 的母亲不能拒绝别人给她的儿子输血。法院认为，膀胱癌和失血是两种完全不同的病症，前者是不可治的，后者是可治的。因此下令输血，而不考虑失血的原因——不可治的癌症。法院把血液与食物作了类比，认为必须用血防止失血所致的死亡："一个法院不应该因为病人的亲人认为这样对病人最好而允许一个无行为能力的、患有绝症的病人出血死亡。"

1.3 Clarence Herbert

1981 年，洛杉矶的两位医生奈伊德尔（R. Nejdl）和巴博尔（N. Barber）被控犯谋杀罪，因为他们从一个脑部严重损伤的病人那里取走了呼吸器并停止了静脉喂饲，这个病人叫 Clarence Herbert，55 岁的守卫。1981 年 8 月 24 日，他住进凯塞·帕尔曼能特（Kaiser-Permanente）医院。他要做一个手术摘除结肠造口术的囊，这个囊是在数月前为解决肠梗阻问题时植入的。8 月 26 日，奈伊德尔医生做了手术。然而，在 Herbert 待在恢复室的第一小时，他因脑缺氧成为昏迷病人，被置于呼吸器上。8 月 27 日，医院神经病学家弗里曼（Freedman）医生诊断为由于缺氧所致的严重脑损伤。第二天，巴博尔医生与赫伯特夫人商议，赫伯特夫人被告知说，她的丈夫的脑已经死了，于是她同意取走她丈夫的呼吸器。但脑当时并没有死，因为仍有低等的脑功能。8 月 29 日，巴博尔从 Herbert 那里取走了呼吸器。加利福尼亚州的脑死法明确批准可以取走脑功能终止病人的呼吸器。自从 Quinlan 后，对于取走不可逆昏迷病人的呼吸器已没有争论。然而，呼吸器取走后，Herbert 没有死，出乎意料地自己开始呼吸。第二天，赫伯特夫人和家庭其他成员共同签署了一份同意书，说家庭要"取走维持生命的所有机器"。8 月 31 日上午 8 时，巴博尔命令中止所有静脉喂饲；不久，奈伊德尔命令取走鼻饲管，把 Herbert 从加强医疗病房转入普通病房。9 月 6 日，他死于脱水和肺炎。中止静脉喂饲引起了控告。原告认为这不同于仅仅取走持久昏迷病人的呼吸器。当取走静脉点滴管时 Herbert 并不是持久昏迷病人，如果静脉点滴管不取走，他也许会恢复。原告还控告说，在这个案例中，取走呼吸器也应视为谋杀，因为它是谋杀 Herbert 以掩盖医疗事故的阴谋的一部分。1983 年 3 月 9 日，地方法院法官克拉汉（B. Crahan）在预审会上驳回了这些指控，认为没有邪恶意图的证据，因而没有谋杀指控的证据。克拉汉的驳回提示了这一点，当病人处于不可逆昏迷状态时，医生在病人家属的同意下，可以取走病人所有的生命系统而不必害怕被控告有罪。然而，原告上诉。5 月 5 日，高级法院法官温克（R. Wenke）恢复了谋杀指控。最后，加利福尼亚州上诉法院宣告，对巴博尔和奈伊德尔的指控无效。上诉法院认为，人工供应营养应该与任何其他形式的医疗一样对待，当人工喂饲对病人提供的好处与强加的负担不成比例时，可以根据代理决定者（即 Herbert 的家属）的指令而中止喂饲。〔206〕

1.4 Claive Convoy

Claive Convoy 是一个单身的 84 岁妇女，住在新泽西州布鲁姆菲尔德的帕克兰护理院。她患有严重的脑综合征、慢性褥疮、尿道感染、心脏病、高血压和糖尿病。她对她的周围没有感觉，只有原始的脑功能，没有认识能力；并且没有改善的希望。她从未结过婚，朋友很少。1979年8月，在她被判定为无行为能力后，她的外甥和唯一活着的亲属惠克莫尔（T. Whittemore）被任命为她的合法监护人。1982年7月21日，Convoy转入克拉拉·马艾思（Clara Maas）纪念医院治疗她坏死的腿。医生建议截肢以免死亡，但惠克莫尔拒绝同意，理由是如果Convoy有行为能力，她不会同意。手术没有做，但Convoy仍活着。她住院不久即插入鼻饲管帮助喂食。10月18日取出，11月3日又插入，因为Convoy不能用口摄入营养。在11月3日重新插入后，她的监护人要求取走鼻饲管，但被她的主治医生拒绝。11月17日Convoy被送回护理院，在那里主治医生又拒绝取走鼻饲管。因此监护人向法院起诉要求强迫取走。法院下令取走，但受理上诉的分院驳回了这个决定，宣称中止喂饲就是杀人。Convoy死于1983年2月15日，此时鼻饲管仍留着。监护人上诉到新泽西州最高法院。1985年1月，最高法院宣布，中止对无行为能力者的任何医疗包括人工喂饲，是合法的，只要遵循一定程序。最高法院作出结论说："我们确信，如果Convoy有行为能力作出决定，如果她下决心，会选择让人把她的鼻饲管取走。"

1.5 Mary Hier

Mary Hier是一名92岁的妇女，患有严重的精神病，过去57年住在精神病院中，她没有亲友。她相信她是英格兰女王，她还患老年性痴呆。由于患食管裂孔疝和颈部憩室（她的食管有个囊妨碍了插入鼻饲管），她不能通过嘴饮食，通过胃部手术把管插入腹中已达10年之久。她一再把她的胃饲管拉出来，有一次一周拉出几次，不让再插进去，只好住入医院。在医院她通过静脉喂饲维持生命，但静脉喂饲仅在有限时间内有用，并且主要是补充液体，不能提供充分的平衡的饮食。后来把她从纽约精神病院转到马萨诸塞州护理院。护理院要求法院任命一个监护人，以便同意给她服治疗精神病人的药物（氯丙嗪），并进行胃造口术，来代替她的喂饲管。这种手术一般是成功的，有不到5％的死亡率。但对于Hier来说，这种手术并发症很严重，成功的机会不大，死亡危险达20％，遗嘱审查法官布兹科（T. Buczko）发现，Hier在智力上不能作出有关她医疗的必要决定。他批准给氯丙嗪，但不同意做胃造口术。后来护理院撤销了这个要求。这位法官作出这个结论时，使用了代理判断，即如果她有行为能力，也会接受服用氯丙嗪，而拒绝胃造口术。由于对给氯丙嗪没有争议,马萨诸塞州上诉法院集中于这一问题:如果 Hier 有行为能力,是否会反对胃造口术?上诉法院的结论支持布兹科的意见,理由是这种手术具有侵害性,代价太大,并且医生也认为手术对她不合适。实际上反对手术的医生理由也并不一致。约翰逊(M. Johnson)医生反对手术,是因为"她不要用管喂饲",而马洛奈(D. Maloney)医生反对手术,主要是因为他认为在 Hier 身上已花了足够的资源。也就是说,一个医生把她视为有行为能力的成人,另一个医生把她看做是个资源分配问题。而遗嘱审查法官则看做是个代理判断问题。上诉法院强调成本—效益分析。1984 年 7 月 3 日,法院任命的监护人勒多(R. Ledeux)将案件交回原来的遗嘱审查法官处理,在听了 7 个医学方面的补充证人的证词后,法官改变了意见。7 月 4 日,在波士顿圣伊丽莎白医院成功地进行了手术,重新植入胃管。

类似这些案例还可以列举许多。在我国,各医院都有类似的临终或脑死、昏迷病例,并且也开始提出这样的问题:对一个晚期癌症病人,从 40 个健康人身上取 11 000 毫升的血输入病人体内,最后病人死去,这样做是否应该?

所有这些案例提出了下列问题:对这样的病人是否应该尽一切力量抢救,以求维持他们的生命?还是应该中止治疗,让他们自行死亡,不去延长死亡或延长痛苦?这样做,是为病人的利益考虑,还是为了病人家属、社会?如果可以中止治疗,让他们自行死亡,又是否可以采取措施促使病人早日无痛苦死亡?不管是让他们自行死亡,还是促使病人早日死亡,这是否是杀人或加害于病人?其中脑死、昏迷病人是活人还是死人?什么是人的死亡?病人本人拒绝治疗是否允许?如果允许这是不是自杀?[33]

2. 死亡的定义和标准

2.1 死亡的心脏呼吸概念

上述这些病例中,有一部分人是脑部受不可逆损伤、持久昏迷的病人。这些病人对外界和自身毫无感觉、意识,也没有自主运动,那么这种病人是否已经是死亡了呢?按照传统的死亡概念不是,因为他们有心跳和呼吸。但是这些病人的生命已完全失去了意义,似乎只能作为一种象征存在，象征着医学技术的进步，象征着人类对同类的同情关怀。于是就自然提出了什么是人的死亡、它的定义和标准的问题。

传统的死亡概念是心脏呼吸概念。原始人通过日常的观察和狩猎活动，就已形成了死亡是心脏停止跳动的模糊概念。石器时代用弓箭刺中公牛心脏的洞穴壁画，说明了这一点。把心脏停止跳动和停止呼吸作为死亡的定义和标准，沿袭了数千年之久，直至今日。1951年，美国布莱克（Black）法律词典定义死亡为"血液循环的完全停止，呼吸、脉搏的停止"。我国出版的《辞海》也把心跳、呼吸的停止作为死亡的重要标准。这是认为心脏是机体生命中枢的逻辑结论。医学上实用的传统死亡标准是心搏、呼吸、血压的停止或消失，接着是体温下降。前三者最为重要，宣布死亡很少有拖延到体温下降以后。但即使血压、脉搏和呼吸消失，若心脏功能的电证据还存在，通常并不宣布死亡。

但是，心脏呼吸的死亡概念、定义和标准在实践中屡次遇到反例。在西南非洲卡拉哈里的干燥沙漠中，布须曼人把心脏不再跳动的死人埋在浅墓中，但是多次发现这种"死人"从墓中爬出来。有个坚持心跳标准的荒谬例子：一个妇女被砍头，头离她身体3米远，头颈冒血，医生对法庭说，这个人没有死，因为她的心还在跳，出血便是证明。1962年，苏联著名物理学家兰道遭车祸，4天后心脏停止跳动，血压降为零，但经医生抢救后心脏又开始跳动。第二周他的心跳又停止了3次，每次都"复活"了。直至1968年，因过量使用药物使肠子受损才死亡。

医学技术的进展使得一个人在脑部大面积或全部损伤后还能维持和支持他的心脏功能。反之，在使用体外循环装置做心脏手术时，可以有意使心肺功能暂时可逆地停止，在有限的时间内保护人脑的功能。脑功能与心肺功能本来是密切联系的，但是现代医学技术却可以把它们分离。这种分离使心脏呼吸的死亡概念以及根据这个概念制定的标准过时了。[73，194]

2.2 死亡的脑死定义

在这种情况下，医学界人士纷纷探索新的死亡定义和标准。1968年，美国哈佛医学院特设委员会发表报告，把死亡定义为不可逆的昏迷或"脑死"，并提出了4条标准：（1）没有感受性和反应性；（2）没有运动和呼吸；（3）没有反射；（4）脑电图平直。要求对以上4条的测试在24小时内反复多次结果无变化。但有两个例外：体温过低（<32.2℃）或刚服用过巴比妥类药物等中枢神经系统抑制剂的病例。1968年，世界卫生组织建立的国际医学科学组织委员会规定死亡标准为：对环境失去一切反应；完全没有反射和肌肉张力；停止自发呼吸；动脉压陡降和脑电图平直。这个标准与哈佛委员会的标准基本一致。[217]

虽然庄子早就说过："哀莫大于心死"。但并没有把这句话用于医学。最近由于老年性痴呆的发展，有人提出"心死"问题。不过这个"心死"具有不同的定义，即是指痴呆症患者失去记忆，不但日常生活中的许多事情不记得，甚至忘记了老伴的名字和自己的过去。这个"心死"就是"意识死亡"问题。心死、脑死、身死、人死这些概念是既有联系，又有区别的。

关于上述的脑死定义，需要说明两点：其一，关于不可逆的昏迷。昏迷是意识受抑制的病理状态，即使用痛刺激也不能使病人清醒过来。昏迷可由种种疾病引起，影响整个脑或脑的一部分。当已知昏迷原因是一种不可逆的疾病时，就存在不可逆昏迷状态，这种昏迷没有希望恢复。不可逆昏迷病人的神经系统有部分是完整的，使血压、脉搏、呼吸、正常体温能够无限久地维持下去，而无须人工或机械的支持。但另一些不可逆昏迷病人则必须有机器维持，不然便会死亡。① 其二，关于脑死。"脑皮层死亡"与"脑死亡"是有区别的。"脑死"是皮层和脑干均死亡，或称"全脑死亡"，其主要征候是自发呼吸停止。因为呼吸运动由脑干内的中枢控制。无反应的昏迷、呼吸停止、没有脑反射（如瞳孔对光反应）是脑整个被破坏的基本标准。

1972年，北欧提出的死亡标准把临床特点、脑电活动和通往脑部的血液循环停止结合起来，认为病人有已知原发或继发的脑损伤、无反应的昏迷、呼吸停止和不存在包括脑干反射在内的所有脑功能就是死人，脑死的客观证据是：没有生物学活动的脑电图、脑血管内没有血液循环的放射学证据。用标准的X线方法脑动脉灌注不能显影，两次试验相隔25分钟，表明循环障碍已使脑全部破坏。1973年，日本根据研究作出的结论是，临终病人的特征是：原发性大面

---

① 前一种情况是皮层已经死亡，但脑干仍然完好无损，这种病人处于"植物状态"；后一种情况是皮层和脑干均死亡，这种病人是"脑死人"。

积脑损伤、深度昏迷、双侧瞳孔扩大、无瞳孔和角膜反射、等电位脑电图。他们还观察到血压降低到 44 毫米汞柱以下并持续低血压 6 小时，象征死亡临近。这些标准区别了不可逆昏迷与临近的死亡。把血压的逐渐和不可逆的消失，作为可以结束人工支持机制的决定性因素。

哈佛委员会的脑死定义引起了激烈的争论。有人认为，脑死既不是死亡定义也不是死亡标准，只是昏迷何时不可逆的标准，并批评说用脑死这个词作为死亡定义会引起误解，这意味着不挽救处于不可逆转的昏迷中的病人的生命可不承担法律责任。有人认为，这个标准很成问题，因为根据这个标准被认为是死了的人有明显的生命征候——一颗跳动着的心脏。有人认为，这个标准没有分清两个问题：一是死亡实际在何时发生的问题，一是死亡应该在何时发生的问题，前者是有关死亡的含义和对死亡的测试问题，后者是停止抢救生命在道德上的正当理由问题。

虽然，在医务界有越来越多的人接受死亡的脑死定义，但在普通人心中，传统死亡定义一时很难消除。因为心脏被认为是爱和生命的象征已有数千年的历史。世界上第一个接受人工心脏的克拉克 (B. Clark) 在手术后，他的夫人问他：是否他不再爱他的家庭了。实际上在他的心脏死亡并换了人工心脏后，他仍然活着并且爱着他的家庭。这也说明脑死是比心死更可靠的死亡指标。但是传统观念和习惯是很难在短时间内消除的。也许考虑到这个复杂情况，1983 年美国医学会、美国律师协会、美国统一州法律督察全国会议以及美国医学和生物医学及行为研究伦理学问题总统委员会建议美国各州采纳以下条款：

"一个人或（1）循环和呼吸功能不可逆停止，或（2）整个脑，包括脑干一切功能不可逆停止，就是死人。死亡的确定必须符合公认的医学标准。"这个意见实际上是让两个死亡定义和标准并存。这在目前情况下不失为一种妥当的解决办法。我认为，在我国也应该允许这两个死亡定义和标准并存。[43，113，133，158，160]

2.3 "范式"的转换

在医学界和医学哲学界，同意哈佛委员会意见的人似乎占多数。因此可以说在死亡问题上，发生了一次"范式"转换。哈佛委员会的脑死定义和所开列的四条是测定一个人是否已死亡的操作标准。

但当把任何适合这些标准的人宣布为死人时,实际上就意味着提出一个新的死亡概念:从传统的心脏呼吸概念过渡到中枢神经系统概念。

中枢神经系统对人体的重要性,已被人体生理学所确认,但并没有把它应用在死亡问题上。中枢神经系统之所以重要,因为它是意识的基础。而人之所以为人,就是因为他是一个有意识的、有自我意识的实体。我们在前面说到人的本体论问题时,已反复指出这一点。我们说某甲是某甲而不是某乙,就是根据他的意识特征——个性或人格。如果某甲做了一次心脏移植,他仍然是某甲。如果他经历一次灾难性的车祸,腿、手臂轧断,脸面损坏,容貌大为改观,我们说某甲有很大变化,而并不说他不再是某甲了。但是如果某甲进行了一次中枢神经系统的移植,例如他接受了某乙的中枢神经系统,于是他就具有了某乙的意识特征——个性或人格。这时我们就不能称他为某甲,而改称他为某乙了。

那么这是否把脑和心等同起来,意味着心脑同一论的正确呢?我认为不能。脑是心的必要条件或基础,但脑不是心。因为脑死,所以心死,所以人死。死亡的是人,不仅是脑。但作为一个人(person)必须有意识和自我意识。没有意识和自我意识的人类有机体,可以是一个生物学的人,但不是社会的人。而没有脑,也就不可能有意识和自我意识。因此在脑死的情况下,我们可以说:"某甲的脑死了"和"某甲死了"具有相同的意义。但不能推广到:"某甲知道天在下雨"等于"某甲的脑知道天在下雨"。知道是人的属性,只有人才能知道。精神病学上有多重人格症,即一个在一生中可以有多于一个以上的个性和人格。有一个姑娘前后经历了三个完全不同的个性或人格,在这三个阶段中,她仿佛是彼此完全不同的三个人。这种人的有机体和脑都没有变化,但作为人心或人有根本的改变。所以心脑并不能完全同一。[228]

死亡概念涉及"生命"、"人类"、"人"、"意识"、"身体"这样一些概念。我们按前面几章所述,定义人(person)或社会的人为有意识的实体,人的身体或人的生物学生命是一个物种概念。那么一个人(person)如果持久地不可逆地丧失了意识,即"心死",就是"人死"。"心死"以"脑死"为前提,"脑死"必"心死",所以我们也可以说"脑死"即"人死"。但其时人的身体未死,即并没有"身死",人的生物学生命仍存在。但反之,一个人"身死"了,脑也必死，心也必死，当然也就是"人死"。这就是"心死"、"脑死"、"身死"、"人死"之间的关系。[3，9，10，20，124，208]

2.4 死亡的宣布

一旦死亡的定义和标准明确后，接着的问题是如何宣布死亡？60年代以来，美英的大多数医生都接受哈佛委员会规定的标准。法国所用的莫拉雷（Mollaret）标准与之类似。奥地利和联邦德国也以脑功能的完全和不可逆丧失为死亡指征。但新的死亡标准与一般人的理解、体现在习俗和法律中的规则不一致。例如美英习惯法要求所有生命功能完全停止才算是死亡。于是就出现两个问题：立法者如何对医学中的这个变化作出反应？法律又应作出何种改变？

对于第一个问题有三个办法解决。第一，由医生作出决定。判定一个人是否死亡、何时死亡，是一项技术性工作，医生是这方面的权威。否则就会发生不可避免的冲突。但由于作为一个人，他具有相应的义务和权利，并且他的生死与家属、朋友、工作单位等利害有关。如果医生以判定死亡的标准在各个案例中稳定不变，并与社会意见一致，大多数人是会满意的。但当医学界所用的标准离开社会舆论太远时，就会有人提出抗议。

第二，由法院作出决定。通过诉讼提出的死亡问题，由法院遵照医学定义来判定。这就使医学定义具有了法律地位。在美国和其他实行习惯法的国家中，不仅有法令全书，而且也有法官所宣布的裁决可作为法律根据。如果事实与现行法律不符合，法院可以作出新的裁决，以便更精确地反映目前的科学理解和社会观点。但是法官并不是医学问题上的权威，他也不能举行听证会或进行调查，来研究不同死亡定义和标准的科学价值。显然，依靠法院也是不行的。1972年，美国弗吉尼亚州法院受理了Tucher v. Lower案件。原告控诉说，当医生取走他兄弟的心脏时，他兄弟并没有死。证据表明，当时病人的脉搏、血压、呼吸和其他生命征候都正常，但医生声称这些生命征候的存在只是由于医学的努力，而不是由于病人自己的功能活动，因为他的脑已经死了。法官说，他要坚持传统的死亡定义。但后来陪审员查明，当脑不可逆地停止功能活动时，死亡已经来临。法官又改变裁决，使之有利于被告。我们从第1节列举的一些案例中也可看出，单单由法院作出判定是有困难的。在我国，这些问题一般也不由法院去处理。但有些案子涉及这方面的问题,也不可不予过问。

第三,由立法机关作决定。在立法机关中,可广泛收集公众和专业人士的意见,以确定一个合适的死亡标准。例如当提出脑死定义和标准时,立法机关可作出这样的结论:如果心肺功能停止,脑功能不能继续;如果没有脑的活动,呼吸不得不用人工维持,这二者都是死亡。这样可以排除怀疑、减少恐惧和发生事故或杀人的可能性。

关于死亡定义的法令,各国都曾制定。开始都比较笼统。如1961年英国人体组织法令,1967年丹麦的法令,1968年提出1971年开始生效的美国统一解剖捐献法令,死亡标准都不太明确,不能作为医生宣布死亡决定的指南。1970年,美国的一些州,如堪萨斯州开始采用两种死亡概念,分别提出心肺死亡定义和脑死亡定义,而不解释它们之间的关系。1975年,美国律师协会只采用脑死定义。后来加利福尼亚州立法机关采取美国律师协会的方案,但也允许医生继续使用"通常的和习惯的"标准,也未解释新定义与旧定义之间的联系。我认为,我国立法机关也需要在适当时候考虑制定死亡法令的问题。

但制定法令时需要注意以下几点:第一,要明确概念:即所制定的法令是社会的人(person)的死亡,还是生物的人(human being)的死亡,这两个概念是不一样的。我们只能对社会的人负有义务。医学有义务和责任来救治的是病人,不是人体器官的集合。在美国,堪萨斯州和马里兰州的死亡法令强调了这种区别,指出要确定死亡是人(person)的死亡。但新墨西哥州的死亡法令中又用了 human being 一词。这就造成了概念上的混乱。但中文的"人"一词没有"person"和"human being"之分,我国尤其要加以注意。第二,要明确目的:死亡法令要满足合适的目的。社会需要一个死亡定义来作出许多有法律后果的决定,除临终医护或器官移植外,还有什么时候结束生命为杀人,对一个人非法死亡的赔偿费、财产的继承,以及保险金、税收和婚姻方面的判决。在不同的情境中有不同的政策目的,因此有时就需要不同的定义,一个定义是不敷用的。第三,在高技术领域制定法律,必须注意定义一定要十分精确,但又不能太具体或与技术细节结合太密切。如果定义限于借以确定死亡的一般标准,如自主呼吸不可逆停止或反应、交往能力不可逆丧失等,就能达到这种灵活的精确性。[3,9,20,56]

3. 安乐死能否在伦理学上得到辩护?

3.1 安乐死的概念和历史

"安乐死"一词源自希腊文 euthanasia，原意为无痛苦死亡。现指有意引致一个人的死亡作为提供他的医疗的一部分，有时也译为"无痛苦致死术"。

由于生物医学技术的新进展，人们有可能以一种过去世代的医生不能梦想的方式延长人的生命。结果是一个人的生物学生命在继续，而人的真正生命在任何意义上说都已停止了：一种情况是病人处于不可逆的昏迷中，即只是植物性的存在；另一种情况是病人只能在难以忍受的疼痛和药物引起的麻木之间交替存在。这个人的生命质量已经退化，生命已经失去了意义。对于这种情况，本人以及他周围的人会希望死亡快点来临，对这样的人来说，"死比活好"。

安乐死并不是新问题。在史前时代就有加速死亡的措施，如游牧部落在迁移时常常把病人、老人留下来，加速他们的死亡。在古希腊罗马，允许病人结束他们自己的生命，有时有外人帮助。在中世纪，基督教绝对禁止结束病人的生命，而另一方面，炼金术追求延长生命。13 世纪的罗吉尔·培根主张战胜衰老。17 世纪以前，euthanasia 是指"从容"死亡的任何方法，如生活要有调节、培养对死亡的正确态度等，并不一定与延长生命相对而言。17 世纪的弗兰西斯·培根在他的著作中则越来越把 euthanasia 用来指医生采取措施任病人死亡，甚至加速死亡，即现在意义上的无痛苦致死术。他主张控制身体过程，或延长生命，或无痛苦地结束它。他赞扬延长寿命是医学的崇高目的，也认为安乐死是医学技术的必要领域。解除痛苦就要中止临终医护，因此医生有时可加速死亡。其目的相同：使长寿摆脱衰老体弱，使临终摆脱痛苦。科尔纳罗（L. Cornaro）在历史上第一个主张被动安乐死，或"任其死亡"。而莫尔（T. More）在《乌托邦》一书中提出有组织的安乐死，患有痛苦的无望的疾病的病人可根据一组教士和法官的建议通过自杀或由当局采取行动而加速死亡。此外还提出了"节约安乐死"概念，即社会可以用某种手段了结那些"不适当地"耗费有限资源的生命。这与当时的重商主义思想有关：仅鼓励延长有可能增加生产力的生命，不需要大量上了年纪的人。与这种重商主义倾向相反,洛克主张生命是不可剥夺的权利,既不能被取走,也不能放弃,结束自己生命的人必定是"异化"了,即选择自杀或安乐死的人暂时"不是他自己"。休谟说,如果人类可以设法延长生命,那么同理,人类也可缩短生命。19 世纪中叶,蒙克(W. Munk)把安乐死看做一种减轻死者不幸的特殊医护措施,但他反对加速死亡。1882 年魏斯曼(A. Weismann)指出,自然要求高等动物在生殖年代结束后死亡。1905 年奥斯特(Oster)提出人在 40 岁后不再有创造性,成为无用的人。赫克尔(E. Hackel)建议毒死数十万无用的人。20 世纪 30 年代,欧美各国都有人积极提倡安乐死。但由于纳粹的兴起,这种提倡都被看做是一种纳粹主义而得不到人们的支持,旋即销声匿迹。希特勒在 1938—1942 年用安乐死的名义杀死了有慢性病或精神病的病人、异己的种族达数百万人。

3.2 安乐死的伦理学根据

虽然有人反对任何形式的安乐死,理由是有些晚期癌症病人被宣判在 3 个月内就要死亡后,病人仍然活了下来,安乐死会导致医生放弃控制疼痛和发展临终护理措施的努力,但是大多数人认为某种形式的安乐死,在道德上是可以接受的。实际上某种形式的安乐死是医务界业已采取的常规措施。连教皇保罗六世也说:"医生的职责与其说在于用一切手段尽可能长地延长一个不再完全是人的生命,不如说是努力解除疼痛。"1973 年 12 月 4 日,美国医学会在国会的代表声明说:"一个人有意结束另一个人的生命——无痛苦致死术——是违反医业本性的、违反美国医学会政策的。"[120]

"当有无可辩驳的证据证明生物学死亡即将来临,中止利用非常手段来延长身体的生命由病人和/或他直系亲属决定。医生的建议和判断应该自由地供病人和/或他直系亲属利用。"

安乐死的结果是病人的死亡。不实行安乐死这种死亡也许要晚一些才来到。但是能够因为这一点而在道德上否定安乐死吗?有人认为不能。

第一,安乐死的对象仅局限于死亡已不可避免、治疗甚至饮食都使之痛苦的病人。对于这些病人来说,生命价值或生命质量已经失去,有意义的生命已不存在,延长他们的生命实际上只是延长死亡、延长痛苦。因此,实行安乐死是符合他们的自身利益的。

第二，安乐死有利于死者家属。家属对家庭成员负有照料的义务，但是为了一个无意义的生命去消耗有意义的生命，是过分的要求。对于上述种类的病人，家属已承受极大的感情或经济压力，他们处于十分为难的处境。安乐死可把他们从这种压力和为难处境下解脱出来。

第三，涉及社会资源的合理分配。可以预测，随着医学技术的发展，这类病人将越来越多。社会有义务分配相应的资源去救治鳏寡孤独、残废人、年老体弱者，但是维持这些越来越多的无意义生命，终有一天将使社会不堪负担。安乐死可使社会将有限资源合理使用于急需之处，有利于社会的稳定和发展。[104]

但能够为了有利于家庭和社会而违反病人意愿去实施安乐死吗？安乐死要在伦理学上得到证明还涉及主动与被动、通常与非常、有意与无意、自愿与非自愿等问题。

3.3 主动与被动

主动安乐死是指医务人员或其他人采取某种措施加速病人死亡。被动安乐死是指中止维持病人生命的措施，任病人自行死亡。有时狭义的安乐死，即无痛致死术，是指前者。一般所说的安乐死则包括这两者。

绝大多数人认为被动安乐死在道德上可以接受，反对主动安乐死。虽然也有人反对被动安乐死，因为担心如果实行被动安乐死会导致主动安乐死。美国有许多州提出了安乐死法案，确认个人有选择被动安乐死的权利，但在所有 50 个州，主动安乐死都是非法的。

主动安乐死与被动安乐死都区别于自然死亡。为什么人们对这两者在道德直觉上有如此大的区别？这可能与"主动"涉及"有所作为"，而"被动"则是"无所作为"有关。"有所作为"与"无所作为"在道德上是有区别的。例如"落井下石"是个罪行，而你晚上因为睡觉没有去大门外巡视看看有没有人落井就不是罪行，尤其是在社会没有赋予你这个责任时。但是这种区别在某些场合是无意义的。如父母不给孩子喂食、子女不照顾年老父母、医生不给病人治病，这些无所作为在道德上都是不能接受的。

那么在什么条件下，无所作为在道德上可以接受？最明显的例子是，病人虽然有些生理活动，但已不再有人的生命，因而医务人员的职责已经中止，或者治疗增加病人的痛苦，或者病人拒绝治疗，不愿延长死亡。

但"有所作为"与"无所作为"难以区分清楚。难道关掉脑死病人的呼吸器不是"有所作为"因而是主动安乐死吗？但一般人认为关掉脑死病人的呼吸器是被动安乐死。所以有人主张进一步区分"停止"与"不用","停止"仍然有个主动行动，而"不用"就是被动的了。不用呼吸器支持一个脑死病人，一般人不会犹豫；但已经用了呼吸器，再要关掉就会犹豫不决。这种区别在某些场合是有伦理意义的。例如我们不给一个肾衰竭病人做移植，只做透析是可以的，但一旦我们给他做了肾移植，移植因排斥而失败，我们有义务做第二次移植。但在有些情况下这种区别则没有意义。对于上述的脑死病人，关掉呼吸器与一开始就不用呼吸器实质上没有区别。对于增加痛苦、延长死亡的措施，"停止"与"不用"没有区别。

所以，严格地说来，主动安乐死与被动安乐死在伦理学上没有区别，区别存在于医务人员和一般人的直觉中。设一个病人患不可治的喉癌，异常疼痛，即使继续目前的治疗，在几天内他也肯定死亡，但由于疼痛难忍，他不愿再活下去，要求医生帮助他结束生命，家属也表示同意。设医生同意不给治疗，理由是病人处于极度痛苦中，不必要延长病人的痛苦。但是不给治疗比起采取直接注射致死药物来，病人要痛苦得多。因此有人认为，一旦决定不再延长他的痛苦，那么实际上主动安乐死比被动安乐死更可取，因为前者痛苦少，而后者死亡过程长而痛苦。反对主动安乐死的论据之一是，如医生给癌症病人注射致命药物，引起死亡的是这次注射，不是癌症。但也可以说，注射的目的是解除病人的痛苦，病人死亡是个间接效应。而且，被动安乐死也并非医生无所作为，他们做了一件与主动安乐死同样的事：病人死亡。所以他们认为，对于极度痛苦不愿延长死亡的病人，主动安乐死和被动安乐死在道德上都是应该允许的。[152，182，209]

3.4 通常与非常

当医生治疗病人时，医生有道德上和法律上的义务对病人采取适宜的医疗护理措施，病人也有相应的权利得到它们。但是医生没有义务给某一特定病人提供这个社会可得到的一切手段，尤其是当这些手段对病人无益、无用、有害、不方便、负担不起时。因此人们试图把通常的措施与非常的措施区别开来，前者是医生必须采取的，后者是医生可以选择采取的，对于后者医生无所作为不构成一种失职或错误。但是根据什么标准来区分通常与非常呢？对于作为安乐死对象的脑死或其他临终病人，哪些属于通常措施，哪些属于非常措施？在呼吸器、鼻饲管、胃造口术、静脉点滴、抗炎症药物、止痛针等中间，哪些是通常的措施，哪些是非常的措施呢？

（1）负担是否严重？

教皇庇乌斯十二世在国际麻醉学家大会上说："在正常的情况下——随人、地、时和文化条件而异——对一个人只使用通常的措施维持生命和健康，是指并不对他本人和其他人带来沉重的负担。"他区分通常与非常的标准是看这种措施是否给病人和其他人带来沉重负担。但是"沉重的负担"又是指什么呢？如果负担沉重但可以维持有意义和高质量的生命，这种措施是否也属于医生无须做的非常措施呢？

（2）是否有助于延长生命？

有人用是否有助于延长生命为标准来区分通常和非常的措施，通常措施有助于延长生命，而非常措施则无助于延长生命，只是延长临终过程。如果一个手术可延长病人几个月的生命，但病人的痛苦和社会资源的耗费极大，这是否是通常措施？

（3）是否经常采用？

还有人用医生是否经常采用来区分通常与非常措施。通常措施就是标准措施。饮食、生活护理、抗炎症药物等是通常的，偶然做的、试验性的、非常昂贵的治疗是非常措施。但是，一个快要死亡、疼痛异常的癌症病人发生了肺炎，抗菌素是一种标准药物，是否应该用抗菌素来治疗这种病人，延长病人的痛苦和死亡呢？

（4）是否有益于病人和是否需要过量的费用、痛苦和其他不便？

赖姆塞提出下列区分标准：

"维持生命的通常手段是提供有益于病人的合理希望且无须过量费用、痛苦和其他不便就可获得和使用的一切医药、治疗手术。"

"维持生命的非常手段是没有过量的费用、痛苦或其他不便就不可能获得，或者即使使用也不会提供有益于病人的合理希望的其他一切医药、治疗和手术。"

但是多少算是"过量费用"？为了抢救一个年轻妇女的生命，使她恢复健康，花 10 000 美元也许不算过量。但是花 10 000 美元来延长患癌症的糖尿病人的一点儿时间，也许就是过量。什么是过量取决于要延长的生命是否有意义，或者延长的是生命还是死亡。另外，什么是"有益于病人"？对于我们现在要讨论的问题，"有益于病人"是指能否使病人的生命继续下去。对于一般病人，延长生命肯定有益；但是对于一个患有绝症、异常疼痛而濒于死亡的病人，使他的生命继续下去，他可能认为对他并无益处。

通常与非常的区分，对于一般病例具有伦理学的意义。医生如果拒绝提供标准的、负担不严重的、没有过量费用和痛苦及其他不便的、可延长生命的措施和手段，这是不允许的，要负道德上和法律上的责任，并且人们会合理地怀疑医生这样做的动机是要引起病人的死亡。但是对于医生不采取非常的措施，并不追究其道德上和法律上的责任。如一个病儿腹中肠子大量坏死，已无法治疗，因此医生不再采取进一步的治疗或手术，所做的一切只是使孩子死前更舒服一些。在这种情况下，医生不采取非常手段的动机不是为了孩子死亡，虽然这种"无所作为"的可预见后果是死亡。正如我们不戒烟，动机不是为了自杀；不锻炼身体，目的不是为了把自己身体搞垮一样，虽然可以预见不戒烟或不锻炼身体会缩短我们的寿命。

但是通常与非常的区分对于濒死病人，没有显著的伦理学意义。如上所述，一个身患绝症、疼痛异常的濒死病人，用抗菌素这种通常措施也变成了非常措施，医生不采取这种措施在道德上不但允许甚至是必要的。但是对于一般病人，医生不用抗菌素去治疗病人的肺炎，就是一种渎职行为。那么允许医生在特定情况下可以这样做会不会使他们滑向在一般情况下也这样做呢？当然不能说不可能，但可以通过教育和制定规则，使医生分清情况，把特定情况限制在若干具体场合来防止。但，主动安乐死应由谁来执行？这是值得考虑的。有人主张应由病人的亲友采取行动，医务人员不可参与。有人认为由病人的亲友采取行动也不适宜，由一个陌生的第三者执行为好。设想一下未来是否可以训练一些人，专门从事这项工作，他们与行安乐死者和被安乐死者都没有利害关系。[144]

3.5 有意与无意

有人认为，如果安乐死是有意要病人死亡，在道德上不应容许，如果本意不是要病人死亡，则可容许。这种区分有时称为"直接安乐死"与"间接安乐死"。前者指安乐死的本意是要病人死亡，后者指本意是要解除病人痛苦，病人死亡是解除痛苦的附带效应。

这种区分基于区别意向与行动的传统伦理学观点。阿奎那说过，一个人受到攻击，他杀了攻击者，他的意向是为了自卫，即使他的行为后果夺取了一个人的生命。他所采取的行动有两个后果：一个是好的，即达到了自卫的目的，这是原来所意向的后果；另一个是坏的，杀了人，但这不是本意。

但这种区分存在着问题。并不是所有追求好后果的严重有害行动都能在道德上得到辩护。例如一个医生为了止痛给病人过量的麻醉药导致病人死亡，不能因意向好而得到原谅。另外，在理论上，意向和行动是两回事，它们可以有四种组合：意向好，行动好；意向好，行动坏；意向坏，行动好；意向坏，行动坏。例如甲、乙两人是兄弟，他们有个多病的、孤独的祖母。甲爱他祖母，每周花一个下午照顾她，虽然他知道这样做会影响祖母的遗嘱，但这不是他的目的和意向。乙也每周花一个下午照顾祖母，但他的目的就是为了让祖母把他作为继承人之一，虽然他没有明言。我们说，甲的意向是崇高的，而乙的则不是。但我们能否因此说，乙所做的事——照顾祖母也错了？不能。乙也做了好事，但动机不好，即乙的品质不好。反之，甲既做了好事，又有好的动机，好的动机说明甲人品好。意向不决定行动是否对，而是影响对采取这行动的人的品质的评价。

设一个身患绝症、十分疼痛的临终病人，医生甲认为进一步治疗已没有希望，只能增加痛苦，所以不对病人作进一步治疗，尽管知道这会加速病人的死亡，但他并不是要他死。医生乙认为让病人早一点死比徒受痛苦要好，所以他的意向就是要他快点死，因而停止治疗。按照传统观点，医生甲的行动是可接受的，医生乙是错误的。然而，他们做了同样的事：停止治疗，并知道这样做，病人会早一点死亡，因为他们都认为进一步治疗没有意义。怎么能说，医生甲的行动可以接受而乙的行动不可接受呢？

有意和无意在道德上的区别在一般场合具有意义，对于安乐死则意义有限。

3.6 自愿与非自愿

有人设法把自愿的安乐死和非自愿的安乐死分开。自愿安乐死是指病人本人要求安乐死，有这种愿望，或对安乐死表示过同意。非自愿安乐死是指对那些无行为能力的病人，如婴儿、脑死病人、昏迷不醒病人、精神病人、智力严重低下者实行安乐死。他们不能表示自己的要求、愿望或同意。

自70年代以来，关于安乐死的争论都围绕自愿安乐死，并把自愿安乐死限于自愿谋求死亡、身患伴有难以忍受的疼痛的绝症病人，对于非自愿安乐死基本不予考虑。如1936年和1955年在英国上院争论的有关安乐死的法案，就排除了任何非自愿安乐死问题。但即使是自愿安乐死法案，也被英国议会否决了。反对者并不都是反对自愿安乐死本身，有些只是反对将安乐死立法，因为担心立法后会造成滥用。

但是连自愿安乐死也反对的人，仍然是很多的。他们的理由之一是，每一个无辜的人都有权利活着，活着是一个人最基本最重要的权利，活着总比死好。理由之二是，自愿难以确定。一个病人在疼痛发作或因服用药物而精神恍惚或抑郁时刻表示的心愿或同意是否算数？很可能会在疼痛稍为缓解或意识比较清醒时刻，又收回他的同意或否定要死的愿望。理由之三是，在诊断和预后上可能有错误。医生对特定病人所作的诊断和预后根据一定的概率，而这个病人也可能正好在这个大数之外。理由之四是，医学技术的发展可使绝症不绝。理由之五是，如果同意自愿安乐死，就会滑向非自愿安乐死，如果同意非自愿安乐死，就会进一步滑向"草菅人命"。这叫"滑坡"论据或"楔子"论据。

这些理由都是可反驳的：（1）生命权利、有权活着并非在任何时候都处于压倒一切的地位，而死也并不总是坏的，痛苦的空虚的生命并不比尊严的死亡更好。（2）病人的愿望和同意有时是难以确定的，但这只是在某些场合下。所以有人提出，在病人表示愿望或同意以后和实行安乐死之前应该有个等待期，如果在等待期内病人没有改变主意，便可确认他的同意。（3）人们今天的行动不能受明天的束缚，我们不能因为明天医学的发展可能解决这些问题，今天就不敢采取我们认为正确的行动，况且我们也看不到医学在最近的将来有可能解决这些问题，前景是这类问题将越来越尖锐。综观医学的发展是治"身"比治"心"更成功。未来的发展一时还难以逆转这种趋势。如果医学将来能把无"心"的身体维持到1 000年，而"心"本身只能延长1/10，那时人类能做什么？我们也许就要建立一个大的陵墓式医院，让老年人在那里处于一种"活死"（living death）的状态。即使这样做，费用也负担不起。目前老年性痴呆症患者的人数正在逐渐增加，将来可能成为一个更难办的严重问题。(4)"滑坡"或"楔子"论据提供了一个反对任何改革的理由。如果在发明麻醉剂以前，我们因担心手术可能导致的危险而禁止任何手术，那么我们现在仍然连阑尾切除术也不会做，许多人将继续死于阑尾炎。支持自愿安乐死的另一个理由是，应该给濒死的病人以尽可能自由的、信息充分的选择。有人把这种情况与吸烟作了类比：吸烟促使人早死，但在说明利害后他还是要吸烟，就应让他去吸。

正如第1节那些案例所表明的，对于这些案例，自愿安乐死与非自愿安乐死的区别没有重要的道德意义。如果生命对于患者除了痛苦已无意义，而本人又没有行为能力，由别人代表他作出安乐死的决断（代理判断），不但是允许的，而且是必要的。因为安乐死行动本身的道德意义，并不因"自愿"与"非自愿"而有本质的区别。当然，如果有人自愿，则应得到比不能表示自愿者更优先的考虑。但是，对于有行为能力或意识清醒的病人，自愿与非自愿安乐死的区别有严重的道德意义。也就是说，对于有行为能力者或意识清醒者的安乐死，我们必须得到他们自由表示的愿望或知情同意。如果病人并未表示安乐死的愿望或未得到他的知情同意，就对他实行安乐死，即不自愿的安乐死，在道德上是不允许的。否则，就不能把这种非自愿安乐死与纳粹的行为区别开来。［46，129，218，219，220］

4. 头脑与心灵的争斗

现在的问题已经进到这一步：如第1节所列举的案例所表明的，对于这样的病人，不给食物和水在道德上是否允许？人们发现，理智的考虑会得出道德上可以允许的结论，但是感情上往往一时难以接受，因而出现了"头脑与心灵"或"理智与感情"的争斗。对于这些病人，食物和水必须通过医疗手段供给。第一类是通过插入胃肠道的管子提供液体，大多数通过鼻和食管到胃，或通过腹壁手术切口直接插入胃。所用的液体可以是专门制备的营养溶液或日常饮食的搅拌物。鼻饲管比较便宜，但它可引起肺炎，有时甚至要求限制病人的自由以防止拔出管子，这常常使病人和家属感到烦恼。胃造口术不引起肺炎，但是永久性的，只有通过手术才能闭合。第二类是静脉内喂饲和补充水。通常的办法是通过针头把液体直接输入血流，只能用来暂时改进水合作用和电解质浓度。但不能通过四肢静脉提供平衡的饮食，为此需要一种特殊的导管插入胸腔的大静脉。然而这一措施有风险，容易引起感染和操作差错，费用也更大。这两类措施都不理想，常引起病人的痛苦、炎症和其他后果。

反对放弃医疗喂饲和补充水的理由有四，但这些理由都不足以说明在一切情况下都必须维持人工营养和补充水。

(1) 有义务提供"通常的"治疗。关于"通常"与"非常"的区别问题，我们已经在上一节讨论过。必须做的治疗和可自由选择的治疗可根据简单性（简单/复杂）、自然性（自然/人工）、习惯性（常用/不常用）、侵害性（非侵害/侵害）、成功机会（可能/能效）、得失比例（成比例/不成比例）来区分。这些标准往往不能用来区分必须做的和可以选择的医疗。例如，如果有一种非常的、复杂的、人工的、侵害性的治疗使病人有治愈的机会，那么这就是必须做的，但是对于一个处于"风中残烛"状态或在病床上苟延残喘的病人，就是必不可做的了。有时提供营养和水作为治疗措施是必须做的，而有时（如第1节某些病例所表明的），通过医疗提供食物和水对病人无益，甚至有害于病人，那么它就不是必须做的，即使是那么"通常"和"简单"。

(2) 有义务继续一旦开始的治疗。关于中止和不用治疗的区别上节也已讨论过。这种区别用于本节所讨论的中止给营养和水也同样没有道德意义。承认这种区别还有一个不好的后果：医务人员不愿意开始某种治疗，就因为他们害怕他们将被束缚在对病人不再有任何价值的治疗措施中。

(3) 有义务避免构成死亡原因。有些医生认为若中止人工喂饲和补充水，病人死亡会归因于此，而不是归因于中止其他医疗。如果一个肾功能衰竭不能透析的病人、一个严重再生性障碍贫血的病人不能输血，病人死亡原因是由于没有透析或没有输血，在这种情况下医生并不觉得不应该。中止人工喂饲和补充水与这种情况没有不同。

(4) 有义务提供象征性的治疗。即提供营养和补充水总是象征和表示照料和同情。中止或不给则决不是这种象征和表示。然而通过医疗手段提供营养和补充水并不总是有益于病人的。Hier 等案例表明，不用医疗手段提供食物和水对病人更有益处。

在特定情况下，中止提供营养和补充水在道德上容许和必要有三个理由：

（1）治疗无效。设一个病儿有严重的先天性心脏病，又患胃癌，有个瘘管使食物从胃流入结肠、不通过小肠因而不能被吸收。喂饲是可能的，但几乎不能吸收。静脉内喂饲不能忍受，因为衰弱的心脏不能负担太多的液体。或者一个婴儿除了一小段肠子外其余全部都梗阻，可以喂这个婴儿，但几乎不能吸收。静脉点滴只能用短暂时间，几周或几个月，直到并发症（栓塞、出血、感染和营养不良）引起死亡。在这些情况下，不管做什么，病人很快就会死亡。提供营养和补充水对病人无益，而且直接引起痛苦。

（2）不可能有益。有些被诊断为持久丧失意识的病人，包括无脑儿、处于植物状态和临终前昏迷的人，很难知道医疗对这些病人是否有益，因为他们不可能有任何经验，维持他们的生命主要是为了他们的亲人和其他人。

（3）负担不成比例。对于有些病例，正常的营养状况或液体平衡可以恢复，但对病人的负担非常沉重。并且这种恢复也不能使病人的疾病好转。不给有些临终病人人工营养和补充水，病人更好过一些，因为接受静脉点滴更可能发生肺气肿、呕吐和精神错乱。

因此，在特定情况下，中断或不给人工营养和补充水在伦理学上是可以容许的，并且是必要的。

5. 安乐死的政策和立法

5.1　由谁决定？

安乐死在伦理学上得到证明之后，接着的问题是由谁决定某个病人可以实行安乐死？虽然病人自己或病人家属表示了安乐死的意愿，但是否施行多半由医生来作出决定。在美国，法律禁止医生施行主动安乐死，但一般容忍由医生作出的中止治疗的合理决定，医生并未因此而受到起诉。1975 年，瑞士一位医生因使年老病人饥饿而死被控犯有谋杀罪。经调查，病人都是瘫痪而失去意识的，没有治疗的可能，因而该医生被宣告无罪。法院发现，对 9 例病人"停止营养是正确的，因为继续喂养一个他的脑不再有功能的病人是无用的"。在这案件以后，瑞士医学科学院于 1977 年发布了由医生作出有关决定（中止治疗，包括呼吸器、输血、血液透析和静脉营养）的准则，但也强调医生"必须尊重病人的意志"。然而，1973年纽约州医学会的州议员发表声明，反对由医生作出决定，并坚持医生必须尊重病人或及其家属所作的停止治疗决定。

自从美国新泽西州高等法院就 Karen Ann Quinlan 案件的判决要求一个"医院伦理学委员会"来审查这个案例以来，由委员会作出决定的政策得到了推动。本来建立这种委员会是为了判定"Karen 从她目前的昏迷状态恢复到清醒状态有无合理可能"，也就是确认预后，而没有给予它审查、批准或否决中止治疗决定的任务。实际上，有些委员会是咨询性的，是一种消除个别医生可能有的偏见的办法，或作为医生的顾问；还有些委员会则处理微观资源的分配问题，如不止一个病人需要时，决定给谁做血液透析。

5.2 "预嘱"

"预嘱"(living will) 是一个人在头脑清醒、理智健全时用书面表示的关于临终医护的愿望。这种"预嘱"文件由美国安乐死协会的后继组织安乐死教育理事会分发。这是一份非正式的信，写给"我的家庭，我的医生，我的律师，我的牧师，给碰巧照顾我的任何医疗机构，给负责我健康的任何个人。如果发生我没有合理的希望从身心残疾中恢复这种情况，我要求允许我死去，不要用人工的或'冒险的'措施维持我的生命"。这种"预嘱"信发出了4万份。

许多国家都有这种非正式和正式的表示愿望的运动。在瑞典，一个叫做"我们死的权利"运动，鼓励签署这种文件，签署的已有数千瑞典人。丹麦有"我的生命遗嘱"运动。瑞士、英国、意大利、法国也有类似的运动。在我国也应提倡这种"预嘱"的做法。[53]

5.3 立法

关于安乐死的立法有判例法、习惯法、成文法等。判例法来自法院评价病人要求中止治疗和实行安乐死的决定，美国已有几百例。实行习惯法的国家传统上受禁止杀人和自杀的禁律支配，但应用于临终病人时从来是不清楚的，因为这些禁律从来没有也不可能涉及这些问题。

成文法运动开始于30年代的英国，当时建立了自愿安乐死立法协会。1936年在上院提出了一个法案：要求人们签署一份申请书，申请者必须超过 21 岁，患有伴有严重疼痛的不可治疗的致命疾病。签署时需有两个证明人在场，递交由卫生部任命的"安乐死审查人"审查。1937 年，美国内布拉斯加州立法机关讨论了一个安乐死法案，同时波特尔（C. Potter）牧师建立了美国安乐死协会，它们起初包括以优生为目的的非自愿安乐死。1938 年后，由于纳粹实行强迫安乐死，使安乐死立法运动衰落下去。1938 年底 1939 年初，希特勒收到一个父亲的来信，要求杀死他的畸形儿子。希特勒把这封信转交勃兰特调查，并授权医生以他的名义执行安乐死。1939 年春希特勒作出决定，要杀掉智力有缺陷和身体畸形的儿童。6 月他转而谋害精神不正常的成人，后来又杀害"非雅利安"人。

  第二次世界大战后，安乐死立法运动重新兴起。1969 年，英国国会辩论安乐死法案，声明"医生给一个作出宣布的合格病人行安乐死"是合法的。法案中定义安乐死是"无痛致死"。合格的病人是"有两位医生用文字证明他因患绝症而痛苦"的人。病人的宣布要求写明："在我指明或规定的时间和条件下实行安乐死，或如果我已不能发出指令，由医生代表我来处置"。类似的法案曾在爱达荷州（1969 年）和俄勒冈州（1973 年）的立法机关提出。这些法案都包括主动安乐死，因而遭到猛烈的批评，没有获得通过。1970 年，医生萨基特（W. Sackett）向佛罗里达州议会提出一个立法建议："任何人遵循与法律对执行遗嘱所要求的同样程序，可执行一项文件，文件指示他有尊严地死去的权利，并且他的生命不应延长到超过有意义的存在。"如无行为能力，则由配偶或直系亲属决定，如无亲属则由三个医生的意见决定。这个法案没有通过，但它第一次注意了无行为能力者的监护人或代表作出决定的权威。1972 年，西弗吉尼亚州议会中提出了一个类似的法案。这些法案没有通过，主要是因为许多人认为除了病人自己谁也不应被授予作出这种停止治疗的责任，或认为亲属不能作出符合无行为能力的人的利益的决定，并且给亲属加上了不应有的责任。于是安乐死支持者转而提出一个既不提出主动安乐死，也不涉及对无行为能力者作出决定的程序，而只是确认有行为能力的人拒绝治疗的权利，如病人成为无行为能力者，则使他以前写下的文件或指令合法化。1973 年，萨基特在佛罗里达州议会提出一个法案，要求类似"预嘱"那样的文件（即要求中止维持生命的医疗）有法律上的约束力，但仍被一个接近的多数否决。反对者认为对于安乐死无须立法，也有人认为这个法案走得太远。

后来美国 40 个州都提出了类似的法案。

1976 年 9 月 30 日，加利福尼亚州州长签署了第一个"自然死亡"法（加利福尼亚健康安全法），规定"任何成人可执行一个指令，旨在临终条件下中止维持生命的措施"。指示是愿望的陈述："我的生命不再用人工延长。"条件是："我有不可医治的病，有两个医生证明我处于临终状态，使用维持生命的措施只是为了人工延长我的死亡时间，而我的医生确定我的死亡即将到来，不管是否利用维持生命的措施。"这个法令还明确规定，要在处于临终状态 14 天后执行这种指令，医生必须遵循它，除非病人撤回，否则医生就犯有失职的罪责。这是第一次使"预嘱"这类书面文件具有法律的权威。

我认为，在中国的条件下，应该展开关于安乐死在伦理学上是否允许和必要的讨论，但目前不一定马上立法。可在病人、家属、医生协商的基础上作出决定，有必要成立医院伦理学委员会审查有关决定，提供咨询意见，进行回顾性研究，总结经验教训，提出有关安乐死行动准则的建议。而"预嘱"这种做法则值得提倡，可以逐渐推广。[9, 16, 18, 19, 25, 123, 229]

6. 拒绝治疗

与临终病人要求安乐死有联系的一个问题是关于病人由于某种理由拒绝治疗的问题。除了前面所说的临终病人拒绝进一步的医疗和采取维持生命的措施外，还包括其他病人由于种种理由而拒绝医疗的问题。

拒绝医疗有宗教信仰方面的理由和非宗教信仰方面的理由。基督教的耶和华作证派的病人拒绝输血，因为根据他们对《旧约》中一段话的解释，认为静脉内输血就是喝人的血。血通过静脉与通过消化道没有区别，接受输血是不可饶恕的罪过，得不到进入天堂的机会。拒绝医疗的非宗教方面的理由主要是由于严重疾病使生活无法忍受。如一位 26 岁的妇女，因脑性麻痹一出生就有残疾，尽管其他方面正常，仍觉得她是生活无法忍受而拒绝治疗，要求死去。

病人拒绝治疗，产生了病人权利与医生义务的冲突。一方面，病人有自主权，有自我决定的权利，包括宗教信仰和根据信仰行动的权利；另一方面，医生有解除病痛、挽救生命的义务，坐视不救，就有失职的错误。同时，围绕病人拒绝治疗问题，发生了不同价值的交叉。例如有人认为尊重个人自主权是最重要的，强调病人对于治疗应有不受其他人干预的决定权；有人不认为这种权利十分重要，强调病人有时不能作出理智的决定，他们的拒绝治疗的决定既不利于他本人，又破坏了社会规范——病人有病就应该治的规范。有人认为拒绝治疗破坏社会利益，因为社会的生存依赖一个健康的和能够生育的人群的存在。尤其是像传染病那样的疾病，如不予治疗就会在人群中传播，危害他人、危害社会，个人不可拒绝检疫、预防接种和治疗等措施。有人强调如果拒绝治疗导致死亡，就会造成第三者经济和心理上的伤害，或者导致病情恶化，导致永久性残疾，需要别人更多的照料。有人认为拒绝治疗等于自杀，必须予以防止。但也有人认为拒绝治疗与自杀不可等量齐观。自杀是中断自己的生命，而拒绝治疗只是让引起死亡的伤、病存在，自杀的目的是死亡，拒绝治疗是排斥所提供的医疗，而不是选择死亡，虽然病人的选择可增加死亡的危险。由此可见，在拒绝治疗的问题上，反映出了不同价值观念的冲突。

　　对于病人的拒绝治疗，需要认真地妥善地加以对待。关键在于，病人拒绝治疗是否真正符合病人自身的利益？同时，也要考虑病人拒绝治疗对家属、他人和社会可能造成的危害和损失。即使病人的拒绝治疗符合病人的利益，但如果对家属、他人和社会造成的危害太大，可以说服病人放弃拒绝治疗的要求。因为病人不仅有权利，也有一定的义务。对于那些我们前面讨论过的临终病人安乐死病例，他们拒绝治疗不仅符合本身利益，也符合家属、他人和社会的利益。但如果对家属、他人和社会危害或损失不大，而又符合病人自身的利益，例如生活确实无法忍受，本人又有强烈的愿望，应尊重病人自己拒绝治疗的权利。例如一个60岁的女精神病人拒绝进行乳腺切除术治疗乳腺癌，虽然她并未处于临终状态，但由于乳腺癌已经转移，精神病症状又在发展，应尊重她自己的决定。又如一个卵巢癌晚期病人，已经动了两次手术，病人经与家属商量后拒绝进行第三次手术，医务人员应尊重病人的决定。当然，前提是病人拒绝治疗的决定是在清醒状态中作出的理智决定，假如因一时感到难过、不舒服而拒绝治疗或因为口角、家庭纠纷、人事关系或意见分歧而赌气拒绝治疗不能成为理智的决定。

对于因宗教信仰的理由而拒绝治疗的病人，也可以同样处理。如果个人信仰坚决，而对他人又没有很大危害，可以尊重他的决定。否则就应劝阻，必要时需强迫治疗。例如1963年9月，一个怀胎七月的母亲住进美国华盛顿乔治城大学医学院医院，因溃疡穿孔广泛内出血，需要马上输血。但由于宗教信仰的理由，病人及其丈夫都拒绝输血。医院要求法院下令输血。法官赖特（Wright）下令输血，病人恢复了健康。又如一个少年肾衰竭病人，要求停止肾透析，为他的监护人所否决。在这两个病例上，医院和法官、监护人的处理是正确的。

那么对于婴儿和其他无行为能力的人，能否由家属或他人作出拒绝治疗的决定？关于有严重缺陷新生儿和脑死或不可逆昏迷病人，我们在前面的章节中已经加以讨论，作出了肯定的回答，这里不再重复。在其他情况下，我认为家属和他人无权代表他们作出拒绝治疗的决定。美国法院对于父母因宗教的理由拒绝给他们的孩子输血的案例一般都给予否决。俄亥俄州的法院在一次判决中指出："虽然父母在某些情况下可剥夺他们孩子的自由或财产，但无论如何不可剥夺他们的生命。"22岁的赫斯顿（D. Heston）因车祸而严重受伤，脾脏破裂，入院时处于休克状态，病人无行为能力，母亲反对输血，但医生决定进行输血，法院也下令输血。

Ⅶ 器官移植

1. 历史和现状

器官移植是摘除一个身体的器官并把它置于同一个体（自体移植）、或同种另一个体（同种异体移植）、或不同种个体（异种移植）的相同部位（常位）或不同部位（异位）。移植的器官有肾脏、心脏、肺脏、胰脏、角膜、骨髓。器官代替疗法包括器官移植、人工器官（如人工心脏）和肾透析等。[116]

移植器官和组织的想法古已有之。古希腊诗人荷马在《伊利亚特》中，曾描述过嵌合体。例如，狮头羊身蛇尾是古希腊神话中的嵌合体，后成为建筑物上的装饰。中国古代也有过医生给两个人作交换心脏手术的幻想故事，交换后他们各自回到对方的家中。然而器官移植仅在 20 世纪才有可能。20 世纪初，卡雷尔（A. Carrell）和古斯里（C. Guthrie）发展了血管缝合技术，使一切临床器官移植在技术上成为可能。他们作了狗的肾移植后，又于 1905 年把一只小狗的心脏移植到大狗的颈部。20 世纪 50 年代初休姆（D. Hume）在美国做了一系列人的肾移植手术。由于无法抑制身体免疫系统，所有移植肾均遭排斥。1954 年，第一例同卵双生子间的肾移植在波士顿的一所医院获得成功，从此开辟了器官移植的新时代。过去 10 年来，由于新的免疫抑制药物的研制和应用、组织配型能力的提高以及外科手术的改进，器官移植取得很大的成就。接受活体亲属肾移植的病人五年以上存活率超过 80％，尸体肾为 60％。1954 年以来，全世界约有 10 万肾病病人进行了肾移植，其中 2％在发展中国家进行。1963 年，斯塔茨尔（T. Starzl）做了第一例常位肝移植，到 1974 年共进行了 93 例，仅 29％存活一年。到 1984 年，全世界已做肝移植 1 000 例，一年存活率达 80％，五年存活率达 50％。1967 年 12 月 3 日，巴纳德（C. Barnard）进行了第一例人体心脏移植，病人存活18天。此后两年，60个国家一共做了150例心脏移植，仅1968年一年就做了105例，但存活率很低。70年代中期暂停，到1975年12月左右，22个国家的64个小组把286个心脏移植到277个受体身上。1976年美国心脏移植术存活率一年为42％，两年为39％，三年为17％。现在全世界心脏移植已做了1000例。美国斯坦福大学医学中心所行心脏移植术存活率，自1974年以来，一年为80％，五年为50％。其中存活时间最长的一位病人至今已有12年，而且情况良好。法国马赛一位心脏移植病人已活了18年，而且没有免疫排斥现象。至1974年3月1日，肺移植已有38例，功能维持最长的为10个月，但迄今还没有受体继续存活。角膜移植的病人有95％恢复了视力，主要在发展中国家进行这种手术。仅在1983年美国就进行了6123例肾移植、163例肝移植、132例心脏移植和37例心—肺移植。1980年以来美国器官移植的发展见表7—1。

表7—1　　　　　　1980年以来美国器官移植发展概况

器官	1980	1981	1982	1983
肾（尸体）	3 425	3 422	3 681	
肾（活体）	1 275	1 458	1 677	
肾（总数）	4 700	4 880	5 358	6 123
肝	15	26	62	163
心	36	62	103	132
心—肺				37

在我国也开展了器官移植术，包括肝移植、异体肾移植、异体角膜移植等。某医院1980年以来开展异体移植29例34人次，成功率达51％，其中成活最长的已达五年余。

要提高器官移植成功率和存活率，除了更好地确定适应症或禁忌症外，主要解决免疫排斥问题。每个人的免疫系统都能识别自己的细胞和组织，而排斥异己的细胞和组织。解决的办法是一方面避免发生这种免疫排斥现象，另一方面抑制受体的免疫系统功能。同卵双生之间的器官移植存活率高，因为他们的细胞表面有同样的抗原，受体的免疫系统不把移植器官"看做"是异己的而加以排斥。但是同卵双生毕竟只是少数。如果能在术前确定供体和受体组织抗原的相似性，就可以提高术后存活率。这种技术叫组织配型。更重要的是血液配型。具有O型血的人仅能从O型血的供体获得移植器官，AB型的受体可从任何供体得到器官，A型血者则可以从A型或 O 型血者、B 型血者则可从 B 型或 O 型血者得到移植器官。接受活的亲属肾比尸体肾的存活率高，也是因为亲属之间的组织抗原比非亲属之间更为相似。另一办法是使用免疫抑制药。目前用的比较有效的药物是环孢霉素（cyclosporin）。但长期使用免疫抑制药，会导致免疫功能降低，结果不能抵御感染。于是成为移植后死亡和发病的主要原因。近 10 年来肾移植效果的提高，既是由于抗免疫技术的改进，也由于控制感染及其他并发症能力的提高。[25，88]

2. 移植器官的来源

2.1 供不应求

新技术发明一旦公布于众，就会产生使用它的压力。器官移植由于最近 10 年来进展迅速，又由于这种技术在大众媒介迅速作了报道，因而使用它的压力也就更大。但是可供移植的器官来源问题没有解决，结果造成了严重的"供不应求"的现象。以美国为例，全国有 4 000 盲人等待角膜移植，等待肾移植的有 6 000 至 10 000 人，有人等了 36 年。纽约有 1 200 万人口，每年从尸体供体得到的肾只有 100 个，120 个可以提供尸体肾的医院中，过去五年只提供一个的不到 40％。可供移植的肝就更少了。1982 年，只有 10 个月的女婴 Jamie Fiske 需要进行肝移植，但是没有来源。她的父母在全国性报纸上登广告，四处奔走，最后终于得到了一个可供移植的肝脏，这一时成为轰动美国的话题。供移植的肺也很少。有些病人等了 10 个月，有的等不及就去世了。骨髓的来源也有问题。但是另一方面，每年有 20 000 人死于脑损伤、肿瘤或中风，这些人可作为器官供体，然而在 1982 年用作器官供体的不到 2 500 人。有人估计美国每年死于肾衰竭的 50 000 人中只有 8 000 人得到了移植肾。我国某医院登记异体肾移植的患者有 18 人，由于没有器官来源，其中 14 人已先后死去。[23，55]

2.2 活体器官和尸体器官

除血液、骨髓、肾可取自活的供体外，其余可供移植的器官只能取自尸体，否则等于用一个人的生命换取另一个人的生命。在现代社会中，这在伦理学上是不可接受的。但肾与血液、骨髓又有不同，后者取出后可通过自然过程补充，而肾不能。在肾移植初期，还没有研制出有效的免疫抑制药物，因而想利用活的亲属肾来改善移植后的存活率。这样就提出了肾移植特有的与活的供体有关的伦理学问题。

从活的供体中摘除一只健康的肾，显然会给供体造成很大的伤害甚至死亡。对供者唯一的好处是供体因用自己的肾救活了一个有血缘关系的人而得到的精神满足。如果不提供这只肾，他会从家庭或医生那里感受到心理上的压力。但是捐献这只肾以后，并不一定就能保证受体的生命质量和健康。那么，对供体和受体的风险—受益具有怎样的比例才能证明活体供肾在伦理学上是可以接受的？对此当时并没有一个满意的回答。某些基督教生命伦理学家试图诉诸人类的统一性和博爱为根据：一个人为了人类、为了他人可以作出牺牲。但是用一个健康人的生命去换取一个病人的生命（而且有可能两败俱伤），无论如何是难以接受的。

由于器官移植技术的改进，尤其是使用了抗排斥药环孢霉素后，情况有了急剧的改变，使得利用活的供体更不能为人接受。1979年前，使用家属肾的成功率比非亲属尸体肾高30%。使用环孢霉素疗法后，尸体肾的一年存活率超过75%，有的使用随机配比的非亲属肾的存活率高达90%，与使用亲属肾的存活率相当。1974年明尼苏达大学移植中心报告，使用活的供体28.2%有并发症，如肾功能衰竭、肺血栓静脉炎等。但在英美等国，活体肾仍占1/3左右。因此，在非亲属尸体肾移植的存活率已经提高到与活体亲属肾相当的今天，我认为活体肾的供给已经不再有任何伦理学的理由了。[204]①

这样，除骨髓以外移植器官应该来源于尸体。前面第Ⅵ章我们讨论了确定死亡的新标准，如果这一新标准能够应用，或至少与原来的标准并用，那么就对器官移植极为有利。但是仅仅解决死亡标准问题还不够。因为每年因种种原因死亡而其器官可供移植的人数，大大超过实际上得到利用的人数。这种情况在发展中国家更为严重。由于文化上的原因，第三世界国家不少人相信死后生命或死后复活，我国则有"身体发肤，受之父母，不敢毁伤，孝之始也"的说法，连死后捐献尸体供医学教学都难以做到，更不要说在心脏呼吸还能维持的脑死状态中捐献还有功能的器官了。所以需要一个合适的收集供移植用的器官的政策。

---

① 然而因没有顺利解决尸体肾的捐献问题，使用活体肾的几率仍然较高。

器官的收集可以采取以下三种基本政策：自愿捐献、商业化、推定同意。

2.3 自愿捐献

自愿捐献强调鼓励自愿和知情同意是支配收集器官的基本道德准则。这些原则体现在1968年由美国统一州法律全国督察会议起草的统一组织捐献法中。该法的基本条款是：

（1）任何超过18岁的个人可以捐献他身体的全部或一部分用于教学、研究、治疗或移植的目的；

（2）如果个人在死前未做此捐献表示，他的近亲可以如此做，除非已知死者反对；

（3）如果个人已作出这种捐献表示，不能被亲属取消。

到1971年美国所有的州和哥伦比亚特区都采纳了这个法令。这个法令之所以很快获得通过，是因为它保护了知情同意和自愿捐献的原则。如果一个人反对摘除器官，他只要简单地表示不同意就行。1968年盖洛普民意测验表明，90%的美国人如果被询问会表示愿意捐献器官。其次，公众对器官移植的兴趣非常大。但是，到60年代末，仅使自愿捐献器官合法不足以保证受体所需的器官供给，已经很清楚了。赖姆塞、萨德勒（Sadler）、卡茨（Katz）、福克斯和斯瓦塞（Swazey）等生命伦理学家建议通过利用"预嘱"等办法促使个人捐献器官合法化。这样，就从一种纯粹自愿捐献发展到鼓励自愿捐献。在这种发展中，英国学者梯特墨斯（R. Titmuss）一本《赠与关系》(*The Gift Relationship*)（1971）起了很大作用。他论证说，一种自愿的制度，补充以适当努力，教育公众了解血液的需要，可以安全可靠地充分供应血液。他认为，经验表明，英国的志愿捐血制度使血液供给比美国更可靠更充分。而美国的血液供给是自愿和商业血库的混合。美国许多州为他的论据所折服，采取行动禁止买卖血液，理由是在允许个人卖血的制度中肝炎和其他传染病的危险非常大。但是在70年代和80年代，出现了种种获得生物商品和服务的商业化机构。虽然输血用的血液捐献制度几乎完全是自愿的，但在重要的城区建立了商业化的治疗血友病的血液中心网络。供应人工授精用的精子库越来越多，提供精子的人一般都有报酬。代理母亲因出租子宫而得到报酬。鼓励自愿捐献的结果竟是：可以自愿地捐出的东西也可以出卖。而且志愿捐献不能满足日益增长的器官移植的需要，反而扩大了供求之间的鸿沟。这种鸿沟大到甚至使某些医疗贩子企图从国外输入购买的器官来解决这个问题。据美国疾病控制中心估计，每年因各种原因死亡而适于移植的人有20 000，即应该有40 000只肾可供移植。然而在1982年，只做了3 691例尸体肾移植，在自愿捐献的制度下至多使用15%。最近的调查估计，等待肾移植的血液透析病人在6 000与10 000之间。有人认为，如果移植器官供给充分，每年美国可能的受体数可高达22 500人。

知情同意被认为是保护个人自主、不受医务人员和需要移植器官的人的压力的措施。但是实际上很难做到这一点。因为潜在的器官供体死亡时，他的亲友处于震惊和悲伤之中。在这种情况下，家属很难有真正的机会做到知情的或自愿的选择。在忙碌的医院走廊或急诊室里，不可能有知情和自由选择所必需的因素——充裕的时间和适宜的作出决定的环境。在这种情况下，家属很难真正理解医务人员提供的信息，做到知情。而且鼓励捐献很容易变成压力或强制。例如把有利于病人的可能描写得过于乐观，而贬低获得的器官不适合于移植的可能；只是一般地介绍器官移植的成功率，不谈所用器官的医院的手术成功率。另一个困难是医院工作人员的态度。许多医务人员不愿意向陷于悲伤之中的家属去询问捐献器官的事，认为这样做，"我觉得像个食尸的兀鹰"，"使我感到太残忍"。这种心理负担使得医务人员不愿意在这种悲痛时刻给家属出难题。这是自愿捐献不能提供很多器官供体的一个重要原因。

2.4　商业化

另一种政策是将器官收集商业化，建立器官市场。在一个高度发达的商品社会中，凡是奇缺稀有的东西，非常容易用商业化来解决供求上的不平衡，即使是人体器官那样神圣的东西。自愿捐献造成的器官供求不平衡，可以通过建立尸体器官市场来解决吗？

美国早已有血液和精子的市场，任何人都可以把自己的血液或精子出卖给血库或精子库。1983年，美国弗吉尼亚州的医生雅各布斯（H. Jacobs）建议成立一个"国际肾脏交易所"经销肾脏，并且建议购买本国穷人肾脏或从第三世界的贫民那里购买肾脏，然后销往美国，以解决移植器官奇缺问题。在美国现行的法律下，像心脏和肝脏那样的要害器官的转移，对于卖主构成自杀，对于收集器官的医生则是杀人。活的卖主（或供体）出售器官必须限于像肾脏那样的器官，因为正常人有两只健康的肾脏。美国社会容忍血液和精子的出售，因为它们是可以再生的，并且对于卖主没有风险，而对于肾脏的出售则不能容忍。所以迄今尚没有出售肾脏的报告，即使州或联邦的法律并未明确禁止这种交易。但有时可看见出售肾脏的广告。例如，1983年12月25日，新泽西州的《巴林顿县时报》刊有下列一则广告：

> 出售肾脏——22岁白种女性，身体健康。需者请写信给邮政信箱654，莱茨顿，新泽西州08562。

这种出售或转移是否合法的问题，取决于对与残害人的肢体罪有关的刑法作何解释。

建立器官市场可有两种形式。一种是允许个人或死后由近亲把器官拍卖给出价最高者。另一种形式是建立一种信贷制度，凡捐献器官的人保证可以使他的亲人或朋友在未来优先得到移植器官，而不鼓励受体直接出钱给供体或供体家属。

支持允许个人出售器官的主要论据有：可增加器官的供应，解决目前的短缺问题；个人或他委托的代理人有使用和处置他们身体的自由。辅助论据有：血液、精子等生物学上有用的物质的供应，表明商业化或市场化是成功的；器官市场将改善移植的质量；可缓和医务人员与供体家属之间的矛盾。

但是增加供应本身并不是证明，不是可以商业化的理由。通过国家采取强制措施或者利用精神病人及智力低下者甚至犯人的器官，也可以增加供应。这显然不会为人接受。其次，个人利用和处置身体的自由不是绝对的，社会限制个人以不同方式利用身体的自由，如禁止残害自己肢体、禁止卖淫、职业健康和安全法律等。当允许个人从事有生命和健康危险的活动时，要尽量缩小危险的程度。如高空作业系安全带、驾驶摩托戴安全帽等。再次，经验证明，市场上的血液、精子比捐献的质量低，出卖者为了钱常常隐瞒自己的病史或遗传史、性行为，例如同性恋者隐瞒自己的异常性行为，结果将艾滋病传给了接受输血者。最后，会加剧医务人员与病人家属之间的矛盾，因为在他们之间掺入了一重买卖器官的关系。

反对器官市场有许多理由，例如削弱了利他主义；把人体各部分看成商品，把人看做东西；出卖器官使人联想到吸血鬼、食尸者、吃人肉者，从而使人厌恶。主要理由有二：其一，器官市场的必然结果是两极分化，即有钱人购买器官，得到移植，享受这种高技的好处；而穷人为了生活只能出售自己或家属的器官，而自己享受不到这种技术的好处。正如卖血者大多是穷人一样。其二，穷人在绝望的条件下出售器官，不可能做到真正的自愿同意。

由于大多数美国人的反对，1984年9月，美国政府通过一项立法，使买卖人类器官成为非法。在此之前，弗吉尼亚等州已禁止出售器官供移植用。从事移植术的外科医生和生命伦理学家也反复表示反对建立器官市场和使器官收集商业化。[98]

2.5 推定同意

第三种政策是推定同意，即由政府授权给医生，允许他从尸体身上收集所需的组织和器官。推定同意也有两种形式：一种是国家给予医生以全权来摘除有用的组织或器官，不考虑死者或亲属的愿望。另一种是法律推定，不存在来自死者或家庭成员的反对时，方可进行器官的收集。后一形式的推定同意把拒绝器官捐献的责任加于反对者的身上，而与自愿捐献制度下把接受器官捐献的责任加于同意者身上不同。有人认为，如果法律要求所有医院利用所有合适的尸体器官，除非一个人（1）已把他的或她的名字列入中央计算机登记册上表示反对移植；或（2）家庭携带一张卡片，以表示他或她不愿意成为一个供体；或（3）家庭成员反对捐献，那么我们就会有一项既能缩小供求之间的差距、又能保证每个公民的自主性和自由选择的政策。但是推定同意政策的实践仍然存在一些问题。

许多欧洲国家实行推定同意的政策。其中奥地利、丹麦、波兰、瑞士和法国采取第一种形式的推定同意，芬兰、希腊、意大利、挪威、西班牙和瑞典采取第二种形式的推定同意。但资料表明，在这些国家中尸体肾的供给并未急剧增加。例如在瑞典，肾移植与肾透析的病人的比例为1∶1，美国则为1∶9，但仍有很多人等待肾移植。在法国，1982年所进行的肾移植近800例，肾移植率仅比美国稍高一些，而且等候移植的人很多。为什么会这样？原因有二。其一，虽然可供移植的尸体肾增加了，但活体肾减少了。70年代活体肾在法国（与英美等国一样）占1/3，现在只占10%。其二，政策虽然不要求取得家属的同意，但医生不得家属（估计约有10%的家属反对捐献器官）的同意不愿意从尸体摘除器官。也就是说他们宁愿采取第二种形式的推定同意，而当在病人死亡时医务人员去询问家属他们是否反对捐献器官时，就又遇到了自愿捐献时遇到的同样难题。另外，法国与美国不同，没有专门从事收集器官的人员，这些工作必须由医院管理人员、医生和护士来做，做起来既费时又费钱。

要在中国开展器官移植术也必须解决器官来源问题。尸体器官的收集存在着收集教学用尸体时遇到的同样的道德观念障碍：捐献尸体或器官是"不孝"，至少也是对死者的不敬。所以，即使本人已明确表示了捐献的愿望，也会被家属或单位拒绝。所以，在中国加强教育非常重要。在这个基础上，我们可以采取推定同意的政策，在公费医疗范围内采取第一种形式的推定同意，在自费医疗范围内采取第二种形式的推定同意。第二种形式的推定同意不应该在病人将死或刚死时去询问家属是否反对，而应该提前在另外的场合下进行，例如可以在填写户口登记表或工作人员登记表时征求意见，并且要经过核准。[164]

3. 病人的选择

病人的选择关系到决定谁该活下去，也就是医药资源的微观分配问题。可供移植的器官、能够胜任的外科医生和护士、医院的设备总是有限的，这种限制很难全部消除，那么谁应该接受移植术？这给医生提出了伦理学难题。

60年代初，美国西雅图的一个由外行组成的委员会在肾衰竭病人中选择有限数量的人进行血液透析。选择标准中突出的是心理和社会学因素，如情绪的稳定性、能够坚持麻烦的饮食限制、职业和家庭情况以及康复的潜力。后来透析设备不再短缺，委员会即告解散。器官移植早期提出的一些标准包括年龄不宜过大、不存在严重的营养不良、不存在活动的感染、正常的尿道、没有肿瘤、没有周身性疾病、没有动脉粥样硬化。有些移植中心还用社会经济和精神病学标准选择肾移植受体。

医学标准：医学标准取决于医学科学和医务人员技能所达到的水平。这些标准可由具备有关知识和经验的医务人员判断。医学标准包括适应症和禁忌症：免疫不相容性，病情的严重性、并发症对治疗和恢复可能的影响，身体条件以及心理社会调整能力。现在对于肾移植唯一的适应症是医药不能治疗的肾功能衰竭，禁忌症是活动的感染和不可控制的肿瘤。问题不是这个病人是否值得治疗，而是是否有可能成功地得到治疗。医学标准不包括社会价值，如果评价适当，是比较客观的，即使医疗的结果不完全是可预测的，因为治疗部分决定于病人的主观因素。

年龄：在某些条件下，年龄大也可视为禁忌症。但一般来说，不能以年龄大小为标准，因为人的生命健康权不取决于年龄。

个人的应付能力：即病人配合治疗能力。给予合作的病人比不合作的病人优先考虑，这里也包含着某种价值判断。

社会行为：慢性酒精中毒、药瘾和不健康的生活方式可以引起问题。对它们的评价与主观信念和道德判断有联系。一般来说，社会行为不应成为选择的标准，除非妨碍了移植术的顺利进行，例如嗜酒。

社会应付能力：指病人的与治疗有关的日常生活条件：家里的生活环境，在家里和工作环境中听从指导的能力，可得到他人多大程度的支持等。这些标准可在一定程度上得到客观的评价。

病人对他周围人的重要性：这个标准与治疗没有因果关系，但与病人有直接关系。例如一个母亲是否应该比一个没有子女的妇女优先得到移植器官？

病人对社会的意义：这个标准基本上涉及病人的社会价值。有些人对社会的贡献比别人大，理应得到报偿。但是社会价值的评价是困难的，有时甚至是主观的。一个护士、一个医生、一个汽车司机或者一个企业经理能够比较彼此的社会价值吗？

上述这些标准按什么次序排列，主要取决于在这个国家或社会通行的价值。目前，大多数器官移植中心的排列次序是：医学标准（适应症和禁忌症）、个人和社会的应付能力以及病人对他周围人的重要性。

4. 分配的公正

根据器官移植的利害得失，国家应该拨多少资源用于器官移植，才是资源的公正分配，这是一个宏观分配问题。

器官移植的费用很高。肾移植约需 3 万美元，心脏移植 10 万，肺移植 8 万，肝移植 10 至 20 万。实际上不止这个数目。术后还需追加护理和监测费用，心脏或肝移植每年追加 1 至 2 万美元。1983 年 5 月据马萨诸塞州有关单位估计，加上器官收集、器官排斥时重新住院、康复和精神病随访等，一个肝移植的总费用为 23 万美元。费用如此之高，很少有人能够用自己的钱来付出这笔款项。这势必要由政府或社会来资助。1972 年，美国有个晚期肾病规划，由联邦政府担负每个肾功能衰竭病人进行透析和移植的费用。但在目前经济紧缩情况下，这种政策很难扩展到其他形式的器官移植。如果需要移植的有 10 万人，就需要数十亿或数百亿美元。这是任何国家所不能负担的。而且其他器官的疾病还有不同于肾功能衰竭的情况。接受透析或移植的肾衰竭病人很少是自己引起的，绝大多数是遗传病、高血压或糖尿病作用的结果。但心脏、肺或肝的疾病则不同。大多数需要移植这些器官的成年病人都是由于吸烟或饮酒的结果。归根结蒂，努力改变人们的生活方式比在 20、30 或 40 年后支付移植器官的费用更为省钱。社会会很愿意为患遗传性肝病的儿童负担移植费用，而不愿意支付因多年滥用酒精所致肝硬化造成的肝移植费用，或重度吸烟者的肺移植费用。至少，用于器官移植的资金应该与用于预防吸烟、饮酒和其他有害行为后果的公共卫生资金加以比较。

除了需要在用于器官移植和用于预防导致移植的这些疾病的资源之间确定一个合适的比例外，还需要确定器官移植技术所用的资源在卫生事业经费中占多少比重。如果在器官移植上所花费用过多，就会影响其他更有效更需要的项目，例如化疗的研究、疫苗的制备等。如果所拨经费太少，就会影响器官移植这项新技术的发展，不能满足病人的需要。

但这两方面都要根据器官移植技术的成本—受益、风险—受益的分析来考虑。1971 年心脏移植的对照研究表明，未做移植的潜在受体平均存活时间为 74 天，移植病人为 89 天，在统计学上没有显著差异。1973 年对人类心脏移植的评价是，几乎所有的长期存活者都有令人印象深刻的身体、社会和职业的康复。1975 年对肾移植的评价是，74％的 50 岁以下病人可全日或部分工作，10％在积极找工作。美国斯坦福大学医学中心夏姆韦（Shumway）移植的心脏病人，第一、二、三年的存活率分别为 48％、37％、25％。术后死亡的 56％是由于感染引起的并发症，60％发生在肺部。主要问题是对异体移植物的排斥。其中有五个病人活了五年多，最长的活了六年。根据他的经验，排斥和感染是可以控制的，可使 55％垂死病人活一年，40％的垂死病人活两年。术后精神病的发病率在某些组高达25％。另外，大剂量抗免疫的甾类化学物往往产生原发性的欣快感，然后是抑郁、短期精神病，有些病人有紧张症、歇斯底里的哭泣、记忆丧失。

前面谈到了移植术对受体的近期影响，如果从器官移植术的长远前景来看，还有两个问题值得进一步考虑：

(1) 如果一个人的体内许多器官被更换了，会不会对这个人的个性或人格产生影响？赫尔曼（H. Hellman）在《未来世界中的生物学》(Biology in the Future World)的序言①中曾描述一对夫妇带了他们的孩子到法院去，要求更改丈夫的姓名，因为妻子诉说，她的丈夫由于器官更换太多，成了一个完全不同于以前的人。这生动地提出了植入异体器官对受体的长远影响问题。由于目前移植术还处于发展初期，存活时间还比较短，长远影响问题还未提到日程上来。随着移植术的发展，这个问题就会引起人们的注意。

(2) 头脑移植的可能性及其后果。有一部英国电影，描述一个医生把记者杀了以后，把他的头移植在另一个人身上，成活后这个人就扑向医生报仇。当然，目前头脑移植只能是科学幻想小说的议题。但从生物医学技术发展的趋势来看，原则上不存在绝对不可逾越的障碍。然而不管是低水平的神经移植还是脑或头颅的移植，由于与人心的关系密切，涉及的伦理学问题，就比内脏器官涉及的更多、更重要了。[28，54，151]

5. 异种器官移植

5.1 Baby Fae

1984年10月26日，美国加利福尼亚州洛玛·琳达（Loma Linda）大学医学中心的贝利（L. Bailey）医生和他的同事为一个两公斤多重的女婴做手术。这个女婴几周前出生，患有左心发育不全综合症。患有此症的婴儿，心脏的左侧比右侧小得多，输送的血液不足，只能维持几周的生命。这种病的发生率约为1/12 000，占全部新生儿的心脏病死亡数的1/4。贝利摘除了婴儿有缺陷的心脏，代之以一颗

---

① 很遗憾，序言在中译本中被删去了。

狒狒的心脏，这种手术叫做异种（狒狒—人）器官移植。20 天以后，即 11 月 15 日，这个已世界闻名的 Baby Fae 死于她的身体排斥狒狒心脏引起的并发症。但她活的时间比接受动物心脏的其他人要长。1964 年 1 月，美国密西西比大学的哈迪（J. Hardy）医生把一颗黑猩猩的心脏植入一个 68 岁的名叫拉什（B. Rush）的病人胸腔中。这个垂危的病人是个穷人，又聋又哑，被送入医院时已丧失意识，一直没有恢复。手术后这个病人只活了两个小时。1977 年，巴纳德（C. Barnard）医生做过两个类似的手术，病人也只活了几小时或几天。在此之前，1963 年 11 月 5 日，美国新奥尔良的慈善医院的里姆茨马（K. Reemtsma）医生把黑猩猩的双肾植入一个垂危病人体内，这个病人患肾小球肾炎，是个 43 岁的穷苦黑人。是年 12 月 18 日，病人出院回家欢度圣诞节，两天后又回到医院，1964 年 1 月 6 日死去。里姆茨马又做了五例这种黑猩猩肾移植入人体的手术，病人最多活了 9 个月。另外还报道过用狼—狗肾做异种器官移植、将小牛骨植入人体连接脊椎以及用牛的颈动脉来接通人的血管等手术及其引起的并发症。

世界各国的新闻媒介对 Baby Fae 的异种器官移植作了广泛的报道。我国的报纸、电台和电视台也作了报道。虽然由于 Baby Fae 的死亡，人们对于这种高技术的惊讶、赞叹、兴奋的心情逐渐消退，但医学界、哲学界、宗教界、新闻界和公众都仍然在对这个医学事件产生的伦理学和社会问题进行热烈的讨论。他们关心的问题有：这种异种器官移植的实验性质；怀疑这种手术能提供更大的活命机会；对这种手术的研究缺乏事先的审查；Baby Fae 在自然和社会环境中的生命质量；医院拒绝提供研究计划和家长签署的同意书；向家长提供的有关其他治疗选择、手术的危险和预后的信息的质量和范围；医院对进行这种手术的理由解释混乱以及提供给公众的事实有错；重要经济资源分配给只有利于少数人的移植术和人工器官；"哗众取宠"或"投机取巧"地把正在研究的东西说成已经成功的成果以吸引新闻媒介对医院和医生的注意；仅由医学家来审查涉及人体实验的研究的适宜性；宗教和社会人士对把一个动物器官植入人体从而破坏自然物种（人种）的整体性表示担心；在研究中利用和牺牲动物的可接受性。［153］

5.2 异种器官移植的效益

目前异种器官移植能否给病人带来治疗上的益处是有疑问的。

异种器官移植在历史上从未成功过,因而Fae没有因这种手术而获益的合理希望。在这种情况下进行这种手术,医生的动机就值得怀疑了。——医生的主要动机是为了研究,Fae和医生把人工心脏植入他们胸腔内的克拉克(B. Clark)和施罗德(W. Shroeder)一样,主要被用作推进这种手术的手段,因而医生把研究者的需要放在第一位,而把病人的需要放在第二位。患有左心发育不全综合症的新生儿可有四种选择:最常见的是让病人死去,此外还有异种心脏移植、人类心脏移植和外科手术。这后三种办法都是实验性的,而异种心脏移植则比人类心脏移植尤具实验性。但洛玛·琳达医院的医生并没有设法去寻找一个人类心脏来移植。尤其是在尚未在成人身上试验以前就在婴儿身上试验,这是不能为人接受的。至于新生儿由于免疫系统不发达可以接受狒狒心脏一说,也没有充分的证据。所以生命伦理学家卡普兰(A. Caplan)提出了这样一个尖锐的问题:"Fae是一位英雄、牺牲品还是病人?"

但是另一方面,医生的辩护也有一定的道理。哥伦比亚大学外科学系主任里姆茨马争辩说,所有的治疗都带有实验的成分,新的外科手术总是基于以前工作的外推。一个新手术何时从实验室转到手术室合适,需要权衡实验证据和临床上的紧迫性。有大量证据表明,在动物身上不成功的疗法却在人身上获得了成功。例如在20世纪50年代,打开心脏的手术在动物身上从未成功过。后来应用于人却成功了。1963至1964年有证据表明,灵长类的肾可在人体内发挥功能达数月。Fae有两个有利条件:她是个新生儿,更可能接受移植物;她现在得到的免疫抑制药比20年前更有效。这些因素加上临床上的紧迫性为医生手术提供了有力的理由。

我认为在Baby Fae的案例中双方指出的情况和问题都是存在的。这表明发展新技术存在着伦理学的悖论。如果预先在现有的伦理学规范范围内,对一项试验性的技术制定许多万无一失的规定,很可能就此把试验者的手脚捆绑起来,从而无法推进这项技术,结果不能给人类带来更大的好处;但如果放弃伦理学方面的评价或监督,这项技术可能遭到滥用,从而损害人类的利益。所以Baby Fae可能既是英雄又是牺牲者又是病人。她为这项新技术的发展作出了贡献,又为这项技术的试验性作出了牺牲,同时她也是一个患有绝症的病人。一般来说,对于新技术既要积极地促进它的发展,又要谨慎地限制它的滥用。至于异种器官移植术,由于还涉及其他问题,不能单凭效益这一点来作出评价。

5.3 知情同意和严格审查

这次手术的知情同意的质量是比较差的。有人肯花 2 500 美元来获得一份在 Fae 的移植中所用的同意书复制件，但没有成功。Fae 的父母在一起同居四年，有一个两岁半的儿子，但一直没有结婚，在 Fae 出生前几个月分离。她的母亲是个退学的中学生，在 Fae 出生时只好依靠救济。Fae 的父亲与前妻有三个孩子。Fae 出生时他不在场，三天后才知道 Fae 出生。他俩都对 Fae 的病情感到内疚，希望尽一切力量来挽救她的生命。由于 Fae 父母的经济状况和个人生活的不稳定，以及当时的心理压力，很容易使他们不能理解这种手术的可能后果，甚至可能被人操纵，因而不能做到真正的知情同意，而医院又拒绝发表父母签署的同意书，更引起别人的怀疑。

对于试验性比较强的治疗措施，病人本人或家属的知情同意是必不可少的。由于临床情况紧急，或者不希望失去一次难得的试验机会，医生不愿意做耐心的工作以保证获得真正的知情同意，这需要通过加强伦理学教育来避免，同时这类病例的试验性治疗方案也需要经过严格的审查才能实施。必要时需要经过至少两个层次的审查程序。贝利关于移植狒狒心脏于人体的要求经由学校内部审查了 14 个月，在 Fae 住院前那个星期，委员会批准了他的要求。看来内部审查是不够的。异体心脏移植不同于一般人体实验，涉及受试者生死安危以及人体完整性等其他重要问题，需要进行外部审查，即由医院外的有关医学专家、伦理学家、法学家等参与审查。

5.4 研究准则

异种器官和人工器官移植引起一个新问题：这些技术还处于实验阶段就在报刊上被大肆宣扬。这引起医学家和生命伦理学家的不安。科学与新闻有时是互补的，有时则是对立的。一方面，应该让公众正确了解这些技术的进展，并使他们有机会来监督这类实验的进行；但另一方面，由于记者不懂医学或职业上追求轰动的特点，常常传布关于科学技术进展的歪曲观点，使公众产生误解。这种情况也产生在我国，有时引起严重的恶果。美国医学会根据 Fae 和 Shroeder 两个案例的情况以及上述的种种问题，提出了如下的研究准则：

实验的或临床的研究应该作为已经得到承认的科学研究系统规

划的一部分来进行；

从事这种研究的医生应该像关心他们的病人一样关心受试者；

必须从病人或从合法代表（如果病人缺乏同意能力）获得自愿书写的同意，医生必须说明所使用的实验程序、程序的性质、危险和好处及其他可供选择的程序；

应为病人的幸福、安全和舒适提供适宜的保护措施，医务人员承诺关心病人是首要的、科学进展是第二位的，医生不可为了有利实验治疗的进行拒绝可能是最佳的治疗措施。

医生应该与新闻界合作，在病人或病人合法代表同意下提供医学信息，但不可大吹大擂和危言耸听；

鼓励向新闻媒介客观地提供有关信息。

5.5 资源分配和动物权利

像器官移植（包括同种、异种、人工器官移植在内）这种高技术，容易吸引公众的注意，使其得到越来越多的资源。如果大量经费投于延长比较少的人的生命的移植技术，而可能有利于大多数人的但并不具有显著新闻价值的项目却受到忽视，这是否公正？据美国移植委员会估计，美国大约每年有 5 万人可得益于器官移植术，据保守的估算，每个病人平均花费 15 万美元，即每年花费达 75 亿美元。

根据达尔文的进化论，像狒狒那样的动物与我们人类有一种远亲的关系。动物也有某些权利，例如我们不能任意虐待动物。当问题涉及要牺牲一个动物去挽救一个人的生命时，这种选择不难作出。但是牺牲一个狒狒又不能救活一个人的生命，使人对此做法是否值得提出了疑问。

由于以上种种考虑，我认为，如按轻重缓急排列，异种器官移植的研究应该排列在人类器官移植之后，只能在万不得已的情况下（如既无人类器官又无人工器官可供移植或代替，而又有充分的动物研究作基础）才能有准备地应用于人。

6. 人工心脏

6.1 心脏代用品

人工心脏是用一个人造的装置作为心脏代用品植入心脏功能衰

竭的病人胸腔内。[6]

1969年4月4日，库利（D. Cooley）首次把一颗原始的人工心脏植入卡普（H. Karp）胸腔内。3天后卡普的人工心脏被一颗人心代替，32小时后病人死于肺炎和肾衰竭。库利的这一手术是继德贝基（M. DeBakey）的左心室旁路术（1966年4月21日）和巴纳德的心脏移植术（1967年12月3日）后的第三大进展。1982年12月2日德夫里斯（W. De Vries）给一个退休的牙科医生克拉克植入了第一颗永久性人工心脏，病人存活了112天，1983年4月20日死亡。

植入克拉克胸腔内的人工心脏，需用体外一个大而笨重的机器发动，通过皮肤和肌肉插入身体的导线与植入的人工心脏相联系。发动人工心脏的动力可有电池和核能两种。在用电池发动的人工心脏中，植入的电池作为燃料，要周期地充电，有时一天三至四次。充电装置可插入普通的电插头。这种人工心脏对受体很不舒服和不方便。因为他或她的一生要依靠从外部给电池充电。此外，可充电的电池使用寿命有限，受体在10年内至少要有一、二次为了换电池再做手术。另一种是用核能发电。这种人工心脏可完全植入受体体内，无须任何体外装置。植入的能源是一个含有53克钚$_{238}$的胶囊。至少在10年内无须依赖外部机器。受体可自由地走来走去、工作、旅行、过正常的生活。但是它的缺点是植入的燃料所发出的辐射很可能使受体产生白血病或肿瘤，如果他活得时间很长的话。此外，以钚为动力的人工心脏可能对其他人的健康产生不利影响，例如对同床的配偶、怀孕的胎儿、孩子、同事。有一个权威说："我对钚$_{238}$发动的心脏泵的主要忧虑是，有一天在横渡太平洋的飞机的经济舱中，我坐在两个这种人工心脏之间。"另外，植入这种人工心脏的要人可能成为政治—军事或恐怖主义谋杀的主要目标。这种核能人工心脏的制造费用约为1 500至6 000美元，手术和术后治疗费为17 000至31 000美元，钚的费用为10 000至25 000美元，总计约为5至6万美元（按1973年美元币值计）。如果每年植入5万例，则需开支25亿美元。这是一笔非常大的费用。

6.2　暂时性人工心脏

暂时性人工心脏是用于病人心脏功能发生衰竭但没有异体心脏可供移植时暂时维持病人的心脏功能。人工心脏最初就是作为暂时性的心脏代替物使用的。1985年，美国的食品和药物管理局（FDA）

批准人工心脏可作移植的过渡，即作为暂时性措施，对此不加管制。当年就有两次暂时性人工心脏术施行。

1985年3月5日星期二上午，塔克逊市亚利桑那大学医学中心心脏移植组组长科普兰德（J. Copeland）为病人克雷顿（T. Creighton）做了一次人类心脏移植术。克雷顿是一个已离婚的有两个孩子的33岁的父亲。供体是一个事故受害者，在医院住了7天死去。由于心脏排斥，移植没有成功。星期三清晨3时开始寻找另一颗人类心脏；克雷顿被置于人工心肺（体外循环）机上。5时半，移植组打电话给菲尼克斯的沃恩（C. Vaughn），问他有没有可用于人体的现成的人工心脏。沃恩医生预定第二天要把牙医师程（K. Cheng）研制的一颗实验模型植入小牛体内，但从未考虑用于人。沃恩说，"泵消过毒，准备走"。他们俩乘直升机到飞机场，乘班机到塔克逊，再乘直升机到塔克逊医院。他们在星期三下午1时到达，4时植入人工心脏。因为这颗人工心脏原来为小牛设计，太大，胸腔不能关闭。人工心脏维持循环了10小时，那时得到了第二颗供移植的心脏。然后取出人工心脏，把病人置于心肺机上。星期四清晨3时完成了第二次人工心脏移植术。星期五病人死亡。

报纸把这件事看做是现代美国的一出传奇剧。《今日美国》称植入程研制的装置是"实现了美国的理想"（1985年3月8日，P. 1A）。《纽约时报》的评论说："人工心脏终于证明它是有用的。"（1985年3月9日，第22页）《新闻周刊》则说："使医生违犯法律去救一个人的生命，很难说对他们或他们的病人是公正的。"这引起了应该采取何种移植政策的争论。

一波未平，一波又起。1985年8月27日星期二，病人德鲁蒙德（M. Drummond）被列入等待人类心脏移植者的名单上。星期四早晨，科普兰德和其他医生判定，病人只能活48小时，因此病人和他的家属只有两个选择：或者等待一颗供移植的人类心脏，得不到它时只好死去，或者先植入一颗人工心脏。他们选择了后者，因为正如他的母亲所说的，"我们没有选择的余地"。病人自己并不清楚他同意的是什么。当他从手术中醒来时，他的第一句话是："在我胸中的这块东西是什么？"当时在场的人工心脏传动系统操作者说，他怀疑德鲁蒙德是否能"真正理解人工心脏是什么"。[①] 9月8日病人换

[①] 《纽约时报》，1985-09-02，10页。

上了一颗人类心脏。

证明这种暂时性人工心脏在伦理学上可以接受的主要理由有两个。

(1) 由于唯一其他的选择是任凭病人死去，所以"我们没有任何损失"。科普兰德以及做植入永久性人工心脏手术的德夫里斯都用这个理由为自己辩护。但安纳斯（G. Annas）认为选择不限于"生或死"。实际上是："接受人工心脏，你几乎肯定会死去；如果你确实活下来，你就可能带着严重的身心残疾了却余生"。所以，病人并不是"没有任何损失"。而且，无论是克雷顿还是德鲁蒙德，都没有取得他们本人的知情同意，这被认为剥夺了病人的自我决定和尊严的应有权利。

(2) 在急诊时，一个医生可以做任何事情来抢救病人的生命。急诊的规则是："先处理，以后再问合法问题。"但有人认为紧急情况不能为医生在采取行动前不考虑医学资料辩护。克雷顿是科普兰德的第三个立即发生心脏排斥的病人，器官排斥是移植可预见的风险。科普兰德知道这种风险，并且有充分的机会来防止再发生这种排斥，因此器官排斥这种不是不可预料的紧急情况不能为医生无计划地暂时使用人工心脏辩护。

而且，只要可供移植的人类心脏短缺，暂时的人工心脏就不能增加人类心脏移植的总数。假定每年有1 000人有条件进行人类心脏移植，而人类心脏只有600个。余下400人因得不到心脏，就会死亡。如果在死亡以前把这400个人置于人工心脏上，下一年等待移植心脏的将增加到1 400人，虽然也只有600个心脏。如果置于人工心脏上的人可优先考虑，即这400个人将得到心脏，余下的1 000人中只有200人可得到。如果余下的800人没有死亡，他们就将得到暂时的人工心脏。但是这个数目已经超过第二年人类心脏的供应数。600人将得到人类心脏，200人等待到下一年，又新增加的1 000人或者全部死去，或者得到暂时性人工心脏，而实际上对于他们中的大多数人来说将是永久性的人工心脏。但是，如果急剧增加可移植的人类心脏数，而减少等待移植的人数，这种情况可以改变，但是没有理由预料会发生这种情况。在发生这种情况以前，这种人工心脏技术只能增加要做人类心脏移植的总数。而把许多病人留在人工心脏上，说是暂时性的使用，实际上是永久性的。由于现在对这些病人还没有合理的措施，所以甚至使这个过程开始都是不符合伦理学的。这是一个最有力的论据。

以上的讨论表明，作为一个试验性的有前途的新技术，暂时性人工心脏在有准备的情况下应用于器官功能已经衰竭、等候移植器官的个别病人，在伦理学上是可以接受的。但在目前的技术条件下，不能存在企图以此解决因人类心脏短缺而引起的问题的奢望；应更好地选择移植病人以避免出现器官立即排斥的情况；即使出现紧急情况，也需要尽可能取得病人的知情同意以接受暂时性人工心脏。然而，应该对这种新技术采取积极的态度，因为它是有前途的。如果一旦研制出一种体积小、安全、使用寿命长、无须体外辅助装置的人工心脏，就可以大大缓解目前的可移植人类心脏需求增加与供应短缺之间的矛盾。所以，采取消极的限制措施也是不适当的。

6.3 永久性人工心脏

作为永久性的人工心脏植入病人体内的，迄今已知只有三例：克拉克、施罗德以及1986年4月10日法国医生将一颗美国制造的人工心脏植入一位25岁的男青年体内。我国报纸和电视对前两例作为技术的新进步作了报道，但丝毫未涉及对此的争论和伦理学问题。

用人工心脏永久性地代替一个失去功能的心脏基于两个理由，我们急需一种技术来挽救许多死于心脏病的人的生命；而目前的人工心脏能够达到这个目的。第一个理由，即我们需要更有效地治疗晚期心脏病人的方法，是无可争议的。但是对于第二个理由则颇有争议。德夫里斯医生在给克拉克植入第一颗永久性人工心脏时说，如果他不接受人工心脏，他就会在数小时内死去。但是其他医生争辩说，这个手术实际上缩短了病人的生命。在手术前，克拉克由于他所服的药物，患了危及生命的心律不齐。但是他在过去一年半内由于同样原因患过同样的并发症。而施罗德在换掉心脏以前八天刚进行一次胆囊摘除术。所以，人工心脏植入术并不是在几小时内就要死亡的病人身上进行的。实际上人们并不能知道没有人工心脏他们俩活的时间会有多长。

关于人工心脏需要考虑两个问题。第一个问题是：它的治疗好处如何？美国国立卫生研究院（NIH）10余年来支持研究左心室辅助装置（部分人工心脏）而不是整个人工心脏，为此它花了2.5亿美元。它反对使用当时研制的人工心脏。而食品和药物管理局不批准把人工心脏作治疗使用，而只批准用作实验。因为人工心脏仍然是粗糙的。1981年贾维克7号（Jarvik-7）人工心脏研制者贾维克（R. Jarvik）说："贾维克7号和任何其他已研制的人工心脏还不能永久地代替一颗人类心脏，即使在试验的基础上。"以人工心脏起搏器为例，由于种种原因，起搏器的研制一再失败，这些原因大多数都出乎研制它的医生和工程师的预料。而起搏器比人工心脏简单得多，它只有一个动力部件，只需百万分之一的动力。而且，当起搏器突然停止时，后果并不严重，很少发生死亡。但一颗人工心脏若突然发生故障，可在10至15秒内发生死亡或不可逆的脑损伤。当病人离开了医院这种保护性环境，在病人不能马上得到急救的时间和地点突然发生故障，无疑就会发生灾难。需要10余年的时间研究者才能知道这是些什么问题以及如何处理它们。而人工心脏总有发生突然故障的风险。我们能否用20年的时间研制出一个可增加两年寿命而没有严重并发症的装置还是个问题。

第二个问题是：人工心脏是否是个应优先发展的项目？如果有一天能使所有从中得到好处的人使用它，费用将会很巨大。据估计，美国每年有5万人需要一个可靠的新心脏。如果植入每颗人工心脏平均花费12.5万美元（为克拉克所花费的一半），每年费用为62.5亿美元。而据最乐观的估计，人工心脏只能延长受体的寿命一至二年，平均起来延长总人口的寿命才几天。这笔巨大的费用与有限的所得相比是否值得？如果目的是挽救生命，可以用其他办法更快、更广泛、更可靠地做到。如果我们把资源花在改变人们的不良行为模式上，如戒烟、戒酒、减肥，由此延长的生命要比人工心脏等高技术所能达到的要长得多。

此外还有永久性人工心脏植入的知情同意问题。在1967年巴纳德做第一例人类心脏移植时，他没有获得同意。他在一本书中写道："对于一个垂死的人，这不是一个困难的决定……如果一只狮子把你追逐到满是鳄鱼的河岸，你会跳入河中，因为相信你有机会游到河对岸。但是如果没有狮子，你不会跳到河里。"库利把第一个暂时性的人工心脏植入卡普胸腔内时也说："他是一个快要溺死的人。一个快要溺死的人对于用什么办法来挽救他的生命不太苛求。"同时，德夫里斯在植入第一个永久性的人工心脏后说：毫无疑问这是一个正确的选择。"对于移植手术他是太老了，没有任何药物会帮助他；他能期望的唯一的东西是死亡。"克拉克签署了一份11页的同意书。这份同意书篇幅冗长而内容不全，使得知情同意成为一个发放给医生"通行证"的形式。而且术后还给了克拉克一把钥匙,如果他要终止靠机器维持的生命,他可以用这把钥匙来关掉机器。人们批评这等于是允许病人自杀。

以上说明,像人工心脏这样有前途的技术,迫使我们作出一些大多数不是医学的,而是伦理学的决定。瑞塞(S. Reiser)说得好:"有人认为,技术本身将解决技术引起的问题;历史证明,这是不对的。技术提出的使用问题在某个方面可以靠新的技术突破来解决。但是由于技术的复杂作用,它通常要靠其他学科的进展和分析来解决这些问题。我们今天不能避免这个问题的社会、法律、伦理和经济等方面。科学革命设法使科学摆脱价值。伦理革命设法把价值重新引入科学,并表明人文科学和自然科学是互补的,以及它们之间的相互作用是必要的。……创造技术手段要比为了理性和崇高的目的而应用它们容易得多。"[6,30,98,179,186,187]

Ⅷ 行为控制

1. 行为控制技术

　　技术的进展不仅增强了医生治疗疾病、保护机体健康的能力，而且也增强了精神病医生、心理学家、神经外科医生和神经内科医生改变人的思维和行为的能力，即控制人的行为的能力。行为控制技术的进展使一些人想利用这种技术来解决个人和社会的问题，或创造一个"新的、更美好的世界"；但也有人担心这种技术会被利用来威胁个人自由，控制异端的行为。

　　行为控制的最一般意义是指使某人按某人意旨办事的能力，或可定义为"对持续的和随意的行为的诱发控制"。行为控制涉及控制者和受控者两方，但这两方也可能是同一个人，如吸烟者改变自己的吸烟习惯。对控制者的问题是，用什么方法最能使"控制者"控制"受控者"，使后者的行为恰如前者所要求的那样？

　　行为控制技术有两种：信息控制和强制控制。说服、教育、心理治疗、催眠等都是信息控制。信息控制通过调节信息输入，通过控制受控者接受的刺激来影响他们的行为。控制者通过提供信息来影响受控者的决断，所以信息控制不绕过受控者的思维机制。新的信息媒介，如电视，研制时并不是为了行为控制，但现在可用于行为控制。如通过广告告诉观众应该买什么。幼儿教育通过传授知识导致对他们行为的控制。严重精神病人住院、犯人被监禁是强制的，但精神病院和监狱的生活安排、环境布置、教育和劳动组织都是一种信息控制。

　　强制控制是直接操纵身体过程，并通过改变他们对刺激作出反应的能力来影响受控者的行为。如精神外科、厌恶性条件反射、精神治疗药物等。控制者利用这些方法绕过受控者的思维机制，通过物理或化学手段，直接影响受控者的身体。

行为控制技术具体可分为：

（1）对脑的直接干预：如电休克疗法、脑的电刺激、精神外科以及脑的化学刺激。脑的化学刺激尚未应用于人，但用于动物有明显的效果。有人将胆碱类化学物质注射于大鼠脑的一定区域可使之睡眠，注射于另一区域使之愤怒。

（2）通过药物控制行为。

（3）心理治疗。心理治疗或心理控制是一种信息控制：通过心理的而不是物理的或化学的手段进行控制。心理治疗不是一个明确的概念，广义的心理治疗包括使用精神治疗药物或对脑的直接干预。有人把它限于下列两种方法：用来改变受控者的"思维过程"和行为的方法，以及仅用来改变行为模式的方法。但后一种实际上应分类为行为治疗。前一种才是心理治疗，即精神病学家或心理学家试图理解和改变病人对自己、其他人、世界的思考方式。

（4）行为治疗。行为治疗有两种：操作性条件反射和厌恶性条件反射。前者通过奖惩来使行为朝符合要求的方向发展。厌恶性条件反射用来纠正不良行为。如在男性同性恋者看裸体男性色情照片时给予电击，给吃得太多的病人一些药丸使他吃后立即产生恶心。酗酒、赌博、药瘾等不良行为也用厌恶性条件反射治疗。厌恶性条件反射把用电休克或药物操纵身体的过程同条件反射结合起来，但有疼痛、焦急、沮丧、增加攻击性、发生生理障碍、发展病理行为等副作用。厌恶性条件反射是一种强制控制，其疗效是有疑问的。当吃得太多的人结束疗程后回家吃饭，他知道疗程已结束不再有药丸使他恶心，他就放心大胆地吃起来。这里涉及人的心理的作用问题。

由于行为与思想、情绪、感情不能分开，行为控制的范围不仅限于行为本身，也可以通过药物、心理分析或信息来进行控制或影响。

2. 脑的电刺激

由于开展了脑定位（stereotaxic）外科，发展了脑的电刺激技术。用小电钻在颅骨上钻一小孔，将纤细的金属导体（微电极）以高度精确性植入脑的深部。这种纤细的金属导体对脑组织造成的损伤极小，功能上没有可检出的变化。导体可长期留在脑组织内而没有不利效应。受试者与仪器之间用微型的多孔道的无线电刺激器（radiostimulator）联系，这种刺激器可植入受试者的皮肤底下，接受遥控。

　　脑的电刺激在临床上可用于抑制癫痫发作、假肢的传感和治疗某些精神病。也可用它来确定神经外科手术的精确部位。刺激脑内深部区域时，能够通过观察到的行为反应与特殊脑部位的联系来揭示脑各部位的功能。在实验上，这种技术已广泛用于包括灵长类的高等动物，以影响运动、食物摄入、进攻行为、母子关系、性功能、动机、学习、焦虑、愉快、友谊等功能和行为。如把微电极植入脑内某一部位可使猫怕老鼠、母猴不顾自己生的小猴、饿猴不理香蕉、使麻痹的手抬起、催人入眠、使发怒的人安静。美国神经外科医生戴尔伽多（J. Delgado）将微电极埋于公牛脑内，当牛向拿红布的斗牛士冲去时，他一按类似半导体收音机那样的仪器上的电钮，公牛就立即停下来。戴尔伽多认为，这表明侵略行为可通过直接操纵脑的"侵略中枢"而得到控制。实际上，公牛行为的变化是因为植入的电极刺激了公牛脑中与控制颈部肌肉有关的部分。公牛丧失了它头部的运动控制，感到不知所措，使有效的攻击成为不可能。现在还不能通过脑的电刺激来诱发特定的可预测的行为，通常只能产生一般情绪状态，如欣快、松弛、生气、窘迫、发怒。产生什么变化取决于许多因素，如受试者的个性、既往史或环境。同样的刺激，在不同人身上引起不同的反应，或在同一个人身上随时间的变化而有不同，因为随时间的推移，脑中形成了新的"联络网络"。脑的电刺激时脑内的中介过程仍不清楚。

　　目前还不了解持续的脑的电刺激会产生什么样的长期效应。更重要的问题是，这种技术把这一个人的行为控制权置于另一个人手中，这个人也许是由他自己选择的，也许不是由他自己选择的，而不一定是为了受控者自己的目的，并且这种控制是通过直接操纵脑进行的。接受这种技术的人很可能正好是因脑器官有病、功能不佳而不能知情进而表示同意的人。因而决定权转到了其他人身上。这就提出了什么样的行为应该用这种脑的电刺激来控制，由谁来作出决定，控制者在多大程度上对病人、病人代表和公众负责的问题。另一个重要问题是必须权衡这种技术与其他治疗方式或根本不予治疗的利害得失。也就是说，为了改变行为，应该直接改变环境，还是直接操纵脑？如果治疗是由其他人作出决定而加于病人的，那么对病人自由或自主的侵犯是否可因被治愈所得到的自由或自主的扩展而得到补偿？如果治疗不是为了病人的最佳利益，而是为了保护社会，那么这是否是侵犯这种具有攻击性行为的人的自由或自主的正当理由？由于脑是人心的所在、行为的动因，脑与人的本性、自我人格密切联系，直接操纵脑比操纵其他部分更影响人的个性，可能会对人产生不可预料的后果。

我们把自主与控制、自由与决定的问题留待以后讨论。脑的电刺激技术是一种具有很大前景又有可能产生严重后果的技术。由于它具有很大前景，禁用是不现实的。具有很大前景和潜力的技术本身会产生一种使用它的压力，或早或迟会被人们采用。但是由于它可能产生严重后果，因而需要更加审慎。在没有在动物身上进行充分实验、大致弄清电刺激与行动反应之间的中介机制以前，不要轻易地用于人身上。在人身上的使用可从"点"开始，逐渐谨慎地扩展。这些"点"应该是用其他办法所不能治疗或解决的病人，需要得到病人自己或家属的知情同意，并由一个伦理学委员会来审查、检查、监督。

电休克疗法。

电休克疗法是用电流引起惊厥以治疗精神病的方法。1938年，两位意大利精神病学家切雷列蒂（U. Cereletti）和比尼（L. Bini）首先用交流电的简单电装置诱发病人惊厥——痉挛和失去意识。办法是将电极置于一侧颞叶或两侧颞叶，通电前病人服肌肉松弛剂，用作用时间短的巴比妥麻醉，电流通0.1或0.5秒，产生强直、痉挛两阶段的惊厥。如果肌肉松弛程度充分，可完全见不到惊厥。但脑电图可表明脑发作的证据。5至10分钟后病人恢复意识，在15分至1小时内处于昏睡中。一般一个疗程二至四周，每周二至三次。开始时用于治疗精神分裂症，现用于治疗情感或情态紊乱，尤其是抑郁症。最重要的适应症是即将可能的自杀。禁忌症包括脑肿瘤、冠心病和刚发作过的心脏病。副作用有短暂的丧失记忆、时间失向、损害肌肉和脑组织。用高浓度氧和单侧电极可减轻记忆丧失。电惊厥疗法如何起作用仍不清楚。有人认为对神经系统的刺激触发了治疗上有用的化学反应。

接受电休克疗法的病人多数缺乏表示同意的能力，常由其他人来决定。病人对电休克疗法表示恐惧，经常使用会使个性迟钝，虽然尸体解剖没有发现这种疗法有引起脑损伤的证据。[155]

3. 精神外科

3.1 什么是精神外科?

精神外科又称精神神经外科、功能性神经外科、镇静性神经外科等,并有种种的定义:用来治疗精神病的脑外科;主要目的在于改变人的思想、社会行为模式、个性特征、情绪反应或主观经验等方面的脑外科;用手术摘除或破坏脑组织,旨在改变行为;用手术破坏脑的某些部分以治疗精神病。精神外科不同于其他脑外科的根本特点是:其一,正常的和异常的脑组织它都破坏,其他脑外科只破坏或摘除病变脑组织;其二,它的主要目的是改变脑功能或行为,正如胃部手术影响胃的功能和酸的分泌一样。破坏脑组织的主要技术是手术切开,用加热的电极末端烧灼、冷冻、植入放射性微粒、超声波束聚焦,注射麻醉剂和冷冻可造成暂时损害。通过直接观察或可深入脑深部的脑定位技术可确定损害的部位。

精神外科于 30 年代由诺贝尔奖获得者葡萄牙神经学家莫尼慈 (E. Moniz) 首创,他在脑部做手术切断了额叶皮层与丘脑之间的许多联系。在美国,由弗里曼和瓦茨(Watts)推广,称为叶切断术(lobotomy, leucotomy),在 50 年代初精神病学采用对精神有显著作用的药物前,精神外科被用来治疗许多精神病。采用这些药物后,对精神外科的使用就越来越有选择,也比以前更精确了。叶切断术现在主要集中于两个脑区:额叶切断用来治疗抑郁症、精神分裂症、精神神经官能症(过分的焦虑、烦恼和紧张)、严重的强迫观念和行为、药瘾、酒精中毒、性行为异常等。切断颞叶和下丘脑的联系,主要治疗非理性暴力病人的极端攻击性行为、暴力性行为等。除了叶切断术外还有杏仁核切断术(amygdalectomy),控制以前不可控制的破坏性暴力行为。用猴子做的实验表明这种手术影响它们的进食、打架、逃避、性行为等。叶切断术的副作用有价值、洞察力、感情、记忆的短期丧失,长期效应未知。经过这种手术的猴子有克吕夫斯—布西氏(Klüves-Bucy)综合征:不能把握实在、性活动转向其他对象、精神错乱、咬东西等。由于精神外科是所有治疗心理和行为异常中最剧烈的疗法,它造成脑的不可逆的破坏性损害,在

60年代末和70年代初在精神神经病学界引起了不同意见的争论。

3.2 精神外科的治疗价值

托马斯是个34岁有才干的工程师。但他的行为是病态的。精神病医生给他治疗了七年，对他的暴力的破坏性发作没有作用。这种暴力有时针对同事、朋友，主要针对他的妻子和孩子。他非常偏执，总认为别人害他，经常勃然大怒。有一次他与妻子谈话，认为妻子有些话伤害了他，越想越肯定他的妻子不再爱他，与他的邻居调情。他妻子否认，他就对她使用暴力。脑电图表明他有癫痫，进一步检查发现脑有异常。用药物治疗无效，决定做精神外科手术。将一组电极植入双侧颞叶，终端到达杏仁核。通过反复刺激和记录，找到了破坏性病变的确切部位。刺激杏仁核的某一部分，产生疼痛和"我失去控制"的感觉，这两个反应标志他产生暴力行为。但刺激离这部分四毫米处，产生相反的反应："高度松弛"和"像服了镇静剂后那样的感觉"。手术四年后，他一次也没有发怒。但有时仍有癫痫发作，有一个时期思维混乱和无序。以上是进行手术的马克（Mark）和埃尔文（Ervin）两位医生的报告。应家属的要求，布雷京（P. Breggin）对病人进行了随访。布雷京是精神外科的反对者，他称它为"灵魂谋害者"。布雷京的报告则有不同。他说，病人术前有抑郁症，但不到要服药或电休克的地步，并没有妄想、偏执或思维困难的征象。1966年，病人接受马克和埃尔文两位医生做的手术，1967年8月27日出院（麻省总医院）。他妻子已与他离了婚，嫁给了那个邻居。病人术后不能应付正常生活，回到了他住在西海岸的母亲那里，不久被收入西海岸的退伍军人医院，使用了大量药物，禁闭了六个月，被诊断为"偏执型精神分裂反应"。现在他完全不能工作，不能照料自己，必须作为暴力行为者和精神病患者间断性住院。

另一例报告也有矛盾。据马克和埃尔文介绍，朱莉亚是一个医生的女儿，一个吸引人的金发女郎，看起来不到21岁。两岁以前曾患脑炎，有长期的脑病史。10岁时癫痫发作、抽搐。有时有可怕的惊慌感，无目的地在街上乱跑。至少有12个人说，他们受到过她的攻击。18岁时她曾有两次用刀捅伤了其他妇女。心理治疗、药物、电休克对她均无效。马克和埃尔文用电极刺激她的杏仁核，产生暴怒反应，说明在该区有病变。手术后第一年有两次温和的发怒，第二年没有，癫痫仍有发作。但据另一位医生报告，她术后已不能再弹吉他，也不愿意参加智力讨论。

以上两个案例表明，医学界对于精神外科的治疗价值有争议。有人认为精神外科的效果不能抵消掉它所引起的副作用，如损害记忆、减少感情和创造性、模糊个性、手术时感染和死亡的危险。有的神经外科医生严厉批判外科医生用手术破坏一个年幼儿童脑中某些部位以治疗多动症，因为这些部位对儿童的身心发育极为重要。但外科医生认为，如果用别的办法，只能让这种儿童长期服用会使他们变傻的镇静剂。但也有外科医生和病人发现精神外科手术非常成功。史维特（W. Sweet）医生报告说，扣带回切断术使80％的病人消除了症状，并恢复了工作能力。另一报告说，80％的抑郁症病人、76％的强迫观念患者、80％精神分裂症患者经有限的白质切断术，症状得到了改善。

比较正确的意见是把它作为一种实验性疗法，把它作为一种在其他疗法无效时使用的最后手段。尽管对有些病例的有效性有争议，有些病例有副作用，但也确有些病例经精神外科手术后有所改善。所以没有先验的理由排斥这种疗法。但是这种疗法至今仍然是实验性的，不能作为标准疗法来使用。一方面是因为这种手术毕竟涉及脑这个精神的器官；另一方面我们对脑的结构与功能迄今缺乏了解，对这种手术的疗效或副作用的机制也缺乏了解。例如脑是否可被看做数字或模拟的信息处理系统？如果有人说，他发明了某种精神外科手术，临床效果好，又不损害认知功能，我们怎能知道他说的是真是假？这就需要有可靠的认知功能理论。但是我们迄今还没有满意的认知功能理论。所以我们具有的关于脑的知识还不足以消除精神外科实际可能引起的副作用。在这种情况下，就要根据每个具体的病例来权衡这种手术可能带来的受益和副作用，从而决定是否采取这种手术。即使采用这种手术，也要采取更多的安全措施，如知情同意或直系亲属的代理同意、伦理学委员会的监督等。总之，这种手术虽不能排斥，但应该比其他手术更加慎重对待。

3.3 精神外科的社会使用

由于精神外科改变人的行为这一特点，用它来解除病人的症状与用它来对人进行社会控制或用它来达到某种社会目的之间没有不可逾越的鸿沟。马克和埃尔文两人在《暴力和脑》（*Violence and Brain*）[148] 一书中指出，社会中的异常行为和人际暴力可归因于脑功能障碍。因此杏仁核切断术可成为那些因脑功能障碍而产生暴力行为的人的合适治疗方法。这样就把复杂的社会问题归结为个人的疾病。早在1967年这两位医生与史维特一起写信给美国医学杂志编者指出，某些贫民区发生的斗殴和暴力来源于脑病，应进行研究。虽然他们否认脑病是斗殴的主要原因，但很快被指责为把革命暴力解释为可用精神外科治疗的疾病。1970年第二次国际精神外科会议上，精神外科医生布朗（M. Brown）指出，有些犯人年轻且有智能，但不能控制暴力行为，精神外科可纠正这些犯人的行为。1972年，一组联邦德国神经外科医生给22个男病人做海马回切断术，这22个病人均有异常性行为，其中一个有神经性假性同性恋，一个对酒精和药物有瘾。术后15个性行为异常者效果良好，只有一个效果不佳，但无副作用。在印度、泰国、日本和美国，精神外科还用来驯服活动过强的儿童。据报告，在115个病人（包括11岁以下的儿童39人）中，破坏扣带回、杏仁核、海马回证明有效。还有报告说，一个7岁的智力低下儿童突然尖叫、嚎叫、乱跑、用头撞墙，三年前做丘脑切断术后病人不再表现出粗野的、攻击性的和尖叫的行为，行为的改善对儿童和父母都有利。

　　但有人担心，那些手中有权的人可因而把他们不喜欢的一些行为宣布为病症，并用精神外科加以治疗。例如用精神外科来"治疗"被关在牢中的革命者。斗殴、同性恋等也可被作为病用精神外科治疗。这样，医生就不是治疗病人的动因，而成为社会控制的动因。即使把精神外科的治疗范围限于脑病变也是不行的，因为由于所有行为都以脑为中介，这样就可以把引起不合意行为的任何脑功能都称为病理的了。

　　医疗手段的社会使用并不都是坏事。事实上，不少医疗手段已逐渐越出治病救人的范围。问题是，不能把社会问题归结为个人疾病。孩子不驯服、青年人吸毒或斗殴、成年人酗酒等，都有复杂的家庭、社会因素，不能简单地归结为疾病。把这些人作为精神外科的对象，就是对这种技术的滥用。而且确实会开辟凭借权力强迫人们接受这种手术从而达到操纵、阉割人的个性的目的的危险前景。前面已经说过，精神外科只能是一种高度实验性的治疗，非到不得已时才能采用，而治疗的对象只能限于用现代测试方法可以检出脑

内确有病变而引起不可控制的暴力行为的病人。[44，59，86]

4. 行为的药物控制

4.1 控制行为的药物

电惊厥疗法、脑的电刺激和精神外科这三种方法不常使用，因为只有少数人能够并愿意接受。更常用的是以化学方法（药物或酒精）控制行为和情态，而且越来越多地使用能够改变行为、动机、情态和思维的药物。这些药物主要有三类：治疗剂、非治疗性药物（能产生欣快状态）、改进使用者作业和能力的药物（咖啡因、安非他明）。第一类最重要，也分三类：

（1）抗精神病药物：具有催眠、镇静、改变情态等效应，用于控制妄想（偏执）症、躁狂症、精神分裂症、青春期痴呆等病的行为症状，有利于病人在社会中生活，但不能完全治疗精神病。副作用有嗜睡、风疹、欣快感、痉挛、乳房增大、射精等。此类药物有吩噻嗪、蛇根木（印度罗芙木）衍生物、苯喹啉等。

（2）抗焦虑药：并不用来治疗精神病，主要用于短期的焦虑和紧张或临终病人的应激期，长期使用容易成瘾。此类药物有巴比妥类药物、氨甲丙二脂衍生物等。

（3）抗抑郁药：有助于病人在社会中生活，有些较为安全，有些容易成瘾，引起失眠、疲倦和眩晕，并对脑、肝和心脏系统有毒性反应。此类药物有丙咪嗪的衍生物、单胺氧化酶抑制剂、精神运动兴奋剂等。

第二类药物用于非医学的目的，一般能改变人的正常情态，使人感到欣快。包括酒精、烟草、大麻、种种幻觉剂，包括麦角副酸二乙酰胺（LSD）、仙人球毒碱、种种鸦片制剂，包括吗啡和海洛因、催欲剂。

4.2 使用控制行为药物的问题

在使用控制行为药物中存在以下问题：
（1）广泛使用抗精神病和抗忧郁症药物，并结合新的心理社会治疗方法（如环境治疗）能使精神病人比以前更好地适应社会生活，从而大大减少精神病人住院人数。但这并不足以使病人在社会中独立生活。病人在言语和认知方面仍有障碍，因而仍要求某种程度的社会支持系统，如福利、残障津贴、住所、日常的护理等。在美国等国家，由于精神病人过早离开医院，而社会上又不具备这些支持条件，造成精神病人流落街头的社会问题。这样做，对病人对社会都没有好处，不如留在精神病院继续接受治疗或护理。

（2）社会越现代化，生活的节律越快，紧张度越大，因而也就使更多的人为了解决头痛、紧张、失眠等问题，更频繁地使用抗焦虑、镇静、催眠的药物。于是，整个社会逐渐变得过分依赖药物。1973年美国开了2.2亿张改变精神状态的药方，花了12亿美元，占所有处方的15%。15%的成人经常服用改变精神状态的药物，妇女为男子的两倍，不少人用药物来解决个人问题和社会问题。药物的这种广泛使用对肝、血、染色体具有潜在危险，并容易产生药瘾。

（3）有些国家用安非他明等精神运动兴奋剂来治疗儿童的多动症。在美国，有3200万5至12岁的学童服用此类药物，引起公众的争论。双盲法研究表明，这些药物可减少活动、提高注意力、提高学习成绩、减少破坏行为。但对诊断标准和可能从这种治疗得益的儿童的数目意见不一。某些家长和教师为了使儿童获得好的学习成绩和适应环境，倾向于用药物控制多动儿童的行为。但是使用药物的社会后果是值得重视的。必须确定儿童确实患有什么疾病，不应该将药物轻易用于非医学目的。"多动症"作为一种医学概念本身是不明确的。应该首先探讨这种病症的实在性以及具体的诊断标准，尤其要有明确的鉴别诊断。否则，一方面可能对儿童的脑结构或智力产生不可预计的副作用，另一方面可能容易使儿童依赖药物，造成药瘾。

（4）药物作消遣使用造成更大的社会和伦理学问题。但一般把酒精、咖啡因和尼古丁与大麻、海洛因等分开。大麻、海洛因的使用反映了使用者精神的苦闷、空虚、绝望，也是对现存社会秩序、生活方式和伦理观念的抗议。在某些国家，酒精中毒者与之没有实质区别。这种使用不仅摧残了使用者自己的身心，也无益于对社会的改革或改造。有人用"个人自由"来为这种行为辩护是站不住脚的。这类麻醉剂或迷幻剂的使用，并不是增强了个人的自由，而是限制了个人自由，把个人变成这类药物的附属品。社会禁止这类药物的生产和使用是有理由的。

5. 行为和遗传

关于行为控制技术的讨论涉及一个根本问题：异常行为是如何产生的？是由于行为者内部身心方面的原因，还是外部的原因？是遗传方面的原因还是环境方面的原因？是生物学方面的原因还是社会方面的原因？

5.1 人类行为的遗传学基础

早在古希腊，柏拉图在《理想国》中就注意到，人的先天的天然能力是如此不同，以及他们要利用和实现这些能力的愿望也如此不相同。他主张基于以前证明的遗传倾向和父母的行为能力，由国家调节生殖，严格实行不同社会等级的婚姻隔离政策。19世纪的密尔也认为建立人的道德和政治观点，应该根据人的生物学本性。关于本性—教养、遗传—环境的争论，持续了100多年。在这场争论中发展了一门新学科——行为遗传学，它是心理学与人类遗传学的边缘学科。遗传学的发展，使某些科学家想到人类行为可能是由基因决定的："一个基因——一种行为。"他们的推论如下：

（1）我们观察到人们所做的和如何做如此特殊，由此推论他们的行为有共同的质，用一个副词描述它：某甲举止粗暴；

（2）通过一个形容词，把这种质用于行动者：某甲是粗暴的；

（3）把这种质抽象化，给予它一个名词的形式：某甲具有粗暴的特性。而生物的特性或性状是由基因决定的。但是一个基因通过什么通路导致一种行为呢？这仍然是不清楚的。但我们知道，全世界有40亿人，潜在的人类基因型有70万亿个。不同的基因型可有相同的表现型，不同的表现型可有相同的基因型。这就使问题更加复杂了。

1965年雅各布（Jacob）等人首先报告说，犯罪与男性特定染色体基因型有联系。他们在监狱或精神病犯人关押所中发现具有XYY、XXY① 基因型的人要比预期的多。1973年的一项研究报告说，男新生儿和年龄更大的"正常人群"的样本中，XYY 和 XXY

---

① 正常的女子性染色体为XX，正常的男子性染色体为XY。

基因型的比率均为0.1%，而在精神病犯人关押所中的精神病和智力低下者中XYY比率为2%，XXY为1%。监狱中XYY和XXY分别为0.4%和0.3%。但许多具有这些基因型的成年男性并未犯罪。

由于有个大杀人犯具有XYY基因型，因此有人认为具有XYY的男性很可能是攻击性暴力罪犯。有人对具有性染色体异常的男性进行的研究表明，具有XXY的犯罪率确比具有XY的高。虽然具有XYY的男性往往智力低下，但与犯罪行为的联系仍不清楚。

尽管性染色体异常与行为异常的联系尚不清楚，但由于其一，性染色体确系异常，其二，不能全然不顾上述所见，因此当在婴儿、儿童、成人中发现这类异常时，就出现了一个知情同意或保密的重要伦理学问题：

（1）在产前诊断出这种异常性染色体基因型时，应该告诉孕妇并传授有关知识，使她作出流产决定。

（2）当在一个婴儿或年幼儿童中检出这种异常时，会产生一些困境。如果不告诉父母，父母就不知道如何去加以注意和预防；如果告诉父母，父母的反应有时反会导致儿童的不轨行为，即引起所谓"自我实现的预言"。在这种情况下，应视父母的具体情况而定，但在一般情况下以使父母知情为宜。

（3）在没有明显的行为问题的少年或成人中检出这种异常，告知父母有关情况一般不会引起麻烦，但也要视父母的情况以及该人与家庭的关系如何而定。

（4）在有严重行为问题的少年或成人中检出这种异常时，也会提出一些困难问题。例如会不会使有关人员采取听天由命的态度，而不去积极采取措施进行预防？会不会使犯人找到一个借口或根据来为自己的罪行开脱？所以在（3）、（4）的情况下，一般都不宜使本人知情，而父母、对他进行工作的人员则应了解这方面的情况和知识。

但是，行为与遗传的联系，尤其是犯罪与遗传联系的知识至今还是假说性的、试验性的、猜测性的；人们对于调节基因、发育环境与结构基因（决定性状和行为）之间的因果作用知之甚少；人类行为不可能单由基因或单由环境决定，而是它们之间相互作用的结果，所以不能简单地认为基因与行为之间存在一种简单的直接的决定关系。

但是精神病与遗传之间的联系问题有所不同。1916年吕丁

(E. Rüoin)发表了精神分裂症的家庭调查,病人亲属中的预期发生率为8.5%。酒瘾有许多原因,其中有些是文化的,也有些是遗传上的原因。瑞典的一项酒精中毒的调查中,同卵和异卵孪生子都发生酒精中毒的分别为71%：31%。根据调查,躁狂—抑郁病人的父母、亲属、后代约有14%发生某种情感方面的疾患或自杀。在极端躁狂与极端抑郁之间摇摆的病人的这种比率上升到20%。精神分裂症在一般人口中的发病率为1%,而在病人亲属中高发,即使这些亲属在没有精神分裂症的环境中成长。精神分裂症在同卵孪生子中的发病率为50%,在异卵孪生、兄弟姐妹和后代中为10%。如果父母都是精神病患者,子女发病率为46%,而且查不出有环境因素导致此病。如父母一方有轻度精神分裂症,而另一方是正常的,则发病率接近正常人群的1%。

有些国家制定了禁止精神病人结婚或生育的法律,但很难生效。在我国,由于无知和愚昧,有些人仍然想用"冲喜"来治疗精神分裂症患者,因而设法隐瞒病情。另外,精神分裂症患者90%有非精神分裂的父母。这使企图通过优生减少新病例的人群发生率归于无效。

虽然精神病具有遗传因素这一点是确实无疑的,但对于遗传因素与环境因素如何相互作用而产生精神病仍需要进一步研究。有些人的遗传因素如此强烈,以致任何环境都足以构成诱发疾病的刺激。但在另一些情况下,合适地安排生活环境可以大大降低遗传因素决定的易患性程度。[101]

5.2 决定与责任

科学家对人类行为的差异持两种决定论观点。一种认为行为差异由遗传决定。人类行为的关键方面是可遗传的、先天的、本能的、从一生下来就编好程序的、不易修改和改变的,不受教育和环境变化的影响。这是遗传决定论。另一种认为遗传对人类行为施加一定的限制,但大有改变的充分余地；遗传是一种开放的程序,允许种种环境和教育的因素来影响其结局,通过环境调整可以改变人类行为,所以行为的差异归根结蒂是环境的差异。这是环境决定论。这两种科学决定论都提出一个问题：我们是谁,我们做了什么,我们将要做什么,都是由基因或环境决定,没有给自由意志、意向选择和理性决定留下什么余地。那么人类对自己的行为是否还负有道德责任？万一行为有过失，人们可以把责任归于塑造我们的基因或环境。从事犯罪、贪污、谋杀、贩毒、性变态等行为的人都可以说，这是超越他们控制的因素作用的结果。

所以，一些哲学家提出了自我决定论，即人类确实自由地和随意地选择从事某些行为，行为是人类有意志的选择的结果，因而人类对自己的行为应负有道德责任。

我想，正确的观点应该是把这对立的决定论观点弱化。人类的行为既受基因和环境的制约，又有一定范围的自我选择。基因和环境与行为实现之间存在一系列的中介，因此存在着自我选择的余地。但自我选择不是完全随意的选择，而是在基因和环境制约的范围内的选择。行为要通过思想，思想在基因和环境作用的基础上形成，但它本身具有一定的结构。基因、环境、自我都不单独对行为起决定作用，如果要说是什么作用，可以称之为"不全决定"作用，因而这是一种"不全决定论"（underdeterminism）。这种不全决定论可与道德责任相容，但人类对自己行为所负的道德责任与他对自己行为的控制能力程度成正比。例如，一个正常人杀人当然要比一个不能控制自己行为的精神分裂症患者杀人负更大的道德和法律责任。我国刑法第十五条第一款规定："精神病人在不能辨认或者不能控制自己行为的时候造成危害结果的不负刑事责任。"[68，148]

6. 精神病人的行为控制

精神病人的行为控制除了上述那些行为控制方式外，一个突出的问题是非自愿的民事监禁问题：即有什么道德上的理由把精神病人关在精神病院中？

（1）需要治疗或护理

美国精神病学家斯扎兹（T. Szasz）[211]认为精神病不是疾病而是生活问题。他认为疾病是"人体物理化学的机制失调"，精神病是与个人、集团、体制的冲突。既然不是疾病，也就说不上治疗。但是斯扎兹给疾病下了一个过分狭隘的定义，从而把精神病排除在外。精神病与器质性疾病虽有区别，但事实证明药物治疗即使不能治愈但可使精神病人有不同程度的改善。而病人由于智力障碍往往不可能理解治疗的必要。所以，治疗和护理应是将精神病人关在精神病院中，即非自愿民事监禁的主要理由。[62]

但是，由于精神病的界限不那么明确，加上有人利用精神病院作为禁锢社会或政治异己分子的场所，所以把有些人关在精神病院确实不是为了治疗他们的精神病。

1943年唐纳德逊（K. Donaldson）要求法官将他的34岁的儿子送入精神病院治疗。在儿子发表了一通政治议论后，父亲的同事把他打昏，然后送进病院。入院后给他作了电休克治疗。治疗11周后他被释放。1956年他访问了居住在佛罗里达的双亲。他的抱怨使他父亲要求进行一次听证会，结果说他的儿子患有"迫害情结"，又被监禁。一个县司法长官和两个医生（非精神病医生）诊断他为"迫害狂精神分裂症"。那两个医生只与病人谈了两分钟。法官根据医生的决定通知他要把他送入佛罗里达州医院。结果他被送入医院。他在那里待了15年，从未见过一个法官，精神病医生一年也只见几次。15年内他18次要求法院举行听证会。17次以医生的报告及他过去住过院为理由遭拒绝。1971年举行了最后一次要求的听证会，他被释放，并确定他"不再无行为能力"。然而他继续控诉，要求赔偿他15年没有治疗的损失10万美元。结果他胜诉，精神病院院长奥康诺尔（O'Connor）和医生败诉，但他只获得38 500美元。他又向美国最高法院上诉。1975年最高法院裁决，单单是精神病不是监禁一个无危险的人的充分理由。证据表明唐纳德逊被关入精神病院不是为了治疗，他住在有60个人住的大房间里，其中许多人犯过罪。最高法院法官指出，奥康诺尔破坏了唐纳德逊的宪法权利：违反他的意志而监禁他，或知道他精神上没有病，也没有危险，或知道他精神上有病而没有给予治疗。他指出，不自愿住院的目的是治疗，而不是为了监护，除非发现他对自己或别人有危险。

问题是如果精神病人拒绝治疗，应该如何对待：如有一位妇女患有抑郁性精神病，她除了哭泣什么也不能做。作电休克治疗有希望恢复。但被她拒绝。她的妄想性思维过程妨碍她认识治疗的合意性。对她这样的病人可应用家长式干涉原则（paternalistic principle），作为无行为能力的人对待，即像父母对待子女一样，不必征求他们的同意而予以治疗，只要治疗是应该而且可能的。

（2）对自己有危险

将精神病人关入精神病院的另一重要理由是留在社会上对病人自己有危险：从不能照料自己、在别人面前有失体统到自残、自杀。

由于这个理由入院不是为了治疗而是为了监护,但监护的充分理由是自残和自杀,不能照料自己或在别人面前有失体统等很难成为监护的理由。如果自残或自杀的危险很大,可以授引同样的干涉原则,将病人关入精神病院。问题是自残或自杀的几率有多大,才能将病人加以监护。例如一个患有抑郁症的病人,有25%的可能自杀,是否应该把他监护起来?这个理由似不充分。因而需要有个具体的明确的标准,在订出可靠的标准以前只能根据每个病例的情况具体对待。

(3) 对别人或社会有危险

对别人或社会有危险是监护精神病人的另一重要理由。但什么叫危险?什么是对别人或社会有危险的行为?一个人走在大街上,一边走一边反复说:"他妈的!他妈的!他妈的!"即使没有触犯法律,也可能对别人有危险,因为使人们感到不舒服。当然这样来定义危险,就太宽了。

根据避免伤害原则可以把对别人和社会有危险的精神病人监护起来。杀人是可以作为监护的充分理由的一种危险。但这里又有一个问题。杀人的几率有多大才应该予以监护?一个男人有妄想狂,认为他的妻子企图毒死他,为了自卫他必须杀死她。专家一致同意他的病无法治疗。假定统计数据表明他杀人的几率为80%。如果这个几率是监护的充分理由,那么在这类因80%危险杀人而被监护的100人中,就要关20个没有杀人可能的人。这是否合适?这也是一个难题:如果不加以监护,那么100人中80人可能杀人;如果加以监护,就要关20%不杀人的人。这个难题在对精神病人杀人几率作出精确预测以前难以解决。防卫措施是对监护的理由进行仔细的推敲,对每个具体病人可能发生的危险进行具体分析,并由精神病伦理学委员会来审议监护的理由是否成立。尤其要审慎的是以保护社会不受危险的理由来监护病人。在这种理由之下被监护的人,有可能是一些对于现存的社会秩序、政治制度、生活方式不满的人。这样就会发生对精神病学的滥用。[231]

7. 控制与自主

一个使用暴力的、性攻击的年轻人被判长期徒刑。人们告诉他，如果他同意接受一种新的治疗方法，几周内即可被释放出狱。他表示同意。他接受了一种复杂的厌恶疗法，治愈了他的异常性行为和攻击性。他获得了自由，但发现他不能享受生活的乐趣，最终他企图自杀。这是电影《装有发条的桔子》（A Clockwork Orange）中所叙述的故事。这部电影提出了行为控制的伦理学问题。我们是否应该控制或改变一个人的行为以致损害了他自主选择的能力？

行为控制是对自己或他人行为的操纵。自主行为是行动者根据自己的判断独立作出决定的行动。"根据自己的判断"、"独立"并不是不受他人的影响，"不受任何影响"在现代社会中是不可能的；而是指不是操纵、干涉、受骗、被剥夺有关信息的结果。一个药瘾者或一个精神分裂症患者不是自主的，因为他失去了独立判断的能力。因此，行为控制并非都削弱人的自主。例如我们使一个人戒除了药瘾，或大大改善了精神分裂症患者的症状，就使他们完全或在某种程度上恢复或增强了他们的自主。教育传播科学技术知识（如传授电器使用知识）就是增加或扩展了受控者自主决定的能力和自由。但如果我们用威胁、贿赂、欺骗、隐瞒真情等方式操纵一个人，或者用上述这些行为控制技术来奴役一个人，使他成为一个按他人意志行动的自动机，那么就严重损害了人的尊严、自主和自由。所以，并不是任何行为控制都是与自主、自由、尊严相冲突的。一切决定于由谁为了什么目的控制谁？这个问题在传统的行为控制中也存在。但是新的行为控制技术使这个问题更尖锐了。

根据控制的动机和对象，可把行为控制分为三类：

（1）自我控制。自己为了自己的利益而控制自己的行为。自我控制不一定都增强自主或自由。如嗜酒或用迷幻剂就是为了自己的快乐。但是这种快乐使人离开了一个人的社会责任，剥夺了自己有价值的追求，并使自己和别人都付出了代价。所以这种自我控制使自己失去许多的自由，削弱了自主能力。但大多数自我控制行为技术的目的不是为了快乐，而是使种种活动成为可能。例如锻炼身体可以使自己有更充沛的精力从事学习、工作和其他有益于社会的活动。增强自主和扩展自由的自我控制还包括戒除有害行为模式、对疾病的治疗和接受教育。吸烟是有害的行为模式，戒烟可使自己避免癌症或心血管疾病发生，使自己有更长的工作年龄和寿命。在治疗中动因虽然是医生，但是应病人的要求或同意下进行的，应视为

… 189

自我控制的一种方式。纠正病态的行为，如药瘾或抑郁症，无疑有利于病人恢复人的尊重、自由和自主能力。又如一个人因早期缺乏教养或教育，不能与他人建立正常的社会交往，自己有责任来改善这种情况，接受补课教育，这有利于自己在社会中发挥很好的作用，也属于一种自我控制。

（2）社会控制。为了社会的利益控制个人或人群。受控制的个人是社会的一分子，他也可以从社会因之所得的利益中获益。例如职业性小偷受到刑法的控制，使他的职业陷入困难，但他自己的财产也受到法律的保护，不让其他小偷偷去。但社会控制与治疗、教育等形式的自我控制不同，并不是专门为了受控者个人的利益，而是为了整个社会的利益。社会利益与个人利益既有相通之处，也有不相容的地方。不相容有两种情况：一种是例如上述对职业性的小偷的法律约束，这种社会控制限制了小偷破坏社会的行为，这是正当的；另一种是例如制造冤假错案或把政治上持不同意见的人关在精神病院，这是滥用社会控制，剥夺了个人的正当权益。目前提出的新问题是，新的行为控制技术是否可用作社会控制的手段？例如是否可以对犯人行精神外科手术、应用脑的电刺激技术或改变行为模式的药物以控制他们的犯罪行为？另一方面，能否将这些新技术应用于新生儿、婴儿和儿童，控制他们的行为使之更容易接受定向教育？正如戴尔伽多所说的，我们把行为控制技术与教育结合起来可使人成为我们所希望的人。我认为，从目前我们所掌握的人类行为及其改变的机制知识来说，这两方面都是不成熟的和不妥当的。

（3）他人控制。即一方为了自己的利益控制另一方。行贿是一种老的控制行为技术，行贿者为了自己的利益用贿赂控制受贿者，而受贿者也知道受贿后会发生什么，他的行为因而发生改变。吹捧、封官许愿、挑拨离间也是如此。一个邪恶的科学家，利用上述新的行为控制技术来控制他人的行为，例如利用看病之便给掌权者安上微电极以便控制他们，使他们按他的意志办事，也属于这种控制类型。人们被歪曲的宣传或有意删除了某一部分的信息煽动起来去干一件本来不会干的事也是这类控制。以上都是不道德的控制。但并不是所有这类控制都是坏的。用虚假的广告诱使顾客购买质劣价贵的商品当然不道德，但如果广告实事求是，作为提供商品信息使顾客买到价廉物美的商品，就是理应鼓励的正当做法。为了不使我的住宅遭到偷窃，安上保险锁和防盗器，以使小偷望而却步，也是正当防卫措施。

这三种行为控制都应根据由谁为了什么目的控制谁的具体情况而作出是否合乎伦理的判断。

行为控制还可以根据这种控制是增加还是减少受控者的选择可能和是否取得他的自愿同意分为四种：

（1）增加了受控者的选择可能，并且取得了他的自愿同意。这种控制容易为人接受，例如有一个人患幽闭恐怖症，他不敢进入任何关着门的小房间，甚至不敢进入他的客人留下了外衣的厕所。病人同意医生用条件反射和催眠法进行治疗，结果解除了他的幽闭恐怖症。现在他有了更多的选择，即他可以进入一个关闭的房间、进入电梯、在暗室中工作等。

（2）减少了受控者的某一选择，但取得他的自愿同意。如一个烟鬼，自愿服一种戒烟丸，使他一吸烟就头痛难忍，结果他戒掉了烟——减少了他吸烟的选择。但是这种选择的减少，使他增加了其他方面的选择：支出减少了，身体健康了。这种情况也是可以接受的。

（3）减少了受控者的许多选择，且没有得到他的自愿同意。例如对病人或犯人强迫进行脑叶切断术，使他们变得像植物一样驯顺。不管控制者的动机如何，其效果是减少了受控者的选择自由和破坏了他的个人自主性。这种控制是不可接受的。

（4）增加了受控者的选择自由，但没有得到他的自愿同意。这种控制是否可以接受决定于它是否保护第三者不受伤害。如一个精神病人把他人视为"老虎"，除了一心想杀人没有其他选择，通过非自愿的行为控制技术增加了他对其他方面的兴趣，开辟了他多种选择的可能性，这是可以接受的。否则不得到受控者的自愿同意是难以接受的。

以下的行为控制准则是可以考虑的：

（1）鼓励保持或促进受控者的自尊和尊严的方法；

（2）不应使用破坏受控者理性思考能力的方法；

（3）不应使用从根本上改变受控者个性的方法；

（4）应力求避免基本上依靠欺骗、使受控者对有关事实一无所知的方法；

（5）应力求避免采取对身体具有侵害性的方法；

(6)尽可能采用通过病人认知和情感结构起作用的方法。

行为控制的悖论是：行为控制的目的是把自主性还给例如精神病人，但只有侵犯病人的自主性时行为控制才能奏效。这个问题涉及更深层次的决定和自由的争论。

自由意志论强调人的自由和自主，强调认为人不仅能够且应该有权作出自主决定，而不受任何形式的干扰。但是这种自主权不可能是绝对的、无条件的。例如可有两种形式干预：其一，个人的选择有害于他人，应该而且可以加以干预，这种干预是为了保护他人不受该人侵犯。如果某甲因偷看某乙的信而感到高兴，应该干预某甲，因为这不仅是保护某乙，也是保护一切处于与某乙相同地位的人。这种干预是非家长式的（nonpaternalistic）干预。其二，个人的选择有害于自己，应该且可以加以干预，这种干预是为了保护他自己，因而是家长式的（paternalistic）干预。正如一个小孩玩火，家长怕他玩火烧身，加以禁止。过度强调自由确实会阻碍社会进步。美国至今不能通过枪支管理法，因为反对者的理由是：对滥用武器者施以严厉惩罚同样能有效地防止犯罪，并且更符合人的自由。建立高速公路后也有人反对限制车速，但是这种自由的代价是夺走了无数的生命和肢体。纽约、华盛顿等地强盗抢劫公共汽车司机钱财的案子迭起，后来规定乘客必须携带零钱，而司机不再带钱，一夜之间公共汽车抢劫案绝迹。这种"环境工程"消除了强盗抢劫的自由，受到了一致的支持。同样，我们如果采用某种"人类工程"，利用行为控制技术使犯人不再犯罪，即使这牺牲一些自由，在原则上也是可以允许的。现在不能这样，只是因为我们对这种技术是否能达到这种效应，以及为达到这种效应可能付出的代价还没有把握，而不是由于牺牲了某些自由的缘故。

但这是不是说我们应该转向斯金纳（Skinner）的行为主义决定论呢？不是。斯金纳认为所有行为都决定于先前的生理或文化的原因，人心是不必予以考虑的黑箱。我们只要选择好人类或个人应该追求的目的，然后确定哪些行为控制方法能最有效地达到这些目标即可。他说："我们总是受控制的"，"我不相信人控制人，而相信环境控制人。""通过重新安排对人的控制，就能够改善这个世界"。但是实际上不但是人，就是动物的行为也不是严格决定论的。生理的或文化的因素与人的实际行为之间必然以人心为中介。在 A. 赫胥黎的《奇妙的新世界》中描述了一个斯金纳式的理想世界：大多数需要就能马上满足，没有不安和沮丧，也没有犯罪和暴力；但他们没有多样的选择自由，他们也不要求这种自由。他们不能选择去旅行的地方，也不能选择要读的书；他们已经被制约得自然地去做他们应该做的事，没有任何要抗拒的诱惑，总之他们没有个人的自主性和就他们自己的命运作出决定的正当权利。这种社会也许很好，但生活在这种社会中的个体已经不是人，而是一些已经预先决定了的自动机。[79，105]

Ⅷ 行为控制

Ⅸ 政策和伦理学

1. 卫生政策、伦理学和人类价值

卫生政策不可避免地涉及伦理学和其他价值的选择，而这些价值又来自影响卫生决策者的民族的、文化的和社会的传统。影响卫生决策者的有伦理的、文化的、政治的、经济的、宗教的、部落的、个人的因素，人们有时对这些因素的影响并不自觉。在具有希腊－罗马文化传统的国家，更强调个人权利和自我决定，反对人工流产的力量比较大，但比较容忍病人自然死亡。而受儒家影响的国家，尸体和器官的捐献比较困难。一个国家的卫生政策也反映了它的价值观念。如对技术的态度如何？资源主要用于高精尖技术，还是优先发展基本的初级保健？对下一代负多大责任？对健康的责任感如何？所有社会成员应该是卫生政策的受益者，还是只有某些成员才是受益者？它的责任限于国界以内，还是也必须考虑国界以外的卫生和健康状况？是看重现在还是也看重未来？是强调征服自然，还是强调与自然和谐共处？所以需要探讨卫生政策、伦理学和人类价值之间的相互关系。[70，82，92，93]

1.1 伦理学是卫生政策与人类价值之间的桥梁

正如彼莱格里诺（E. Pellegrino）[170] 所指出的，制定卫生政策是为了帮助我们控制生物医学技术对个人保健的无限制使用；实现医学知识收益的公正分配；以及使医学知识的使用有益于目前和未来世代。一个国家的卫生政策是控制医学知识和资源的社会使用及使之最优化的战略。人类价值是人们用来选择构成某一战略的目标、重点和手段的指导和证明。伦理学是卫生政策与价值之间的桥梁，它考察所作出的选择在道德上的正确性，并且谋求解决在作出选择时不可避免地产生的价值冲突。所以伦理学根据规范性原则支配人们的选择。[170]

对前面几章所述问题，即生殖技术、生育控制、遗传和优生、有缺陷新生儿、死亡和安乐死、器官移植、行为控制等的讨论都以卫生政策、伦理学与人类价值的三体关系为基础。在每一个问题上，生物医学技术的能力必须根据种种人类价值——医学的、社会的、政治的、经济的、精神的和道德的价值来权衡。对个人和社会的利害得失都是由于利用生物医学技术的巨大力量的结果。所以，一种卫生政策最终反映了一些基本信念，这些信念与这个国家或民族的本性有密切的联系。这些信念就是它的人类价值。这些价值表现在卫生政策的选择和重点中。

一个社会的所有价值并不都是道德价值。但是一旦这些价值被用来证明作为对其他人或社会的义务应该做什么，它们就具有了道德性质。这些价值本身成为伦理学的对象，而伦理学也就是对道德选择的系统的和批判的分析。所以伦理学是经过论证的选择的工具。它考察某种卫生政策的有效性及推导出这种政策的价值。社会对它自己和个人的选择所施加的限制是由道德原则决定的，而道德原则又是由伦理学决定的。所以，伦理学是人类价值和政策的桥梁。

伦理学本身植根于社会的、文化的、哲学的和宗教的信念。这些信念是社会衡量是非善恶的标尺。它们往往因文化而异，并且不可通约。价值对决策的影响有时不自觉，有时则为了保持不同价值观念之间的和平共处，并使政策得以贯彻，自觉或不自觉地不提价值问题。但事后加以分析总可以揭示政策中的价值。尤其是当资源有限，必须作出抉择时，可能不利于社会的某一部分人。对于年轻人、穷人、病人、老人、智力低下的人，不同的文化或社会的人有不同的评价。所有的社会都争辩说，它的政策最终给它的成员带来"好"。在有些社会中，"好"是珍视每个人的生命和健康，即使由此而造成的经济和社会负担使其他人的利益受到影响。在另一些社会中，"好"是指有利于年轻力壮的人，因为他们担负社会经济、军事、生物学上的重任。如何分配稀有资源再清楚不过地揭示了我们的道德重点在哪里。但是"好"本身最后归结为我们对人的本性以及人存在的目的理解。整个伦理学立足于这个基本概念。每一种文化中政策的提出都有一个不可避免的伦理学问题。这就是任何政策都产生的个人利益与社会公益之间不可避免的张力。虽然大多数决策者都努力为两者服务，但总会有这种情况：社会公益的进一步增

IX 政策和伦理学

... 195

进破坏了个人生活中被认为有价值的东西。卫生政策及其对伦理学和人类价值的挑战提供了一个活生生的例子。例如，在中国对于生育控制可以有两种政策选择。其一是强调个人的生殖权利，强调个人的自主和自决，但是等到社会经济和文化教育发展到一定程度、个人能自觉地控制生育时，人口爆炸可能已给我国产生了灾难性的不可挽回的后果。这种政策选择可以用义务论和自然律论来给予辩护。其二是强调整个民族和社会的生存和发展，强调个人对民族和社会应尽的义务，那就要限制个人的生殖权利，以便在一个比较短的时期内控制人口膨胀。对第二政策选择也可以用后果论和义务论来辩护。

1.2 价值在决策中的作用

价值观念为在不同的政策中进行选择提供了一个框架。决策要求根据伦理学的和其他的价值，判定应该实行哪一种政策。价值观念提出对不同政策进行评价和选择的标准。例如上节谈到的对生育采取什么政策，是放任自流还是严加节制，取决于不同的价值观念。价值观念不同，对政策的评价和选择的标准、准则和框架也就不同。

其次，价值观念也为选择谁来做决策者提供框架或标准。挑选决策者是制定卫生政策中的最重要任务。应该选内行（医学专家）来做决策者，还是应该选外行（行政干部）来做决策者，还是应该选半内行半外行（管理专家）来做决策者，决定于不同的价值观念。价值观念也决定决策的权威来自哪里，来自经文、教阶（神职人员在教会中的职务高低）、传统，还是来自理性、经验？

再次，卫生政策赖以建立的医学事实或其他事实也在很大程度上取决于价值观念。医学事实本身是中性的，但却是多种多样的，甚至互相冲突的。决策者强调哪些事实，并选择它们作为自己制定政策或为已定政策辩护的基础，受他的价值观念影响。例如在制定有关收集器官的政策时，有的人强调器官如何供不应求以及一些病人自愿捐献器官的事例，为他们支持的比较激进的政策辩护；而另一些人则强调器官移植力量不足以及一些病人拒绝捐献器官的事例，为他们支持的比较保守的政策辩护。

在制定卫生政策时必须考虑两种价值。其一是如何解释健康这一目标。什么是健康？是联合国世界卫生组织所说的"身体上、心理上和社会上的完全安好"，还是"没有疾病"？对健康的解释不一，暗含着我们赋予健康不同的价值。这不同的解释影响到卫生政策的目标、责任和范围。按联合国世界卫生组织的健康定义来规划卫生工作，必然把许多社会和心理问题包括在内。而按照"健康就是没有疾病"去做，就会把卫生工作限制在过分狭隘的圈子内。而且，不管我们采取什么作为卫生政策的目标，我们追求这个目标必然面临种种限制。一个现实的问题是社会资源短缺。这种限制使我们面临困难的价值选择。例如在发展中国家，卫生部预算的一半用于为城市高收入居民服务的医院。而农村人口往往连费用低的服务也得不到。其二，追求人人享有健康这一目标，会与其他价值发生冲突。例如与个人采取某种行动的自由和通过政策保护经济利益这两种社会价值发生冲突。全世界主要病因是吸烟。如果我们允许这种行为选择自由，就会破坏卫生政策的目标。但如果我们对吸烟、喝酒、不健康的饮食、缺乏锻炼采取严厉措施，就会影响到某些个人的行动自由。在美国，铅是引起种种疾病的主要环境污染源，后来禁止生产和使用含铅汽油，消除了铅污染。虽然这样做限制了个人选择，损害了某些人的经济利益，但对健康的关心占了上风。而对于吸烟，虽然要求在烟盒上写上警告，限制烟草广告并进行反烟教育，但在保护非吸烟者方面作用不大，因政府仍然支持烟草工业。所以，在卫生工作的内外，都会遇到不同价值的冲突。在前面第Ⅱ章至第Ⅷ章中我们已经讨论了不同价值冲突引起的种种难题。[27，49，173]

1.3 舆论的建立

政策的制定和执行必须以舆论为基础。这种舆论包括医学界内部的舆论和社会舆论。舆论达到一致的过程，一方面与我们的工作有关，另一方面似有一定的自主性，但我们可以影响它。有两种情况妨碍舆论达到一致，从而影响卫生政策的制定和执行。一种是不顾舆论的分裂，强行制定和推行一项政策，结果使舆论更加分裂，而政策也不能落实。另一种是对舆论的分裂采取消极被动态度，静待它达到一致，结果推迟了迫切需要的政策的制定和贯彻。我国的关于尸体、器官捐献的政策就属于后一种情况。

制定卫生政策的经验教训表明，政策制定应是建立舆论一致的审议过程的结果。决策者在审议前、中、后应设法给公众提供充分的机会发表意见，正是从公众的意见的表达和重新审查中最后发展出舆论的一致。在不能达到舆论一致的情况下，往往就不能形成一项政策。例如在美国，1924年以来使用海洛因是非法的，但1974年以来治疗疼痛委员会基于必须解除临终病人痛苦的人道主义理由，要求国会通过立法，允许用海洛因治疗难以对付的疼痛，但卫生和人类服务部反对这个法案，主张作临床试验来比较海洛因和最近一种高效止痛剂的疗效，并担心病人服用海洛因成瘾和公众安全。最后这个法案由于意见不一致而遭否决。关于神经管缺陷（无脑儿和脊柱裂）的研究，卫生和人类服务部下面两个机构疾病控制中心（CDC）和国立卫生研究院（NIH）意见相左，前者主张对孕妇缺乏叶酸与神经管缺陷之间有无联系作前瞻性对照临床研究，后者认为在英国已有阳性资料，再作对照研究在伦理学上不妥当，主张作回顾性流行病学研究。1983年1月，争论双方与肯尼迪伦理学研究所和海斯汀中心的生命伦理学家讨论这个问题。与会者主张用由于某种原因不能服用维生素的妇女作为受试者，但又找不到足够的人，于是只好把这个问题搁置起来。然而关于预防接种，联邦政府说服各州政府负起公共卫生的责任，以及认识到学龄前儿童预防接种的价值，并给予这方面的财政补助，现在每个州都有一条法律，规定拒绝未打过或服用白喉、水痘、腮腺炎、百日咳、小儿麻痹、风疹和破伤风等多种疾病预防针或疫苗的儿童入学，从而使预防接种率达90%～95%。

以色列有两个教训值得借鉴。一是关于尸检。犹太教的传统是看重人体，把它看做灵魂的居所，不只是化合物的集合。在建立第一所医学院校时，拉比（犹太教神职人员）和医学界人士在一条法律上达成一致：只要三个医生在一张要求查明未知死因的表上签名就可尸检。后来医生签署意见仅成为一种形式，越来越遭到死者家属的反对，甚至发生了犹太教徒举行示威反对尸检、攻击病理学家、偷盗尸体、著文谴责尸检等事件。1983年，一个正统犹太教小党坚持要求通过一条法律，规定尸检必须经家属同意等许多严格条件，结果使尸检率陡然下降。类似尸检这类问题，医生与社会上其他人士、公众达成一致意见是必不可少的；同时医务人员不应只注意短期效益，而忽略对公众的长期教育。

第二个教训是关于人工流产。犹太教的传统是赋予胎儿以权利，同时人口和地理状况也支持这种传统。但以色列的人工流产率一直很高。按照以色列的法律，只有"有效的"医学和社会理由（如贫穷）才能进行合法的流产。要求流产的妇女要向医生和社会工作者组成的医院委员会提出申请，如认为理由合适，即可免费进行。但许多孕妇在医院以外非法进行，每年出生 7 万婴儿，流产掉 2.5 万至 4 万。1979 年在犹太教正统派压力下，取消了人工流产的社会理由条款。由于原来进行的合法流产 40% 是根据社会理由，本可预料人工流产数目会大幅度下降。结果，合法人工流产数目并无变化。而医学理由的流产比例大为增加，从 8% 上升到 36%。每年由妇产科医生进行的非法流产达数万例，没有一个医生被起诉。政府一方面通过立法来讨好宗教政党，另一方面又通过不实行这条法律来满足要求流产的公众。所以，如果公众舆论反对，法律本身无法奏效。他们认为教训是：决策时宗教、文化、国家的需要固然应该考虑，但更重要的是家庭收入、住房条件、保健设施等因素。

2. 健康权利

马克思曾说过，健康是"第一权利"。我国民法也规定公民有生命健康权。这是一个法律问题，也是一个伦理学问题。法律问题是：社会每个成员是否应有法律承认的卫生保健权利？伦理学问题是：伦理学是否要求确定这样一种法律权利？如果是，它的范围有多大？这种权利只限于每个人可得到基本的起码的卫生保健，还是也应包括高技术的医疗护理或一切可能的延长生命的治疗？在世界上许多国家中，把卫生保健或者看做一种商品，或者看做一种特权，或者看做一种慈善活动。这反映在卫生保健资源分配的如下几个原则：(1) 根据购买力来进行分配，结果是有钱人可以得到包括高技术在内的一切医疗，而穷人则缺医少药；(2) 对社会一部分成员，如政府雇员、武装部队成员或一部分或全部产业工人实行社会保险，结果往往使广大农村地区缺医少药；(3) 比较小量的资源分配于救济穷人，这是一种"杯水车薪"的补丁办法。在伦理学和法律上确认公民的健康权利，是卫生事业发展史上的重要概念转换。

2.1 卫生保健概念

确认健康权后必须弄清卫生保健的概念。卫生保健概念与健康概念有密切联系。我论证过，联合国世界卫生组织的健康概念是世界上每一个国家、每一个社会都应努力为之奋斗的目标，其中包括医务工作者的努力，而不是规定卫生部门或医务工作职责范围的定义。否则卫生保健也应包括提供食物、住房、教育、娱乐等了。[10，11]

有人主张在权利问题上用"医疗"（medical care）来代替"卫生保健"（health care）。"医疗"定义为"目的在于获得健康的影响病人的任何干预"。但这过于狭窄。作为权利也应包括提供疫苗，这是为了预防疾病，而不是为了恢复健康。对于人群的健康来说，预防比医疗更有效，所以权利应包括预防。预防定义为：目的是为了保持一个人的健康状态的任何干预。这不仅限于提供疫苗，还应包括改善环境卫生、营养卫生等。所以卫生保健的合适范围应小于联合国世界卫生组织健康定义的范围，而大于医疗的范围，为确保一个人健康的最基本的医疗和预防措施，在此之外，随着社会经济、医疗科学技术的发展而逐渐扩大。[67]

2.2 社会公正

伦理学如何为社会每个成员都应有法律上承认的卫生保健权利辩护？社会公正要求这样做。一个公正的社会必须坚持这样的原则：相同的人得到相同的对待，不同的人得到不同的对待。这称为公正的形式原则。所谓对待包括负担和收益两方面的分配。如两片面包分给两个同样饥饿的儿童，公正要求每个儿童一片，在这种情况下"不等"分配是不公正的。如一个儿童刚吃了一顿饱饭，另一个在24小时内没有吃任何东西，则把所有面包片分给第二个儿童才是公正的。在这时"平等的分配"是不公正的。

因此单是形式原则是不够的。如何鉴别相同、不同、相等、不等呢？从上例看，这就是需要。需要相同，相同对待，需要不同，不同对待。这就是公正的内容原则，即根据需要来对待每一个人。这与公正的形式原则是一致的。有人认为需要原则应是确定谁应该得到谁不应该得到卫生保健的唯一原则。但这实际上是行不通的。例如这种原则应用于器官移植等稀少资源的分配时就不行。这需要其他方面的考虑，否则就会出现"全或无"的情况。但是一项新技术的发展总是从少到多的，不可能一开始就满足所有的需要，难道因此就停止这种新技术的发展吗？比较合适的办法是把需要原则应用于基本的卫生保健，而对于先进的昂贵的诊治技术则不可能完全按需要来提供，还需要其他原则。这在下面微观分配一节中再详细

讨论。[41，169，214]

3. 政府、集体和个人的责任

如何更好地保证每个社会成员享有卫生保健的权利？必须解决政府、集体和个人在卫生保健中的责任问题。

3.1 政府的责任

目前世界上的医疗制度大体上有四种形式：政府不管、政府管一部分、政府管大部分、全部由政府管起来。采取哪一种形式（或制度）涉及对人的本性以及个人与社会关系的不同观点。对于全社会成员的卫生保健，政府一点也不管（第一种形式）和政府全部包下来（第四种形式）大概都是不行的，实际上采取的都是第二、第三种形式。

美国的医疗制度主要是私人医疗。大多数综合医院由非盈利团体所有，得到宗教团体和私人的帮助。精神病院则由各州政府管理。某些医院也由联邦、州和州以下地方政府管理。大多数医生私人开业，医生单独地或集体地拥有或租用设备和诊室。牙科医生也是如此。大多数医生（包括牙科）的收入是按服务付费。私人基金支付62％的直接服务费用。这些钱直接来自个人及盈利或不盈利的保险公司。大多数住院费用由自愿的健康保险支付，其余由个人直接支付。直接服务的费用38％由公共基金，即各级政府支付。超过70％的人口有各种形式的自愿健康保险，许多情况下主要或部分由雇主支付。超过65岁的人或低于一定收入水平的人有政府资助的保险——"老年医疗照顾计划"（Medicare）或"医疗补贴计划"（Medicaid）。达到一定收入的人有"医疗服务救济协会"（Blue Cross）保险。退伍军人、癌症或结核病患者、肾衰竭病人的透析和肾移植直接在政府管理的医院中得到治疗，由政府付费。所以美国的卫生保健系统犹如许多块补丁，补丁之间存在未被覆盖的空白。估计有2 500万人①没有任何健康保险，他们对于"老年医疗照顾计划"还不够老，对于"医疗补贴计划"还不够穷，对于"医疗服务救济协

---

① 现为3 400万。

会"还不够富。因此分配不均是个严重问题。

英国主要是全民公费医疗制度，整个医院系统由中央政府所有和管理。由这个系统提供一切服务。大多数经费来自税收。个人与一全科医生签约，由后者根据病情介绍入院治疗。这种服务覆盖了95％的人口。全科医生个人或集体拥有或租用诊室，他们的收入不按服务收费。病人费用由政府与全科医生代表协商决定。全科医生不附属于医院。牙科医生的收费则按服务收费，费用也与政府协商决定。专家是医院拿薪金的雇员，病人不能与他们直接接触，必须由全科医生介绍。在英国还有小部分私人诊所。英国的公费医疗存在着质量和数量都不能满足需要的问题，所以有些人宁愿去私人诊所诊疗。

苏联在理论上是单一全民公费医疗制度，但是实际上也存在私人行医的情况。苏联的公费医疗制度初期曾取得很大成就，但进入80年代以来，也出现了不少问题。1965—1982年人口增长了差不多20％，但卫生经费反从6.6％下降到4.7％，即相对比重降低了30％。1964年每千人死亡率为6.9％，到1984年上升为10.8％。

我国除西藏实行全民公费医疗外，仅对国有企业职工、各级政府的工作人员以及国家事业单位（包括学校、医院、科研机构）的工作人员实行劳动保险或公费医疗，广大农村和城市集体和个体企业均实行自费医疗。公费医疗也存在不少问题。如医疗的数量和质量均不能满足需要，医院亏空不能更新设备等。

卫生保健商业化是不可取的，与卫生保健的"治病救人"的本性不相容。但是，完全由国家包下来的办法，不管在发展中国家还是在发达国家都不是一个好办法。它也许可以在短期内解决一些问题，但它缺乏耐久的效力。妥善的办法是要探索一条政府、集体、个人共同负责、共同分担的途径。

3.2 个人的责任

当说健康是公民的权利或公民有健康权时，这个权利概念也包含义务。公民有义务使自己身体健康，没有权利故意使自己罹患疾病。尤其是现在，个人的生活方式、行为模式在病因中的作用越来越明显，如重度吸烟引起癌症，酗酒引起肝硬化，肥胖和缺乏锻炼引起的心脏病等。这些采取不利于健康的生活方式或行为模式的人是否应负担更多的医疗费用？但是这种不利于健康的生活方式和行为模式又是在一定的社会环境中形成的。所以，完全由他们个人负责是不合理的。但是要求他们自己负一部分责任仍是合理的。[221]

4. 卫生保健资源的宏观分配

卫生保健资源指医疗、预防及有关研究所需的人力、物力、财力。宏观分配是指各级立法、行政机构所作的分配决定。微观分配是由医院或医生（或相应的医疗卫生机构和人员）所作的分配决定。

宏观分配的第一个问题是：在一个国家的全部资源中有多少分配给卫生保健？这个问题与卫生保健的概念和社会为每个成员提供保健的范围有关。健康权利的范围大小和如何最有效地保证这种权利，会影响卫生事业在国家总财政支出中的百分比。对此所持的观点和态度不同，就会影响这个百分比。例如马克思认为，社会主义社会用于保健方面的经费比起资本主义社会来，"就会显著地增加，并随着新社会的发展而日益增长"①。宏观分配又取决于卫生保健与其他事业的相互关系。在一定的社会历史条件下，卫生保健经费有一个最佳比重，并不是越多越好。因为卫生保健本身对其他事业，尤其是社会经济的发展有依赖性。卡尔逊（R. Carlson）[58]认为，影响健康的因素依次有环境、生活方式、社会、遗传和医疗，医疗仅占6%。我们不能因为要花费一切代价来延长以前不能延长的一切生命，而去大量缩减教育经费。但目前在多数国家中，问题不是卫生保健经费比重大了，而是不够。正如索布隆（Soberon）指出，健康和发展是互相联系的。健康既是社会进步的原因，又是它的后果。但健康不是经济增长的必然结果，一个公正的、平衡的、完整的发展要求一开始就把健康作为一个组成部分。没有好的健康水平，社会和经济发展不能实现，而没有最低限度的发展水平，人也不能健康。仅仅为了改善国家财政或控制通货膨胀而削减分配给卫生事业的经费，会犯重要的战略错误，在短期和长期内都会影响生产。

第二个问题是：社会提供给卫生保健的那些资源如何在生物医

---

① 《马克思恩格斯选集》，3版，第3卷，362页，北京，人民出版社，2012。

学研究、预防、医疗、药品和仪器设备的研制等之间进行分配？这里涉及如何最佳地使用分配给卫生保健的资源，使之能最大限度地促进社会成员的健康的问题。

(1) 预防与治疗：环境的改变和生活方式的改变往往更有效地促进健康。我国经验表明，农村解决洁净供水和粪便管理问题对于农村居民的健康起很大作用。美国的犹他州和内华达州收入和医疗水平相近，而后者20至59岁居民的死亡率比前者高39%。因为犹他州居民许多是摩门教徒，他们不吸烟不喝酒，生活稳定而平静；而在内华达州，烟酒销售量很高，婚姻家庭不稳定。但是预防工作常常不具有新闻价值，也引不起政治家的兴趣，因而往往得不到应有的重视。

(2) 基础与应用：基础研究不发展，技术是半吊子，只能从事修补疾病和延长死亡。基础研究上去后，技术反而简单，既有效又低廉。如小儿麻痹症过去治疗护理，费时费钱，效果不大，现在用疫苗预防，基本上得到控制。但基本研究的突破需要一定条件，有一个过程，其中有些也许不能直接应用于临床或预防。基础研究如果比重过大固然会影响其他应急部门；但如果比重过小，一旦成为缺门空白，不是一朝一夕所能补救的。

(3) 杀伤疾病与残疾疾病：置人于死地的疾病，如癌症、冠心病等比较容易引起人们的重视，因而投入较多的资源。然而，引起身心有残疾的疾病，如关节炎和精神病等，则不容易引起人们的重视。同理，体外受精、器官移植等高技术容易引起人们的研究兴趣，而像偏头痛、胃肠道功能减退、腰肌劳损等疾病却使人感到"乏味"。[61，222]

5. 卫生保健资源的微观分配

医生和医院管理人员经常要作出微观分配决定，尤其是在资源不足或涉及稀有资源时，一般情况都是供不应求。因此分配标准必然涉及非医学的标准。

微观分配涉及两个基本原则：公正和效用原则。公正原则就是上述形式和内容的公正原则。效用原则就要考虑治疗后病人的生命质量或病人对社会的可能贡献。

微观分配可以分为两个阶段。第一阶段按医学标准筛选，排除医学上不可接受的候选治疗对象，这要考虑年龄、并发症、成功的希望和可能性、预期寿命等因素，例如不给年幼儿童和老人做肾透析；也包括考虑科学研究和医学进步的需要。第二阶段是再从医学上可接受的人中进行选择。第二阶段根据社会价值标准进行选择。如病人在家庭中所起的作用，有孩子的母亲应该优于中年单身汉；又如潜在的贡献，这要考虑到年龄、才能、教育程度、过去的成就等，以及过去的贡献。但是困难的是如何衡量一个建筑师、一个图书馆馆员和一个有孩子的母亲的贡献？如何把在政治上、经济上、教育上、科学技术上、文化艺术上的不同贡献加以通约并比较？是否能把社会价值定量、数学化和计算机化？有人对此怀疑，主张随机标准或先来先治的标准。

对稀有资源的分配实际上解决应该救谁的命的问题。有人形象化地说：让谁上救生船或把谁扔给雪橇后紧追不舍的狼？

1841年，美国轮船"威廉·布朗"号从英国的利物浦开往美国费城，在纽芬兰处触冰山。24小时后，船员和一半旅客乘两只救生船逃命。其中一只船漏水，并且载旅客过多。为了避免沉没，船员把14个旅客扔入海中，其中一个男子的两个姐妹也要求跳入海中同她们的兄弟一起死去。决定谁活着的标准是：不把夫妻分开，不把妇女扔入海中。几小时后其他人得救了。回到费城，大多数船员失踪，只有霍尔姆斯（Holmes）在，他被控犯有杀人罪。法官认为抽签的办法符合人道和公正。霍尔姆斯则认为他们的办法比抽签更人道。还有另一个选择标准，即效用标准：抢救那些对最大多数人的最大幸福能作出贡献的人。但在紧急状态下如何进行这种选择呢？这是一个实在的伦理学难题。这种难题的解决，需要舍己为人的精神，也需要制定合理而具体的行为规范规则。[60]

* * *

本书着重探讨由于新技术或高技术的应用而对医学提出的伦理学难题。由于篇幅关系，有些重要问题没有涉及，如新条件下的医护患关系、人体实验、慢性病治疗、康复医学、残疾人照顾、职业和环境卫生等的伦理学问题。就是本书已涉及的一些问题，也还有不足之处。生命伦理学是一门很年轻的学科，特别是在我国还刚刚兴起，我希望我国医学家、哲学家、伦理学家和卫生决策者共同努力，使这门学科能得到更快的发展。

主要参考文献

[1] 陈瑾. 第一个"试管婴儿"的诞生. 自然科学哲学问题，1979（1）

[2] 丁蕙孙，刘恩融，李本富. 新生儿缺陷处理案例的伦理学分析. 医学与哲学，1986（5）

[3] 何兆雄. 死亡的定义及标准. 医学与哲学，1983（6）

[4] 洪晓建. 论医务人员的社会道德责任. 医学与哲学，1983（1）

[5] 黎风. 心理的性质. 医学与哲学，1985（1）

[6] 刘庆俊. 人工脏器推广应用中的社会学问题. 医学与哲学，1984（6）

[7] 刘希明. 略论对严重先天缺陷病患儿的舍弃. 医学与哲学，1984（10）

[8] 邱仁宗. 七十年代国外医学哲学研究的若干问题//国外自然辩证法和科学哲学研究. 北京：知识出版社，1982

[9] 邱仁宗. 死亡概念和安乐死. 医学与哲学，1980（1）

[10] 邱仁宗. 健康、疾病、衰老、死亡. 百科知识，1980（1）

[11] 邱仁宗. 健康的社会定义和医学定义. 医学与哲学，1984（1）

[12] 邱仁宗. 人的生命. 百科知识，1984（10）

[13] 邱仁宗. 医学伦理学的名和实. 医学与哲学，1985（6）

[14] 宋鸿钊. 欧洲/中国围产监测商讨会总结. 中华妇产科杂志，1984（3）

[15] 孙思邈. 大医精诚//古代医学文选. 上海：上海科技出版社，1980

[16] A. 托马斯. 死的权利. 医学与哲学，1983（6）

[17] 万选才，曹承刚. 心死与脑死. 医学与哲学，1984（12）

[18] 王保军. 我对安乐死的看法. 医学与哲学，1981（3）

[19] 王恩书. 如何看待安乐死. 医学与哲学，1982（2）

[20] 王梦寅. 脑死亡的概念和判断标准. 医学与哲学, 1983 (6)
[21] 王祥初. 也论对严重先天缺陷病患儿的舍弃. 医学与哲学, 1985 (9)
[22] 杨乃荣. 不应该舍弃严重先天缺陷病患儿. 医学与哲学, 1985 (6)
[23] 赵玲华. 移植脏器的来源何在?. 医学与哲学, 1985 (7)
[24] 中国医学会全国围产医学专题学术会议总结. 中华妇产科杂志, 1982 (1)
[25] Abdussalam, M.: Organ Substitution Therapy in the Developing World: From Corneal Grafting to Renal Dialysis. In: Bankowski, Z. & Bryant, J. (eds.): *Health Policy, Ethics and Human Values*. CIOMS, Switzerland, 1985
[26] Abramowitz, S.: A Stalemate on Test-Tube Baby Research. *The Hastings Center Report* 14 (1984) no. 1
[27] Abul-Fadl, M.: Islam—History, Traditions and Faith—Impacts on Health Policy Formulation. In: Bankowski, Z. & Bryant, J. (eds.): *Health Policy, Ethics and Human Values*. CIOMS, Switzerland, 1985
[28] AMA: Ethical Guidelines for Organ Transplantation. *JAMA* 205 (1968) 341
[29] Anderson, F.: Human Gene Therapy: Scientific and Ethical Considerations. *The Journal of Medicine and Philosophy* 10 (1985) 275
[30] Annas, G.: Consent to the Artificial Heart: The Lion and the Crocodiles. *The Hastings Center Report* 13 (1983) no. 2
[31] Annas, G.: Disconnecting the Baby Doe Hotline. *The Hastings Center Report* 13 (1983) no. 3
[32] Annas, G.: Bady Doe Redux: Doctors as Child Abusers. *The Hastings Center Report* 13 (1983) no. 5
[33] Annas, G.: Help from the Dead: The Cases of Brother Fox and John Storar. *The Hastings Center Report* 11 (1981) no. 3
[34] Annas, G.: Surrogate Embryos Transfer: The Perils of Patenting. *The Hastings Center Report* 14 (1984) no. 3
[35] Armstrong, R.: The Right to Life. In: Mappe, T. and Zem-

baty, J. (eds.): *Biomedical Ethics*. NY: McGraw-Hill, 1981

[36] Arras, J. and Murray, T.: In Defence of Clinical Bioethics. *Journal of Medical Ethics* 8 (1982) 122

[37] Arrow, K.: Government Decision Making and the Preciousness of Life. In: Tancredli, L. (ed.): *Ethics of Health Care*, Washington, National Academy of Science, 1974

[38] Bair, K.: Deontological Theories. In: Reich, W. (ed.): *Encyclopedia of Bioethics*, vol. II, NY: The Free Press, 1978

[39] Barber, B.: The Ethics of Experimentation with Human Subjects. *Scientific American* 234 (1976) no. 2

[40] Bassett, W.: Eugenics: Christian Religious Laws. In: Reich, W. (ed.): *Encyclopedia of Bioethics*, vol. I, NY: The Free Press, 1978

[41] Beauchamp, D.: Public Health as Social Justice. *Inquiry* 13 (1976) 3

[42] Beecher, H. et al.: A Definition of Ireversible Coma. *JAMA* 205 (1968) 337

[43] Biggers, J.: Generation of the Human Life Cycle. In: Bondeson, W., Engelhardt, Jr., T., Spicker, S. and Winship, D. (eds.): *Abortion and the Status of Fetus*. Dordrecht: Reidel, 1983

[44] Black, P.: The Rationale for Psychosurgery. *The Humanist*, July/August, 1977

[45] Blackman, H.: Majority Opinion in Roe v. Wade. In: Mappe, T. and Zembaty, J. (eds.): *Biomedical Ethics*. NY: McGraw-Hill, 1981

[46] Bok, S.: Death and Dying: Euthanasia and Sustaining Life: Ethical Views. In: Reich, W. (ed.): *Encyclopedia of Bioethics*, vol. I, NY: The Free Press, 1978

[47] Boone, C.: New Conceptions of Artificial Reproduction. *The Hastings Center Report* 14 (1984) no. 4

[48] Boone, K.: Splicing Life with Scalpel and Scythe. *The Hastings Center Report* 13 (1983) no. 2

[49] Bryant, J.: Reflections on the Conference and Recommenda-

tions. In: Bankowski, Z. & Bryant, J. (eds.): *Health Policy, Ethics and Human Values*. CIOMS, Switzerland, 1985

[50] Callahan, D. : *Abortion, Law, Choice and Morality*. NY: Macmillan, 1970

[51] Callahan, D. : Contemporary Biomedical Ethics. *New England Journal of Medicine* 302 (1980) 1228

[52] Callahan, D. : On Feeding the Dying. *The Hastings Center Report* 13 (1983) no. 5

[53] Cantor, N. : A Patient's Decision to Decline Lifesaving Medical Treatment: Bodily Integrity versus the Preservation of Life. *Rutgers Law Review* 26 (1973) 228

[54] Caplan, A. : Ethical Issues in the Role of Human Organs for Transplantation. *Bioethics Reporter*, 1984 January, Commentary

[55] Caplan, A. : Organ Procurement: It's Not in the Cards. *The Hastings Center Report* 14 (1984) no. 5

[56] Capron, A. : Definition and Determination of Death: Lega-Aspects of Pronouncing Death. In: Reich, W. (ed.): *Encyclopedia of Bioethics*, vol. I, NY: The Free Press, 1978

[57] Capron, A. : Ironies and Tensions in Feeding the Dying. *The Hastings Center Report* 14 (1984) no. 5

[58] Carlson, J. : Natural Law Theory. In: Mappe, T. and Zembaty, J. (eds.): *Biomedical Ethics*. NY: McGraw-Hill, 1981

[59] Charover, S. : Psychosurgery: A Neuropsychological Perspective. *Boston University Law Review* 54 (1974)

[60] Childress, J. : Who Shall Live When Not All Can Live? *Sounding* 53 (1970) 339

[61] Childress, J. : Priorities in the Allocation of Health Care Resources. In: Mappe, T. & Zembaty, J. (eds.): *Biomedical Ethics*. NY: McGraw-Hill, 1981

[62] Chodoff, P. & Peele, R. : The Psychiatric Will of Dr. Szasz. *The Hastings Center Report* 13 (1983) no. 2

[63] Clouser, K. : Bioethics. In: Reich, W. (ed.): *Encyclopedia of Bioethics*, vol. I, NY: The Free Press, 1978

[64] Cohen, C.: When May Research Be Stopped? *The New England Journal of Medicine* 296 (1977) 1203

[65] Connery, J.: Abortion: Roman Catholic Perspectives. In: Reich, W. (ed.): *Encyclopedia of Bioethics*, vol. I, NY: The Free Press, 1978

[66] Crooks, G.: Low Bieth Weight in the United States. In: Bankowski, Z. & Bryant, J. (eds.): *Health Policy, Ethics and Human Values*. CIOMS, Switzerland, 1985

[67] Crooks, G.: Health Policy-Making in America: The Process of Building Consensus. In: Bankowshi, Z. & Bryant, J. (eds.): *Health Policy, Ethics and Human Values*. CIOMS, Switzerland, 1985

[68] Dubos, R.: Genetic Constitution and Environmental Conditioning. In: Reich, W. (ed.): *Encyclopedia of Bioethics*, vol. II, NY: The Free Press, 1978

[69] Dunstan, G.: The Moral Status of the Human Embryos. *Journal of Medical Ethics* 1 (1984) 38

[70] Ehrenreich, B.: The American Health Empire: The System behind the Chaos. In: Mappe, T. & Zembaty, J. (eds.): *Biomedical Ethics*. NY: McGraw-Hill, 1981

[71] Ehrman, L. & Nagle, J.: Euphenics. In: Reich, W. (ed.): *Encyclopedia of Bioethics*, vol. I. NY: The Free Press, 1978

[72] Engelhardt, Jr., T.: Bioethics and the Process of Embodiment. *Perspectives in Biology and Medicine* 18 (1975) 486

[73] Engelhardt, Jr., T.: Defining Death: A Philosophical Problem for Medicine and Law. *American Review of Respiratory Disease* 112 (1975) 587

[74] Engelhardt, Jr., T.: Ethical Issues in Aiding the Death of Young Children. In: Mappe, T. & Zembaty, J. (eds.): *Biomedical Ethics*. NY: McGraw-Hill, 1981

[75] Engelhardt, Jr., T.: Introduction, Viability and the Use of the Fetus. In: Bondeson, W., Engelhardt, Jr., T., Spicker, S. and Winship, D. (eds.): *Abortion and the Status of the Fetus*. Dordrecht: Reidel, 1983

[76] Engelhardt, Jr., T.: Some Persons are Humans, Some Humans are Persons, and the World is What We Persons Make of It. In: Spicker, S. and Engelhardt, Jr., T. (eds.): *Philosophical Medical Ethics: Its Nature and Significance.* Dordrecht: Reidel, 1977

[77] Engelhardt, Jr., T.: The Ontology of Abortion. *Ethics* 84 (1974) 217

[78] English, J.: Abortion and the Concept of a Person. *Canadian Journal of Philosophy* 5 (1975) no. 2

[79] Feinberg, J.: Freedom and Behaviour Control. In: Reich, W. (ed.): *Encyclopedia of Bioethics*, vol. I, NY: The Free Press, 1978

[80] Feldman, D.: Eugenics: Jewish Religious Laws. In: Reich, W. (ed.): *Encyclopedia of Bioethics*, vol. I, NY: The Free Press, 1978

[81] Feldman, D.: Abortion: Jewish Perspectives. In: Reich, W. (ed.): *Encyclopedia of Bioethics*, vol. I, NY: The Free Press, 1978

[82] Feshbach, M.: Health in the USSR-Organization, Trends, and Ethics. International Colloquium "Health Care Systems, Moral Issues and Public Policy". July 23-26, 1985 Bad Homberg, West Germany

[83] Fletcher, J.: Costs and Benefits, Rights and Regulation, and Screening. In: Mappe, T. & Zembaty, J. (eds.): *Biomedical Ethics.* NY: McGraw-Hill, 1981

[84] Fletcher, J.: Ethical Issues in and beyond Perspective Clinical Trials of Human Gene Therapy. *The Journal of Medicine and Philosophy* 10 (1985) 293

[85] Fletcher, J.: Wild Talk, Warring Galore and Cloning. In: Mappe, T. and Zembaty, J. (eds.): *Biomedical Ethics.* NY: McGraw-Hill, 1981

[86] Fodor, J.: Psychosurgery: What's the Issue? In: Spicker, S. & Engelhardt, Jr., T. (eds.): *Philosophical Dimensions of the Neuromedical Sciences.* Dordrecht: Reidel, 1976

[87] Fost, N. : Putting Hospitals on Notice. *The Hastings Center Report* 12 (1982) no. 4

[88] Fox, R. : Organ Transplantation: Sociocultural Aspects. In: Reich, W. (ed.): *Encyclopedia of Bioethics*, vol. Ⅲ, NY: The Free Press, 1978

[89] Frankel, M. : Artificial Insemination. In: Reich, W. (ed.): *Encyclopedia of Bioethics*, vol. Ⅳ, NY: The Free Press, 1978

[90] Fredman, F. : Kant's Ethical Theory. In: Mappe, T. and Zembaty, J. : *Biomedical Ethics*. NY: McGraw-Hill, 1981

[91] Gallo, A. : Spina Bifida: The State of the Art of Medical Management. *The Hastings Center Report* 14 (1984) no. 1

[92] Glick, S. : Health Policy-Making in Israel-Religion, Politics and Cultural Diversity. In: Bankowski, Z. & Bryant, J. (eds.): *Health Policy, Ethics and Human Values*. CIOMS, Switzerland, 1985

[93] Glick, S. : Traditional Jewish Imperatives V. the Demands of Modernity and Modern Science. In: Bankowski, Z. & Bryant, J. (eds.): *Health Policy, Ethics and Human Values*. CIOMS, Switzerland, 1985

[94] Goodman, M. & L. : The Overselling of Genetic Anxiety. *The Hastings Center Report* 12 (1982) no. 5

[95] Gore, Jr. , A. : The Need for a New Partnership. *The Hastings Center Report* 15 (1985) no. 1

[96] Gorovitz, S. : Engineering Human Reproduction: A Challenge to Public Policy. *The Journal of Medicine and Philosophy* 10 (1985) 267

[97] Gorovitz, S. : Kidney for Sale: The Reasons Against. *Bioethics Reporter* 1984 January Commentary

[98] Gorovitz, S. : The Artificial Heart: Questions to Ask and Not to Ask. *The Hastings Center Report* 14 (1984) no. 5

[99] Gorovitz, S. : Moral Philosophy and Medical Perplexity: Comments on "How Virtues Become Vices". In: Engelhardt, Jr, T. and Spicker, S, (eds.): *Evaluation and Explanation in the Biomedical Sciences*. Dordrecht: Reidel, 1974

[100] Gorovitz, S.: Moral Problems in Medicine. Engelwood Cliffs: Prentice-Hall, 1976

[101] Gottesman, I.: Genetic Aspects of Human Behaviour: The State of Art. In: Reich, W. (ed.): Encyclopedia of Bioethics, vol. II, NY: The Free Press, 1978

[102] Grobstein, C.: The Moral Uses of "Spare" Embryos. The Hastings Center Report 12 (1982) no. 3

[103] Grobstein, C.: The Early Development of Human Embryos. The Journal of Medicine and Philosophy 10 (1985) 213

[104] Gruman, G.: Death and Dying: Euthanasia and Sustaining Life. In: Reich, W. (ed.): Encyclopedia of Bioethics, vol. I, NY: The Free Press, 1978

[105] Halleck, S.: Legal and Ethical Aspects of Behaviour Control. The Americal Journal of Psychology 131 (1974) 381

[106] Hare, R.: Nondescriptivism. In: Reich, W. (ed.): Encyclopedia of Bioethics, vol. I, NY: The Free Press, 1978

[107] Hassouna, W.: Ethical Issues in Treating Low-Birth-Weight Infants in Developed and Developing Countries. In: Bankowski, Z. & Bryant, J. (eds.): Health Policy, Ethics and Human Values. CIOMS, Switzerland, 1985

[108] Hegland, K.: Unauthorized Rendition of Lifesaving Medical Treatment. California Law Review 53 (1965) 860

[109] Hellegers, A.: Abortion: Medical Aspects. Encyclopedia of Bioethics, vol. I, NY: The Free Press, 1978

[110] Hellegers, A.: Fetal Development. Theological Studies 31 (1970) no. 1

[111] Hellman, H.: Biology in the Future World. NY: M. Evans. 邱仁宗等译. 未来世界中的生物学. 北京：科学普及出版社，1983

[112] Hemphill, J. and Freeman, J.: Infants. Medical Aspects and Ethical Dilemma. In: Reich, W. (d.): Encyclopedia of Bioethics, vol. II, NY: The Free Press, 1978

[113] High, D.: Definition and Determination of Death: Philosophical and Theological Foundations. In: Reich, W. (ed.): Encyclopedia

of Bioethics, vol. I, NY: The Free Press, 1978

[114] Holtzman, N.: Genetic Screening: For Better or for Worse? *Pediatrics* 59 (1977) 131

[115] Hook, E.: Males with Sex Chromosome Abnormalities. In: Reich, W. (ed.): *Encyclopedia of Bioethics*, vol. II, NY: The Free Press, 1978

[116] Howard, R. & Najarian, R.: Organ Transplantation: Medical Perspective. In: Reich, W. (ed.): *Encyclopedia of Bioethics*, vol. III, NY: The Free Press, 1978

[117] Huxley, A.: *Brave New World*. London: Granada, 1982

[118] Iglesias, T.: In vitro Fertilization: The Major Issues. *Journal of Medical Ethics* 1 (1984) 32

[119] Jakobovits, I.: Jewish Medical Ethics—A Brief Overview. *Journal of Medical Ethics* 9 (1983) 112

[120] Jones, G.: The Doctor-Patient Relationship and Euthanasia, *Journal of Medical Ethics* 8 (1982) 195

[121] Jonsen, A. and Hellegers, A.: Conceptual Foundations for an *Ethics of Medical Care*. In: Tancredi, L. (ed.): *Ethics of Medical Care*. Washington, National Academy of Science, 1974

[122] Karp, L.: The Prenatal Diagnosis of Genetic Disease. In Mappe, T. & Zembaty, J.: (eds.): *Biomedical Ethics*. NY: McGraw-Hill, 1981

[123] Kasmir, Y.: Euthanasia Legislation: Some Nonreligious Objections. *Minnesota Law Review* 42 (1958) no. 6

[124] Kass, L.: Death as an Event: A Commentary on Robert Morison. *Science* 173 (1971) 698

[125] Kennedy Institute of Ethics, Bioethics Library. *Scope Note* 5, 1985

[126] Kerr, K.: Reporting the Care of Baby Jane Doe. *The Hastings Center Report* 14 (1984) no. 4

[127] Kieffer, G.: Reproductive Technology: The State of the Art. In: Mappe, T. and Zembaty, J. (eds.): *Biomedical Ethics*. NY: McGraw-Hill, 1981

[128] Kirby, M.: Bioethics of IVF—The State of the Debate.

Journal of Medical Ethics 1 (1984) 45

[129] Kohl, M. : Euthanasia and the Right to Life. In: Spicker, S. & Engelhardt, Jr. , T. (eds.): *Philosophical Medical Ethics: Its Nature and Significance*. Dordrecht: Reidel, 1977

[130] Kopelman, A. : Dilemmas in the Neonatal Intensive Care Unit. In: Kopelman, L. & Moskop, J . (eds.) : *Ethics and Mental Retardation*. Dordrecht: Reidel, 1984

[131] Krimmel, H. : The Case against Surrogate Parenting. *The Hastings Center Report* 13 (1983) no. 5

[132] Lald, J. : The Task of Ethics. In: Reich, W. (ed.): *Encyclopedia of Bioethics*, vol. I , NY: The Free Press, 1978

[133] Lamb, D. : Diagnosing Death. *Philosophy & Public Affairs* 7 (1978)

[134] Lappe, M. : Eugenics: Ethical Issues. In: Reich, W. (ed.): *Encyclopedia of Bioethics*, vol. I, NY: The Free Press, 1978

[135] Lappe, M. : The Predictive Power of the New Genetics. *The Hastings Center Report* 14 (1984) no. 5

[136] Largey, G. : Sex Selection. In: Reich, W. (ed.): *Encyclopedia of Bioethics*, vol. IV , NY: The Free Press, 1978

[137] Lebacgz, K. : Sterilization: Ethical Aspects. In: Reich, W. (ed.): *Encyclopedia of Bioethics*, vol. IV , NY: The Free Press, 1978

[138] Leenen, H. : Selection of Patients. *Journal of Ethics* (1982) no. 8

[139] Levine, C. : The Case of Baby Jane Doe. *The Hastings Center Report* 14 (1984) no. 1

[140] Lindquist, M. : Hereditary Diseases in Europe—Scientific and Technical Considerations. In: Bankowski, Z. & Bryant, J. (eds.): *Health Policy, Ethics and Human Values*. CIOMS, Switzerland, 1985

[141] Livermore, J. et al. : On the Justification for Civil Commitment. *University of Pennsylvania Law Review* 117 (1968) 75

[142] Ludmerer, K. : Eugenics: History. In: Reich, W. (ed.): *Encyclopedia of Bioethics*, vol. I, NY: The Free Press, 1978

[143] Ludmerer, N.: Commetary. *Journal of Medical Ethics* 8 (1982) 92

[144] Lynn, J. & Childress, J.: Must Patients Always Be Given Food and Water? *The Hastings Center Report* 13 (1983) no. 5

[145] MacIntyre, A.: How Virtues Become Vices: Values, Medicine and Social Context. In: Engelhardt, Jr., T. and Spicker, S. (eds.): *Evaluation and Explanation in the Biomedical Sciences*. Dordrecht: Reidel, 1974

[146] Macklin, R.: Consent, Coercion and Conflicts of Rights. *Perspectives in Biology and Medicine* 20 (1977) 360

[147] Macklin, P.: On the Ethics of Not Doing Scientific Research. In: Mappe, T. & Zembaty, J. (eds.): *Biomedical Ethics*. NY: McGraw-Hill, 1981

[148] Mark, Y., Sweet, W., Ervin, F.: Role of Brain Disease in Riots and Urban Violence. *JAMA* 201 (1967) 895

[149] Mappe, T.: Abortion and Fetal Research: Introduction. In: Mappe, T. and Zembaty, J. (eds.): *Biomedical Ethics*. NY: McGraw-Hill, 1981

[150] Mastroianni, Jr., L.: In vitro Fertilization. In: Reich, W. (ed.): *Encyclopedia of Bioethics*, vol. IV, NY: The Free Press, 1978

[151] McCormick, R.: Organ Transplantation: Ethical Principles. In: Reich, W. (ed.): *Encyclopedia of Bioethics*, vol. III, NY: The Free Press, 1978

[152] McCormick, R.: To Save or Let Die. The Dilemma of Modern Medicine. *JAMA* 229 (1974) 172

[153] McCormick, R.: Was There Any Real Hope for Baby Fae? *The Hastings Center Report* 15 (1985) no. 1

[154] McKeown, T.: Low-Birth-Weight Infants in Europe. In: Bankowski, Z. & Bryant, J. (eds.): *Health Policy, Ethics and Human Values*. CIOMS, Switzerland, 1985

[155] Meister, J.: Electrical Stimulation of the Brain. In: Reich, W. (ed.): *Encyclopedia of Bioethics*, vol. I, NY: The Free Press, 1978

[156] Milunsky, B. : Prenatal Diagnosis. In: Reich, W. (ed.): *Encyclopedia of Bioethics*, vol. Ⅲ, NY: The Free Press, 1978

[157] Milunsky, A. : *The Prenatal Diagnosis of Hereditary Diseases*. Illinois: Springfield, 1973

[158] Molinari, G. : Criteria of Death. In: Reich, W. (ed.): *Encyclopedia of Bioethics*, vol. I, NY: The Free Press, 1978

[159] Moraczewski, A. : Human Personhood: A Study in Personalized Biology. In: Bondeson, W. , Engelhardt, Jr. , T. , Spicker, S. and Winship, D. (eds.) : *Abortion and the Status of Fetus*. Dordrecht: Reidel, 1983

[160] Morison, R. : Death: Process or Event? *Science* 173 (1971) 694

[161] Murray, Jr. , R. : Problems behind the Promise: Ethical Issues in Mass Genetic Screening. In: Mappe, T. & Zembaty, J. (eds.): *Biomedical Ethics*. NY: McGraw-Hill, 1981

[162] Murray, T. : At Last, Final Rules on Baby Doe. *The Hastings Center Report* 14 (1984) no. 1

[163] Murray, T. : Warning: Screening Workers for Genetic Risk. *The Hastings Center Report* 13 (1983) no. 1

[164] Muyskins, J. : An Alternative Policy for Obtaining Cadaver Organs for Transplantation. *Philosophy and Public Affairs* 8 (1981) 88

[165] Neufeld, E. : Gene Therapy: Enzyme Replacement. In: Reich, W. (ed.): *Encyclopedia of Bioethics*, vol. Ⅱ, NY: The Free Press, 1978

[166] Noonan, J. : An Almost Absolute Value in History. In: Mappe, T. and Zembaty, J. (eds.): *Biomedical Ethics*. NY: McGraw-Hill, 1981

[167] Noonan, I. : Contraception. In: Reich, W. (ed.): *Encyclopedia of Bioethics*, vol. Ⅰ, NY: The Free Press, 1978

[168] Oath of Hippocrates. In: *Moral Problems in Medicine*, Appendix B, Engelwood Cliffs: Prentice-Hall, 1980

[169] Outka, G. : Social Justice and Equal Access to Health Care. *Journal of Religious Ethics* 2 (1974) 11

[170] Pellegrino, E. : Keynote Address. In: Bankowski, Z. & Bry-

ant, J. (eds.): *Health Policy, Ethics and Human Values.* CIOMS, Switzerland, 1985

[171] Pellegrino, E.: Educating the Humanist Physicians: The Resynthesis of an Ancient Ideal. *Papers from the 68th Annual Congress on Medical Education.* Chicago, Feb. 3-6, 1972

[172] Pellegrino, E.: *Humanism and the Physician.* Knoxville: The University of Tennessee Press, 1979

[173] Pellegrino, E.: *Human Values in Medicine.* Feb. 18 1982, A Speech in the Texas Tech University Health Science Center

[174] Pellegrino, E.: The Relationship: The Architectonics of Clinical Medicine. In: Shelp, E. (ed.): *The Clinical Encounter* (1983)

[175] Perkoff, G., Toward a Normative Definition of Personhood, In: Bondeson, W., Engelhardt, Jr., Spicker, S. and Winship, D. (eds.): *Abortion and the Status of the Fetus.* Dordrecht: Reidel, 1983

[176] Potter, van P.: *Bioethics: Bridge to the Future.* Engelwood Cliffs: Prentice Hall, 1971

[177] Powledge, T.: You Shall Be As Gods—Recombinant DNA, The Immediate Issue Is Safety; the Ultimate Issue Is Human Destiny. *Worldview,* September 1977

[178] Powledge, T.: Genetic Screening. In: Reich, W. (ed.): *Encyclopedia of Bioethics,* vol. II, NY: The Free Press, 1978

[179] Preston, T.: Who Benefits from the Artificial Heart? *The Hastings Center Report* 15 (1985) no. 1

[180] Purdy, L.: Genetic Diseases: Can Having Children Be Immoral? In: Mappe, T. & Zembaty, J. (eds.): *Biomedical Ethics.* NY: McGraw-Hill, 1981

[181] Qiu Renzong: Low Birth Weight and the One-Child Family in China. In: Bankowski, Z & Bryant, J. (eds.): *Health Policy, Ethics and Human Values.* CIOMS, Switzerland, 1985

[182] Rachels, J.: Active and Passive Euthanasia. In: Mappe, T. & Zembaty, J. (eds.): *Biomedical Ethics.* NY: McGraw-Hill, 1981

[183] Ramsey, P.: Manufactoring Our Offspring: Weighing the Risks. *The Hastings Center Report* 8 (1978) no. 8

[184] Ramsey, R.: *The Patient as Person*. New Haven: Yale University Press, 1970

[185] Reich, W. and Ost, D.: Ethical Perspective on the Care of Infants. In: Reich, W. (ed.): *Encyclopedia of Bioethics*, vol. Ⅱ, NY: The Free Press, 1978

[186] Reiser, S.: The Machine as Means and End: The Clinical Introduction of the Artificial Heart. In: Shaw, M. (ed.): *After Barney Clark*. The University of Texas Press, 1984

[187] Reiss, S. et al.: Making High-Tech Babies. *Newsweek*, March 18, 1985

[188] Rescher, N.: The Allocation of Exotic Medical Life Saving Therapy. *Ethics* 75 (1969) 173

[189] Robertson, J.: Involuntary Euthanasia of Defective Newborn. In: Mappe, T. & Zembaty, J. (eds.): *Biomedical Ethics*. NY: McGraw-Hill, 1981

[190] Robertson, J.: Reproductive Technologies: Legal Aspects. In: Reich, W. (ed.): *Encyclopedia of Bioethics*, vol. Ⅳ, NY: The Free Press, 1978

[191] Robertson, J.: Surrogate Mothers: Not So Novel After All. *The Hastings Center Report* 13 (1983) no. 5

[192] Roblin, R.: Gene Therapy via Transformation. In: Reich, W. (ed.): *Encyclopedia of Bioethics*, vol. Ⅱ, NY: The Free Press, 1978

[193] Ruddick, W. and Wilcox, W.: Operating on the Fetus. *The Hastings Center Report* 12 (1982) no. 5

[194] Schiffer, R.: The Concept of Death: Tradition and Alternative. *Journal of Medicine and Philosophy* 3 (1978) 24

[195] Segers, M.: Can Progress Settle the Abortion Issue? *The Hastings Center Report* 12 (1982) no. 3

[196] Sheldon, R.: The IRB's Responsibility to Itself. *The Hastings Center Report* 15 (1985) no. 1

[197] Shelp, E. (ed.): *Virtue and Medicine: Exploration in the*

Character of Medicine. Dordrecht: Reidel, 1985

[198] Shinn, R.: Gene Therapy: Ethical Issues. In: Reich, W. (ed.): *Encyclopedia of Bioethics*, vol. Ⅱ, NY: The Free Press, 1978

[199] Singer, P.: Value of Life. In: Reich, W. (ed.): *Encyclopedia of Bioethics*, vol. Ⅱ, NY: The Free Press, 1978

[200] Sinsheimer, P.: Asexual Human Reproduction. In: Reich, W. (ed.): *Encyclopedia of Bioethics*, vol. Ⅳ, NY: The Free Press, 1978

[201] Solomon, R.: Reflections on the Meaning of (Fetal) Life. In: Bondeson, W., Engelhardt, Jr., T., Spicker, S. and Winship, D. (eds.): *Abortion and the Status of the Fetus*. Dordrecht: Reidel, 1983

[202] Solomon, W.: Rules and Principles. In: Reich, W. (ed.): *Encyclopedia of Bioethics*, vol. Ⅰ, NY: The Free Press, 1978

[203] Sommers, C.: Tooley's Immodest Proposal. *The Hastings Center Report* 15 (1985) no. 3

[204] Starzl, T.: Will Live Organ Donations No Longer Be Justified? *The Hastings Center Report* 15 (1985) no. 2

[205] Steinbock, B.: Baby Jane Doe in the Courts. *The Hastings Center Report* 14 (1984) no. 1

[206] Steinbock, B.: The Removal of Mr. Herbert's Feeding Tube. *The Hastings Center Report* 13 (1983) no. 5

[207] Stewart, P.: Majority Opinion in O'Connor V. Donaldson. In: Mappe, T. & Zembaty, J. (eds.): *Biomedical Ethics*. NY: McGraw-Hill, 1981

[208] Suckiel, E.: Death and Benefit in the Permanently Unconscious Patient: A Justification of Euthanasia. *Journal of Medicine and Philosophy* 3 (1978) 38

[209] Sullivan, T.: Active and Passive Euthanasia: An Impertinent Distinction? *Human Life Review* 3 (1977) 40

[210] Swales, J.: Medical Ethics: Some Reservations. *Journal of Medical Ethics* 8 (1982) 11

[211] Szasz, T.: *Ideology and Insanity: A Crime against Human-*

ity. Doubleday, 1970

[212] Tauer, C. : Personhood and Human Embryos and Fetuses. *The Journal of Medicine and Philosophy* 10 (1985) 253

[213] Taylor, P. : Utilitarianism. In: Mappe, T. and Zembaty, J. (eds.): *Biomedical Ethics*. NY: McGraw-Hill, 1981

[214] Telfer: Justice, Welfare and Health Care. *Journal of Medical Ethics* 2 (1976) 107

[215] Thomsom, C. et al. : Biomedical Ethics around the World. *The Hastings Center Report* 14 (1984) no. 6

[216] Tooley, M. : Infanticide: A Philosophical Perspective. In: Reich, W. (eds.): *Encyclopedia of Bioethics*, vol. II, NY: The Free Press, 1978

[217] Towers, B. : Irreversible Coma and Withdrawal of Life Support: Is It Murder If the IV Line Is Disconnected? *Journal of Medical Ethics* 8 (1982) 203

[218] Trammell, R. : The Presumption against Taking Life. *Journal of Medicine and Philosophy* 3 (1978) 53

[219] Troyer, J. : Euthanasia, The Right to Life, and Moral Structures: A Reply to Professor Kohl. In: Spicker. S. & Engelhardt, Jr. , T. (eds.): *Philosophical Medical Ethics: Its Nature and Significance*. Dordrecht: Reidel, 1977

[220] Veatch, R. : Death and Dying: Euthanasia and Sustaining Life: Professional and Public Policies. In: Reich, W. (ed.): *Encyclopedia of Bioethics*, vol. I, NY: The Free Press, 1978

[221] Veatch, R. : Who Should Pay for Smoker's Medical Care? In: Mappe, T. & Zembaty, J. (eds.): *Biomedical Ethics*. NY: McGraw-Hill, 1981

[222] Vilardell, F. & Collel, C. : Costs and Choices in High-Technology Medical Care. In: Bankowski, Z. & Bryant, J. (eds.): *Health Policy, Ethics and Human Values*. CIOMS, Switzerland, 1985

[223] Wallis, C. : The Origins of Life: How the Science of Conception Brings Hope to Childless Couple. *Time*, 1984

[224] Walters, L. : Editor's Introduction. *The Journal of Medicine*

and *Philosophy* 10 (1985) 209

[225] Waren, M.: On the Moral and Legal Status of Abortion. *Monist* 57 (1973) no. 1

[226] Wellman, C.: Naturalism. In: Reich, W. (ed.): *Encyclopedia of Bioethics*, vol. I, NY: The Free Press, 1978

[227] Whitbeck, C.: The Moral Implications of Regarding Women as People: New Perspectives on Pregnancy and Personhood. In: Bondeson, W., Engelhardt, Jr., T., Spicker, S. and Winship, D. (eds.): *Abortion and the Status of the Fetus*. Dordrecht: Reidel, 1983

[228] Wilkes, K.: Multiple Personality and Personal Identity. *British Journal for the Philosophy of Science* 32 (1981)

[229] Williams, G.: Euthanasia Legislation: A Rejoinder to the Nonreligious Objections. *Minnesota Law Review* 43 (1958) no. 1

[230] Yong E.: Disabled Infants: Care in Britain and Sweden. *The Hastings Center Report* 13 (1983) no. 4

[231] Zembaty, J.: Involuntary Civil Commitment and Behaviour Control: Introduction. In: Mappe, T. & Zembaty, J. (eds.): *Biomedical Ethics*. NY: McGraw-Hill, 1981

附录一
改变世界的哲学：实践伦理学[*]

哲学家和伦理学家应该参与改变世界，问题在于怎样改变世界。要改变世界就要改变决策。以头颅移植为例，有关决策中除了有科学技术和法律因素外，还有重要的哲学和伦理学因素。判断决策是否合乎伦理的标准有两个：决策给利益攸关者带来的受益是否大于可能的不可避免的伤害，决策的制订和实施是否将利益攸关者作为一个人来尊重。实践伦理学的目标就是要帮助人们做出合适的决策，即好的而不是坏的、对的而不是错的决策，这个决策使病人受益，尊重病人或利益攸关者，同时也使社会受益，包括减少社会不公正、加强社会凝聚力和促进社会的安定。

对哲学家来说，重要的是要改变世界

我国哲学界长期为"哲学就是哲学史"这一论点困扰，严重阻碍了我国哲学和伦理学的发展。哲学被沦为对已故哲学家著作的解说和注释，北京大学陈波教授对这一问题的论述，发表在他的题为《面向问题，参与哲学的当代建构》的论文中。[1] 在我看来，这一论点的一个重要的消极后果，是为我们的哲学家和伦理学家逃避现实，躲在象牙塔里提供了一个口实。哲学史的学习对成为一个哲学学者来说是必不可少的，也需要小部分的哲学学者来专门从事哲学史研究，但哲学能归结为哲学史吗？哲学应该永远被拘禁于脱离人间烟火的象牙塔里吗？

我在年轻时阅读马克思《关于费尔巴哈的提纲》，印象最深的

---
[*] 原载《道德与文明》2019 年第 2 期。

一句话是："哲学家们只是用不同的方式**解释**世界，问题在于**改变世界**。"[2] 后来，我去访问伦敦的马克思墓地才目睹，这句话也是马克思的墓志铭。我们应该如何理解这句话？一种解读认为，马克思的意思是说：哲学家们是用不同的方法解释世界，改变世界由他人（工农兵）去做，或换个工作去做（例如去做政府和党的领导人）。如果细读一下这句话，我认为这种解读不成立。马克思的确想改变哲学的现状，如果这个解读能够成立，那就没有必要写在墓志铭上了。另外一种解读是：以往的哲学家们是用不同的方法解释世界，现在的哲学家们应重点放在改变世界。我想说的是，在哲学史上有一些哲学家是想改变世界的，例如效用论（我们往往译为"功利主义"，且有贬义）创始人边沁的本意，就是将效用论用作社会改革的概念和理论基础；务实论（我们往往译为具有贬义的"实用主义"）也是要改变世界，例如它们曾比喻我们改变世界的工作是在修理一艘正在航行中的船。我这里引用的马克思最后一句话"问题在于改变世界"是我国出版物中的中文译文，其英文原文的意思应该是："要点在于改变世界"。显然，这里并没有将改变世界的事推给其他人，而是说我们哲学家应该改变世界。那么，摆在我们面前的问题是：我国哲学家尤其是伦理学家该如何改变世界？

1983年，我访问英国期间读到过一篇文章，标题大致为"医生是否应该给15岁的女孩开避孕药"。作者分析了医生给与不给这两个选项可能引起的种种后果以及医生承诺的专业义务，得出了即使未经家长同意医生也应该将避孕药开给15岁女孩的结论。而当时有些人认为这样做是不合伦理的和非法的，卫生部门行政规章规定只可给16岁的女孩开避孕药。后来根据对此问题的伦理学和法学的讨论，1985年英国卫生和社会保障部给所辖各单位发出一份通知，大意是说，在计划生育门诊工作的医生，如果开避孕药给前来咨询的16岁以下的女孩，这一行动并非不合法，只要他这样做时是为了保护女孩不受性交的有害作用。这使我印象特别深刻。这一研究结果是改变了卫生部门的决策，这个决策的改变使许多性活跃的少女避免了她们不要的妊娠及其给她们可能带来的伤害和痛苦。这不是改变了世界，不是使世界改变得更好一些了吗？

哲学家如何改变世界：改变决策

那么，哲学家和伦理学家如何改变世界？改变世界办法之一：通过改变决策改变世界。行动之前必须先做决策，通过改变决策，改变即将采取的行动，从而改变现在的世界和可能的未来世界。例如有人要在2018年用中国人进行头颅移植的临床试验。如果做了，我觉得世界会变糟：一个无辜的中国人作为头颅移植第一位受试者会死亡；我国的医学界会遭到全世界各国人士正当的批评，尤其是我国的器官移植学界会再一次遭到谴责；我国会因这一丑闻再一次被批评为"蛮荒的东方"（wild east）；如此等等。在我们哲学/伦理学界、科学界、医学界联合努力下，改变了在2018年用中国人进行头颅移植的临床试验的决策，改变了本来要发生的变化。由于D1（决策1）世界A可能改变为B，B要比A糟。我们将D1改变为D2，A就不会改变为B。这是改变世界的一种情况。

将D1改变为D2（决策2），与哲学/伦理学有什么关系？改变决策的决定因素是多元的。以头颅移植为例改变决策的决定因素有科学的、法律的，也有哲学/伦理学的。科学的因素有：甲（受体）的脊髓与乙（供体）的脊髓是否可重新连接；甲的头与乙的身之间的免疫排斥是否已解决；能否在1小时内完成手术，否则甲的脑和乙的脊髓都会因缺血而坏死；动物实验、尸体实验是否能证明头颅移植手术方案安全和有效。法律的因素有：因头颅移植必须在甲活着的时候将头用锋利的刀片切下来，这一行动是否构成"杀人"罪行，不管是谋杀罪还是过失致人死亡罪；同时要将锋利的刀片将乙（例如处于脑死亡状态）身体与他已经脑死的头分开，这种行动是否构成侮辱尸体罪？

决策中的哲学/伦理学因素

在改变头颅移植的相关决策中有非常重要的哲学/伦理学因素。

1. 不伤害

其一，在临床医疗或器官移植中临床伦理决策首先要确保不给病人带来本可避免的伤害，即医学伦理学的第一原则是"不伤害"。国际医学团体（我国医师协会也参与）发起的履行《21世纪医师宪章》运动，其中列出医学专业精神三大原则［3］，第一原则是病人利益第一（第二原则是尊重病人自主性，第三原则是社会公正）。伤害可以是身体的、精神的、经济的、社会的伤害，死亡则是最大的伤害。

其二，对手术方案要进行风险-受益分析和评估。风险是可能的伤害，因此也是有身体的、精神的、经济的、社会的风险。还有一种风险是"信息风险"，即有关个人的信息遭泄露引起的风险，这些处于隐私的信息遭泄露可使当事人遭受精神的、社会的风险。例如与性病、艾滋病有关的信息遭泄露可能在就业、就医、保险方面受到歧视；与遗传病、致病的基因信息遭泄露也可能会受到上述方面的歧视。许多医生不了解"信息风险"，往往说他的干预方案没有风险，这是不对的。即使干预对病人身体伤害不大，但信息风险是不可能排除的。死亡是最大的且不可逆的风险。因为任何干预措施（包括器官移植）都会有风险，因此医生必须对干预措施进行风险-受益的评估。既要考虑风险的严重性、概率大小，也要考虑病人从干预中是否受益、受益的大小、受益的概率，以及受益对病人今后生活的意义。然而，头颅移植与其他器官移植不同，有一个到底谁从这一移植中受益的问题，这涉及一个哲学上讨论很久的哲学本体论问题。我们下面要专门讨论这个问题。

其三，头颅移植目前不能获得有效的知情同意。由于与头颅移植有关的基础科学研究和动物研究都比较差，因此移植后会发生什么情况，连移植外科医生都不知道，如何让受试者或病人知情？不管是临床试验还是临床实践，干预前都要告诉受试者或病人干预后可能发生的有关信息，包括动物研究的有关信息，其中有：干预的具体方法和操作程序、干预后可能发生的风险和受益、有无代替的干预措施等；然后帮助他们理解所提供的信息；在他们理解这些信息后表示自由的（意指非强迫的、不受不正当引诱影响的）同意。如果连头颅移植的外科医生都不了解移植后会发生什么，怎么让受试者或病人知情呢？如果他们不知情，又怎能做出有效的同意呢？尤其是，在目前情况下，头颅移植手术后受试者或病人肯定要死亡，是否如实告诉受试者或病人？如果不如实告诉他们，刻意隐瞒术后肯定要死亡的事实，那么这种靠欺骗隐瞒获得的同意是无效的。如果如实告诉他们，绝大多数的受试者是肯定不会同意的；可能有个别的说，他为了发展科学技术宁愿牺牲自己的生命，这样医生是否免除术后病人死亡的侵权责任呢？不能免除，因为同意是有限制的，知情同意是为了维护病人或受试者的自主性，维护他们的利益，因此同意做他人奴隶，同意出卖器官，同意为科研而牺牲，这些都是无效的同意。

有关头颅移植决策的哲学因素，除了伦理学的因素外，还有哲学本体论的因素，即人格认同问题。头颅移植后，谁受益？是提供头的甲，是提供身体的乙，还是移植后那个混合体丙，由甲的头和乙的身体组成的新产生的人？换句话说，那个新产生的丙，是甲，是乙，还是另一个独立的人格？这在哲学上是"人格认同"[过去译为"人格同一性"（personal identity）]问题。

2. 我是谁：人格认同问题

非常有意思的是，虽然头颅移植是近年提出来的问题，可是在哲学学术讨论中，哲学家早就在思想实验中热烈讨论过如果将一个人的头移植到另一个人身体上的后果问题。在这里我们不得不提到已去世的英国大哲学家帕菲特（Derek Parfit），他首先提出并讨论头颅移植的人格认同问题。[4]但他秉持的是一种神经还原论（neuroreductionism），即将人归结或还原为脑。美国哲学家奈格尔（Thomas Nagel）率直地提出"我就是我的脑"的论点，这就是将人归结为人脑的神经还原论。[5]有意思的是，准备2018年用中国人作为受试者实施头颅移植的哈尔滨医科大学外科医生任晓平也说，一个人重要的是脑，不是身体。但进一步的思想实验就会暴露这种神经还原论存在的问题。帕菲特提出了两个思想实验。一个思想实验是：设地球上有一部新发明的远程运输器，将甲的身体分子结构信息传输到另一星球，形成乙。那么甲和乙是同一个人吗？甲被毁灭了，留在另一星球上的乙就是甲吗？帕菲特认为，这个乙就是甲的复制品。另一个思想实验是：帕菲特说，他的身体已经丧失功能，但脑子还很健康，而另一位英国大哲学家威廉斯（Bernard Williams）则脑子丧失功能，身体仍然很健康。于是医生将帕菲特的头安在了威廉斯的脖子上。帕菲特的一位朋友到病房探视他，发现他很好。护士掀开被窝让他朋友看，朋友一看是威廉斯的身子。但他的朋友和护士都认为这个人仍然是帕菲特，不是威廉斯。那么，按照神经还原论的观点,移植后的人丙就是甲,因为丙的脑是甲的脑。

然而,哲学家认为移植后的人丙就是甲,这仅是"头颅移植后的人是谁?"这一问题的一种答案。主张神经还原论的哲学家,也往往是心灵本质论(mental essentialism)者,即认为人的本质是人心,人就是人的心理身份(psychological identity),一个人从儿童步入老年,容貌会有很大的改变,但他不同时期的心理状态是有联系的、连续的,例如他可记忆童年经历的事,更不要说青少年、中年发生的事情了。尽管容貌有很大的变化,甚至面部毁损,友人都认不出了,但他还是他,不是其他人。但是这种理论也会遇到难办的问题。例如,一个人在深睡、昏迷、痴呆、植物状态之中,其心理状态与他以前的心理状态已经没有连续性了,那么这时他还是他吗?深睡的人与睡前的人是一个人吗?如果用心理连续性来判断人格身份,就会得出不合常理的结论:深睡的人已经不是他了,等他醒来又是他了。更为有趣的是,英国牛津已故女哲学家威尔克斯(Kathleen Wilkes)提供的一个案例:有一位病人,她具有三重人格,她经常会从第一种人格转换到第二种人格,然后又转换到第三种人格,最后又回到第一种人格。她处于每一种人格的状态时,她不记得她处于其他种人格状态时发生的任何事情。[6]按照心灵本质论,这个病人是三个人?这有悖常理:这个病人就是一张身份证,没有理由发给她三张身份证。

于是,有一些哲学家认为,说一个人是谁不是根据心理身份,而是根据身体身份(bodily identity)。一个人不管他是在工作,还是在深睡,或者处于昏迷或植物状态之中,他是同一个有机体。[7]这种主张的英文名为 animalism,直译为"动物论",即主张我们人也是动物,我们的存在是一种生物学的存在或有机体的存在。与任何动物一样,我们人是有机体,这个有机体是一个整体,人脑只是人这个有机体的一个组成部分,尽管是一个十分重要的组成部分。那么按照这个主张,如果甲的头安在乙的身上,那么移植后的人是谁呢?这里就发生一个问题:新产生的人丙拥有甲的头和乙的身体。头和身体都是人这个有机体的重要组成部分,那么怎样确定丙是谁呢?如果你认为头比身体更重要,你就会认为丙就是甲,这就得出神经还原论和心灵本质论一样的结论;或者你认为身体比头更重要,你就会得出结论:丙就是乙。这个结论似乎难以令人接受,因为乙早已宣布"脑死"了,脑死的人不可能复活。

根据认知科学的研究成果，新生儿刚出生时，他们的脑仅仅是一个基质或一块白板，其神经结构和心理结构均未建立起来。以前科学家们认为神经系统结构是由遗传决定的，但神经学家和认知科学家最近用"正电子发射计算体层摄影"技术，对新生儿早期大脑的发育进行扫描，观察到孩子出生后，由于视、听、触觉等的信号刺激，脑神经细胞间迅速建立起广泛的联系。儿童早期的经历可极大地影响脑部复杂的神经网络结构。新生儿的生活环境会对其大脑结构的形成有很大的影响。新生儿的脑大约由1 000亿个神经细胞组成，而每个神经细胞都与大约10 000个其他神经细胞相连，这种联系是新生儿的脑与其身体及其环境相互作用而建立起来的。因此，单单有一个脑，只是一个普通的器官，如果我们在技术上把脑取出，在实验室依靠培养基维持其生物学的生存，那么它仍然是一块白板，其内部并未建立神经结构和心理结构。新生儿的脑必须存在于身体之内，与身体相互作用，并与环境相互作用，才能形成特定的神经结构和心理结构，才能形成"心"和"自我"。这种情况由专门的术语表示，即"赋体"（embodied）和嵌入（embedded）。加拿大哲学家格兰侬（Walter Glannon）说：

  说我们是赋体的心，意思是说，我们的精神状态是由脑及其与我们身体的外在和内在特点的相互作用产生和维持的。说我们也是嵌入的心，意思是说，我们的精神状态的内容和性质是由我们如何在社会和自然环境内行动塑造的。在形成人格、身份和行动能力之中，脑是最重要因素，但不是唯一因素。心并非仅仅基于脑的结构和功能，而是基于脑与身体和外部世界连续的相互作用。[8]

  我们也可以做一个思想实验：我们将一个脑放在A（设A已脑死）体内，处于A所处的自然和社会环境中，形成一个A2；我们将同样的脑放在B（设B也已脑死）体内，处于B所处的自然和社会环境中，形成一个B2。A2和B2是同一个人吗？大家都会回答说不是。其实，我们有现实的例子：同卵双生子的脑，是两个完全相同的基质，但他们在不同的体内，生活在不同的自然和社会环境之中，他们不是一个人，而是两个不同的人，他们各自有一张身份证。这是不言而喻的。那么同理，按照赋体和嵌入的理论，头颅移植成功以后新形成的人丙，既不是甲也不是乙，而是一个非甲非乙的独立第三者。因此头颅移植的受益者是丙，甲死了（乙早已脑死了）。这一结论具有极为重要的伦理意义：头颅移植即使成功，受益者不是病人甲，而是新形成的另外一个人丙。当然人们可以反驳说，这还只是假说，尚未得到经验的证实。但我们应当承认，这在逻辑上是可能的。至少我们可以说，说丙就是甲不是那么确定的。

因此，对头颅移植进行风险-受益评估的结果是，风险极大，不管什么情况甲不可避免地要死亡：或者直接死在手术台上，或者移植后被丙取代了。根据上述的哲学/伦理学研讨（加上科学和法律的理由），我们建议政府采取禁止 2018 年在我国用中国人作为受试者实施头颅移植临床试验的决策。

3. 做出禁止头颅移植决策的根据

我们根据的主要理由是：头颅移植这种干预措施导致对病人的最大伤害，即死亡，而对病人没有任何受益；而且目前头颅移植不可能获得有效的知情同意。全世界最近在纪念《纽伦堡法典》颁布70周年，该法典是二战同盟军联合建立的对纳粹战犯进行审判的国际纽伦堡法庭法官最终判决词中的一部分，题为《可允许的医学实验》，共有 10 条原则，其中 8 条原则体现了人文关怀的第一方面，即对他人的痛苦、伤害的敏感性和不忍之心，要求任何人体实验必须有良好的风险-受益比，将风险最小化和受益最大化；其中 2 条原则体现了人文关怀的第二方面，即尊重人的自主性，坚持知情同意，尊重人的尊严和内在价值，平等地和公平地对待人，要求在任何医学实验中受试者的同意是绝对必要的，他们在任何时候都可以退出实验。实施头颅移植违背了《纽伦堡法典》，违背了人文精神。如果做出实施头颅移植临床试验的决策，导致受试者死亡，这个决策是坏的（bad）决策；如果这个决策不能获得受试者有效的知情同意，是对作为一个人的受试者的不尊重，这个决策是错的（wrong）决策。不合伦理的决策是一个坏的和错的决策。

合乎伦理的决策标准

1. 临床决策中的道德两难

根据《纽伦堡法典》的精神，判断决策是否合适的标准有两个：其一，决策给利益攸关者带来的受益是否大于可能的不可避免的伤害；其二，决策的制订和实施是否将利益攸关者作为一个人来尊重。可是，在实践中人们做出决策之前往往遇到一个伦理难题：在履行这两个标准蕴含的义务之间发生了冲突，使人们处于两难困境，即履行这项义务，就不能履行那项义务；履行那项义务，就不能履行这项义务。在临床实践中医生往往在做出临床决策时会面临这一个难题，例如在我国不止一次发生过医生对病情危急的孕妇提出剖宫产的建议而为病人家属拒绝的案例，这时医生面前有两个决策选项：

选项 1：尊重病人或其家属的意愿，不予抢救。后果是病人死亡。

选项 2：不顾病人或其家属的意愿，医生毅然决然对病人进行抢救。后果是病人（可能还有孩子）的生命得到拯救（但也有较小的概率失败）。面临同样难题的医生做出了不同的决策选择：

北京朝阳医院京西院区的决策是选择了选项 1；浙江德清县人民医院的决策是选择了选项 2。

2. 伦理学怎样帮助医生做出合适的或合乎伦理的临床决策

伦理学提供评价医生准备做出的决策是否合适的标准，以及提供解决这些标准之间发生的冲突的标准。

正如上面所说，评价医生的决策是否合适的标准之一是，根据医生的决策采取的干预行动会对病人造成哪些伤害（harms）或可能的伤害（即风险，risks）？会给病人带来哪些受益（benefits）？综合起来，风险-受益比怎样？评价医生的决策是否合适的标准之二是，根据医生的决策采取的干预行动是否满足了尊重病人的要求，其中包括知情同意（病人无行为能力时则是代理同意）的要求，以及公正的要求，其中包括安全有效的疗法能否公平可及、费用是否过高导致病人家庭发生财务灾难等。那么如何解决义务之间的冲突呢？在一般情况下，在所有利益攸关者中病人的利益、健康、生命第一。在病人生命无法挽救时，可考虑其他利益攸关者的利益。如孕妇和胎儿发生利益冲突，病人是孕妇，孕妇利益第一，决不可为了有一个能继承家产的男性胎儿而牺牲本可救治的母亲生命（先救妈妈）；但孕妇不可救治时则可尽力避免胎儿死亡，救出一个活产婴儿（救不了妈妈，救孩子）。伦理难题往往出现在这两条标准蕴含的义务发生冲突时，医生不能同时去尽这两项义务，那么我们就应该采取"两害相权取其轻"，即"风险或损失最小化"的原则（即对策论或博弈论指南中的 minimax 算法)。按照上述标准,京西院区的决策是错误的,而德清县人民医院的决策是正确的。京西院区的决策严重违反了病人利益第一的原则。治病救人是医生的天职(内在的固有的义务),是医生的专业责任。如果明知病人生命可以抢救,却因为其他考虑而踌躇不前,犹豫不决,坐失救治病人的良机,而导致病人死亡,那就违反了医学专业精神,而且要承担法律上的侵权责任。

这里可能会遇到另一个问题:医生避免伤害病人或抢救病人生命的决策可能与已有的规定不一致。我们必须认识到,我们的规定,不管是技术规范还是有关医疗的规章和法规,都可能是不完善的,并因科学技术的发展或社会价值观的变化而需要与时俱进。上面京西院区领导引用 1994 年国务院《医疗机构管理条例》规定"无法取得患者意见时,应当取得家属或者关系人同意并签字",但这一条例还有第三条规定"医疗机构以救死扶伤,防病治病,为公民的健康服务为宗旨",第三十三条还有这样的规定"遇到其他特殊情况时,经治医师应当提出医疗处置方案,在取得医疗机构负责人或者被授权负责人员的批准后实施"。但该条例的确没有明确提出"当病情危急,医生的救治方案一时未能为病人或其家属理解,不抢救危急病人生命时医师可在取得医疗机构负责人或者被授权负责人员的批准后实施"这样的文字,这应该修改完善,但也确实存在医生和医院领导人对法律法规条文的理解问题。

伦理学帮助做出合适的决策

讲到这里我就要说,伦理学不是像许多人想象的那样,是有助于人修身养性或提高人的境界的"心灵鸡汤"(一如网民们所说的),而是帮助掌握公权力和专业权力的人做出合适决策的学问。这里的决策包括政策的制定、重大项目或计划的决定,以及对重要举措的决定。伦理学不是对任何人而言的,对于普通公民不存在伦理学问题,而是一个道德问题,道德是一个教化问题。伦理学只是对于掌握公权力和专业权力的人,才是有意义的。在行政、立法和司法机构任职的人都是掌握公权力的人,掌握公权力的人的决策和随之采取的行动,影响到相关的个体、群体和社会(统称利益攸关者),因此必须考虑决策对他们可能的风险与受益,避免利益冲突,同时履行对利益攸关者作为人的尊重的义务。掌握专业权力的人是掌握专业知识和技能的专业人员，包括医生、律师、工程师、科学家、教师等。他们与病人、委托人、学生、公众在知识掌握上和权力上处于不对称的地位，与普通的职业不同，他们掌握的专业权力可以使他们的工作对象受益，但也可能给他们的工作对象带来很大的伤害，甚至可以利用专业权力剥削工作对象（例如我们一些医院的医生就利用其掌握的专业权力在剥削病人，一些学校的教师利用其掌握的专业权力在剥削学生甚至伤害学生）。他们在做出决策时也必须认真考虑决策及随后的行动对他们的工作对象可能带来的风险/伤害与受益，避免利益冲突，并履行尊重工作对象的义务。

正如上面讨论的，伦理学的两个基本问题是：决策是不是好的（good）？决策是不是对的（right）？这两个方面都是基本的，不可相互混淆和相互代替，而是体现人文关怀的两个基本方面：一个好的决策必须在进行风险-受益评估后获得一个有利的风险-受益比，也就是说比起其他的决策有较小的风险和较大的受益；一个对的决策必须尊重人的自主性，坚持知情同意，确保人的尊严及其内在价值。一个既好又对的决策，必须考虑决策的后果，但不是后果论（后果论仅仅考虑后果，而不考虑义务）；必须考虑我们应尽的义务，但不是义务论（义务论仅仅考虑义务，而不考虑后果）。

我们在做出决策时往往会遇到如下一些问题，要求进行价值权衡：其一，任何一项工作往往涉及多个利益攸关者，对它们的利益、价值都要考虑，根据我们的目的以及情境确定优先次序。对处于不利地位受到伤害的要补偿。如在临床情境中，病人利益必须置于第一位，但在公共卫生情境中就可限制个人自由和权利。其二，由于我们的基本价值永远有两个方面：一是决策对利益攸关者的可能风险和受益要考虑；二是对利益攸关者的尊重要考虑，这两个方面有时会处于不一致甚至冲突的状态，这在上面已经详加讨论。其三，有可能产生利益冲突：掌握公权力或专业权力的人员必须将对其负有责任的主体的利益放在首位，避免因自我或其他人的利益而干扰这些主体的利益。

走向实践伦理学

作为哲学三大方面真、善、美之一的伦理学，应由两部分理论伦理学和实践伦理学组成。理论伦理学由元伦理学（是非善恶概念的意义、伦理推理等）、通用规范伦理学（如德性论、后果/效用论、义务论、自然律论、关怀伦理学等）组成；实践伦理学由应用规范伦理学（如生命伦理学/医学伦理学、科学技术伦理学、工程伦理学、信息和通讯技术伦理学、网络伦理学、大数据伦理学、人工智能伦理学、机器人技术伦理学、动物伦理学、生态（环境）伦理学、企业伦理学、广告伦理学、新闻伦理学、出版伦理学、教育伦理学、法律伦理学、司法伦理学、社会伦理学、经济伦理学、政治伦理学、公务或行政管理伦理学、非政府组织伦理学等，但"应用"一词是不合适的，下面我们要讨论）、描述伦理学（对伦理规范的态度、知识、信念和行为的调查与访谈、案例报告等）组成。目前在全世界比较繁荣的生命伦理学是实践伦理学的一个分支。伦理学发展的重点应该在实践伦理学，为了落实改变世界的纲领，我们必须将实践伦理学置于优先地位。

1. 实践伦理学的合适范式

我们在讨论生命伦理学的合适范式时，提出过两个模型，这也适合实践伦理学。生命伦理学的研究经验在多大程度上可以移植到研究其他实践领域的实践伦理学，是一个可以讨论的问题，但我认为基本的范式和径路是一致的。从事伦理学研究，许多人遵循"放风筝"模型，即不研究实践中的问题，从文献到文献，好比放风筝，它们可以飞得很高，但是离地太远了，曲高和寡。我们主张按"骑单车"模型去做，即我们从实践中的规范性问题，即应该做什么和应该如何做的问题出发，目的是帮助掌握公权力和专业权力的人做出合适的决策，那么就好比是在骑自行车，不管走到哪里，永远是接地气的。伦理学就可走出学院大门，走出象牙塔，与社会互动。这两种模型之间的最大区别是：前者从作者喜爱的理论出发，其客观后果不是解决实践中出现的规范性问题，而是一种伦理说教或"推销"某种受宠爱的伦理学理论。我在境外参加伦理学专业博士论文答辩或为外国英文杂志审稿时发现，这些论文往往简单说一下我们某一领域（例如养老、医疗卫生制度改革）存在着问题，然后用主要篇幅介绍作者喜爱的伦理学理论，然后做出结论说，我国的养老工作或医改工作必须遵循孟子学说或儒家理论。可是，我国的养老或医改工作究竟存在哪些规范性问题，如何用作者喜爱的理论去解决这些问题，这些论文却语焉不详。这种工作根本不是伦理学研究，而是一种道德说教或传播（说得不好听是"推销"）某种理论，对实际工作几乎不起作用。有些哲学家面临一项伦理学研究任务，或者例如制订精确医学的行动规范，制订人工智能或机器人技术的伦理标准，他们不是首先去研究在实践中可能存在的规范性问题，而是从文献中提炼出若干观念，试图以这些观念为前提用演绎的方法推演出行动规范或伦理标准。他们不了解，在哲学观念与实践中的规范问题之间不存在逻辑通路，结果你从哲学观念推出的规范或标准对实践中的规范问题往往意义不大。

2. 实践伦理学的性质

根据我们这几年的工作，我认为实践伦理学具有如下的性质：

（1）规范性（normative）。实践伦理学是一门规范性学科（群），它研究在人类各个领域实践活动中提出的伦理问题，以便帮助人们做出合适的决策。所谓伦理问题就是应该做什么和应该如何做的问题。实践伦理学包含重要的描述性成分，例如伦理问题的提出往往来自对实际情况的经验性调查或案例研究，但这不是实践伦理学的全部，更不是其实质部分。因此，它不能像我国有的医学伦理学教科书的作者所说的那样，使用观察、实验方法。从"是"不能推出"应该"。"应该"做什么必须基于价值权衡，因此它是价值学的（axiological）。

（2）理性（rational）。实践伦理学是理性的学科。哲学和科学都是理性的学科，依靠人的理性能力，包括逻辑思维、推理、理解的能力，俗语说"摆事实，讲道理"就是理性。理性"不唯上"（权威）、"不唯书"（经典），就是"唯理"，依靠人的理性能力。古代的医德，一方面说明古代医生已经认识到对医学知识的使用要控制，医学"决人生死"，不可不慎；另一方面其规范依靠医学权威（"医圣"）的教导或经典（在西方是《圣经》），但权威之间所说的不尽一致，经典没有回答当代技术和社会提出的伦理问题，因此这种"权威主义"存在着极大的困难，因此发展出医学伦理学。在古汉语中"伦""理"就是"道理"的意思，后来应用到人之间关系才有"人伦"一说。伦理学与其他哲学一样，它们的理性活动主要依靠批判论证（arguing）、概念分析（drawing）、价值权衡（weighing）等。

（3）实践性（practical）。实践伦理学是为了解决我们各活动领域实践中的伦理问题而帮助我们做出合适的决策,有别于在伦理学理论中找毛病或试图完善伦理学理论的哲学伦理学或理论伦理学。恩格斯说:"原则不是研究的出发点,而是它的最终结果;这些原则不是被应用于自然界和人类历史,而是从它们中抽象出来的;不是自然界和人类去适应原则,而是原则只有在符合自然界和历史的情况下才是正确的。"[9]我们的出发点是实践中的规范性问题。从伦理学理论或原则(或规则)演绎出实际问题的解决,借以做出决策,这使我们吃了不少的亏。这也是一种本本主义或教条主义。因此,"应用伦理学"一词具有误导性:使人误解实践中的规范问题是通过演绎方法从伦理学理论或原则推演出来的。在实践伦理学的伦理推理中演绎可以起重要作用,当在常规工作中,没有遇到新的伦理问题时;但是若遇到伦理难题或因新兴技术而引起的伦理问题时却不是演绎能解决的。由于实践伦理学的实践性,我们不能满足于将我们伦理研究的成果文章发表,而要将它们转化为行动,向行政、立法、司法以及相关领域管理部门提出政策/法律法规规章的改革建议。

(4) 证据/经验知情性(evidences/experiences-informed)。实践伦理学的研究与理论伦理学不同,后者无须了解实际情况,可以从文献到文献。但实践伦理学研究必须脚踏实地,必须了解人类在各个领域实践活动中伦理问题的实际情况,相关的数据和典型的案例。所谓"证据/经验知情"是指必须了解相关的证据和经验(调查报告、可靠媒体或网上的报道、相关专家的评论等)。一个简单的例子是,你看到一位护士给病人打针,有人问你她应该不应该给病人打针?这是一个要求你做出道德判断的问题。可是你不能从任何前提下推演出道德判断,例如"这位护士是好护士","所有好护士给病人打针都是对的",因此"这位护士给病人打针是对的"。你必须了解一些在道德上中立的事实,例如病人患的是什么病,护士打的是什么药、打多少剂量等,这样你才能做出这位护士打针对不对的道德判断。有些作者向中国提出建议时对中国相关问题的实际情况不大了解,或者很不了解,只是笼统地说"医改必须遵循儒家""养老必须遵循孟子的学说",这于事无补。

(5) 世俗性(secular)。实践伦理学不是宗教的或神学的,而是世俗的,虽然对当代社会问题从宗教或神学的视角进行研究也很重要,但这不是伦理学。作为一门理性的学科与宗教或神学有不相容之处。不存在"基督教伦理学",这是自相矛盾的。基督教以上帝存在为前提,但上帝之存在是一个信仰问题,不是也无法对它进行理性论证的问题。宗教以信仰为前提,伦理学则靠的是理性。抓耗子是根据猫的能力,不是根据猫的颜色。你确定只能用一种颜色的猫,那怎么抓耗子(解决伦理问题)?结果导致与现实脱离,变成道德说教。

伦理学帮助决策的实例

由于篇幅关系,我在这里举三个实例。

实例1:围绕母婴保健法和世界遗传学大会争论的建议。1988年、1990年甘肃省和辽宁省先后通过《禁止痴呆傻人生育的规定》《防止劣生条例》,其他省市也拟仿效。1991—1992年我们访问甘肃发现两点:(1)甘肃的痴呆傻人主要是克汀病病人(先天而非遗传);(2)克汀病女病人因生育而死亡或产出缺陷婴儿率很高,限制其生育对她们有益。1992年在卫生部支持下组织全国限制和控制生育伦理和法律问题会议,从医学、伦理和法律视角探讨了两省条例的问题,提出了建议。建议的主要内容有:(1)医学遗传学视角。根据当时全国协作组的调查,在智力低下的病因中,遗传因素只占17.7%,占82.3%的病因是出生前、出生时、出生后的非遗传的先天因素和环境因素。因此从医学遗传学角度看,对遗传病所致智力低下者进行绝育对人口质量的改善仅能起非常有限的作用。要有效地减少智力低下的发生,更大的力量应放在加强孕前、围产期保健、妇幼保健以及社区发展规划上。有些地方采用IQ低于49作为选择绝育对象的标准,完全缺乏科学根据。IQ不能作为评价智力低下的唯一标准,也不能确定IQ低于49的智力低下是遗传因素致病;根据"三代都是傻子"来确定绝育对象,但"三代都是傻子"并不一定都是遗传学病因所致;没有把非遗传的先天因素和遗传因素区分开(克汀病环境因子所致,补碘即可防止)。(2)伦理学视角。对智力严重低下者的生育控制应符合有益、尊重和公正的伦理学原则。对智力严重低下者绝育,可符合她们的最佳利益。例如她们因有生育能力而被当作生育工具出卖或转卖,生育孩子因不会照料而使孩子挨饿、受伤、患病、智力呆滞,甚至不正常死亡。智力严重低下者无行为能力,他或她不能对什么更符合于自己的最佳利益做出合乎理性的判断,因此只能由与他或她没有利害或感情冲突的监护人、代理人(一般就是家属)做出决定。不顾她们本人或她们监护人的意见,贸然采取强制手段对她们进行绝育,违反了这些基本的伦理原则。(3)法律视角。就智力严重低下者生育的限制和控制制订法律法规,应该在我国宪法、婚姻法以及其他法律法规的框架内进行。如果制定强制性绝育法律,就会与我国宪法、法律规定的若干公民权利,如人身不受侵犯权和无行为能力者的监护权等不一致。而制定指导与自愿(通过代理人)相结合的绝育法律,就不会发生这种不一致。立法要符合医学伦理学原则,符合我国对国际人权宣言和公约所做的承诺;立法的出发点首先应当是保护智力严重低下者的利益,同时也保护他们家庭的利益和社会的利益;立法应当以倡导性为主,在涉及公民人身、自由等权利时不应作强制性规定,应取得监护人的知情同意;立法应当考虑到如何改善优生的自然环境条件、医疗保健条件、营养条件和其他生活条件、教育条件、社会文化环境以及社会保障等条件,而不仅仅是绝育;立法应使用概念明确的规范性术语(如"智力低下")而不可使用俗称(如"痴呆傻人");立法应当规定严格的执行程序,防止执行中的权力滥用;等等。[10]这次会议纪要广泛散发,制止了其他各省市制订类似条例。之后两省相继废除条例。1994年4月当时卫生部部长向全国人大递交《优生保护法》草案,当天新华社以"Eugenic Law"为题发出电讯稿,在全世界引起轩然大波。此时中国遗传学会刚争得1998年国际遗传学大会举办权。各国遗传学研究机构、学会和遗传学家纷纷向我驻各国大使馆和遗传学家提出抗议,声称要中断合作,抵制大会。我们向当时的科委主任宋健、卫生部部长陈敏章和计生委主任彭佩云提出建议,指出:我们必须在概念上和政策上将优生优育与纳粹的优生学区分,必须贯彻知情同意或代理同意,不能把治病救人的医生变成批准或不批准人民结婚的法官。最后大会取得成功,2 000余位各国遗传学家与会。2003年国务院《婚姻登记条例》取消要病人自己掏钱的强制性婚检。最近的婚姻法修改草案也未再提婚前遗传病检查。

实例2:有关艾滋病防治的建议。1999年我国疾病控制中心专家发现,某省买血人员艾滋病感染率为70%,而艾滋病防治经费每年仅为1 000万人民币。于是科学家和生命伦理学家成立一个咨询组起草建议，即题为《遏制中国艾滋病流行策略》咨询报告，附件之一是评价艾滋病防治行动的伦理框架。通过科学院的香山会议机制，会后经若干院士签名将报告直接递送给领导，两周后领导批示，除一条意见（修改禁毒禁止卖淫决定中不利艾滋病防治的条文）外全部接受。不久，艾滋病防治局面有了根本的改观。后来科学研究发现对于艾滋病，治疗就是预防，我们又提出扩大艾滋病检测的建议。

实例3：输血感染艾滋病者上访。自从艾滋病在我国传播以来，约有数万人因输血或使用第8因子制品感染艾滋病病毒，在身体、生活、精神方面备受折磨。他们多次向法院起诉，法院因收集证据困难，予以拒绝。于是他们向各级政府上诉，继而采取静坐、绝食、示威的行动，与警察屡屡发生冲突。受害者进一步遭受折磨。我们认为这是一个必须解决的社会不公平现象，经研究建议用"无过错"径路（即非诉讼方式）解决此问题。我们厘清了"无过错"、"补偿"（不同于赔偿）等概念，对这种方式进行了伦理论证，我们的论点是，过去重点放在惩罚有过错者（惩罚公正），现在应该更重视补救、弥补受害者的伤害（修复公正）。我们通过北京红丝带论坛这一平台，邀请政府各部代表和受害者代表几次反复征求意见，一致认为其合理、可行。此后许多地方按照这个办法解决，受害者得到补偿，弥补他们所受伤害，也消除了社会不安定因素。

以上三个实例说明，伦理学帮助我们做出合适的决策，即好的而不是坏的、对的而不是错的决策，这个决策使病人受益，尊重病人或利益攸关者，同时也使社会受益，包括减少社会不公正、加强社会凝聚力和促进社会的安定。

参考文献

[1] 陈波. 面向问题, 参与哲学的当代建构. 晋阳学刊, 2010(4).

[2] 马克思, 恩格斯. 马克思恩格斯选集：第1卷. 3版. 北京：人民出版社，2012：136.

[3] Medical Professionalism in the New Millennium: A Physician Charter, Annals of Internal Medicine. （2002-02-02）[2018-10-11]. http://annals.org/aim/fullarticle/474090/medical-profes-

sionalism-new-millennium-physician-charter；Jing Chen，Juan Xu，et al. Medical Professionalism Among Clinical Physicians in Two Tertiary Hospitals，China. Social Science & Medicine，2013（96）：290-296.

［4］Derek Parfit. Personal Identity. Philosophical Review，1971（80）：3-27，and reprinted in Perry 1975；Reasons and Persons. Oxford：Oxford University Press，1984；We Are Not Human Beings. Philosophy，2012（87）：5-28.

［5］Thomas Nagel. Brain Bisection and the Unity of Consciousness. Synthèse，1971（22）：396-413.

［6］Kathleen Wilkes. Multiple Personality and Personal Identity. British Journal of Philosophy of Science，1981（32）：331-348.

［7］DeGrazia David. Human Identity and Bioethics. Cambridge：Cambridge University Press，2005.

［8］W. Glannon. Brain，Body，and Mind：Neuroethics with a Human Face. Oxford：Oxford University Press，2011：11-40.

［9］马克思，恩格斯. 马克思恩格斯选集：第3卷. 3版. 北京：人民出版社，2012：410.

［10］全国首次生育限制和控制伦理及法律问题学术研讨会纪要. 中国卫生法制，1993（5）.

附录二
生命伦理学的使命[*]

自从我国第一本《生命伦理学》[1] 1987 年出版以来,不知不觉已经 30 余年了。在这 30 余年的发展中,对生命伦理学的研究和应用的实践与经验,也许可以给我们今后的发展提供一点儿启示。

生命伦理学是一门学科

虽然我明确指出生命伦理学是一门新学科[2],但一些人不认为生命伦理学是一门学科。首先看亚洲生命伦理学协会章程。亚洲生命伦理学协会是在由日本的坂本百大和韩国的宋相庸教授以及我一起建立的东亚生命伦理学协会基础上建立的,但是被一个西方人长期操纵,他违背章程,担任该协会秘书长达数十年之久,他在起草的章程中给生命伦理学下了这样一个定义:

> 生命伦理学是从生物学科学和技术及其应用于人类社会和生物圈中提出的哲学的、伦理学的、社会的、经济的、民族的、宗教的、法律的、环境的和其他问题的跨学科研究。[3]

按照这个定义,生命伦理学就不是一门学科,而是一个平台,对生命伦理学感兴趣的不同学科的学者可以利用这个平台对大家感兴趣的相关问题进行讨论。说得不好听一些,生命伦理学只是一碗杂碎汤。任何未经伦理学训练的人,都可以自称"生命伦理学家",都可以生命伦理学专家身份参加生命伦理学学术会议,甚至当选为领导人。我在一所大学的项目申请书中看到,该校的医学院院长就

---

[*] 原文题为《生命伦理学在中国发展的启示》,原载《医学与哲学》2019 年第 40 卷第 5 期 1—7 页。

在项目书中堂而皇之自称"生命伦理学家",尽管他既没有受过任何伦理学训练,也没有发表过任何生命伦理学的著作,而社科基金居然把这个项目批给他了。这说明评审委员会的委员们和社科基金领导人也不认为生命伦理学是一门学科:一个医学院院长,没有受过伦理学训练,也没有发表过生命伦理学方面的研究论文,自称"生命伦理学家"是可以的。如果我在一份项目申请书中自称"内科学家",不但申请的项目不会被批准,还可能批评我"学历造假"。若认为生命伦理学不是一门学科,那就不存在学历造假问题。而其沉重的代价则是这些人所谓的"生命伦理学"学术质量低劣到惨不忍睹。另外一种情况则是,名为讨论生命伦理学有关问题,实际上谈的是自然观、生态伦理学、环境保护、尼采的超人哲学等,而这些并不是生命伦理学领域内的问题。

那么,生命伦理学是否有资格被称为一门学科呢?按照库恩的意见,一门学科应该有一套范式和一个共同体。[4]我们撇开那些自称生命伦理学家的人不谈,不管是在国外,还是在我国,都有一些严肃的著作,体现了生命伦理学的范式,包括理论、原则、价值和方法。按照库恩的意见,范式既有认识功能,又有纲领功能[5],即遵照范式去进行研究就可以帮助我们认识真实的世界,同时范式也提出了一系列问题,向研究者指引了研究方向。因此,没有范式的生命伦理学处于类似库恩所说的"前科学"阶段,他们的研究没有一定的方向,而是散在的、往往是彼此重复的,因此大大影响生命伦理学领域研究的丰度和深度,正如我们一些有志于研究生命伦理学问题但没有按照既定的范式去研究的人一样,他们的工作往往类似工作经验总结或者仅是一份并非严谨的调查报告,或者实际上谈的是某一哲学或伦理学理论的应用问题,而不是去解决实践中提出的伦理问题。我们有许多有关生命伦理学的论文和书籍,它们的作者是按照一定的范式去研究临床、公共卫生实践中出现的伦理问题以及随之而来的治理问题,同时他们已经形成了共同体,体现在中国自然辩证法研究会的生命伦理学专业委员会之中。他们的年会有论文审查委员会,将不属于生命伦理学的论文摘要拒之于门外,这往往为人不理解,这种不理解就是因为不知道生命伦理学是一门学科。当然在必要时我们要邀请其他学科的学者来发言,例如我们讨论基因组编辑就要邀请遗传学家来发言,但他们不能因此而成为生命伦理学家,他们仍然是他们那个领域的专家。这里有一个误解是因名而起的。我们称"生命伦理学",这是一个约定俗成的术语。我们不能望文生义地认为,既然你们谈生命伦理学,那么我们只要对生命问题有见解,就可以来参加你们的年会发言。甚至我们看到把"生命第一原则"或"对生命的爱"作为医学伦理学的基本伦理原则。[6] 可是生命的形态和种类太多了!苍蝇、蚊子、臭虫也是生命,它们怎样第一,我们怎么爱它们?我们目前的生命伦理学关注的主要还是人的生命,而且是一定范围内的人的生命,即临床的病人、研究的受试者、公共卫生的目标人群,在作为专业人员的医生、研究者和公共卫生工作中,他们的生命、健康应该置于第一位。

生命伦理学是一门规范性实践伦理学

那么,生命伦理学是一门怎样的学科呢?我拟先在这里简单地指出生命伦理学是一门规范性学科,不同于自然科学。自然科学解决我们世界是什么的问题,而生命伦理学解决我们应该做什么和应该如何做的问题。因此,说医学伦理学的方法是"观察""实验"的作者就是混淆了科学与伦理学不同性质学科的问题。[7] 如果我们将人类知识分为数学、自然科学、人文学科和社会科学四类,那么自然科学和社会科学都是属于需要观察和实验检验的,而主要由文史哲构成的人文学科则无法用观察和实验检验,因为作为规范性学科它们负荷着价值,而科学则是价值中立的。规范性问题涉及应该、不应该问题,应该不应该就有一个标准问题,而这个标准与人的价值观有关。例如反对用胚胎进行干细胞研究或基因组编辑的人,认为胚胎就是人,与人一样有完全的道德地位,用胚胎进行干细胞研究或基因组编辑要毁掉胚胎,这样就等于杀了人,这是不应该做的。所以,我们一般称文史哲为人文学科(the humanities),不称它们为科学。

人文学科文史哲中的哲学简单地说是追求真、善、美的学问,其中追求善的学科或分支就是伦理学。伦理学包括非规范性分支即描述伦理学和元伦理学与规范性分支,后者指通用规范伦理学和应用规范伦理学,通用规范伦理学指的是各种伦理学理论,例如德性伦理学、后果论或效用论(以前译为功利主义)、义务论(以前译为道义论或康德主义伦理学)、自然律论、关怀伦理学、女性主义伦理学等;应用规范伦理学则可包括生命伦理学、科学技术伦理学、工程伦理学、信息和通讯技术伦理学、大数据伦理学、网络伦理学、人工智能伦理学、机器人技术伦理学、动物伦理学、生态(环境)伦理学、企业伦理学、新闻伦理学、出版伦理学、法律伦理学、司法伦理学、社会伦理学、经济伦理学、政治伦理学、战争伦理学、公务伦理学、政府伦理学、立法伦理学等。其中许多伦理学分支在我国有待发展。[8]

根据我们发展生命伦理学的经验,我建议将伦理学分为两类:理论伦理学和实践伦理学。理论伦理学包括元伦理学和通用规范伦理学,因为这两个分支一般与我们面临的实践中的伦理问题没有直接关系。实践伦理学则包括描述伦理学和应用规范伦理学,因为我们在解决实践中的伦理问题时需要了解公众的态度,例如公众对生殖系基因组编辑的态度。而"应用"一词具有误导性,以为伦理问题的解决是某种伦理学理论作为前提演绎的结果,因此我建议改名为"实践伦理学"。在实践伦理学中主体是规范性实践伦理学,非规范性的描述伦理学则是边缘部分,因此为行文方便,当我们说"实践伦理学"时主要指的是规范性的实践伦理学。那么,现在定位于实践伦理学的生命伦理学究竟是研究什么的呢?

对于规范性实践伦理学,我们可以下这样的定义:

> 规范性实践伦理学(normative practical ethics)是帮助掌握公权力和专业权力的人做出合适的决策。

这里指的掌握公权力的人是谁?就是指立法、行政和司法部门的决策者和执行者。上指国家领导人,中指各级政府的部长、高法和高检的负责法官和检察官,下指各级行政、执法、司法人员,包括公务员、法官、检察官、警官等。掌握专业权力的是拥有各种专业知识和技能为其工作对象服务的人,例如医生、科学家、公共卫生人员、教师、律师、工程师等。他们经过系统的专业知识训练(一般在大学内),他们与社会有一种契约关系,他们与普通的职业人员或一般的公民不同,他们对社会和国家负有某种特殊的义务和责任,他们是"国家兴亡,匹夫有责"中的"匹夫";他们与他们的工作对象存在一种信托关系。实践伦理学就是为他们做出合适的决策提供伦理学专业知识的帮助。例如新闻伦理学为记者的决策提供帮助,法律伦理学为律师的决策提供帮助,司法伦理学为法官、检察官和警官的决策提供帮助。生命伦理学就是一门规范性实践伦理学学科。

生命伦理学的使命：帮助医生、研究者和公共卫生人员做出合适的决策

生命伦理学是帮助医生或护士、生物医学和健康研究者与公共卫生人员做出合适的决策。

然而，这一陈述并不是生命伦理学的定义，而是简单地指出生命伦理学的使命。这一陈述的含义有：（1）医生或护士、生物医学和健康研究者与公共卫生人员都是掌握相关的专业知识和技能的专业人员，在他们与病人、受试者和目标人群之间处于不仅在信息上而且在权力上不对称、不平等的关系。在某种意义上，他们对他们的工作对象掌握着"生死予夺"的权力。因此他们做出一个合适的决策对他们的工作对象非常重要。（2）这些专业人员的行动是救人于危难之中，具有道德意义，但任何行动之前都有一个决策：打算做什么和怎么做。（3）"合适的决策"就是合乎伦理的决策，那么"合乎伦理"又是什么呢？那么根据什么标准说这个决策是合乎伦理的，因而是合适的呢？这里就涉及一个生命伦理学诞生的问题。

生命伦理学与原来的医学伦理学之间的一个核心的差别是：到了生命伦理学阶段医学的中心已经从医生转移到病人了。这种转移从《纽伦堡法典》[9]宣布之日开始，生命伦理学也是由此诞生的。

《纽伦堡法典》实际上是对纳粹医生进行审判的法官最后判决词中的一部分，原来的标题是《可允许的医学实验》，后世称为《纽伦堡法典》。这个法典包含可允许的医学实验的10条原则：其中第2、3、4、5、6、7、8、10条讲的是，医学应根据动物实验结果设计；实验的进行应避免一切不必要的身体和精神上的痛苦与损伤；有先验的理由认为死亡或致残的损伤将发生，绝不应该进行实验；所受风险的程度绝不应该超过实验所要解决的问题的人道主义重要性所决定的程度；提供充分的设施来保护受试者免受损伤、残疾或死亡；实验应仅由科学上合格的人来进行；科学家必须准备在任何阶段结束实验，如果继续实验很可能引致受试者损伤、残疾或死亡；实验应对社会产生有益的结果。而第1、9条讲的是，人类受试者的自愿

同意是绝对必要的；如果受试者身体或精神状态不佳，应自由地退出实验。生命伦理学诞生于法典的 10 条原则宣布之时，这 10 条蕴含着世界医学史上医学的范式从医学家长主义转换到以作为一个活生生的个体的人的病人/受试者为中心的范式。自从那时以来，他们的自主性、自我决定、知情同意和隐私权利，以及福利、利益和安康逐渐成为医患关系以及研究者与受试者之间关系的中心，并扩展到公共卫生领域对社会成员自主性和自由的重视，强调了在要求限制公民权利时限制个人自由的最小化和相称性。《纽伦堡法典》是新生事物，因此是不完善的，后来的国际准则和各国准则则补充、发展之。参与纳粹医生罪行的医生发现，纳粹不关心受害者个人，只关心他属于哪个种族或民族，只要他属于"劣生"的理该被消灭的种族或民族，他就该杀，或被送进焚尸炉，或利用他来做实验。[9]他们的理论假定是：人只有外在的工具价值，没有内在价值。而作为《纽伦堡法典》基础的假定是，应该将任何个体受试者视为人，理性行动者，"万物之灵"，或"天地之性，人为贵"（儒家），或目的本身（康德），其安全、健康和福祉理应受到保护，理应受到尊重。这种假定后来推广到临床实践中，对病人也应如此：所有的病人不仅有外在的工具价值，而且有内在价值。所有的临床、研究和公共卫生工作都有两个维度：技术的和人文的。《纽伦堡法典》的 10 条原则就是体现医学的人文关怀：（1）对人的痛苦和苦难的敏感性或忍受度。第 2-8、10 条原则就体现这一方面。例如，孔子说："仁者爱人"；孟子说："无伤也，是乃仁术也"，"不忍人之心"，"恻隐之心，仁之端也"。（2）对人的尊严、自主性和内在价值的认可度。其中第 1、9 条原则就体现这一方面。荀子说"仁者，必敬人"。人文关怀这两个方面可用来衡量一个社会文化或历史时期在其法律、制度、习俗和做法之中所展现出的道德是进步还是退步。纳粹是德国历史上的严重倒退，日本军国主义也是如此。我国"文化大革命"也是道德倒退。[10]

由此，我们可以知道判定我们的临床、研究和公共卫生决策合适性或合乎伦理的标准应该是：其一，不管你要采取的干预措施是临床的、研究的，还是公共卫生的，会给病人、受试者或目标人群带来哪些风险（risk）和受益（benefit，包括对本人的受益和对社会的受益），其风险-受益比如何？是否能够接受？其二，根据你的决策采取的干预行动是否满足了尊重病人的要求，其中包括尊重病人的自主性、知情同意（病人无行为能力时则是代理同意）的要求、保护隐私以及公正、公平等要求。

　　这里有人会提出两个责难：其一是二元论责难：你的两个标准，一个来自后果论，另一个来自义务论，这是二元论。我的回答是：后果论或比较成熟的形式效果论以及义务论分别对我们行动的后果和我们在行动中必须履行的义务做了非常深入的研究和分析，但我们将行动的后果以及义务作为评估我们行动的基本价值时，我们既不陷入后果论（不考虑义务），也不陷入义务论（不考虑后果），也就是说我们既非只考虑行动后果而不考虑义务的后果论者，也非只考虑义务而不考虑后果的义务论者。如果二元论能更好地解决我们面临的伦理问题，为什么我们非要采取一种理论呢？其二是不一致责难：你用的两个理论不一致，还互相矛盾。我的回答是：第一，我们秉持例如后果和义务这些基本价值，并不秉持后果论和义务论，我们旨在帮助专业人员做出合适的决策，任何伦理学理论能帮助我们做到这一点，我们都要运用，我们对它们持开放的态度。因此，我们秉持的是邓小平的哲学：不管白猫黑猫，抓住耗子就是好猫。第二，我们不可能秉持一种理论（例如儒家理论）去解决世界上所有的伦理问题，正如我们不可能依靠一只猫去抓世界上所有的耗子一样。所以，提问者不了解实践伦理学和生命伦理学的使命。

研究生命伦理学的模型

　　我们在讨论生命伦理学研究的模型时，多次提到两个模型，即"放风筝"模型和"骑单车"模型。如果你接受生命伦理学是帮助医生或护士、研究者和公共卫生人员做出合适的决策，那么你必须从实际出发，即你必须首先了解与干预有关的科学和技术的发展情况以及这种发展提出的伦理问题，以此作为我们研究的导向。许多想进行生命伦理学研究的人或哲学家不是从实际出发，不研究实践中的问题。我们这次年会上有一位报告人想用契约论来解决有关转基因的问题，他不从分析转基因的实际情况出发，而是从契约论出发，论述一番后，最后建议用"知情同意"解决转基因问题，可是知情同意概念与契约论并不是一回事，知情同意这个概念不是从任何理论推论出来的，而是对实践中教训总结的结果。一些对中国问题感兴趣的境外学者，往往采取这种方法。使用这种方法的学者不是意在解决我们实践中的伦理问题，而是借此机会，阐发一下他们喜爱的理论，但无法帮助专业人员做出合适的决策。

我想举一个例子进一步说明这个问题。1988年甘肃省人大发布《禁止痴呆傻人生育的规定》，1990年辽宁省发布《防止劣生条例》，而且还有些省去甘肃取经。对此可以有两种做法，一种是大量引用有关人人有生殖权利的理论来反对这些条例。但实践中的伦理问题不能简单地从人权原则演绎出解决办法，而且不同诸多人权之间还可以发生冲突，人们还可以用国情不同、我们有传统文化等理由解释过去。我们采取的做法是先去调查研究。我和有妇产科背景的顾瑗老师下去调查研究发现：（1）甘肃省有关人员将甘肃社会经济发展相对缓慢与智力低下者人数比例相对高的因果关系倒置了。他们认为甘肃社会经济发展相对缓慢是智力低下者人数比例较高的结果而不是原因。（2）我们走访了陇东的所谓"傻子村"（这是歧视性词汇，但为便于行文，我们暂且用之），见到村子里的疑似克汀病患者，克汀病是先天性疾病，但不是遗传病，这种病是孕妇缺碘引起胎儿脑发育异常造成的，当地医务人员也确认了是克汀病。（3）对严重克汀病女患者实施绝育有合理的理由，因为当时农村将妇女视为生育机器，而且妇女是可买卖的商品，穷人买不起身体健康的女孩（需要上千元），而买一个患克汀病的女孩仅需400元。这些女孩生育时往往难产，甚至因此死亡，即使生下来却不会照料，致使婴儿饿死、摔死。女孩如不能生育就会被丈夫转卖，有的女孩被转卖三次，受尽了折磨和痛苦。因此绝育可减少她们的痛苦，既然是好事，那为什么要强制绝育不对本人讲清楚道理，或至少要获得监护人知情同意呢？（4）调查者发现当时甘肃遗传学专业人员严重缺乏，那怎么去判断智力低下是遗传引起的且非常严重呢？他们的回答是，不用做遗传学检查，三代人都是"傻子"，那就是遗传原因引起。这使我们想起Buck vs Bell [11] 一案中法官所说的"三代都是傻子就够了"，必须实施强制绝育。但后来发现巴克（Buck）一家根本不是"傻子"，她被绝育前生的女孩在学校读书成绩良好。我们在调查基础上于1991年11月举行了全国首次生育限制和控制伦理及法律问题学术研讨会，会后通过卫生部将《纪要》发到各省市卫生厅局，才制止了其他省份效法甘肃的趋势。[12，13] 我用这个案例说明，我们单单知道伦理规则，而不了解具体情况，我们并不能知道合适的决策是什么。

因此，我提出，临床、研究和公共卫生实践中的伦理问题应该是生命伦理学研究的逻辑出发点，出发点不是伦理学理论，不管是多么好的理论，儒家理论也好，康德理论也好，不能成为生命伦理学研究的出发点。我们要鉴定、分析和研究实践中的伦理问题，就必须了解这些问题产生的实际情况。我们唯有从实际出发，妥善解决实践中的伦理问题，我们才能帮助专业人员做出合适的决策。

对生命伦理学的误解

我们说生命伦理学是帮助专业人员做出合适的决策，这一陈述最为关键的是，蕴含着实践伦理学不单单是或者其目的不是"坐而论道"。哲学家开会往往都是"坐而论道"，议论一番，至多发表一些文章或出版一些书籍。在我看来，对于实践伦理学和生命伦理学，我们不能满足于此。

这一陈述也想澄清一下对伦理学的许多误解：

（1）伦理学不是修身养性的"心灵鸡汤"。"修身养性"很重要，但伦理学帮不了这个忙。我国从幼儿园到大学都有一套进行修身养性的教育制度，伦理学插不上手。从医学发展历史看，古代医生早就认识到医学知识"决人生死""不可不慎"，因此有了"医德"，引用名医的警句，帮助医生对医学知识的应用给予合适的控制，因此医德是权威主义的。于是就会出现这样的问题：权威医生说的不完全一致，有些新出现的问题没有说到，有些因为或者技术有了新的发展或者情境不同权威医生所说的不一定合适。于是产生了医学伦理学，医学方面的是非对错标准不能完全凭借权威，应该接受理性的检验。"伦理"的古汉字就是道理、原理的意思。因此发展到医学伦理学，我们的重点已经不在修身养性，而是在行动和决策的伦理标准是否合乎理性。由于现代医学立足于现代科学，尤其是现代生物学，而不是单凭医生个人的经验，一些新的疗法源自实验室的基础研究，因此伦理学探讨必须前置到实验室和动物实验的临床前阶段；同时人们发现人民健康的改善、寿命的延长主要不是靠临床阶段的努力，而是靠公共卫生，因此伦理学探讨又必须后延到人民健康阶段，于是医学伦理学进一步发展为生命伦理学。这样，伦理学的关注点就更不是修身养性了,而是这些专业人员将要采取的决策是否合适。

(2) 伦理学不是道德说教。道德说教的臭名昭著的例子莫过于我国中世纪的"失节事大,饿死事小"了。可是类似的例子现在不也存在吗?"宁可病人病死,也不能违反规定","宁可病人跳楼,也不能破例进行剖宫产",不也是不顾后果的道德说教吗?

(3) 伦理学不是传统道德。有些人误以为伦理学就是各个社会或文化的传统道德,对传统道德要采取理性的分析的方法,取其精华,弃其糟粕。例如有人将"修身齐家治国平天下"这句话奉为圭臬,殊不知"齐家"与"治国"之间不存在逻辑的必然性:治国必须是法治,必须建立制度,齐家则不一定。齐家好的人不一定能治国。又如"家和万事兴"这句话只适用于一些或大多数家庭,但不适用于处于系统贫困的家庭,三代没有摆脱贫困的家庭再"和"也"兴"不了,这里社会和政府必须给予救援,否则人们的印象是,社会和政府试图摆脱救援贫困的家庭的责任。

(4) 这一陈述同时也否定将伦理学或医学伦理学看作"意识形态"的错误看法。将医学伦理学看作一种意识形态,也就是否认它是一门学科。为保持意识形态的纯洁,只要政治上可靠的人进去做医学伦理学就可以了。所谓"建立中国的生命伦理学话语体系"也是将生命伦理学看作意识形态的一种表现。生命伦理学在我国的发展已有30余年,从来不存在话语问题。所谓"重建中国生命伦理学"也类似。如果你认为生命伦理学是一门学科,那么怎么会可能有"中国生命伦理学"呢?这好像说我们要"重建中国生物学"一样荒唐。更为奇怪的是,香港一所大学花了近百万港元来支持在内地"重建中国生命伦理学",为什么不在香港"重建中国生命伦理学"呢?实在令人费解。这里已经不是学术问题了。

(5) 还有人一提到伦理学就联想到宗教的教规。殊不知这是完全两码事:伦理规范以理性为根据,教规以信仰为基础。信仰是对超自然力量的信奉和膜拜,在一次香港举行的"重建中国生命伦理学"的会上,主讲人最后透露:相信上帝的存在是一切理论的基础。所以会有"基督教生命伦理学"产生。可是,这个术语本身是自相矛盾的:理性的伦理学怎么可以与信仰超自然力量的宗教共处呢?

(6) 生命伦理学是独立的学科,不是某个哲学理论的"分销部"。生命伦理学比较"热",被称为"显学",有人利用这种情况推销他的理论，有关临床、研究或公共卫生中的伦理问题，只要运用他喜欢的理论，似乎一切就可迎刃而解。事实不然。例如不顾具体情况，推销"家庭决策"，实际上是不尊重病人的自主性，损害了病人的利益，违背了国际伦理准则和我们自己的相关规定。

生命伦理学如何帮助专业人员做出合适的决策

临床、研究和公共卫生专业人员在做出决策时，往往会遇到伦理难题（ethical dilemma）。不同于一般的伦理问题（应该做什么的实质性伦理问题和应该如何做的程序性伦理问题），伦理难题发生于专业人员感到两难之时：两项义务都应该做，在特定情况下你尽了这项义务，不能尽那项义务，他处于左右为难的境地。这在临床上比较多见。例如在我国不止一次发生过医生对病情危急的孕妇提出剖宫产的建议而为病人家属拒绝的案例。这时医生面前有两个决策选项：

选项1：尊重病人或其家属的意愿，不予抢救。后果是病人死亡。

选项2：不顾病人或其家属的意愿，医生毅然决然对病人进行抢救。后果是病人（可能还有孩子）生命得到拯救（但也有较小的概率失败）。

面临同样难题的医生做出了不同的决策选择：有的医院的决策是选择了选项1，另一些医院的决策是选择了选项2。生命伦理学提供了评价你准备做出的决策是否合适的标准，也提供了当这些标准之间发生冲突时解决办法的合适的标准。在专业人员做出决策时往往涉及多个利益攸关者。例如在临床情境下利益攸关者是病人、胎儿、家属、付费单位（医疗保险单位）等。那么在利益攸关者之间，排列有优先地位，在一般情况下，在所有利益攸关者中病人的利益、健康、生命第一。在病人生命无法挽救时，可考虑其他利益攸关者的利益。如孕妇和胎儿发生利益冲突，病人是孕妇，孕妇利益第一，决不可为了有一个能继承家产的男性胎儿而牺牲本可救治的母亲生命（先救妈妈）；但孕妇不可救治时则可尽力避免胎儿死亡，生出一个活产婴儿（救不了妈妈，救孩子）。也有产妇及其家属因分娩疼痛难忍要求剖宫产，而坚持剖宫产适应症规范的医生则认为产妇不具备剖宫产适应症而加以拒绝，导致产妇坠楼死亡的案例，那么这时在医生面前的两个决策选项是：

选项1：尊重产妇及其家属的意愿，即使违反剖宫产规范，也进行剖宫产。后果是母子平安。

选项2：不顾产妇及其家属的意愿，坚持剖宫产规范，按顺产处理。后果是产妇坠楼，母子双亡。

当医生遇到伦理难题时，就应该采取"两害相权取其轻"，即"风险或损失最小化"的原则（即对策论或博弈论智能中的minimax算法）。按照上述标准，坚持家属同意坐待病人母子死亡的决策是错误的，坚持实际上已经过时的剖宫产规范（新的规范已经将不能忍受分娩疼痛的产妇纳入剖宫产适应症）的医生拒绝产妇要求而导致产妇坠楼死亡的决策也是错误的。因为这些决策严重违反了病人利益第一的原则：有了生命，病人才能有所有其他的权利和利益。"健康是人的第一权利"。治病救人是医生的天职（内在的固有的义务），是医生的专业责任。医生如果明知病人生命可以抢救，却因为其他考虑而踌躇不前，犹豫不决，坐失救治病人的良机，而导致病人死亡，那就违反了医学专业精神，也丧失了执业资格，还应被追究相应的法律责任。

这里可能会遇到另一个问题：医生避免伤害病人或抢救病人生命的决策可能与已有的规定不一致，例如上述产妇不具备我国目前规定的适应症。我们必须认识到，我们的规定，不管是技术规范还是有关医疗的规章和法规，都可能是不完善的，并因科学技术的发展或社会价值观的变化而需要与时俱进。在第一个案例中有的医院领导引用1994年国务院《医疗机构管理条例》[14]为其辩护，其中规定："无法取得患者意见时，应当取得家属或者关系人同意并签字"，但这一条例还有第三条呢！第三条规定："医疗机构以救死扶伤，防病治病，为公民的健康服务为宗旨"，第三十三条还有这样的规定："遇到其他特殊情况时，经治医师应当提出医疗处置方案，在取得医疗机构负责人或者被授权负责人员的批准后实施"。但的确该条例没有明确提出"当病情危急，医生的救治方案一时未能为病人或其家属理解，不抢救危急病人生命时医师可在取得医疗机构负责人或者被授权负责人员的批准后实施"这样的文字，因此该条例应该修改完善，但也确实存在医生和医院领导人对法律法规条文的理解问题。至于第二个产妇坠楼案例，英国皇家学会早在2011年就将不能忍受分娩疼痛的产妇列入剖宫产适应症内了。[15]

"规定是死的，人是活的"。这里涉及临床规定的文字与规定的精神的关系问题。规定的精神的初衷是为了更好地治病救人，怎么能死扣规定的文字而任凭病人死亡呢？这违背了规定的精神的初衷。伦理学有一个解决性命攸关的道德判断与现行规定矛盾的方法，即"反思平衡"。[16]对于特定的案例，尤其与新生物技术发展和应用有关的案例，人们会产生一个与现行规定相冲突的判断（例如脑死就是死亡），这样这个判断就与现行规定处于不平衡之中。我们不能简单地因这个判断与现行规定有冲突而拒斥它，反之我们要反思，这个现行规定是否有待改善和完善，甚至是否根本错误。有时要进行反复思考，坚持现行规定会怎样？不顾现行规定而去坚持新的道德判断去做出决策会怎样？一般来说，新形成的道德判断往往扎根于实践，其可信度比较高；而现行规定往往是过去经验的总结，如果不能与时俱进，其可信度就比较差一些。在这种情况下，我们要根据新的道德判断来考虑修改完善现行规定。

我们这里强调生命伦理学帮助专业人员做出合适的决策，其实我们也帮助掌握公权力的决策者做出合适的决策。下面我举两个例子。

第1个例子：自从艾滋病在我国传播以来，约有数万人因输血或使用第8因子制品感染艾滋病病毒，在身体、生活、精神方面备受折磨。他们多次向法院起诉，法院因收集证据困难，予以拒绝。于是他们向各级政府上诉，继而采取静坐、绝食、示威的行动，与警察屡屡发生冲突。受害者进一步遭受折磨。可是我们那时没有解决这类问题的规定可循。但我们认为解决这一问题是我们的一项道德律令，因为第一，这些受害者长期受到身体、精神和生活的痛苦；第二，他们的受害长期没有得到应有的补偿。经研究我们建议用"无过错"径路（即非诉讼方式）解决此问题，我们厘清了"无过错"、"补偿"（不同于赔偿）等概念，对这种方式进行了伦理论证，我们的论点是，过去重点放在惩罚有过错者（惩罚公正），而现在应该更重视补救、弥补受害者的伤害（修复公正）。我们通过北京"红丝带"论坛这一平台，邀请政府各部代表和受害者代表几次反复征求意见，一致认为合理、可行。此后许多地方按照这个办法解决，受害者得到补偿，弥补他们所受伤害，也消除了社会不安定因素。我想这是生命伦理学帮助我们做出合适的决策的成功范例。[17]

第 2 个例子：我们如何帮助决策者做出阻止意大利外科医生卡纳维罗和中国外科医生任晓平在 2018 年利用我国同胞进行头颅移植的决策。[18]

首先，我们来分析头颅移植干预的风险-受益比如何。我们可以按下列程序来帮助决策者进行风险-受益比的评估：（1）头颅移植干预会给病人带来什么样的风险？供体的头部脊髓与受体的颈部脊髓的连接是最为困难的，目前可以说是不可逾越的最大障碍。头颈部的脊髓拥有数百万根神经纤维，但目前就是一根神经纤维因损伤断裂而无法接上，尽管进行了无数次的试验，神经的再生从未成功；手术必须在 1 小时内完成，因为一旦大脑和脊髓离开活体，失去了血液供给，它们就会因缺氧而开始死亡，目前这几乎是不可能的；在应用于人以前的所有动物实验没有一例是成功的。因此，头颅移植干预的结果很可能是受体死亡。（2）头颅移植干预可能的受益如何？与不存在身份问题的其他器官移植手术不同，头颅移植有一个身份问题尚待解决。假设头颅移植获得成功，那么谁是受益者？是受体甲，是供体乙，还是移植后那个由甲的头和乙的身体组成的新产生的人丙？按照主张神经还原论的哲学家的意见 [19]，移植后的人是甲；按照强调身体身份（bodily identity）的哲学家的观点 [20]，移植后的人是供体乙；但按照心和自我是脑与身体以及环境相互作用的哲学家的观点 [21]，头颅移植成功以后新形成的人丙是受益者，所以受益者既不是甲也不是乙，而是一个非甲非乙的独立第三者，因此头颅移植的受益者是丙。这一结论具有极为重要的伦理意义：头颅移植即使成功，受益者不一定是病人甲，而可能是新形成的第三人丙。（3）因此，对头颅移植进行风险-受益评估的结果是：风险极大，甲不可避免要死亡；而受益至少是不确定的。

其次，在目前的头颅移植的科学和技术情况下，不能做到有效的知情同意。我们直接告诉病人，移植后你很可能死亡，那么他们很可能不同意参加临床试验；如果你隐瞒这一事实，那就是欺骗，病人签了同意书也是无效的。由于头颅移植的科学技术知识有限，移植后的许多可能后果连移植医生也是未知的，怎能做到向病人提供全面的、充分的信息？如果病人宁愿死也不愿拖着久病的身体苟延残喘，并且他愿意为科学献身，那么同意是否应该是有效的呢？然而，同意"做什么"是有限制的。例如一个人同意做他人的奴隶、出卖器官以及为科学献身同意被人杀死都是无效的。这里涉及知情同意辩护理由的根本问题：知情同意的辩护理由，一是保护表示同意的人免受伤害；二是促进他的自主性。

根据我们上述的分析，我们向决策者建议阻止这两位医生2018年在我国用我国同胞实施头颅移植。

参考文献

［1］邱仁宗. 生命伦理学. 上海：上海人民出版社，1987：1.

［2］邱仁宗. 生命伦理学：一门新学科. 求是，2004（3）：42-44.

［3］Eubios Ethics Institute. The Constitution of Asian Bioethics Association.［2018-12-30］. http://www.eubios.info/abacon.htm.

［4］T. Kuhn. The Structure of Scientific Revolution. 2nd ed. Chicago：Chicago University Press，1972：10-51.

［5］邱仁宗. 科学方法和科学动力学：现代科学哲学概述. 3版. 北京：高等教育出版社，2013：126-134.

［6］佚名. 问题："生命第一原则"是现代社会应建立的重要的安全观念. https://www.asklib.com/view/da6b5d44fe52.html；D. Macer. 生命伦理学是对生命的爱. 中国医学伦理学，2008，21（1）：6-9.

［7］王明旭. 医学伦理学. 北京：人民卫生出版社，2010：11-12.

［8］T. Beauchanp, L. Walters. Contemporary Is Sues in Bioethics. Belmont, C. A.：Wadsworth，1989：2-3.

［9］U. Schmidt. Justice at Nuremberg：Leo Alexander and Nazi Doctors' Trial. New York：Palgrave Macmillan，2004：199-263.

［10］R. Macklin. Universality of Nuremberg Code//G. Annas, M. Grodin. The Nazi Doctors and the Nuremberg Code. New York：The Oxford University Press，1992：237-239.

［11］P. Lombardo. Three Generations, No Imbeciles：Eugenics, the Supreme Court, and Buck vs Bell. Baltimore: Johns Hopkins University Press, 2010: 7-78.

[12] 邱仁宗. 全国首次生育限制和控制伦理及法律问题学术研讨会纪要. 中国卫生法制, 1993 (5): 44-46.

[13] 雷瑞鹏, 冯君妍, 邱仁宗. 对优生学和优生实践的批判性分析. 医学与哲学, 2019, 40 (1): 5-10.

[14] 国务院. 医疗机构管理条例. [2018-12-31]. http://www.qyfy.com.cn/news/news2/2013-06-04/216.html.

[15] Royal College of Obstetricians and Gynecologists. Caesarean Section: Clinical Guideline: CG132. (2011-11) [2018-12-30]. https://www.nice.org.uk/guidance/CG132/uptake.

[16] 罗会宇, 邱仁宗, 雷瑞鹏. 生命伦理学视域下反思平衡方法及其应用的研究. 自然辩证法研究, 2017 (2): 12.

[17] X. Zhai. Can the No Fault Approach to Compensation for HIV Infection through Blood Transfusion be Ethically Justified?. Asian Bioethics Review, 2014, 6 (2): 143-157.

[18] 雷瑞鹏, 邱仁宗. 人类头颅移植不可克服障碍: 科学的、伦理学的和法律的层面. 中国医学伦理学, 2018, 30 (5): 545-552.

[19] D. Parfit. Personal Identity. Philosophical Review, 1971 (80): 3-27.

[20] D. Degrazia. Human Identity and Bioethics. Cambridge: Cambridge University Press, 2005: 11-114.

[21] W. Glannon. Brain, Body, and Mind: Neuroethics with a Human Face. Oxford: Oxford University Press, 2011: 11-40.

附录三
生命伦理学基本原则[*]

引　言

　　对我们在生命科学、生物技术和医疗保健方面所采取的行动进行伦理评价，不管这个行动是医生的治疗、科学家的研究，还是决策者的政策、立法者拟通过的法律，必须建立合适的伦理框架，即基本伦理原则。这些基本的伦理原则既是我们总结历史经验教训过程中产生的，也是能够得到伦理学理论辩护的。这些基本的伦理原则既为我们解决伦理问题提供指导，也为我们找到的解决办法提供辩护。执行这些基本原则既是维护人们的权利，也是为人们谋求福利，因此是我们应尽的义务。相对于我们的工作对象而言，这些也是它们应该享有的基本权利。本章讨论基本的伦理原则以及与之有关的权利问题。

案例1："社区同意"

　　一所大学的研究人员去南方某个山区农村进行研究，以评估大剂量的维生素A对治疗当地五岁以下儿童腹泻及急性呼吸道感染的疗效。在当地族长仍然有很大的权力和威望，他们往往被选为村长。研究人员首先向族长讲明研究的目的，研究的方法和程序，对儿童和家庭的利益，可能的风险（实际上该研究的风险很小）等。族长（同时又是村长）和村委会均表示同意在他们村子进行此项研究。族

---

　　[*] 本文为翟晓梅、邱仁宗主编的《生命伦理学导论》（清华大学出版社，2005）的第二章"生命伦理学的基本原则"，这里做了一些删节。

长召集全体村民开会，告知即将开始的研究工作。在会上，研究人员向村民们说明了此项研究并且回答了村民提出的所有问题。在说明和解答疑问以后，族长和村委会开了个短会，最后决定同意该大学研究人员在村子里开展这项研究。此后不久，该项目的主要研究者（PI）及其他研究工作人员开始挨家挨户访问，征求家长的知情同意以允许其子女加入该研究项目，成为受试者，并在印好的知情同意书上签字。孩子的家长（访问时在家的多为孩子的母亲）表示既然族长已经同意，她们就无须再签任何文件了。这些母亲们对研究工作人员解释说，她们通常不签任何文件，她们也根本不读文件上写的是什么，她们只有她们的前辈告诉她们的签字后的痛苦经历。第二天，族长召见了研究人员，说既然族长和村委会已经批准他们开展这项研究，再征求每个人的签名是多此一举，也令人难以接受。也就是说，有了族长和村委会的同意就已足够了。而当研究人员向族长解释，根据要求他们必须获得每个受试者或其监护人（家长）在知情同意书上的签字。族长说，如果他们一味坚持这样做的话，那就只能离开这个村子，到别的地方去。

问题：族长是否可以和应该为他们的社区和社区每个成员提供知情同意？在这种情况下，每个成员的知情同意是否就不重要了？知情同意的要求是否应该根据不同的文化而有所不同？还是它应该是一条不可动摇的普遍原则？是否存在不需要知情同意的情况？在哪些情况下可以免除知情同意？知情同意是保护研究者还是保护受试者？应该如何解决上述案例中出现的僵局？研究人员应该离开，还是应该放弃获得个人的知情同意？

案例 2：癌症化疗临床试验的风险/受益比

研究人员想对某癌症试验一种新的化疗方法，首先进行 I 期临床试验。这种癌症发展很快，从诊断到死亡的平均时间为 6 个月。患这种癌症非常疼痛，病人病情恶化很快。唯一已知的治疗方法是延长病人生命 6 个月，但由于严重的副作用，生命质量严重降低。新的化疗方法可延长病人生命两年以上，但会引起严重恶心、呕吐和掉头发，以及白细胞减少。参加试验的受试者得不到任何直接的受益，但他们的参加最终会有助于确定合适的剂量。应该如何评估和权衡受试者的风险和受益？应该批准这项临床试验吗？为什么？

问题：是否应该批准这项试验？说不应批准的理由是，因为它给受试者带来的风险已经超过最低程度的风险；说这项试验应该批准的理由是，因为它给其他病人和社会带来的效益非常之大。

1. 伦理学原则

在现代社会和世界，已有不少的伦理准则、法规或法律规范人们在生命科学、生物技术、生物医学和卫生研究、临床和公共卫生实践方面的行动。在国际上，有《纽伦堡法典》、《赫尔辛基宣言》（世界医学会）、《涉及人的生物医学研究国际伦理准则》（世界医学科学组织理事会/世界卫生组织）、《人类基因组和人权普遍宣言》（教科文组织）、《生命伦理学和人权普遍宣言》（教科文组织）等。国内有《执业医师法》（全国人民代表大会）、《涉及人的生物医学研究伦理审查办法（试行）》（卫生部）、《人类遗传资源管理暂行办法》（科技部和卫生部）、《药品临床试验管理规范》（国家药品监督管理局）、《人类辅助生殖技术管理办法》（卫生部）、《人胚胎干细胞研究伦理指导原则》（科技部和卫生部）等。[①] 那么这些伦理准则、法规、法律根据如何制订的呢？

伦理准则、法规、法律的制订要有伦理学原则根据，伦理学原则是评价我们行动是非对错的框架。不了解伦理学原则，就不能深入了解有关的伦理准则、法规、法律，也就不能在实践中很好贯彻执行这些伦理准则、法规、法律。那么伦理学原则怎么来的呢？伦理学原则固然是要依据伦理学理论，但它们不是伦理学理论简单推演的结果。伦理学原则是在一定条件下针对一些实践中遇到的问题提出和形成的。而问题是在人类实践过程中产生的，往往是由于产生了历史教训，人们考虑如何吸取教训，防止今后再发生类似的问题。例如，人类进行人体实验已有千年历史，开始的人体实验往往利用脆弱人群，没有行动规范，不注意权衡对受试者的风险/受益比，不考虑知情同意等，尤其是发生像纳粹医生在集中营对受害者进行惨无人道的实验，以及在美国长达40年对黑人梅毒病人进行不

[①] 近年来颁布的有：《艾滋病防治条例》（国务院）、《人体器官移植条例》（国务院）、《医疗技术临床应用管理办法》（卫生部）等。

人道的实验，使得一些伦理学家觉得有必要制订尊重人、不伤害/有益于人和公平对待人的基本伦理学原则。这些原则的制订是有针对性的，即针对人类历史上发生的教训，试图解决如何不重犯这些错误的问题。但同时这些原则的制订也是依据一定的伦理学理论，特别是后果论和道义论。

在伦理学推理中，原则不是出发点，出发点应该是伦理问题，而原则和理论是解决伦理问题的指南，为伦理问题的解决办法提供伦理辩护。

2. 基本伦理原则

2.1 尊重（Respect）

我们为什么要尊重人？因为人是世界上唯一有理性、有情感、有建立和维持人际/社会关系能力、有目的、有价值、有信念的实体。"天地之性，人为贵。"人是世界上最宝贵的。尊重人包括尊重他的自主性、自我决定权、贯彻知情同意、保护隐私、保密等内容。尊重人也包括尊重人或尊重人类生命的尊严。尊严基于人或人类生命的内在价值或对其的认同。人不能被无辜杀死、被伤害、被奴役、被剥削、被压迫、被凌辱、被歧视、被打骂、被利用、被当作工具、被买卖、被制造等等。换言之，人具有主体性，人不是物、不是物体、不是东西，不仅仅是客体，不能仅仅当作工具、手段对待。例如当我们谈到临终关怀时，有人认为如果临终时身体连着许多机器、插上很多管子，这种死亡缺乏尊严。他们希望有尊严地死亡。在谈到反对人的生殖性克隆时，有人用人的尊严不允许像制造产品那样制造人作为论证之一。在谈到医疗卫生在人群中公正分配时也有人谈到人的尊严要求人能够得到基本的医疗服务等等。

2.1.1 自主性（Autonomy）

尊重人首先是尊重她/他的自主性，自主性是一个人按照她/他自己选择的计划决定她/他的行动方针的一种理性能力。自主的人不仅是能够思考和选择这些计划，并且是能够根据这些考虑采取行动的人。一个人的自主性就是她/他的独立性、自力更生和独立做出决定的能力。一个人的自主性受内在和外在的限制。例如未成年人、精神病人、患痴呆症的老人、智力低下的人受内在限制；监狱里的犯人则受外在限制。所以自主性意味着一个人不受外部环境或自身心理、身体上局限的限制。自主性又称自我决定权。

但是人的自主性不是绝对的。有些人由于年幼、有残疾、无知、被迫或处于被人利用的地位，不能自主地采取行动。失去理性的自杀就是一例。对这种非理性的行动应该加以阻止以便保护行动者不受他们自己行动造成的伤害。维护自主性的人承认这种干预是正当的，因为他们认为这种失去理性的行动不是自主的行动。所以自主性原则只适用于能够做出理性决定的人。如果当事人无行为能力自己做决定，就要由与他没有利益或感情冲突的代理人做决定。

自主性与权威也不是对立的。为了使自己的行动更合乎理性，就要求助于权威。如果我们要知道心跳不规则应该怎么办或怎样可以把游泳游得更好一些，或怎样把孩子教育得更好，就要请教权威。在这些情况下无疑自主性和权威是可以相容的。

在中国的文化条件下，由于个人与家庭、社区处于密切的关系中，有关其中一个成员事情的决定往往需要家庭做出决定；在与社区关系密切的地方，有时还需要社区的参与。因此，家庭自主性往往与个人自主性结合在一起。尤其在临床条件下，某一家庭成员的健康往往不被视为纯粹是个个人问题，而是个家庭问题。因此对个别病人的医疗决策往往有家庭参与，对病人的照顾也往往被认为是家庭的责任。如果在农村进行人群的调查和干预研究，事先取得社区领导的同意也是不可缺少的。

2.1.2 知情同意（Informed consent）

在纳粹集中营中强迫受害者接受人体实验的令人发指的事实，使人们严重关注利用未表同意的受试者进行成问题的有时野蛮的实验问题。在对纳粹战犯进行纽伦堡审判后，知情同意成为涉及人体受试者的生物医学研究中最受人注意的伦理学问题。在纽伦堡审判后发表的《纽伦堡法典》中规定"人类受试者的自愿同意是绝对必要的"。

为什么要坚持知情同意这一要求？为了：（1）促进个人的自主性；（2）保护病人/受试者；（3）避免欺骗和强迫；（4）鼓励医务人员自律；（5）促进做出合乎理性的决策。其中促进个人的自主性和保护病人/受试者是最为重要的。在病人/受试者与医务人员/研究人员的关系中，由于赋予病人/受试者做出影响自己生命或健康的决定的权利而保护了他们的自主性和利益。

... 261

如何证明知情同意这一要求是正确的呢？（1）根据不伤害原则，实行知情同意可保护病人和受试者不受到对他们的伤害；（2）根据效用原则，实行知情同意可以最大限度地保护社会中所有人的利益，其中包括医务人员、病人和医疗研究机构本身；（3）但是最重要的证明是根据自主性原则的证明，即因为表示同意的一方是一个自主的人，具有作为一个自主的人赋予的所有权利，取得有正当手续的同意是道义上的义务。

那么对于不能自主的人，如何实行知情同意这一要求？应该取得与病人/受试者的代理人或监护人的知情同意，代理人可以是父母、亲友、法律监护人、单位负责人、医生或医院负责人等。不能自主的人没有能力表示同意，如婴儿、儿童、昏迷病人、精神病人、智力低下者等。但代理人不应与当事人有利益和/或感情上的冲突。

如何才能做到知情同意？

知情同意有四个要素，也就是实行知情同意的四个必要条件：

Ⅰ．知情的要素：（1）信息的告知
　　　　　　　　（2）信息的理解
Ⅱ．同意的要素：（3）自由的同意
　　　　　　　　（4）同意的能力

（1）能力

同意的能力是实行知情同意的前提。能力是自愿采取行动和理解信息的先决条件。这是基本的，因为某些心身缺陷可使病人/受试者失去提供知情同意的能力。有许多外部条件限制自愿的行动，也有许多内部条件限制自愿的同意。能力问题说的是内部条件。

但是能力是多方面的。有些人没有能力驾驶一辆汽车，但有能力决定是否参加医学研究。因此有能力和没有能力也不是可以决然划分的。在它们之间可以有这样的情况：有些人具有有限的能力。例如年龄稍大一些的儿童具有有限的能力，即使需要监护人的同意，同时也需要儿童本身的同意。

判定一个人是否有能力的标准是什么？通常认为标准包括理解信息的能力和对自己行动的后果进行推理的能力，即能够处理一定量的信息和能够选定目的和合适目的的手段的能力。我们可以说，只要一个人能够基于合乎理性的理由做出决定，她/他就是有能力的。在生物医学中这一标准是指，一个有能力的人必须能够理解治疗或研究的程序，必须能够权衡它的利弊，必须能够根据这种知识和运用这些能力做出决定。

(2) 信息的告知

信息的告知是指医务人员/研究人员提供给病人/受试者有关的信息。应该告知什么样的信息或告知多少信息，可以说"知情"呢？有三条标准：其一，应该提供医务人员认为有益于病人最佳利益的信息；其二，应该提供一个理智的人要知道的信息；其三，应该提供一个病人/受试者要知道的信息。总之，应该提供一个人做出合乎理性的决定所需要的信息，包括医疗或研究程序及其目的、其他可供选择的办法、可能带来的好处和引起的危险等。

但是在随机临床试验和某些心理学研究中不能把有关信息完全公开，否则就得不到必要的研究成果。例如在盲法情况下不能告诉参加的组别，但即使在这种情况下也应该让受试者知道要参加什么样的研究，研究要很好设计，对受试者的危险尽可能地小。

(3) 信息的理解

有效的知情同意既需要提供足够的信息又需要病人/受试者对信息的适当理解。没有适当的理解，一个人不能利用信息做出决定。除了缺乏信息外还有许多条件可限制理解。如情绪冲动、不成熟、不理智等，都会影响理解能力。但以歪曲的形式或在不适当的条件下提供信息也可影响对信息的适当理解。人的理解力有高低，受文化教育水平的影响，因而对所提供的信息也有不同程度的理解。医务人员/研究人员要尽可能用病人/受试者能够理解的语言和方式（如利用录像带、VCD）提供必要信息。可以用测试办法判断病人/受试者对所提供的信息是否理解和理解到什么程度。

(4) 自由的同意

自由的同意是指一个人做出决定时不受其他人不正当的影响或强迫。强迫是指一个人有意利用威胁或暴力影响他人。这种威胁可能是身体、精神或经济上的危害或损失。不正当的影响是指用利诱等手段诱使一个人做出本来不会做出的决定。不正当的影响和强迫与单纯的影响和压力不同。人们常在竞争、需要、家庭利益、法律义务、有说服力的理由等影响和压力下做出决定，但这不是不正当的影响和强迫。

2.1.3 保密 (Confidentiality)

在医患关系中病人的病情以及与此有关的个人信息应属于保密

范围，这是没有争议的。在《希波克拉底誓言》中说："我在治疗过程中看到和听到的……无论如何不可散布，我将坚守秘密。"中国医家也强调甚至不能把病人的秘密告诉给自己的妻子（陈实功）。但有三类信息是否属于保密范围可能有不同意见：

（1）遗传学家在DNA样本分析中获得的有关引起疾病的遗传信息在多大程度上是保密的？一个有遗传病或遗传缺陷的人是否可以在查问时不把信息告诉给雇主、保险公司？现在普遍认为遗传学家有义务保密，以防止基因歧视。但认为应该告知直系亲属，不过这也要取得本人的同意。

（2）发现病人的人体免疫病毒抗体阳性，应否告诉他的性伴、雇主、保险公司？处理的原则同前，一般认为应说服病人去告诉给他的性伴，病人拒绝时医务人员可以去告诉他的性伴，但不应通知雇主和保险公司，以防止歧视。

（3）医疗记录或病历是否属于保密范围？医疗记录除记载事实资料外还含有医务人员对病人的信息的报告和解释。但即使如此，仍然应该注意保密。

为什么应该保密？（1）保守病人/受试者的秘密，就是尊重他的自主性。没有这种尊重，他们之间的重要关系如信任就会受到严重影响；（2）只有坚持保密原则，医务人员才能发挥他们的社会功能，因为只有为病人保密，病人才能把全部情况告诉给医务人员，医务人员才能为病人治好病。

病人/受试者的保密权利会在两种情况下遭到侵犯：（1）专业人员有意或者在言谈中无意泄露秘密，辜负了当事人对他的信任；（2）由于外部的压力，被迫泄露病人的秘密。这两种情况都会损害医患关系或研究人员与受试者的关系。为了保护病人的权利，需要在伦理和法律两方面进行保护。

但当保密的义务与其他义务发生冲突时，如果后一义务更为重要则有时保密义务就要让位给其他义务，尤其是不伤害他人的义务。（1）当为病人保守秘密会给病人带来不利或危害时，医务人员可以并应该不保守秘密。例如病人告诉医务人员他要自杀。（2）当为病人保守秘密会给他人带来不利或危害时，医务人员可以并应该不保守秘密。例如一个即将结婚的男子有艾滋病，这种消息应该让病人的未婚妻知道。（3）当为病人保守秘密会给社会带来不利或危害时，医务人员可以并应该不保守秘密。例如发现列车信号员色盲、飞机驾驶员心脏有毛病等。

2.1.4 隐私（Privacy）

隐私的概念：隐私是一个人不容许他人随意侵入的领域。任何人都有一定范围的领域不容别人侵入。但其意义有所不同。可以有三种意义：

（1）隐私是指一个人的身体与他人保持一定的距离，并不被人观察。当其他人不得你的允许离你太近，观看你的身体，接触或抚摸你的身体，以至袭击、强奸都是侵犯了隐私。避免他人观察自己的身体，是隐私的一个重要方面。一个人在祈祷、性行为、大小便时，被人观察会感到尴尬，这侵犯了人的隐私。现在有些医院的门诊管理不严，当医生给一个病人检查身体时，旁的病人或病人家属可以在旁边围观，这侵犯了病人的隐私。有时女病人不愿意男妇产科医生检查身体，这时应换女医生去做检查。否则就会侵犯病人的隐私权。在这个意义上，隐私是一个人对自己身体独处和精神独处的享有，也是反映了人的自我意识。同时隐私是亲密关系的标志，当一个人被允许进入隐私的领域，这个人就享有亲密关系。

（2）隐私是指不播散人的私人信息。现代许多隐私问题都涉及令人讨厌地泄露私人的信息。隐私的这一概念与前一概念虽有不同，但不管个人的敏感事实被别人知道，还是个人享有的隐私境况被别人骚扰，人们都会感到隐私遭到侵犯。这两个隐私概念有密切联系：一个人谋求独处和亲密关系的关键理由是要排除别人知道他/她的所有思想和行动。隐私权包括保护一个人不得本人同意不得透露有关他/她的信息以及不得透露不准确或歪曲的信息。信息的持有人，如掌握医疗记录的人，未获信息主体——病人的同意，不得透露出去，更不得作歪曲的透露。一个人的姓名和肖像也是信息，未经本人同意刊登在杂志上或出现在电视中，均属于侵犯隐私权。在医患关系或研究人员与受试者的关系中，保护病人/受试者的私人信息的隐私与保密是一回事。

（3）隐私也可以指个人做出决定的自主性。这是在延伸意义上的隐私概念。1973年美国最高法院在罗对威德一案中判决：妇女有宪法赋予的选择人工流产的隐私权利，从而使人工流产合法化。人们对这种隐私概念也有异议。然而，人们对（1）、（2）两种意义上的隐私没有争议。

在临床工作中，医务人员保护病人的隐私，对培养和建立相互尊重、相互信任的健全的医患关系十分重要。同样，在人体研究领域，研究人员保护受试者的隐私对建立两者之间的信任关系也十分重要。同保密一样，唯一能否定病人隐私权的是，如果继续保护病人的隐私权给病人自己、给他人或给社会带来的危害大于泄露隐私给病人带来的损失。

2.1.5　家长主义（Paternalism）

家长主义是指医务人员在医疗中起着家长一样的作用。家长作用有两个特点：（1）家长是仁慈的、为子女做好事的，心中装着子女的利益；（2）家长不让子女作决定，而是代替他们做出决定。坚持家长主义的理由是由于病人不懂医学，患病后身心处于不利地位，不能做出合乎理性的决定，为了病人的利益，应由医务人员做出决定。一位女病人对泌尿道造影有致命的反应，放射科医生没有告诉她可能有致命反应，因为他认为他的义务是做医学上对病人最好的事。如果告诉病人有死亡危险，反而对病人不好，引起不必要的恐慌。这就是医学上的家长主义。又如一个诚心要求知道真相的癌症病人问医生病情时，有的医生不说，怕对病人健康有不利影响甚至导致自杀，这也是一种家长主义的表现。

2.2　不伤害（Nonmaleficence）/有益（Beneficence）

2.2.1　什么是不伤害？

首先什么是伤害？在生物医学中伤害主要指身体上的伤害，包括疼痛和痛苦、残疾和死亡，精神上的伤害以及其他损害，如经济上的损失。

不伤害的义务包括有意的伤害和伤害的风险（risk）。风险是指在治疗/研究时可能发生的伤害，伤害是指在治疗/研究时实际发生的伤害。如截肢后可能发生血栓，这是风险，而失掉一条腿就是伤害。并无恶意甚至无意造成的伤害也违犯不伤害原则。例如疏忽造成的伤害。所以医务人员必须考虑周到、小心谨慎。

实行不伤害原则要求医务/研究人员：（1）培养为病人/受试者的健康和福利服务的动机和意向；（2）提供病情需要的医疗护理；（3）做出风险或伤害/受益评价。

2.2.2　双重效应（Double effect）

双重效应原则用来表明一个行动的有害效应并不是直接的有意的效应，而是间接的可预见的效应。天主教一般禁止人工流产，但当妊娠危及母亲生命时，可以允许人工流产，这时他们援引的就是双重效应原则：挽救母亲生命是流产的直接的有意的效应，而胎儿死亡是间接的可以预见而无法避免、并非有意的效应。

双重效应原则在义务发生冲突时尤为重要。以上述人工流产为例，在一般情况下保护母亲的义务与保护胎儿的义务是一致的，但是当孕妇子宫外孕或子宫有癌症时，这两个义务就发生了冲突，不能同时履行这两个义务。又如对于临终病人的护理，医务人员对他有不伤害的义务，以及通过镇痛使他舒适的义务。但如果疼痛非常严重，病人又有耐药性，使用加大剂量的镇静剂可导致病人呼吸麻痹死亡。保护母亲和解除临终病人疼痛是行动的直接的、有意的效应，而流产使胎儿死亡和病人呼吸麻痹是行动的间接的、可预见效应。

2.2.3 什么是有益和有益原则？

伦理学原则不仅要求我们不伤害人，而且要求我们促进他们的健康和福利。有益原则比不伤害原则更广泛，它要求所采取的行动能够预防伤害、消除伤害和确有助益。"有益""行善"，"行善"不是义务。当自费病人交不起医疗费时，如果他能"行善"替病人付费，当然应该受到额外表扬，但医生并没有义务替病人付费。但他要做些事来帮助病人恢复健康，有益于病人这是他的义务，而不能"见死不救"。所以，"有益"是指一种义务，即帮助他人促进他们重要的和合法的利益。对医生而言，就是要促进病人与生命健康有关的利益。有益原则包括确有助益和权衡利害两个要求。

（1）确有助益

有益于病人、对病人确有助益，是医务人员的职责。当我们说医务人员使病人确有助益、有益于病人时，需要满足下列条件：1) 病人确有疾病或患病；2) 医务人员的行动与解除病人疾苦直接有关；3) 医务人员的行动有可能解除病人疾苦；4) 病人受益并不给别人带来太大的损害。

但是在生物医学研究中受试者也许并不得益，然而这种研究将使其他大量病人、社会、下一代得益，这种研究能否在伦理学上得到辩护？这种研究的辩护是：有益于他人的义务是相互的，我们从社会得到好处，也应促进社会的利益。现在的病人从过去的研究中获益，他们也有社会义务来使未来的病人获益。当然，这并不是说，在研究中对参加研究的人带来的危险和损害可以采取疏忽的态度。

（2）权衡利害

权衡利害要求我们的行动使病人或受试者能够得到最大可能的受益或好处而带来最小可能的害处或风险。这要求我们权衡利害得失，分析、评价风险/受益比是否可以接受。我们有义务有益于病人和不伤害病人，而且有义务权衡可能的好处与可能的害处，以便使好处达到最大，害处达到最小。由于医疗行动（例如手术或用药）往往并不是单纯带来有益后果，它们往往有副作用、创伤、疼痛、不舒服、对其他器官的潜在作用以及对病人今后生活的影响，权衡利害得失尤为重要。在生物医学研究中，效用既要考虑对受试者如何，也要考虑对其他病人是否能在未来提供更为有效的疗法，或能否推进科学知识的进展，如果答案是肯定的，那么使受试者忍受一些并不严重并且可逆的不适甚至最小程度的伤害，是可以辩护的。但如果答案是否定的，那么使受试者哪怕忍受最小程度的伤害都是不可辩护的。

所以，效用原则并不意味着一定要为了社会的利益而牺牲个人的利益。例如为了社会的利益的名义中止治疗可以治愈的病人，或要求病人参加危险很大的研究。因为除效用原则外，还有自主性原则、不伤害原则、公正原则等。效用原则不能压倒其他原则。而且如果破坏了其他原则，效用原则也不能实现，社会的利益会受到更大的损失。

2.2.4 风险/受益（Risk/benefit）比或代价/受益（Cost/benefit）分析

最合适的医疗要参照受益、风险和其他代价来决定，涉及人体的研究是否正当也要由可能受益与风险的权衡结果来辩护。

在生物医学中"代价"是指不利于人类健康和福利的任何负值。人们往往用"风险"这个词来指未来可能的损害。"风险"包括某种损害发生的几率和潜在损害的大小。"低危"或"高危"通常指的就是损害的几率和严重性。"受益"是指促进健康或福利的正值。代价/受益的关系就是预期好处的几率和大小与预期害处的几率和大小之间的关系。

风险和受益是多种多样的。风险既有身体和心理上的损害，也有社会、经济上的损害。对于病人和受试者，损害通常是指疼痛和心身能力的降低。对于病人，受益通常是由于治疗病患而直接得到的，而得到这些益处时又必然冒一定的风险。对于受试者，他们并不直接得到治疗上的好处，而只是为了有益于社会。

如何进行风险/受益或代价/受益的分析？分析要测量不同的定量单位，如事故数、死亡数、所耗资金数、治疗人数等，并且要把这些测量单位转变为共同的单位。然后把风险和受益加以权衡，得出一个比值。例如有人进行代价/受益分析，认为在车间保持 10ppm 的苯平均浓度是可以接受的，因为在这浓度水平上生产苯的社会效益超过了生产苯带来的风险。苯是致癌物，但是如果要把苯浓度降低到 10ppm 以下，就要花费数百万美元，而对工人的保护作用并不会更大。医务人员也常常对单个病人是否应抢救进行代价/受益分析。一个妊娠 34 周的剖腹产早产儿分娩时紫绀、没有反射、心率很慢、水肿、肝脾大。父母要求抢救，但效果很差，婴儿没有自发活动。医务人员认为抢救结果至多是一个高危智力严重低下的婴儿，如果呼吸再停止不值得再进一步抢救。

2.3 公正（Justice）

2.3.1 什么是公正？

公正这个概念与"应得赏罚"有联系。一个研究生应得硕士学位，不授予他就是不公正，授予他就是公正。一个上司奖励一个无所作为的下属就是不公正。一个人通过打别人的孩子来惩罚他自己的孩子也是不公正。

我们这里谈的公正包括"分配公正"、"回报公正"和"程序公正"。"分配公正"指收益和负担的合适分配。"回报公正"就是我们说的"来而不往非礼也"或"知恩不报非君子"。我们在一个社区进行 DNA 采样调查研究，这个社区的样本提供者对研究做出了贡献，我们应该给予适当回报。国际人类基因组组织伦理委员会要求，如果从 DNA 样本中开发出产品，所获利润的 1％～3％应该回报给该社区。如果研究结果没有商业价值，也不能申请专利，也应该写信感谢。"程序公正"要求建立的有关程序适合于所有人，例如审查人体研究的计划书，不管是哪一位研究负责人都要按照既定程序接受伦理委员会的审查，任何人不能例外。在这里我们主要讨论分配的公正。

2.3.2 什么是公正原则？

（1）公正的形式原则

什么是公正的形式原则？在有关的方面相同的人同样对待，不同的人不同对待。形式的公正原则就是形式的平等原则。它是形式的，因为它没有说在哪些有关方面应该对相同的人同样对待。它只是说，不管在什么方面，在有关方面相同的人，应该同样地对待他们，在有关方面不同的人，应该不同地对待他们。如两片面包分给两个同样饥饿的儿童，公正要求每个人分一片，在这种情况下"不等"分配是不公正的。如一个儿童刚吃了一顿饱饭，另一个在24小时内没有吃任何东西，则把两片面包分给第二个儿童才是公正的，这时"平等"分配就是不公正的。但是公正的形式原则没有说有关方面是什么。

(2) 公正的实质原则

什么是公正的实质原则？公正的实质原则规定一些有关的方面，然后根据这些方面来分配负担和收益。究竟根据哪些有关的方面来进行公正分配呢？人们提出过如下分配原则：1) 根据个人的需要；2) 根据个人的能力；3) 根据对社会的贡献；4) 根据业已取得的成就；5) 根据购买力；6) 根据职位高低等等。

需要原则是说，当根据需要进行分配时分配就是公正的。但什么是需要？一般是说，某个人需要某种东西就是说没有它他就会受到损害。我们把需要原则和形式的公正原则结合起来，就是说有同等需要的人，在满足需要方面应该同等对待，对有不同需要的人则应该不同对待。两个病人需要相等的药，就分配他们相等的药；他们需要不等量的药就分配他们不等量的药。但是我们至少不可能对所有的同等需要都能做到同等分配，只能涉及基本需要才能这样做。基本需要是指营养、医疗、教育，没有这些人们就会受到损害。但在医疗中也应区别开基本的医疗保健需要和非基本的医疗需要。毕竟目前不是每个人都有可能享有CT、肾移植、体外受精这些高技术的。对于非基本的医疗需要可以根据个人的支付能力来分配。

2.3.3 卫生资源的分配

卫生资源的分配分宏观分配和微观分配。

(1) 宏观分配

什么是卫生资源的宏观分配？卫生资源是指提供卫生保健所需的人力、物力、财力。卫生资源的宏观分配是指出在国家能得到的全部资源中应该把多少分配给卫生保健，以及分配给卫生保健的资源在卫生保健内部各部门如何分配。

宏观分配必须解决如下这些问题：1) 政府是否应该负责卫生保健事业，还是把这个事业留给市场？2) 如果政府应该负责，应该用多少预算于保护和鼓励健康，用多少预算于其他事业？3) 社会应该集中于像肾透析、肾移植、可植入的人工心脏这些抢救方法，还是应该集中于疾病和残疾的预防？4) 如果不能资助所有领域的研究和治疗，哪些疾病或病患应该优先得到资源的分配？5) 什么时候社会应该限制个人自由，要求改变个人行为模式和生活方式（如吸烟）以保护个人健康？

（2）微观分配

什么是微观分配？医务人员、医院和其他机构决定哪些人将获得可得到的资源，尤其是涉及稀有资源时。微观分配的问题有时是，"当不是所有人都能活时谁应活下去"这个问题不是由病人决定，而是由其他人为病人决定的。

为了进行微观分配要求两组规则和程序：

1) 首先需要规定一些规则和程序决定哪些人属于可以得到这种资源的范围，即根据例如年龄、成功的可能和希望、预期寿命等主要是医学的标准进行初筛。2) 然后再规定一些规则和程序从这医学可接受的范围中最后决定哪些人得到这种资源。这组规则和程序的规定常常要参照社会标准：病人的地位和作用、过去的成就、潜在的贡献、个人的购买力等。

参考文献

Beauchamp, T., Walters, L. Contemporary Issues in Bioethics. third edition. Belmont, CA: Wadsworth, 1989.

Beauchamp, T., Childress, J. Principles of Biomedical Ethics. 5th edition. New York: Oxford University Press, 2001.

British Medical Association. The Medical Profession and Human Rights. London: Zed, 2001.

Munson, R. Intervention and Reflection: Basic Issues in Medical Ethics. sixth edition. Belmont, CA: Wadsworth, 2000.

O'Neill, Onora. Autonomy and Trust in Bioethics. Cambridge: Cambridge University Press, 2004.

Veatch, Robert. The Patient-Physician Relation. Bloomington & Indianapolis: Indiana University Press, 1991.

邱仁宗. 医学伦理学//方圻. 现代内科学：上卷. 北京：人民军医出版社，1995：26-42.

邱仁宗，卓小勤，冯建妹. 病人的权利. 北京：北京医科大学，中国协和医科大学联合出版社，1996.

邱仁宗. 动物权利何以可能?. 自然之友，2002（3）：14-18.

附录四
可遗传基因组编辑引起的伦理和治理挑战[*]

有关可遗传基因组编辑讨论的背景

2018年11月27—29日在香港举行的第二届国际人类基因组编辑高峰会议讨论的重点之一是可遗传基因组编辑的科学、伦理和治理问题。2015年12月1—3日中国科学院、英国皇家科学学会和美国科学院在华盛顿联合召开了第一届国际人类基因组编辑高峰会议，会后成立了以美国威斯康星大学麦迪逊分校的法学家和生命伦理学家沙罗（Alta Charo）教授和麻省理工学院医学研究所海恩斯（Richard Hynes）教授为共同主任，有美国、加拿大、英国、法国和中国等国科学家、医学家、伦理学家和法学家参加的"人类基因编辑：科学、医学和伦理委员会"（Committee on Human Gene Editing: Scientific, Medical and Ethical Considerations），2017年美国科学院和美国医学院发表了该委员会起草的一份题为《人类基因组编辑：科学、伦理学和治疗》（Human Genome Editing: Science, Ethics and Governance）[1]的报告，反映了各国科学家对基因组编辑研究和应用的共识。其主要内容有：（1）基因组编辑是使基因组（机体的一套完整的遗传材料）发生添加、删除和改变的新的有力工具，基因组的编辑更加精确、有效率、灵活和费用低，但这些应用同时又带来了受益、风险、管理、伦理、社会问题，其中重要的问题包括如何平衡潜在的受益和意外伤害的风险；如何治理这些技术的应用；如何将社会价值整合进临床和政策考虑之中。（2）涉及人类细胞和组织的基因组编辑的基础性实验室研究，对推进生物医学

---

[*] 作者为邱仁宗、程晓梅、雷瑞鹏，原文经修改后曾发表于《医学与哲学》2019年第40卷第2期613-618页。

科学至为关键,有些基础研究需要用生殖系细胞,包括早期人胚胎、卵、精子和产生卵与精子的细胞,人类基因组编辑的基础性实验室研究在现有的伦理规范和管理框架内是可加以监管的。(3)体细胞编辑的临床使用目的在于治疗和预防疾病,体细胞基因组编辑的效应限于被治疗的病人,不会遗传给病人的后代,基因治疗受伦理规范和管理监管已有一段时间,这种经验为体细胞基因组编辑建立类似的规范和监管机制提供了指导,体细胞基因组编辑疗法目前已经可以用于临床实践。(4)关于生殖系编辑和可遗传的改变,成千上万的遗传病是因单基因突变引起的,因此对携带这些突变的个体的生殖系细胞进行编辑可使他们的孩子摆脱被遗传这些疾病的风险,然而人们对生殖系编辑有高度的争议,因此建议可以允许生殖系基因组编辑试验,但仅应该在管理框架内进行,这个管理框架包括如下标准:不存在合理的其他治疗办法;限于预防严重的疾病;限于编辑业已令人信服地证明引起疾病或对疾病有强烈的易感性的基因;限于将这些基因转变为在人群中正常存在的版本,且无证据有不良反应;已经获得该程序的有关风险与潜在健康受益的可信的前临床和临床数据;在临床试验期间对该程序对受试者的健康和安全的效应要进行不断而严格的监管;要有长期、多代的随访的全面计划,同时尊重个人自主性;最大程度的透明与保护病人的隐私保持一致;对健康与社会的受益和风险要连续地进行重新评估,公众要广泛地连续不断地参与;要有可靠的监管机制,以防止扩展到预防疾病以外的使用。(5)至于基因组编辑用于"增强",因为难以评价增强给人带来什么受益,需要公众参加讨论来使管理者更好地进行风险/受益的分析,需要公众参与讨论以了解实际的和预测的社会影响,以便制订有关这类技术应用的治理政策。该委员会建议,治疗或预防疾病以外目的的基因组编辑此时不应该进行,并且在是否或如何进行这种应用的临床试验之前,公众对此进行讨论是必不可少的。

构成国际科学共同体对基因组编辑研究和应用共识的这一文件,显然是将优先次序排列为:基础研究;体细胞基因组的临床试验和应用;可遗传的基因组编辑的临床前研究、临床试验及应用;增强(增强显然不应该置于我们的研究日程上)。随着从基础研究到增强这一梯级上升,影响风险和受益的因素日益复杂,不确定性和未知因素逐步增加,以至于我们既不能对干预的风险-受益比进行可靠的评估,也不可能实施有效的知情同意,因为连科学家和医生都不知道干预后会发生什么。在这一文件中突出之处是："可以允许生殖系基因组编辑试验"，但施加了许多条件，而这些条件在目前以及最近的将来是不具备的。如果与2015年美国记者就黄军利用人胚胎进行基因编辑的基础研究批评他跨越西方公认的伦理边界相比，说明西方与中国关于科学伦理的观点更加接近，这进一步驳斥了该记者认为其中存在裂沟的错误论点。[2]

也许更为重要的是，英国生命伦理学权威性智库于2018年7月发表一份《基因组编辑和人类生殖：社会和伦理问题》（Genome Editing and Human Reproduction: Social and Ethical Issues）的研究报告。[3] 这份报告讨论了决定基因组编辑技术是否以及如何应用于人类生殖的概念、体制、管理和经济因素，以及影响其可接受性的社会各种伦理规范。这份报告的结论是，根据在伦理学探讨基础上制订的条件，可遗传的基因组编辑是应该允许的，然而这些条件目前尚未形成，但有可能在将来形成。按照目前的技术和社会的发展轨道，很可能会形成。这份报告指出了不应该允许进行可遗传基因组编辑的条件，但在伦理学上不存在绝对反对的理由。因而我们有伦理学上的理由来继续探讨可遗传基因组编辑的条件。该文件确定了两条原则：一是未来的人的福利原则：接受基因组编辑的配子或胚胎应该仅仅用来为了一个目的，即为了确保作为编辑这些细胞的一个后果可能生出的那个人的福利；二是社会公正和共济原则：接受基因组编辑的配子和胚胎的使用仅仅允许在这样的条件下进行，即这样做不会加深社会的分裂或使社会内部某些群体的边缘化或不利地位更加恶化，该报告提出了有关对可遗传基因组编辑的治理建议。

反对和支持可遗传基因组编辑的论证

反对对可遗传基因组进行任何编辑的论证

（1）一种反对的论证是基于这样的观念，上帝或自然已经把大家的生活安排好，不管本人的感觉如何。你改变了某个人的基因组，从而就改变了他的生活，那是在"扮演上帝的角色"或造成"不自然"的情况，这在伦理学上是不允许的。这种反论证是不能成立的："扮演上帝的角色""自然性"等概念本身含混，引起颇多争议；世界上不相信上帝存在的人多于相信的人,因此不能构成普遍性论证方式;自然的安排也不都是合理的和合意的;等等。这方面的论证我们已经在不同场合讨论过或驳斥过,这里不再重复。[4]

(2)另一种反对的论证是说,对基因组进行编辑以选择未来的人的特征可能产生这一未来的人去过另一种可能的生活,而这另一种可能的生活充满着不确定性,难以设想这个未来的人生活会怎样,因此这种基因组编辑的干预等于违犯了后代子孙形成他们自己身份的权利。[5]然而,另一种可能生活的不可预测性不能构成反对可遗传基因组编辑的论证,因为许多干预(例如器官移植)都可能产生不可预测的后果,从而改变人的生活。而且,接受编辑的是一个胚胎,尚不具备作为一个人拥有的形成自己身份的权利,否则他的父母先选择一个配偶,后来换了一个配偶,不也改变未来孩子的身份吗?更不要说,在现代生活,即使基因组未经编辑,生活同样充满不确定性。

(3)哈贝马斯根据人性(human nature)来反对任何基因工程的论证也可用于可遗传基因组编辑。[6]按照哈贝马斯的论证或逻辑,可遗传基因组编辑就会改变人性,而人性是不应该改变的,因为人性使一个人成为他自己。在这里哈贝马斯似乎陷入了一个自然主义错误,将"是"转化为"应该"。而且他援引了非常容易产生歧义的概念"人性"。第一,人们对什么是"人性",并没有一致的答案;第二,在实际生活中,尤其在医学中,人们已经难以区分什么是自然的与什么是人工的,许多非基因的干预已经使人不能成为他自己了;第三,"人性"也不都是合意的(包括对人体的设计也存在许多不合理之处,正如雷瑞鹏、冯君妍、王继超等有关自然性的观念和论证一文表明的[7]),可以作为我们据以评判行动对错的伦理基石,人性善恶之争延续了许多世纪也没有得到解决,也许人的本性就是既有善又有恶的,如何能够成为我们评判行动是非善恶的标准。如果我们的基因组编辑,仅仅是为了防止后代患例如地中海贫血,这对哈贝马斯意义上的"人性"又有什么样的影响呢?这并不妨碍你成为你自己,也许使得你更好地成为你自己。

某些可遗传基因组编辑在伦理学上可以允许的论证

桑德尔论证说,父母把某些他们喜爱的特征强加在他们后代身上扭曲了亲子关系。[8]然而他的批评仅限于增强未来孩子的特征,他没有反对预防可遗传疾病的基因干预。因为防止孩子患遗传病有利于孩子的发展。如果将可遗传基因组编辑区分成可允许的与不可允许的，那就要解决三个问题：(1)要有一个划分伦理学上可允许的与不可允许的标准；(2)要设法找到一个在操作上有效的办法来区分伦理学上可允许的与伦理学上不可允许的；(3)要为基因干预的遗传例外主义找到一个辩护办法，因为在怀孕前后人们有许多干预未来孩子的办法（如胎教、改善孕妇营养等），为什么对基因干预要特别对待呢？遗传例外主义（genetic exceptionalism）是认为遗传信息或遗传干预有其特殊性，因此必须将它与其他类型的信息或干预区别开来，给予特殊的关切，需要更为站得住脚的伦理辩护。

我们不完全同意对新技术应用于人采取这样一种哲学论证的辩护路径，即从一些哲学概念出发，来推论某种干预是否应该做，例如从孩子有选择权来反对对胚胎进行任何干预。人的胚胎还不是生出来的孩子，他有什么选择权或其他权利？我们认为生命伦理学的分析是一种实践的分析，例如(1)对技术现状的分析，例如目前的基因组编辑技术是否成熟，有哪些优缺点；(2)如应用这项技术于治疗人的疾病，是否安全和有效，会有哪些风险与受益，风险-受益比是否可以接受；(3)如果应用这项技术于预防下一代患遗传病，对这未来生出的孩子是否安全和有效，会有哪些风险和伤害，会有哪些受益，风险-受益比是否可以接受。如果涉及有行为能力者，还有尊重他们的自主性、实现知情同意的问题。而这种实践分析的路子的根本目的是维护和促进遗传病人或其后代的利益而不是去维护某种哲学概念。这次会议的最后声明就是按照这种路子来为可遗传基因组编辑进行辩护的。[9]

第二届国际人类基因组编辑高峰会议的最终声明说，"改变胚胎或配子的DNA和使带有引起疾病的突变的父母拥有健康的孩子"。这就是可遗传基因编辑给亿万遗传病病人带来的受益。例如我国有地中海贫血基因携带者4 700万人，单单就这一项说，他们生出来的可能有4 700万或9 400万（如果他们生两个孩子）孩子可免除患地中海贫血之苦，难道不是对他们个体、对他们家庭以及对社会巨大的受益吗？因此有什么理由去反对进行可遗传基因组编辑呢？如果基因组编辑臻于成熟，而且可以负担得起，不但可遗传基因组编辑应该允许，而且应该成为各国政府的道德律令。问题在于，这种"允许"还不是"现在就做"，因为现在条件尚不成熟。目前对胚胎或配子进行可遗传基因组编辑不但有风险，而且这种风险还难以评估。由于目前技术和方法所限，胚胎中某些细胞的基因组得到了编辑，有些则没有，仍然将疾病遗传下去；基因组编辑的脱靶突变和引起其他基因缺失或干扰其他基因功能仍然存在，原计划要改变的性状得到了改变，同时又改变了计划以外的其他性状。生殖系基因组编辑产生的有害效应不仅影响个体，而且也影响个体的后代。在目前知识和技术条件下我们难以对风险-受益比做出全面的评估。当难以对干预的风险-受益比做出评估时，我们如何保护病人以及未来的孩子呢？然而，今天做不到的事，不等于明天做不到。鉴于目前基因技术的日益改善，以及用体细胞基因组治疗疾病的安全性和有效性日益得到保障，我们相信有朝一日可遗传基因组编辑的安全性和有效性也可以得到保障，到了那时可遗传基因组编辑从基础研究、前临床研究进入涉及人的临床试验就可以得到伦理学的辩护和接受了。组织委员会在声明中明确指出，从基础研究、临床前研究转化到临床试验，必须坚持最近三年来发表的基因组编辑指南中明确阐述的标准，要求制订评估基因修饰临床前证据的标准，临床试验执业者能力的评估标准，以及行业人员行为守则及其与病人、病人维权群体建立密切关系的标准。我们认为，在评价某一新技术是否应该应用于人时不应该从哲学概念出发，而是应该具体分析该项技术对人的可能影响，评估其风险-受益比，以及相关的人是否受到应有的尊重，而不是从某个哲学家发明的某个概念出发。这是生命伦理学论证的正当路径。

建立可遗传基因组编辑的伦理框架和做好治理安排

从我们允许可遗传基因组编辑到我们批准对配子或胚胎进行基因组编辑，还有很长一段路要走。科学家们将努力进行基础研究和临床前研究，以改善基因组编辑技术的安全性和有效性，通过体细胞基因组编辑治疗疾病，我们可以逐步建立对基因组编辑的监管体系。从我们的伦理学视角来看，我们需要做好两件事：建立可遗传基因组编辑的伦理框架和做好可遗传基因组编辑的治理安排。我们认为，在没有做好这两件事以前不可开展可遗传基因组编辑的临床试验。

基因组编辑简便实用，估计很快会在我国开展起来。但首先要解决我国专业人员和公众对开展基因组编辑工作的两大关切：

关切之一：会不会形成像"干细胞乱象"一样的"基因编辑乱象"？新生物技术发展之快，我国医疗卫生事业中市场激进主义（错误以为靠资本、市场可以解决我国医疗卫生问题）比较严重，引起一些关切是自然的。

2005—2012年，我国有数百家医院开展未经证明和不受管理的所谓"干细胞疗法"（不是将全潜能或多潜能干细胞分化为专潜能细胞，进行细胞移植，而是将未分化的成人干细胞或脐带干细胞经培养扩增后直接注射入病人体内），估计可能有数万或数十万病人接受这种未经临床试验证明也未经主管部门批准的治疗，但至今没有1例有科学证据证明这种疗法治疗好了病人的疾病，仅有短暂的刺激作用。而病人花费的金额可能达数亿或数十亿之巨，成为制造干细胞的生物技术公司与开展这种疗法的医院和医生的巨额利润来源。但病人的疾病并没有治好，有的更糟，个别的因此死亡了。将未分化的成人干细胞或脐带干细胞经培养扩增后直接注射入病人体内冒充种种高科技疗法至今未绝，也未得到严肃处理。因此，这种关切是合理的。[10]

这不是杞人忧天。据报道，杭州癌症医院已经开展了基因组编辑疗法，据称他们开展了临床试验，试验结果是85个病人死了15人，他们说是疾病致死，与基因组编辑无关；在试验期间死亡的都不算不良事件。与之相关的问题是：他们开展基因组编辑治疗，得到哪个主管部门的批准；从事基因组编辑的人员资质是否有保证；15个病人死亡是否经过相关专家鉴定为疾病致死，而非编辑致死；临床试验期间死亡均为不良事件，是否可以随便修改规定；其临床试验是否经过机构伦理审查委员会审查批准；其机构伦理审查委员会委员是否有资格和能力审查基因组编辑的临床试验；每个病人付了多少费用；出现了那么多的死亡人数，医院和杭州卫生行政部门与杭州市浙江省伦理委员会是否进行调查追究；等等。这一案例本身不是即将出现的基因组编辑乱象的序曲吗？[11]

关切之二：将如何对待未经基因组编辑的病人及其后代？2010—2015年出版了若干本医学伦理学教材。[12]值得注意的是，作者称遗传有缺陷、身体和智力低下的人为"劣生"（与纳粹用语inferior接近），主张对他们进行强制绝育，说他们对社会是负担，他们的生命没有价值，同时主张对于严重残疾、患不治之症的病人、临终病人等实施"安乐死",他们有"义务"接受安乐死,因为他们对社会已经没有价值,是社会的负担,他们的生命没有价值。这也是与纳粹的理论相一致的。当年纳粹对遗传病患者实施强制绝育,对患不治之症的病人实施"安乐死",也是因为纳粹认为,他们作为人已经失去价值,他们是社会的负担。如果这些医学伦理学作者的意见被政府采纳,将会有数千万人接受强制绝育,数千万人被"安乐死",这将是一个怎样的局面?用这种教材培养出来的医生或科学家,对于遗传病人、残疾人将会采取怎么样的态度?现在一部分人可以通过基因组编辑使其基因组得到改良,防止出现遗传病,而另一部分人没有,那么那些没有被基因组编辑修饰的人及其后代会不会被人认为"低人一等""劣生",其作为人的价值不如经过基因组编辑的人呢?根本的问题是:人本身有其内在价值吗?还是仅有外在的、工具性价值?那些未经基因组编辑的人的尊重何在?我们认为,人有其内在价值,不因身体或智力有残障而丧失其一分价值;人的尊严是绝对的和平等的。

1998年时任国家主席江泽民在致康复国际第11届亚太区大会的贺词[13]中指出:"自有人类以来,就有残疾人。他们有参与社会生活的愿望和能力,也是社会财富的创造者,而他们为此付出的努力要比健全人多得多,他们应该同健全人一样享有人的一切尊严和权利。残疾人这个社会最困难群体的解放,是人类文明发展和社会进步的一个重要标志。"我们相信,从事医学伦理学教学和研究的学者以及所有医务人员都会同意贺词中所体现的对残疾人的"人文关怀"。

建立一个评价基因组编辑用于人类生殖的伦理框架

这也是评价我们(科学家、医生、管理者)在这方面的决策是非对错的道德标准。这个伦理框架应包含以下部分:

伦理框架1:基因组编辑用于人类生殖的前提

基因组编辑用于人类生殖必须先进行临床试验,在临床试验证明安全有效后,经过主管部门组织专家委员会鉴定批准后,方可正式用于临床实践。

在临床试验前,必先进行临床前研究,尤其是动物研究,证明是安全而有效的;其数据必须公开发表,让其他科学家重复检验。

必须进行基础研究,改进基因组编辑技术,消除或减少其缺点

（脱靶、引起突变、对其他基因的干扰等），增进其功效。

所有这些努力是为了确保在进行临床试验时风险-受益比对未来要出生的孩子是有利的。

伦理框架2：维护未来父母的利益

用基因组编辑修饰生殖系基因组的目的是，生出一个没有患未来父母遗传病的孩子，我们要努力维护这对未来父母的利益，包括：在修饰前提供咨询，告知他们充分的、全面的相关信息，尤其是风险-受益信息；帮助他们理解这些信息；给他们充分的时间考虑，在不受强制或不正当利诱条件下做出同意修饰其生殖系（配子或胚胎）基因组的决定；无论修饰后结果如何，也要对未来的父母提供咨询；将无行为能力者排除在受试者之外。这就是贯彻知情同意的伦理要求，知情同意基于尊重这对夫妇的自主性，将他们作为人对待，人本身是目的，具有内在价值，他们拥有与非遗传病患者同样的人的尊严和权利。

伦理框架3：维护未来的人的利益

可遗传基因组编辑的目的是生出一个不患其父母患的遗传病的孩子。因此，在纳菲尔德生命伦理学理事会的意见中将基因组编辑用于人类生殖的原则1是：为了未来的人的利益。这个原则要求我们的医生、科学家应该将接受基因组编辑操作的配子或胚胎仅仅用于这样的目的：确保一个可能出生的人的利益。这一原则要求我们充分考虑如何维护一个可能要出生的人的利益。简言之，我们对未来父母的配子或胚胎进行基因组编辑，其唯一的目的是生出一个没有遗传病的孩子，我们不是为了赚钱（当然要进行成本核算），也不是为了优生学（eugenics），即目的是让所谓"优生"的个人或种族得以繁衍，限制所谓"劣生"的个人或种族生殖。[14]

伦理框架4：维护社会其他人的利益

遗传的基因组编辑干预可能同时影响到社会中的其他人。由于基因组剪辑技术比较简单，一旦经过改进和完善，很可能会比较普遍地推广应用，这样社会上是否会分成两部分人：一部分患有遗传病的人经过体细胞基因组编辑将疾病治愈了，而且经过生殖系基因组编辑他们的孩子也预防患他们的遗传病；而另一部分患同样遗传病的人的基因组没有得到编辑，仍然受遗传病折磨，而他们的孩子也因其生殖系基因组未经编辑而仍然罹患他们的遗传病。那么后一部分人是否会被人认为"低人一等"甚至"劣生"而遭到歧视呢？

如果发生这种情况，那么基因组编辑导致了社会上一部分人的道德地位遭到了贬低。在这种条件下，基因组编辑就不应在这种社会内实施。因此单单有原则1是不够的。必须还有一条原则来确保，给所有人的利益赋予相称的权重。于是纳菲尔德生命伦理学理事会提出了原则2："曾接受基因组编辑操作的配子或胚胎（或来源于曾经接受这种操作的细胞）的使用仅仅在这样一些条件下才是允许的：能够合理地期望，这种使用不会产生或加剧社会的分裂或加剧社会内部一些群体的边缘化或处于更为不利的地位。"[15]我们建议，进行基因组编辑的医生和科学家必须公开明确地声明，我们的工作是为了生出一个避免患遗传病的孩子，我们对任何遗传病患者或其他形式的残疾人不歧视、不污名化，他们与其他人拥有同等的内在价值、人的尊严和权利，并贯彻在行动之中。

伦理框架5：维护整个社会的利益

人类的个体结合在社会之中。社会是一个"我为人人，人人为我"的利益共同体和命运共同体。做父母的希望有与自己基因有关的孩子，他们这种利益具有积极的社会价值，所以社会就有伦理义务允许他们追求这种利益而不去横加干涉，有时还要提供积极的帮助。进而我们认为父母想利用基因组编辑以便使他们生出不会患有他们遗传病的孩子，这在伦理学上是可以允许的。然而，这里有一定的限制：不是所有使用基因组编辑改进未来孩子的干预都是可接受的，我们必须考虑这种干预更为宽泛的含义，包括对他人的可能影响以及是否符合社会公认的伦理和法律规范。例如上面我们提到，基因组编辑的广泛应用，可能会影响到社会成员的结构以及他们的道德地位，那么在实施基因组编辑前我们就应该邀请公众或其代表参与讨论，而不是我们过去的"科学家发明，企业家出钱，政府盖章，公众尝苦果，人文社科人员收拾残局"的糟糕局面。在公众参与过程中，我们要特别听取受影响者和可能增加其脆弱地位的人群的意见。唯有这样，我们的社会不至于因推广使用基因组编辑而陷于分裂，反而会增加社会凝聚力和稳定性。

伦理框架6：维护人类的利益

载有基因组编码的DNA成对碱基结构能够使得遗传物质的复制机制代代相传。可遗传基因组编辑涉及代际基因组的修饰。这种修饰改变了基因特性代际相传，即前代的基因特性再也传不到后代了。编辑胚胎与体细胞基因治疗之间的显著差异就在于，胚胎中的修饰将在机体每一个细胞中复制,并且也进入未来孩子的"生殖系"之中。这意味着这种修饰可通过他们的配子(卵或精子)传递下去,能够由后代继承,一直到无数的未来世代。这种跨代继承的可能性提出了不仅对下一代,而且对未来世代的责任问题。胚胎编辑引起的改变通过许多代传递下去引起人们对安全的关切。可能的不良效应可能潜伏很长时间而没有表现出来,然而突然在好几代以后表现出来,这已经扩散到许多后代人了。我们对未来世代的责任,实际上不限于人类生殖,核能利用对环境的影响、全球性的气候变暖、我们目前的生活方式对环境的破坏,都涉及我们对未来世代的责任,形成了"代际公正"的概念。

做好可遗传基因组编辑的治理安排

我们建议的治疗安排包括几方面:(1)专业治理(professional governance)。即相关的学会(如中华医学会、中国遗传学会、中国医学遗传学会)应制订有关会员从事基因组编辑的行动规范。在干细胞乱象期间,中华医学会糖尿病学分会出台了一个用干细胞治疗糖尿病必须首先进行临床试验的声明,这是唯一一个学会发表此类声明,体现了严肃的医学专业精神。[16] 而所有其他学会默不作声,违反了病人利益第一、尊重病人自主性和社会公正三大医学专业精神原则,丧失了诚信。希望中华医学会及其分会不要对其会员违反专业精神及其原则的行为漠然处之。(2)机构治理(institutional governance)。加强机构伦理委员会对基因组编辑,尤其是生殖系基因组修饰临床试验方案的审查能力。体细胞基因修饰临床试验的研究方案审查与通常的生物医学和健康研究的方案没有重大差异,但对生殖系基因组修饰临床试验方案的审查要复杂得多,要求委员具备相关的基因组学和基因组编辑技术的知识,分析其可能的风险-受益比的能力。机构伦理审查委员会审查生殖系基因组修饰临床试验方案,可能需要关注:从事临床试验人员尤其是试验负责人的资质(例如贺建奎可能就不具有从事临床试验的资质);临床试验的具体目的,是治疗(防止患遗传病)还是增强(增加人原来不具备的防病能力);配子和胚胎来源,它们的质量,它们经过基因组编辑的操作的情况;将经过基因组编辑操作的胚胎转移至生殖道的操作程序计划;对未来的孩子可能的风险-受益是什么,风险-受益比是否有利;提供配子和胚胎者即未来父母的知情同意实施情况(包括告知他们什么，如何帮助他们理解，有谁去做知情同意工作，等等）；植入生殖道后可能发生原本不会发生、我们未预计到的风险，造成伤害，如何应对；植入生殖道发生不良反应、不良事件如何应对；如果生出的孩子不如未来父母期望者，甚至父母拒绝接受，如何处理；费用如何安排；等等。为此，机构负责人要组织加强能力建设的工作，对参与基因组编辑的所有科研人员、医务人员、机构伦理审查委员会委员进行相关的专业技术和伦理的培训，并随着基因组编辑技术的进展要进行继续教育。（3）监管治理（regulatory governance）。管理科技及其在人体应用的行政部门（卫健委）需要有相应的治理安排，例如，需要制订专门的可遗传基因组编辑的伦理准则和管理办法；进行生殖系基因组修饰的机构和人员应有资质要求，建立相应的准入制度；对可遗传生殖系基因组修饰临床试验方案建立二次审查制度：机构伦理审查委员会审查后，由卫健委另组织可遗传基因组编辑伦理审查委员会再进行审查；加强对实施生殖系基因组修饰机构的伦理审查委员会的检查评估。（4）法律治理（legal governance）。我国立法应介入可遗传基因组编辑技术的管理，设立专门委员会对我国现有的限制可遗传基因组编辑的法律法规进行审理，并就可遗传基因组编辑技术对人类基因池的影响进行沟通。（5）国际治理（international governance）。中国科学院、英国皇家学会以及美国科学院-医学科学院-工程科学院的三院高峰会议机制仍应继续。应建议联合国召开可遗传基因组编辑技术对人类影响大会，在成员国之间进行沟通、交流并达成阶段性共识。

治理安排目的之一，是要确保一旦可遗传基因组编辑进入临床试验，下列的条件已经具备：

对健康和社会的受益与风险要连续不断地进行重新评估；

可遗传基因组编辑所要预防后代的疾病不存在合理的其他治疗办法；

仅限于预防严重的疾病；

仅限于编辑业已令人信服地证明引起疾病或对疾病有强烈的易感性的基因；

仅限于将这些基因转变为在人群中正常存在的版本，且无证据有不良反应

可遗传基因组编辑程序的有关风险与潜在健康受益可信的前临床和临床数据已经获得；

在临床试验期间要不断而严格地监管该程序对受试者的健康和安全的效行；

要有长期、多代的随访的全面计划，同时尊重个人自主性；

要保持最大程度的透明，同时要保护病人的隐私；

公众要广泛而连续不断地参与；

要有可靠的监管机制，以防止扩展到预防疾病以外的使用。

如果一个社会缺乏上述伦理框架和治疗安排，其科学家和医生就没有资格从事可遗传基因组编辑。

[附]

案例分析：H博士声称他进行的临床试验是将其中有艾滋病病毒阳性者的一对夫妇的卵子进行基因组编辑，敲掉了他认为引导艾滋病病毒的CCR5基因，然后将编辑过的卵子植入该对夫妇女方身体内，并生产出一对女孩子，且提供给这对夫妇28万人民币作为保险费。这一案例引起全国乃至全世界的热烈争议。那么根据现有材料，H博士对人胚进行基因组编辑是否有问题，如果有问题，存在什么问题呢？下面是作者的分析。

问题1：H博士选择"增强"性生殖系基因组编辑是最不能得到伦理学辩护和接受的。如下表所示，基因组编辑用于人的伦理学上可辩护性：随着数字的增加，干预产生的风险和受益的不确定性、未知因素和复杂性也随之增加，我们无法可靠地评估干预的风险-受益比，更无法保证干预的风险-受益比会有利于病人或未来的孩子。

	治疗	增强
体细胞	1	3
生殖系	2	4

问题2：他的基因组编辑试验是违规的。2003年卫生部《人类辅助生殖技术规范》中对实施技术人员的行为准则规定：禁止对人类配子、合子、胚胎进行基因操作；禁止人类与异种配子的杂交；禁止异种配子、合子和胚胎行人类体内移植；禁止人类配子、合子和胚胎行异种体内移植。2003年科技部和卫生部人胚胎干细胞研究伦理指导原则规定："第六条　进行人胚胎干细胞研究，必须遵守以下行为规范：（一）利用体外受精、体细胞核移植、单性复制技术或遗传修饰获得的囊胚，其体外培养期限自受精或核移植开始不得超

过 14 天。(二)不得将前款中获得的已用于研究的人囊胚植入人或任何其他动物的生殖系统。"

问题 3：他在科学上是不严谨的。即使像他所说，感染艾滋病病毒靠的是 CCR5 基因，可是两个孩子中有一个的 CCR5 并没有完全敲除，那么她仍有可能感染艾滋病病毒。他说他抽了孩子的脐带血检查编辑有没有引起其他基因异常，可他只查看了基因组的 80%，如果他没有检查的 20% 基因有编辑引起的突变，那对孩子们的健康危害将是很大的。许多科学家指出，CCR5 不仅可能在细胞表面产生蛋白引导艾滋病病毒进入细胞内感染 DNA，它还有积极的免疫功能。将这两个孩子的这个基因敲掉了，就有可能使她们比其他孩子更容易感染其他传染病，例如流感。这说明他在科学上有疏漏以及对孩子不负责任。[17, 18]

问题 4：科学上的不必要和无效性。预防艾滋病有许多简便、实用和有效办法，用基因组编辑是"大炮打麻雀"。有些艾滋病病毒毒株并不依赖 CCR5 产生的蛋白进入细胞内，它用另一种蛋白 CX-CR4。[19] 有些天生缺乏 CCR5 的人一样感染艾滋病。这说明，H 的工作是无效的。

问题 5：知情同意是无效的。H 从来不报告，知情同意怎么做，由谁来做。有效的知情同意，提供的信息必须是全面的。孩子的父母知道预防感染艾滋病病毒有许多方法吗？他们知道孩子的 CCR5 基因可能没有完全敲掉吗？他们知道 CCR5 基因还有免疫功能吗？他们知道艾滋病病毒进入细胞核内也可以借助其他蛋白吗？因此，没有提供全面信息的同意是无效的。他给孩子父母 28 万元构成了不当利诱，这也使父母的同意归于无效。

问题 6：伦理审查是无效的，还可能是伪造的。按照卫健委规定，研究方案必须由 H 所在单位的机构伦理委员会审查批准。他的研究方案必须由南方科技大学的机构伦理委员会批准，但该大学的机构伦理委员会并没有审查批准他的研究方案，却是与南方科技大学无关的深圳美和妇幼科医院的伦理委员会审查批准他的方案。因此，这种审查批准是无效的。据说该院院长否认他们批准了他的方案，声称所有签字都是伪造的，如查实，那么他的那份审查批准书是伪造的。

问题 7：H 的增进性基因组编辑会影响到我们人类的子孙万代，必须有主管部门批文，而南方科技大学已经声称，该校学术委员会反对他的研究。因此，他的研究是非法的。

参考文献

［1］Committee on Human Gene Editing：Scientific，Medical and Ethical Considerations. Human Genome Editing：Science，Ethics and Governance. The National Sciences Press，2017；邱仁宗. 人类基因编辑：科学、伦理学和治理. 医学与哲学，2017，38（5A）：91-93. 有关基因编辑的一些基本知识，请参阅：邱仁宗. 基因编辑技术的研究和应用：伦理学的视角. 医学与哲学，2016，37（7A）：1-7。

［2］Zhai Xiaomei，Ng Vincent，Lie Reidar. No Ethical Divide between China and the West in Human Embryo Research. Developing World Bioethics，2016，16（2）：116-120；D. K. Tatlow. A Scientific Ethical Divide between China and West. The New York Times，2015-06-29（Health & Medicine）.

［3］Nuffield Council on Bioethics. Genome Editing and Human Reproduction：Social and Ethical Issues. 2018. http：//nuffieldbioethics. org/project/genome-editing-human-reproduction.

［4］翟晓梅，邱仁宗. 生命伦理学导论. 北京：清华大学出版社，2005：208-210；邱仁宗. 论"扮演上帝角色"的论证. 伦理学研究，2017（2）：90-99；雷瑞鹏，冯君妍，王继超，等. 有关自然性的观念和论证. 医学与哲学，2018，39（8A）：94-97.

［5］N. Bostrom，A. Sandberg. The Wisdom of Nature：An Evolutionary Heuristic for Human Enhancement//J. Savulecscu，N. Bostrom. Human Enhancement. Oxford：Oxford University Press，2018：375-416.

［6］J. Habermas. The Future of Human Nature. Cambridge：Polity，2003：2，11，40，78.

［7］雷瑞鹏，冯君妍，王继超，等. 有关自然性的观念和论证. 医学与哲学，2018，39（8A）：94-97.

［8］M. Sandel. The Case Against Perfection，Cambridge，MA：Harvard University Press，2009：97.

［9］Organizing Committee：Statement by the Organizing Committee of the Second International Summit on Human Genome Editing, 29 November 2018. http://www.nationalacademies.org/onpinews/newsitem.aspx?RecordID=11282018b.

[10] 邱仁宗. 从中国"干细胞治疗"热论干细胞临床转化中的伦理和管理问题. 科学与社会, 2013 (1): 8-25.

[11] P. Rana, A. Marcus, W. Fan. China, Unhampered by Rules, Races ahead in Gene-Editing Trials. The Wall Street Journal, 2018-01-21. https://www.wsj.com/articles/china-unhampered-by-rules-races-ahead-in-gene-editing-trials-1516562360.

[12] 沈旭慧. 医学伦理学. 杭州: 浙江科学技术出版社, 2011: 131; 吴素香. 医学伦理学. 第四版. 广州: 广东高等教育出版社, 2013: 123-125; 张元凯. 医学伦理学. 北京: 军事医学科学出版社, 2013: 191-192; 刘见见. 医学伦理学. 沈阳: 辽宁大学出版社, 2013: 198-199; 郭楠, 刘艳英. 医学伦理学案例教程. 北京: 人民军医出版社, 2013: 126-127; 王丽宇. 医学伦理学. 北京: 人民卫生出版社, 2013: 93; 焦雨梅, 冉隆平. 医学伦理学. 第2版. 武汉: 华中科技大学出版社, 2014: 202; 刘云章, 边林, 赵金萍, 等. 医学伦理学理论与实践. 石家庄: 河北人民出版社, 2014: 114; 王彩霞, 张金凤. 医学伦理学. 北京: 人民卫生出版社, 2015: 150.

[13] 人民日报, 1998-08-24 (1).

[14] Nuffield Council on Bioethics. Genome Editing and Human Reproduction: Social and Ethical Issues. 2018: 73. http://nuffieldbioethics.org/project/genome-editing-human-reproduction.

[15] 同 [14] 85.

[16] 中华医学会糖尿病学分会. 2010 关于干细胞治疗糖尿病的立场声明和关于干细胞治疗糖尿病外周血管病变的立场声明. 2010-11-25. http://cdschina.org/news_show.jsp?id=598.html.

[17] The Era of Human Gene-Editing May Have Begun. Why That is Worrying: The Baby Crisperer. Economist, 2018-11-30 (1-6). https://www.economist.com/leaders/2018/12/01/the-era-of-human-gene-editing-may-have-begun-why-that-is-worrying.

[18] D. Cyranoski, H. Ledford. Genome-edited Baby Claim Provokes International Outcry. The Startling Announcement by a

Chinese Scientist Represents a Controversial Leap in the Use of Genome Editing. Nature, 2018 (563): 607-608. https://www.nature.com/articles/d41586-018-07545-0.

[19] Ibid.

附录五
对优生学和优生实践的批判性分析[*]

优生学的简史和日本优生法的演变

"优生"一词,来源于希腊文"eugenes",意为"生而优良"。关于优生的思想,最早可以追溯到古希腊哲学家柏拉图,他在《国家篇》中指出:国家负有民族选优的责任,为了使人种尽可能完善,应对婚姻进行控制和调节;要让最好的男人和最好的女人在一起。[1] "优生学"(eugenics)这一术语由英国遗传学家高尔顿(Francis Galton)提出。他在1883年发表的文章《人的能力及其发育研究》(Inquiries into human faculties and its development)[2]中提出优生学是"改良血统的科学……使更为适合的种族或血统拥有更好的机会迅速胜过那些不那么适合的种族或血统"。高尔顿坚信"进化论"和"适者生存论"同样适用于人类社会,提出了运用自然科学的技术成果来实现人类优生的观点。[3]

19世纪末20世纪初,优生学和优生运动从英国开始,随即席卷欧洲大陆,并扩展到其他洲。优生学在美国最为发达,因而美国学者称纳粹优生学的根源在美国。[4] 美国优生学和优生运动倡导人达文波特(Charles Davenport)、洛夫林(Harry Laughlin)和格兰特(Madison Grant)等人极力鼓吹对"不适应者"、遗传病患者、残障者采取强制绝育,禁止他们移民美国等办法,来维护美国种族的纯洁性(racial purity)。1914年洛夫林发表了一份优生绝育法样板,主张将"对社会不合适的人"(socially inadequate),即低于正常或社会不能接受的人,以及"低能者、疯子、罪犯、癫痫病人、

---

[*] 作者为雷瑞鹏、冯君妍、邱仁宗,原载《医学与哲学》2019年第40卷第1A期5-10页。

酗酒者、患病者、瞎子、聋子、畸形人以及依赖他人的人"进行强制绝育。[5] 由于他对"种族清洗科学"(Racial Cleansing Science)的贡献,1936年被德国海德堡大学授予名誉学位。1916年律师格兰特出版了《伟大种族的逝去》一书,被称为"科学种族主义的宣言"(Manifesto of Scientific Racism)。[6] 早在1907年美国印第安纳州就制定了绝育法,自1927年在具有里程碑意义的Buck vs Bell [7]一案中,弗吉尼亚州的凯丽•巴克(Carrie Buck)被认定为"痴呆傻人"(feebleminded,原义是智力低于正常者,在英语里是贬词,类似idiot、imbecile、moron,与我国称呼这些人为"痴呆傻人"相仿),法官判决对她实施强制绝育。此后有11个州制定强制绝育法。从20世纪初到20世纪70年代64 000人被绝育。[8,9,10] 实施优生学的国家有:瑞典、丹麦、芬兰、法国、冰岛、挪威、瑞士、爱沙尼亚、苏联,以及澳大利亚、加拿大、巴西等,也包括日本。

　　优生学和优生运动在德国发展到了极点。德国"优生学家"要建立一门新的卫生学,称为"种族卫生学",是维护日耳曼优等种族的预防医学,采用强制患身体或精神残障者绝育或实施"安乐死"的手段防止"劣生"(inferiors,指有病的、患精神病的、智力低下的人)繁殖。他们将健康的、精神健全的、聪明的人称为"优生"(superiors)。1933年7月希特勒采纳了他们的建议,颁布了《预防遗传病后代法》,即绝育法,拉开了纳粹德国严酷迫害残疾人的序幕。希特勒在《我的奋斗》中宣称,我们必须杜绝那些身心不健康、无价值的人将疾患传递给他们的孩子。1935年10月颁布《保护德意志民族遗传卫生法》,即婚姻卫生法,禁止德意志人与其他种族通婚。1934—1939年约35万人因执行该法律而被迫绝育。强制绝育是滑坡的顶端,接着就是强制"安乐死",最后是滑坡的底部,即大屠杀。[11,12]

　　在第二次世界大战中,日本与德国均持有人与人之间、不同种族之间不平等以及种族主义的意识形态,在这种意识形态影响下先后制定了《国家优生法》(The National Eugenic Law)和《优生保护法》(The Eugenic Protection Law),给诸多被强制绝育者带来了不可逆的身体、精神的伤害与痛苦。这些优生法的立法宗旨是防止增加所谓"劣等"后代,后来日本将强制绝育对象从遗传病患者扩大到精神病患者和麻风病患者。[13] 1996年对《优生保护法》进行了大幅度修改,法律的名称也改为《母体保护法》(The Maternal

Protection Law），原法中的优生学概念和术语也被悉数删除。[14] 1940—1945年实施的强制绝育术近500例，1948—1996年达25 000例。遭强制绝育的受害者，最年幼的女孩为9岁、男孩为10岁，许多是11岁儿童，且未成年人占比超过一半。控告日本政府的来自宫城县的女性受害者被绝育时15岁，被定为"遗传性智力低下"，此后她经常感到腹痛，身体状况不断恶化，她因无法生育而一直未能结婚，饱受精神痛苦。这名女性自20年前便已开始着手向政府索赔事宜，而日本政府以该法律"在当时是合法的"为由加以拒绝。[15]他们对日本政府提起法律诉讼，要求给予赔偿和谢罪是完全可以得到伦理学辩护的。

2017年3月在维也纳举行"《纽伦堡法典》之后70年的医学伦理学，从1947年到现在"的国际学术会议[16]上，世界各国的学者进一步揭露了纳粹德国在其占领区推行的优生实践，对优生学的理论和实践做了进一步的批判。此次日本优生法受害者起诉日本政府，也引起各国人民、媒体、学界对优生学和优生实践的同声谴责及进一步的反思。

自2011年以来，我国出版的一些"医学伦理学"教材却赞美优生学和优生实践：里面充斥着"劣生""劣生儿""劣质个体""呆傻人""无生育价值的父母"等歧视性词语；称"优生学（eugenics）是一门有遗传学、生物医学、心理学、社会学和人口学相互渗透而发展起来的科学"[17]，"高尔顿创立了这一研究改善人类的遗传素质，提高民族体魄和智能的科学。100多年来，优生学已成为一门综合性多学科的发展中的科学"[18]；他们认为"一个生命质量极低的人，对社会和他人的价值就极小，或者是负价值，他的存活不仅对社会对他人不能负担任何义务，还要不断地向社会和他人索取，只能给社会和他人带来沉重的负担"[19]，因此对他们必须"按照优生学原则的要求，凡是患有严重遗传性疾病的个人，都必须限制以至禁止其生育子女，其中最彻底的手段是对其实施绝育手术"[20]。为预防有严重遗传病和先天性疾病的个体出生……通过社会干预，用特殊手段对"无生育价值的父母"禁止生育。这些手段包括限制结婚、强制绝育，"无生育价值的父母，主要包括：有严重遗传疾病的人、严重精神分裂症患者、重度智力低下者、近亲婚配者、高龄父母"[21]；称早已废弃的甘肃省"关于《禁止痴呆傻人生育的规定》……这一法规公布后在国内外引起很大反响，在各阶层、各领域都存在争论，更多的是支持和赞许"[22, 23]。我们不怀疑这些教材的作者关注我国人口质量的良好意愿，但他们在撰写教材前没有搜集阅读有关优生学和优生实践的文献，也不了解我国制定有关条例和法律的争论实况。

优生学是一门科学吗？

优生学概念的分析。首先我们必须澄清"优生学"（eugenics）与我国的"优生优育"是两个完全不同的概念。我国的"优生"意指"健康的出生"（healthy birth）与高尔顿的"优生学"（eugenics）意义完全不同。[24] 高尔顿的"优生学"是用国家机构强制推行绝育措施，使"优等种族"有更好的机会得到繁衍，而我们是通过提供母婴医疗卫生措施生出一个健康孩子。这就是为什么我国权威机构接受我国生命伦理学家建议明确指示不再使用"eugenics"，并建议我国"优生优育"中的"优生"的英译应为 healthy birth。在政策上我们的优生优育是帮助父母生出一个健康的孩子，在提供遗传检测、咨询、处理意见中遵循知情同意原则，其中既不存在认为我们是优等民族，其他民族是劣等民族的种族主义，也不存在人民中有"优生"和"劣生"的不平等思想，尽管我们个别的法律法规存在着一些混乱的术语。如果我们取高尔顿对优生学的经典定义并结合优生实践来看，不难看出优生学（eugenics）不具备作为一门科学的特征。一门科学应是对某一领域现象做出可检验的解释和预见的知识系统，应具备客观性、可验证性、确切性、系统性、道德中立性等特点。高尔顿对优生学的经典定义是"改良血统的科学……使更为适合的种族或血统拥有更好的机会迅速胜过那些不那么适合的种族或血统"。对这个定义可以提出如下问题：什么是"血统"（stock）？什么是"更为适合的种族"与"不那么适合的种族"？根据什么标准来区分"更为适合的种族"与"不那么适合的种族"？根据什么理由使"更为适合的种族"胜过"不那么适合的种族"？在美国有些优生学者看来"更为适合的种族"是 Nordic 人，即西北欧的种族（丹麦、瑞典、挪威、芬兰），而不适合的种族是黑种人和印第安人；而在德国优生学者看来，适合的种族是雅利安人，可是雅利安人原本是印度–伊朗人种，是不同人种混合的结果，而希特勒则专断地说，雅利安人包括德意志人、英格兰人、丹麦人、荷兰人、瑞典人和挪威人，而南欧人、亚洲人、非洲人，尤其是犹太人和吉卜赛人则是不适合的种族。优生学者从来没有正式地、明确地回答这些问题。而且他们除了应用不断发展的遗传学语言之外，从来没有发展出以自己特有的术语构成的知识系统。因此，它完全缺乏客观性、可验证性、确切性、系统性、道德中立性等特点。由于其术语的不确切性和多义性，就连"优生"这个最为重要的关键词，至今没有一个确切的定义。因此，与其说优生学是一门科学，不如说它是一种意识形态，即一组支持国家、政党、集团某项社会政治政策的观念或信念，而且是一种残暴的、反人类的臭名昭著的意识形态，不是一种开明、和谐、以人为本的意识形态。优生学的历史远不是一部值得骄傲的历史，优生学的开创者和倡导者怀着种族偏见和对弱势者的偏见，实施着残酷而不人道的强制绝育和种族隔离计划，导致数十万被认为拥有不够标准基因的人被强迫进行绝育，更糟的是优生学以"种族医学"的形式，从谋害有残障的"雅利安"（德意志）人开始，最后在大屠杀中杀害数百万人。有人可能会说，这是优生的方式问题，优生学本身没有错。问题是，怎样能使"优生"人群、"优等"种族或民族得以繁衍，而让"劣生"人群、"劣等"种族或民族绝育呢？这必须动用国家的权力和强力。新版《韦氏新世界大学词典》就定义优生学为"通过控制婚配的遗传因子来改良人种的运动"[25]。正由于以上原因，1998年在我国举办的第18届国际遗传学大会建议科学文献中不再使用"优生学"（eugenics）这一术语。[26]事实也如此，除了批判性用法外，"优生学"一词再也没有出现在科学文献之中。

优生学错在哪里？

优生学是遗传决定论或基因决定论的一种表现，认为人的性状（包括智力）都是由遗传因素或基因决定的。现代遗传学已经澄清，人的基因型与表型是不同的，基因的表达受体内、体外环境的作用和影响。为研究基因组以外的因素如何影响基因的表达，已形成了一门专门的科学学科，即表观遗传学（epigentics）。在决定人们健康的因素中医疗卫生因素占20%，个人生活方式或行为因素占20%，环境和社会因素占 55%，遗传因素仅占 5%（这是总体的情况，对于某些疾病遗传因素的作用要大一些，例如对于所有癌症，遗传因素的作用占 5%～10%，对于长寿可占至 25%）。[27]

优生学本身违反遗传学。高尔顿提出优生学之时尚未发现基因的双螺旋结构，因此他不知道，基因有显性与隐性之分，也不知道基因本身会发生突变，也会在环境因素作用下发生突变。他以为只要让健康的人有机会大量繁殖，将有残障的人绝育，那么这一国家的人口质量就会提高。然而，他不了解：其一，他认为是健康的人或健康种族的成员，也许其家庭及其所有成员看起来都很健康，但不能保证他们的后代之中不会出现有残障的成员，因为这些成员都拥有可能会引起疾病的隐性致病基因；其二，即使你把一个国家所有遗传性残障人都强制绝育了，也不能保证人口中不出现有残障的人，因为人的基因本身会发生突变，环境因子也会以某种方式作用于基因，引起它们发生致病的突变。

人类基因组研究的证据已经将优生学的理论证伪。人类基因组计划的研究成果之一是证明，所有人 99.9% 基因是相同的，仅有 0.1% 的差异，94% 的变异发生在同一人群（例如种族或民族）的个体之间，仅有 6% 的变异发生在不同人群的个体之间。[28] 因此高尔顿将种族分成"适合的种族"与"不那么适合的种族"，或纳粹将种族分成"优等"种族与"劣等"种族已经被人类基因组研究的证据证明是假的。以上三点说明优生学缺乏科学性。

优生学将人分为"优生"与"劣生"以及将种族分为"优等"种族与"劣等"种族，严重违反所有主要文明共同坚守的人与人平等的基本价值，尤其反映其对残疾人的严重歧视，以及根深蒂固的种族主义。人与人在身体、心理以及其他性状方面有差异不能构成在道德地位和法律上的不平等、不公平与歧视。人们在健康、能力上的差异，应该看作人类的多样性的表现，而不应该看作人在道德地位和法律上有高低。

优生学仅视人有外在价值或工具性价值，而否认人固有的内在价值。在这一点上纳粹学者的论述与我国的"医学伦理学"教材作者的论述如出一辙。德国律师宾丁（Carl Binding）和医生霍赫（Alfred Hoche）出版了一本题为《授权毁灭不值得生存的生命》的书，在书中他们说，"不值得生存的人"是指"那些由于病患和残疾其生命被认为不再值得活下去的人，那些生命如此劣等没有生存价值的人"。"他们一方面没有价值,另一方面却还要占用许多健康的人对他们的照料,这完全是浪费宝贵的人力资源。因此,医生对这些不值得生存的人实施安乐死应该得到保护,而且杀死这些有缺陷的人还可以带来更多的研究机会,尤其是对大脑的研究"。而我们的"医学伦理学"教材作者说,"一个生命质量极低的人,对社会和他人的价值就极小,或者是负价值,他的存活不仅对社会对他人不能负担任何义务,还要不断地向社会和他人索取,只能给社会和他人带来沉重的负担"[19]。其实,就社会价值而言,残疾人、精神病人不一定比所谓健康人低,我们只要考虑一下英国科学家霍金和荷兰画家梵高就可以明白。如果他们的父母因有遗传病或精神病而被强制绝育,霍金和梵高就不能来到人世,对人类是不是一个重大的损失?

对作为与健康人处于平等地位的残障人、遗传病人、精神病人缺乏起码的尊重,他们中大多数人仍然拥有理性,具有一定程度的自主性,具有一定的知情同意能力,因而可以对与他们自身有关问题做出决策,即使缺乏或暂时缺乏决策能力,也应由他们的监护人做出代理同意。

优生学实践真有改善人口质量的效果吗?

至今没有证据证明优生实践提高了美国、德国、日本的人口质量。理由之一,在强制绝育实践中,优生学鼓吹者往往把罪犯、妓女、酒徒、乞丐、小偷甚至"问题少年"列为强制绝育对象,这些人的行为是"社会病",与遗传病不相干。理由之二,正如上面所述,即使健康人也会拥有致病的隐性基因以及基因本身可能在环境因子影响下发生突变。理由之三,以强制绝育最为严重的德国汉堡为例,根据汉堡遗传病专家与我国学者交流的信息,当时在执法人员实施强制绝育过程中往往出现非遗传病患者被拉去实施强制绝育以充数,而有权有势的家族则通过关系或贿赂使得他们有遗传性残障的家庭成员免除强制绝育。我国"医学伦理学"教材作者称,应对5类"无生育价值的父母(有严重遗传疾病的人、严重精神分裂症患者、重度智力低下者、近亲婚配者、高龄父母)"进行强制绝育[21],那么有没有客观标准来测定遗传疾病严重到多大程度,精神分裂症严重到多大程度，智力低下重到多大程度，父母年龄高到多大程度，应该定为"无生育价值呢"？作者没有说。认为有 4 类"无生育价值的父母"的作者 [29] 也没有说。

以优生为目的的强制绝育收获的是：对受害者的长期的身体、精神的伤害；对社会引起的长期分裂以及久久不能平息的伤痕；实施强制绝育的国家永远负载着这一段臭名昭著的历史。

我国某些省的优生条例值得赞许吗？

甘肃省《禁止痴呆傻人生育的规定》业已废除，我国再也没有类似的法律法规颁布。但我国的医学伦理学家，却称"关于禁止痴呆傻人生育的规定……这一法规公布后在国内外引起很大反响，在各阶层、各领域都存在争论，更多的是支持和赞许"[22，23]，所以我们认为有必要了解甘肃省禁止痴呆傻人生育规定的实际情况。该规定发布后，有生命伦理学家和妇产科医生在卫生部科教司支持下去甘肃进行了调查。他们发现：(1) 他们将社会经济发展相对缓慢与智力低下者人数比例相对高的因果关系倒置了。他们认为社会经济发展相对缓慢是由于智力低下者人数比例较高的原因。这使从北京去的调查者非常惊异。(2) 他们走访了陇东的所谓"傻子村"(这是歧视性词汇，但为便于行文，我们暂且用之)，他们发现在村子里所见到的，疑似克汀病患者，克汀病是先天性疾病，但不是遗传病，这种病是孕妇食物中缺碘引起胎儿脑发育异常造成的，当地医务人员也确认了是克汀病。(3) 对严重克汀病女患者实施绝育有合理理由，因为当时农村将妇女视为生育机器，而且妻子是可买卖的商品，穷人买不起身体健康的妻子（需要上千元），而买一个患克汀病的女孩仅需 400 元。这些女孩生育时往往发生难产，有时因此死亡，即使生下孩子因不会照料致使婴儿饿死、摔死。这些女孩如不能生育就会被丈夫转卖，有的女孩被转卖三次，受尽折磨和痛苦。因此绝育可减少她们的痛苦，既然是好事，那为什么要强制绝育，不对本人讲清楚道理，或至少要获得监护人知情同意呢？(4) 调查者发现当时甘肃遗传学专业人员严重缺乏，那怎么去判断智力低下是遗传引起的且足够严重呢？他们的回答是，不用做遗传学检查，三代人都是"傻子"，那就是遗传原因引起。这使我们想起 Buck vs

Bell一案中法官所说的"三代都是傻子就够了",必须实施强制绝育。但后来发现巴克一家根本不是"傻子",巴克被绝育前生的女孩在学校读书成绩良好。[30]

这一优生规定存在的问题有[31]:

根据当时全国协作组的调查,在智力低下的病因中,遗传因素只占17.7%,占82.3%的病因是出生前、出生时、出生后的非遗传的先天因素和环境因素。因此从医学遗传学角度看,对遗传病所致智力低下者进行绝育对人口质量的改善仅能起非常有限的作用。要有效地减少智力低下的发生,更大的力量应放在加强孕前、围产期保健、妇幼保健以及社区发展规划上。有些地方采用IQ低于49作为选择绝育对象的标准,完全缺乏科学根据,IQ不能作为评价智力低下的唯一标准,也不能确定IQ低于49的智力低下是遗传因素致病;根据"三代都是傻子"来确定绝育对象,但"三代都是傻子"并不一定都是遗传学病因所致;没有把非遗传的先天因素和遗传因素区分开(克汀病是环境因子所致,补碘即可防止)。

对智力严重低下者的生育控制应符合有益、尊重和公正的伦理学原则。对智力严重低下者绝育,可符合她们的最佳利益。例如她们因有生育能力而被当作生育工具出卖或转卖,生育孩子因不会照料而使孩子挨饿、受伤、患病、智力呆滞,甚至不正常死亡。智力严重低下者无行为能力,他或她不能对什么更符合于自己的最佳利益做出合乎理性的判断,因此只能由与他们没有利害或感情冲突的监护人或代理人(一般就是家属)做出决定。不顾他们本人或他们监护人的意见,贸然采取强制手段对她们进行绝育,违反了这些基本的伦理原则。

就智力严重低下者生育的限制和控制制订法律法规,应该在我国宪法、婚姻法以及其他法律法规的框架内进行。如果制定强制性绝育法律,就会与我国宪法、法律规定的若干公民权利,如人身不受侵犯权和无行为能力者的监护权等不一致。而制定指导与自愿(通过代理人)相结合的绝育法律,就不会发生这种不一致。立法要符合医学伦理学原则,符合我国对国际人权宣言和公约所做的承诺;立法的出发点首先应当是为了保护智力严重低下者的利益,同时也为了他们家庭的利益和社会的利益;立法应当以倡导性为主,在涉及公民人身、自由等权利时不应作强制性规定,应取得监护人的知情同意;立法应当考虑到如何改善优生的自然环境条件、医疗保健条件、营养条件和其他生活条件、教育条件、社会文化环境以及社会保障等条件，而不仅仅是绝育；立法应使用概念明确的规范性术语（如"智力低下"）而不可使用俗称（如"痴呆傻人"）；立法应当规定严格的执行程序，防止执行中的权力滥用；等等。在我国遗传学家和生命伦理学家建议下，2003年国务院颁布的《婚姻登记条例》取消了遗传学婚检，而《中华人民共和国婚姻法》仅一般规定称"患有医学上认为不应当结婚的疾病"禁止结婚，既未特指遗传病，也未要求做遗传学婚检。

人们也许要问：为什么我们的某些医学伦理学家会在他们的《医学伦理学》书中表达如此错误的、远远落后于世界潮流的观点？我们认为，其关键是，他们没有与时俱进，不了解伦理学界进入了生命伦理学时代，医学已经从医学家长主义、以医生为中心的范式转到以人为本、以病人为中心的范式，在以人为本、以病人为中心中我们要求医学专业人员和管理医学的行政人员必须意识到，医学中的人文精神，不仅体现出对人（不管是病人、受试者还是健康人）在干预中可能受到的伤害和受益的关注，而且体现在人的尊重，对人自主性的尊重，对人的尊严的尊重，而人的尊严是绝对的和平等的，尤其是要认识到人本身是目的，具有内在价值，而不仅仅是手段，不仅仅具有工具性价值或外在价值。这就是人与物的不同。物可以因对人和社会没有价值而被舍弃，而人则不能因对他人和社会没有使用价值而被强制绝育，而被义务"安乐死"。

在我们文章最后，我们要引用我国领导人表达的我国政府对残疾人的基本立场[32]，以及中国人类基因组社会、伦理和法律问题委员会的四点声明[33, 34]。

1998年时任国家主席江泽民在致康复国际第11届亚太区大会的贺词中指出："自有人类以来，就有残疾人。他们有参与社会生活的愿望和能力，也是社会财富的创造者，而他们为此付出的努力要比健全人多得多，他们应该同健全人一样享有人的一切尊严和权利。残疾人这个社会最困难群体的解放，是人类文明发展和社会进步的一个重要标志。"我们相信，从事医学伦理学教学和研究的学者都会同意贺词中所体现的对残疾人的"人文关怀"。

中国人类基因组社会、伦理和法律问题委员会在2000年12月2日发布了四点声明：

(1) 人类基因组的研究及其成果的应用应该集中于疾病的治疗

和预防，而不应该用于"优生"（eugenics）；

（2）在人类基因组的研究及其成果的应用中应始终坚持知情同意或知情选择的原则；

（3）在人类基因组的研究及其成果的应用中应保护个人基因组的隐私，反对基因歧视；

（4）在人类基因组的研究及其成果的应用中应努力促进人人平等、民族和睦及国际和平。

这四点声明将有利于我们应用伦理学的最新成果为人类造福，而避免优生学的干扰。

参考文献

[1] 柏拉图. 柏拉图全集：国家篇（第一卷）. 王晓朝，译. 北京：人民出版社，2002：442.

[2] F. Galton. Inquiries into Human Faculties and Its Development. London：Macmillan，1883.

[3] 潘光旦. 优生概论. 上海：上海书店，1989.

[4] E. Black. The Horrifying American Roots of Nazi Eugenics. History News Network. 2003. https://historynewsnetwork.org/article/1796.

[5] P. Lombardo. Eugenic Sterilization Laws. http://www.eugenicsarchive.org/html/eugenics/essay8text.html.

[6] M. Grant. The Passing of the Great Race. Burlington, Vermont：Charles Scribner's Sons，1916.

[7] The Hidden History of Eugenics：The Supreme Court Case that Changed America. 9 August 2016. http://www.abc.net.au/radionational/programs/earshot/the-supreme-court-case-that-changed-america/7575000.

[8] T. Bouche，L. Rivard. America's Hidden History：The Eugenics Movement. https://www.nature.com/scitable/forums/genetics-generation/america-s-hidden-history-the-eugenics-movement-123919444.

[9] L. Ko. Unwanted Sterilization and Eugenics Programs in

the United States. 28 January 2016. http://www. pbs. org/independentlens/blog/unwanted _ sterilization-and-eugenics-programs-in-the-united-states.

[10] Eugenics in the United States. Chapter 6 Destructing Race of Cultural Anthropology. https://courses. lumenlearning. com/culturalanthropology/chapter/eugenics-in-the-united-states/.

[11] H. Friedlander. The Origins of Nazi Genocide：From Euthanasia to the Final Solution. Chapel Hill and London：The University of North Carolina Press，1997；亨利·弗莱德兰德. 从"安乐死"到最终解决. 赵永前，译. 北京：北京出版社，2000.

[12] P. Weindling. German Eugenics and the Wider World：Beyond the Racial State//A. Bashford，A. Levine. The Oxford Handbook of the History of Eugenics. Oxford：Oxford University Press，2012：315-331.

[13] J. Robertson. Eugenics in Japan：Sanguinous Repair//A. Bashford，A. Levine. The Oxford Handbook of the History of Eugenics. Oxford：Oxford University Press，2012：521-543.

[14] K. Morita. The Eugenic Transition of 1996 in Japan：From Law to Personal Choice. Disability & Society，2001，16(5)：765-771.

[15] J. Abbamonte. Victims of Japan's Former "Eugenics Protection Law" Speak Out and Demand Compensation，8 March 2018. https://www. pop. org/victims-japans-former-eugenics-protection-law-speak-demand-compensation/.

[16] H. Czech，C. Drum，P. Weindling. Medical Ethics in the 70 Years after the Nuremberg Code，1947 to the Present. Proceedings of International Conference at the Medical University of Vienna，2nd and 3rd March 2017. Wiener Klinische Wochenschrift. Wien：Springer Medizin，2018.

[17] 郭楠，刘艳英. 医学伦理学案例教程. 北京：人民军医出版社，2013：126-127.

[18] 王丽宇. 医学伦理学. 北京：人民卫生出版社，2013：93.

[19] 郭楠，刘艳英. 医学伦理学案例教程. 北京：人民军医出

版社，2013：126. 我们发现有的医学伦理学教材在讨论安乐死时，使用的是类似的语言，如"一个患者当他身患当时的'不治之症'而又濒临死亡时，从他对社会、国家、集体应尽的道德义务来说，不应无休止地要求无益的、浪费性的救治，而应接受安乐死……患者的亲友基于上述道德义务，也应同意患者接受安乐死"（焦雨梅，冉隆平. 医学伦理学. 第2版. 武汉：华中科技大学出版社，2014：202）。

[20] 王彩霞，张金凤. 医学伦理学. 北京：人民卫生出版社，2015：150.

[21] 沈旭慧. 医学伦理学. 杭州：浙江科学技术出版社，2011：131.

[22] 刘云章，边林，赵金萍，等. 医学伦理学理论与实践. 石家庄：河北人民出版社，2014：114.

[23] 不同程度支持优生学和优生实践的"医学伦理学"教材还有：吴素香. 医学伦理学. 广州：广东高等教育出版社，2013：123-125；张元凯. 医学伦理学. 北京：军事医学科学出版社，2013：191-192；刘见见. 医学伦理学. 沈阳：辽宁大学出版社，2013：198-199。值得注意的一个现象是，支持优生学和优生实践的"医学伦理学"教材作者往往同时支持安乐死义务论，因为这两者之间存在逻辑联系。有关安乐死义务论在另外一篇文章中加以讨论。

[24] 邱仁宗. 遗传学、优生学与伦理学试探. 遗传，1997，19(2)：35-39.

[25] Webster's New World College Dictionary. 5th edition. Boston, MA: Houghton Mifflin, 2014.

[26] 邱仁宗. 人类基因组研究与遗传学的历史教训. 医学与哲学，2000，21(9)：1-5.

[27] B. Sowada. A Call to be Whole: The Fundamentals of Health Care Reform. Westport, CT: Praeger, 2003：53.

[28] R. Highfield. DNA Survey Finds all Humans are 99.9pc the Same. The Telegraph. 20 December 2002. https://www.telegraph.co.uk/news/worldnews/northamerica/usa/1416706/DNA-survey-finds-all-humans-are-99.9pc-the-same.html.

[29] 吴素香. 医学伦理学. 广州：广东高等教育出版社，2013：125；刘见见. 医学伦理学. 沈阳：辽宁大学出版社，2013：199.

[30] P. Lombardo. Three Generations, No Imbeciles: Eugenics, the Supreme Court, and Buck vs Bell. Baltimore: Johns Hopkins University Press, 2010.

[31] 全国首次生育限制和控制伦理及法律问题学术研讨会纪要. 中国卫生法制, 1993 (5): 44-46.

[32] 邱仁宗, 张迪.《纽伦堡法典》对生育伦理的人文启示. 健康报, 2016-09-23.

[33] 邱仁宗. 生命伦理学在中国的发展//刘培育, 杲文川. 中国哲学社会科学发展历程回忆 续编1集. 北京: 中国社会科学出版社, 2018: 304-332.

[34] 邱仁宗. 人类基因组研究和伦理学. 自然辩证法通讯, 1999 (1): 20-23. 2018年7月3日重新发表于中国社会科学网 (http://www.cssn.cn/zhx/zx_kxjszx/201610/t20161025_3249964_6.shtml). 这篇文章对中国人类基因组社会、伦理和法律问题委员会的四点声明做了阐述。

附录六
人类头颅移植不可克服障碍：
科学的、伦理学的和法律的层面[*]

这几年来，卡纳韦罗（Sergio Canavero）和任晓平两位医生绕过神经科学和医学专家共同体，另辟蹊径，直接与大众媒体见面，向基本上属于外行的记者宣布了一个又一个科学"成就"，通过这些媒体制造了一个又一个耸人的新闻，混淆了公众的视听。由于任晓平医生受雇于哈尔滨医科大学，我国的读者特别关注此事。他们关切的是：头颅移植手术（流行词为"换头术"，换头术易误解为甲、乙两人互换头颅，实际上是"头身吻合术"；《参考消息》称"脑髓移植"也不确切，因为头颅或头部不仅有脑髓，而且有五官以及其他系统）现时在科学上有可能成功吗？在伦理学上应该做吗？在法律上准许做吗？

前 言

简而言之，头颅移植术是将一个人的头颅切下来，移植在另一个头部与身躯已经分离的人的身体（颈部）上，因此也称头身吻合术。早在20世纪，美国密苏里州的一位外科医生将一只狗的头移植在另一只狗的颈部，创造了一只双头狗。50年代苏联外科医生重复了这项手术，狗仅活了4天。70年代，来自美国俄亥俄州的一位外科医生将恒河猴的头移植在另一只恒河猴的颈部，但是他未能将这两只猴的脊髓连接起来，因此它是麻痹的，9天后死亡。这些实验引发了人类头颅移植术。

---

[*] 作者为雷瑞鹏、邱仁宗，原载《中国医学伦理学》2018年第30卷第5期545-552页。

虽然，卡纳韦罗和任晓平联合发表文章时往往将任晓平放在前面，但头颅移植术的想法完全是来自卡纳韦罗的。卡纳韦罗毕业于意大利都灵大学医学院，曾作为外科医生在都灵大学医院工作 22 年，并任都灵高级神经调节研究组组长，发表过 100 余篇学术论文。2013 年他宣布实施"天堂"（HEAVEN）计划。[1] 所谓"天堂"是 Head Anastomosis Venture（头部吻合风险计划）的缩写，体现了他的终极目标：人长生不死。此后他被都灵大学解雇。至今，除了哈尔滨医科大学以外，没有一家严肃的大学、研究机构和基金会支持他的"天堂"计划。2015 年他找到了 31 岁的俄罗斯青年斯皮里迪诺夫（Valery Spiridinov），他患有韦德尼希-霍夫曼病（Werdnig-Hoffman disease），即脊髓性肌肉萎缩症，他感到他的生活苦不堪言，寄希望于"天堂"计划改善他的病情。可是后来他放弃了，转而寻求常规的外科手术。当他改变参与"天堂"计划时说："我心头的一块石头落了地"。于是，卡纳韦罗又一次把获得头颅移植试验受试者的希望转向中国，向媒体宣布，受试者将是一位中国人，手术将在 2018 年进行。[2]

按照卡纳韦罗的设想，首先要将准备连接起来的捐赠者身体和头部温度降低到摄氏 12 至 15 度，以确保细胞维持活着的时间多几分钟，然后要将两个人的颈部切割下来，用一种极为锋利的刀片将双方的脊髓切断。在此刻，脊髓的两端用一种叫作聚乙二醇（polyethylene glycol, PEG）的化学物质融合起来，促使细胞啮合。在肌肉和血液供给成功连接后，使病人昏迷 1 个月，以限制新接上的颈部运动，同时用电击刺激脊髓以加强其新的连接部。一个月昏迷之后，病人就能够运动，他们的脸部会有感觉，并且可用同样的声音说话。然而，实际上与心脏和肾脏移植相比，头颅移植在技术上具有非常大的挑战性。外科医生必须将头部与新的身体上的许多组织连接起来，包括肌肉、皮肤、韧带、骨头、血管以及最重要的脊髓神经。毫不奇怪，卡纳韦罗的头颅移植术设想，遭到世界各国医生和神经学家的谴责："我不希望这种手术在任何人身上做。我不允许任何人在我身上做，因为这比死亡更糟"（美国新任神经外科医生联合会会长、西南得克萨斯大学脊髓血管外科教授巴杰［Hunt Batjer］；"这是坏科学，仅仅做实验都是不符合伦理的。将脑袋切下来用胶水将轴突连起来纯粹是胡思乱想"（凯斯西部保留地大学神经外科教授西尔弗［Jerry Silver］）；"卡纳韦罗的设想在科学上是不可能的。他没有任何办法将一个人的脑与另一个人的脊髓连接起来，并使之有功能。保守一点说，我们还差 100 年。他说能使这个人活着、呼吸、说话、运动，这是弥天大谎"（约翰·霍普金斯大学整形外科和神经外科教授戈登［Chad Gordon］）；"他的手术不起作用。很可能是，他收集了一堆尸体"（明尼苏达大学生物学副教授梅耶斯［Paul Myers］）。有人批评他只是喜欢暴露在闪光灯下，作为一名公关特技演员。纽约大学医学中心伦理学主任卡普兰（Arthur Caplan）说："他是一个狂人。在将一个脑袋安在另一个人身体之前，我们大概先看到的是将一个人的脑袋安在机器人身上。"［3，4，5，6］

根据目前科学水平头颅移植在不远的将来不可能成功

任晓平和卡纳韦罗在 2017 年的《美国生命伦理学杂志》（神经科学版）第 8 卷第 4 期 200-204 页发表了一篇题为"HEAVEN in the making: Between the (the academe) and a hard case (a head transplant)"（《"天堂"正在建造之中：在顽固的学术界与棘手的头颅移植之间》）［7］的文章，这篇文章集中解释脊髓重新连接是可行的；缺血时期是可存活的；另外还讨论了心理适应和免疫排斥问题。对于脑髓移植的伦理和法律问题一字未提。

我们的回答是：在不远的将来，头颅移植在科学上是不可能的。正如 2012 年成功完成全颜面移植的纽约大学再造整形外科教授罗德里格兹（Eduardo Rodriguez）所说，我们已经研究脊髓损伤数十年，但我们仍然无法治疗这些损伤；科学家今天仍然无法将同一个病人的损伤脊髓的两端连接起来，将两个人的两个脊髓连接起来，那就更是不可能的事。［8］

头颅移植面临 5 大障碍：

（1）供体的头部脊髓与受体的颈部脊髓的连接是最为困难的，目前可以说是不可逾越的最大障碍。头颈部的脊髓拥有数百万根神经纤维，但目前就是一根神经纤维因损伤而断裂都无法接上，尽管进行了无数次的试验，神经的再生从未成功。用聚乙二醇这种化学"胶水"能将两边数百万根神经纤维连接起来，可以说是"天方夜谭"。检验这种"胶水"的效力很简单，可以将若干根神经纤维从屠宰场刚死的动物取出，然后在实验室用这种"胶水"包裹起来，看它是否有效即可。如果连这简单的实验室研究都没有做，就说这种胶水可以解决神经纤维连接问题，这无法令人信服。

（2）头颅不能依靠自身活着。一旦器官从身体被摘除，它就开始死亡。因此医生需要将它冷却，以便减少细胞所需能量。使用冷的生理盐水可保存肾脏 48 小时、肝脏 24 小时、心脏 5~10 小时。但头颅不是孤立的器官，它是身体最复杂的器官，除了它连着大脑、眼睛、鼻子、嘴和皮肤外，它还有两个腺体系统：控制周身循环的激素的脑垂体系统以及产生唾液的唾液腺系统。超过 100 年的动物研究显示，在将头颅切下那一刻，头部血压遽然下降，新鲜血液和氧气的大量丧失迫使大脑陷于昏迷，紧接着就是死亡。任晓平说，一个人的本质是什么？是大脑而不是身体。但他忘记了大脑是在身体之内。大脑神经系统结构的形成是一个人出生三天后的 15 年内大脑与这个人的身体以及社会文化环境相互作用的产物。[9，10]

（3）要使身体的免疫系统接受一个外来的脑袋。移植的一个主要问题是病人自己身体的反应。新器官的抗原与自己身体的不匹配，病人免疫系统就会发动攻击。这就是为什么所有移植病人术后都要服用压制免疫的药物。头颅是如此复杂，包含那么多器官，排斥的风险是非常大的。

（4）手术必须在 1 小时内完成。一旦大脑和脊髓离开活体，失去了血液供给，它们就会因缺氧而开始它们的死亡过程。外科医生必须动作迅速，才能使接受治疗的病人的脑袋连接在捐赠者身体的循环系统上，因为那时两人的身体处于心脏完全停止状态。1 小时的时间对于头颅移植手术几乎是不可能的。

（5）在应用于人以前必须先进行动物实验。[11] 然而，动物实验迄今没有成功过。

卡纳韦罗和任晓平往往说他们在动物身上、在人尸体上的实验是成功的。那么，我们就要问：你们说的成功是什么意思？成功的标准是什么？成功的证据是什么？苏联科学家德米霍夫（Demikhov）曾将一只狗的头接在另一只狗的颈部，这只双头狗活了 4 天就死了，后来他试验了 24 次都是手术后狗就死了。那么他算成功吗？如果按照卡纳韦罗和任晓平的标准，手术后这只狗活了 4 天就算成功，那么手术是成功的；但如果说这只狗应该像一只正常的狗那样生活，那么就是很不成功。对于 1970 年怀特（Robert White）在恒河猴身上做的换头实验，卡纳韦罗和任晓平也认为是成功的，但换

... 307

了头的猴只活了9天，而且脊髓并未与它的新的脑袋连接起来，因此它是麻痹的。这怎能算成功呢？正因为卡纳韦罗和任晓平的成功标准非常之低，因此他们评价自己的动物实验以及最近的尸体实验时，都说是"成功的"。例如小鼠的头颅移植实验，在80只小鼠中仅有12只小鼠存活24小时［12］，而且并没有证据说明它们的脊髓和新的大脑是连接上的。他们说在狗和猴身上也成功地实施了头颅移植术，也没有提供令人信服的证据，提供的照片是模糊不清的，没有提供相关的视频。他们说"使用这种技术的猴头颅移植一直是成功的"，但没有发表相关材料。给媒体传看的一只颈部有创疤的猴的照片，声称这就是经过头身移植的猴，但没有发表对此次实验的描述报告，人们无法考查这只猴是否真的经历了头身移植术。最近完成的尸体头身移植，他们也声称获得了"成功"。中国销路甚广的报纸《参考消息》于11月19日第7版所用的标题是：《头颅移植术在人类遗体上成功实施》［13］。我们要问卡纳韦罗和任晓平，也要问《参考消息》主编，你们说的"成功"标准是什么？用什么方法可以测试出一个遗体的脊髓与另一个遗体的大脑连接上了呢？用聚乙二醇这种化学胶水涂上包扎好，就算"成功"吗？正如你将两个不同的汽车的一半连接起来，称之为"成功"，但如果你转动钥匙，这辆拼凑的汽车可能发生爆炸。

卡纳韦罗和任晓平最近说，动物研究的成功已经使他们接近进行第一次的人体试验。但他们大多数在啮齿动物、狗和灵长类身上做的实验都没有在科学杂志上发表。卡纳韦罗说，在他的一次用猴做的实验中，那只猴活了8天，完全正常而没有并发症。但没有提供令人信服的证据。最近，任晓平声称在1 000多只小鼠身上进行了头颅移植，据说肩负着新的脑袋的小鼠能运动、呼吸、环顾左右和饮水，但所有小鼠只活了几分钟。2016年1月卡纳韦罗告诉《新科学家》杂志［14］，他在中国成功进行了一次猴头颅移植术后那只猴子没有任何神经损伤，但猴子仅活了20小时，而且对这次研究没有提供任何细节，使得人们无法进行评价。

卡纳韦罗和任晓平先是降低"成功"的标准，似乎通过手术将头颈缝上，就算"成功"。如果成功标准包括脊髓感觉和运动功能恢复，以及颅内其他器官以及全身相关功能的恢复，并存活足够长的时间，那么他们的动物实验没有一次有资格说是成功的。

后来卡纳韦罗又说，他的韩国合作者C-Yoon Kim用PEG使脊髓被切断的小鼠部分恢复了运动功能。然而仔细一检查人们发现其结果与对照组相比并无统计学上显著的差异。对照组的所有小鼠和PEG组的3/8小鼠都于2周内死亡。[15]因此他们的所有动物实验都没有提供他们所用技术和方法安全与有效的证据，因而他们的动物实验结果都不能支持他们的技术和方法可用于人。不管他们声称如何有效，他们必须将他们的头颅移植的技术和方法发表在科学杂志上，接受独立的检验和恰当的分析，看看其他科学家是否可以用他们的技术和方法重复他们的结果。唯有他们的研究结果得到了其他科学家的重复，他们的工作才能被接受为科学上有效的。

正因为如此，他们的科学诚信受到了怀疑，被贴上了伪科学家的标签。他们所说的成果都是他们还没有做到的；他们降低评价为成功的标准，将失败的结果都说成是成功的；他们从不详细报告他们是怎么做的，到底得到什么结果；他们惯常直接向既是外行又急需新闻的媒体发表他们的研究获得巨大"成功"。

按照公认的伦理规范头颅移植在伦理学上不可能得到辩护

首先，任何一种新的干预方法，在应用于临床实践之前，必须先进行临床试验。而进行临床试验的前提条件则是临床前的研究证明这种新的干预方法是安全和有效的，临床前研究包括实验室研究和动物研究。卡纳韦罗和任晓平声称即将用于人的头颅移植的方法并未经过临床前研究尤其是动物研究以证明是安全和有效的，因此不具备应用于人进行临床试验的条件。

其次，最重要的是，任何一种新的干预方法在应用于人进行临床试验时，必须对其可能给病人带来的风险和受益进行评估，风险不能超过最低程度的风险，即一个人在日常生活或接受常规医学检查可能遇到的风险。如果风险大于最低程度的风险，那就要看通过试验获得的普遍性知识对社会受益有多大；如果对社会受益很大，而风险又不属于严重或不可逆，那么在知情同意的条件下让受试者接受大于最低程度的风险，这在伦理学上是可以接受的。但如果风险可能是严重或非常严重且不可逆，例如死亡、终身残疾，那么不管社会受益有多大，也是在伦理学上不可接受的。

对风险的分析评价问题。我们首先来考察卡纳韦罗和任晓平实施头颅移植术的技术和方法可能对受试者造成的风险或伤害。在医学伦理学中，第一要义是"不伤害"，希波克拉底说："首先，不伤害"；孟子说："无伤也，是乃仁术也"；21世纪医生宪章中规定的医学专业精神第一原则是"病人福利第一"。目前没有文献表明，有科学证据证明利用动物模型实施头颅移植术获得成功。所以现在不是考虑将此类移植应用于临床试验的时候，更不要说临床应用了。

头颅移植是有极端风险的手术。《大西洋杂志》[16]报道说，卡纳韦罗说成功机会是90%多，任晓平对这种结局则不那么确定。所有的移植手术都有许多风险。头颅移植手术的最大问题是两个人之间大脑与脊髓的连接问题。至今神经元无法再生，断损的神经纤维无法连接，如何将两个人各有数百万根神经纤维连接起来？哥伦比亚大学神经外科副教授温弗里（Christopher Winfree）指出，"当切断脊髓后，神经细胞会立即形成疤痕，形成一道阻止脊髓两边连接的物理障碍；其他蛋白质和酶也会抑制其生长。因此，聚乙二醇之说是一堆胡言乱语"；戈登指出，"即使聚乙二醇这种胶水管用，将数百万神经连接起来是不可能的，这一捆巨大的神经从大脑伸展到脊柱，由此再伸出分支扩展到我们身体的所有部分。因此将脊髓两端用胶水粘合起来是完全不可能的"。即使大脑和脊髓没有连接起来，病人仍可以像一个下身瘫痪病人存活短暂时间。这就是卡纳韦罗和任晓平在他们无数动物实验中看到的他们称之为"成功"的情况。[17]除了脊髓连接外，控制周身循环的激素的脑垂体系统以及产生唾液的唾液腺系统可能在术后发生问题，这些问题如何解决以确保这两个系统功能正常？在头部手术，即使脊髓连接起来，失去流到脑部的血流是更大的问题。缺血损害大脑，使人处于严重心智缺陷状态。新的身体的免疫系统将移植过来的脑袋视为"异己"而加以排斥。

在目前情况下，用卡纳韦罗和任晓平所使用的技术和方法实施头颅移植，唯一能够导致的结果是病人的死亡，正如他们在小鼠、狗和猴身上所做到的那样，在极短时间内死亡。正是在这个意义上，卡纳韦罗和任晓平已经跨越了公认的伦理学红线，与医生的首要天职"治病救人"相反，置人于死地。

头颅移植还有其他伦理问题。

谁受益？移植的目的是保全器官衰竭病人的生命及其人格完整性。所有其他成功的器官移植，在保全病人生命及其人格完整性方面是不存在任何问题的。但头颅移植不同。设甲患有某种严重的身体疾病,但他的大脑和头部仍是健康的。而乙则相反,他已处于脑死状态,他的死亡就在眼前,但他的身体是健康和完整无缺的。如果我们拥有一种既安全又有效的头颅移植技术,我们就可以将甲的头切下后安在已切掉头的乙的颈部。那么,这一移植手术救治了甲的生命,而对乙并无伤害,因为他本已处于脑死状态。问题在于:一个刚刚生下来的婴儿的脑仅仅是提供大脑和意识发育的基质,而他神经系统结构是他生下来第三天到今后关键的 15 年内大脑与身体及其社会文化环境相互作用而形成的,而后这种相互作用仍然存在。因此一个人的"自我"不是大脑自身孤立发育的产物,一个人的认知(包括意识和自我意识)受到大脑以外的身体和环境多方面的强烈影响,即一方面认知依赖于因有一个拥有各种感觉运动能力的身体而有的种种的经验;另一方面这些个体的感觉运动能力本身嵌入于围绕身体的生物学、心理学和社会文化环境之中。鉴于认知这种赋体和嵌入的情况,具有不同种类身体的人可因赋体的程度而有不同。换言之,同样一个大脑可因赋予的身体不同和嵌入不同的环境而形成不同的认知,包括自我。[18,19,20] 因此,美国生命伦理学家卡普兰才会这样说:"一个人的身体对他的人格身份也非常重要,头颅移植的动机本想保存你,如果保存你的唯一方法是转换你的身体,那么实际上你没有挽救你自己,你变成了另一个人。"[8]

资源分配问题。头颅移植的费用估计在 1 000 万~1 亿美元,我们将这笔钱用于救助患有脊髓损伤的病人,岂不更好?在这里我们要进一步问的是,卡纳韦罗和任晓平进行那么多的动物实验,经费来自何处?卡纳韦罗在意大利是一个没有单位的自由人,他的自由意味着他没有资助来源,因此他转向容易上当的中国。那么经费是任晓平筹措的吗?是他的单位或相关公共部门资助的吗?用中国纳税人的钱去实现一个被称为"科学狂人"的 100 年后也不能实现的狂想,这不是一个经济问题,而是一个伦理问题。

动物伦理学问题。我们现在还不能放弃用动物做实验,但我们在做动物实验时要衡量对动物可能造成的痛苦与实验可能给科学和社会带来的受益,要贯彻 3R 原则,即尽量不用动物(Replacement)、尽量少用动物(Reduction)、使用动物时要关切动物的福利(Refinement)。他们利用成千有痛苦感受的动物做实验,而这些实验都不能得出有利于医学和社会的结果,不但浪费资源,也提出了应该如何正确对待实验动物的伦理问题。[21]

有效知情同意问题。头颅移植目前不可能做到有效地知情同意。卡纳韦罗企图利用知情同意来为他的计划辩护。但按他的设想去做的知情同意是否有效？这样做是否就可以免除他们的医疗执业过错呢？这是大可质疑的。知情同意要求研究者或医生将拟实施的干预有关信息充分地、全面地、诚实地告知病人或受试者，包括研究或医疗的目的、拟采取的程序或流程、可能的风险和伤害、可能的受益、有无其他可供选择的干预措施、可能的费用（如果是临床治疗干预），帮助病人或受试者理解这些信息，由病人自由地做出同意或不同意参与的决定。现在的问题是，其一，按目前卡纳韦罗和任晓平掌握的技术和方法，移植后非常可能导致病人的死亡或在最好情况下短时瘫痪随即死亡。卡纳韦罗会将这类信息告知病人或受试者吗？如果他们用他们降低了成功标准的动物实验结果来说服病人或受试者参加，那就是隐瞒和欺骗，由此获得的同意是无效的。其二，如前所述，移植后的许多可能后果目前在科学上是未知的，因为在这个方面的研究科学还没有达到能够预测可能后果的水平。在许多未知的情况下，任何方式的知情同意都是无效的。在任何一种情况下，卡纳韦罗和任晓平在实施头颅移植手术后置病人于死地，他们不能用病人签署的知情同意书为他们的医疗执业过错开脱，也不能为他们可能的刑事责任开脱。沃尔普（Wolpe）指出，卡纳韦罗可能获得病人的同意书后置病人于死地，这种情况类似医生协助病人自杀。医生协助自杀在许多国家（包括我国）目前是非法的，因此他可能从病人获得的同意书是无效的。但头颅移植致死与医生协助自杀不同的是，在后者是病人同意医生用医学手段帮助他结束他不想继续活下去的生命，而前者是本想活下去的病人因头颅移植失败而丧失生命。在医生协助自杀情况下，采取医学手段后病人还活着，那是失败；但在头颅移植情况下，那是成功。病人同意医生协助自杀，是确信病人宁愿死亡也不要继续活下去；而头颅移植则相反，那是病人坚持要活下去而去冒极大的风险。最后，医生协助自杀绝不会采取将病人斩首的方法，这已经远远偏离标准治疗。[10]

也许卡纳韦罗会说，病人宁愿死也不愿拖着久病的身体继续苟延残喘地活着，他的同意应该是有效的。然而，在普遍的情况下，同意"做什么"是有限制的。例如一个人同意做某人的奴隶，这种同意是无效的。同理，出卖器官的同意也是无效的。最后，同意被人杀死则更是无效的。这里涉及知情同意的辩护理由：一是保护表示同意的人免受伤害；二是促进他的自主性。"卖身为奴"、"出售自己的器官"以及"请求他人杀死自己"，都违背了病人知情同意的本意，因而都是无效的。

按照我国现行法律头颅移植是犯罪行为

头颅移植面临目前无法解决的法律问题。首先，头颅移植涉嫌触犯刑法。头颅移植必须至少杀死一个本来活着的人，即他是一个身体患有严重疾病而头部完好的病人。头颅移植不能等病人死后再移植，必须在他头部完好时移植，于是正如卡纳韦罗所说，为了保证移植成功，必须用极为锋利的刀片将病人的脊髓在颈部切割下来。那么这一行动是否构成刑事犯罪呢？对这一问题做肯定回答的理由如下。2017年《中华人民共和国刑法》第232条规定：故意杀人的，处死刑、无期徒刑或者十年以上有期徒刑；情节较轻的，处三年以上十年以下有期徒刑。那么在法律上如何定义故意杀人呢？故意杀人，是指故意非法剥夺他人生命的行为。由于生命权利是公民人身权利中最基本、最重要的权利，因此，不管被害人是否实际被杀，不管杀人行为处于故意犯罪的预备、未遂、中止等哪个阶段，都构成犯罪，应当立案追究。其构成条件为：第一，主观上是出于故意，故意的内容是剥夺他人生命，动机如何不影响定罪。可以是直接故意，也可以是间接故意。第二，在客观方面，行为人实施了杀害行为，亦即行为人的行动构成被害人死亡这一结果的原因。那么，人们可论证说，在实施头颅移植前外科医生将病人的头割下符合这两个要件：第一，在主观上，医生本意是将甲的头割下安在乙的身体上，使身体患严重疾病的甲死亡，以形成另一个人丙（甲的头颅与乙的身体混合体）；第二，在客观上，医生的行动是甲死亡的原因。如果移植失败，未能形成混合体丙，那么甲的死亡是医生移植行动的直接结果，而本来甲虽然疾病严重，但他仍然是一个活生生的人。有人可争辩说，医生本意是避免甲死亡，因而不能诉他故意杀人罪。那么，如果移植失败，医生也逃脱不了我国刑法中的过失致人死亡罪。《中华人民共和国刑法》第233条规定：过失致人死亡的，处三年以上七年以下有期徒刑；情节较轻的，处三年以下有期徒刑。过失致人死亡罪，是指因过失而致人死亡的行为。由于考虑到"杀人"是一个自主的主观上故意的概念，因为主观上没有杀死或者伤害他人的故意，是由于主观以外的原因造成的杀人，所以不称"过失杀人"，而称"过失致人死亡"。人们可以争辩说，至少头颅移植成功或失败的医生都犯有"过失致人死亡罪"。虽然他本意想挽救甲的生命，但是如果移植成功，形成了一个混合体丙，而原来的甲死亡了；如果失败，那么甲就直接死亡了。虽然甲的死亡非医生故意，但是他的过失致甲死亡，他的过失是采用了既不安全又无效的移植技术和方法。

实施头颅移植的医生还触犯《中华人民共和国刑法》第302条的盗窃、侮辱、故意毁坏尸体罪，处三年以下有期徒刑、拘役或者管制。侮辱、故意毁坏尸体罪，是指以暴露、猥亵、毁损、涂划、践踏等方式损害尸体的尊严或者伤害有关人员感情的行为。尸体是自然人死后身体的变化物，是具有人格利益、包含社会伦理道德因素、具有特定价值的特殊物，死者的近亲属作为所有权人，对尸体享有所有权。对尸体的侮辱与毁坏，既是对死者人格的亵渎，也是对人类尊严的毁损，因此，社会以及死者的亲人都是不能容忍的。世界各国民法都对人死后的人格利益给予保护，更重要的不是保护尸体这种物的本身，而是要保护尸体所包含的人格利益。[22]人们可以争辩说，实施头颅移植必须将例如脑死人的头颅用锋利的刀片切割下来，我们姑且承认脑死人的身体已经是尸体，那么将脑死人的头颅割下，已构成侮辱、故意毁坏尸体罪。

在法律上还存在身体的归属问题。新的身体，即甲的头颅与乙的身体构成的混合体丙是一个独立的第三者，还是应该归属于谁？尤其是他或她体内的精子或卵子归属于谁？用上例来说明，手术后甲的头连接在乙的身体上，形成了丙，那么丙的原本是乙的身体归属于谁？如果丙与某个人生了一个孩子，乙的家庭成员有探视权吗？[10]

媒体的责任问题。卡纳韦罗的策略是绕过专业的神经外科专家共同体，直接与媒体沟通，通过媒体进行公关宣传，其主要目的可能不仅是在全世界范围曝光，主要是想获得他所设想的慈善家的资助。因为他的"天堂"计划不可能获得体制内的支持，所有有能力资助他的国家（包括我国）都已建立对研究项目进行科学和伦理审查制度，资助他那个异想天开、极端风险并注定会失败的项目是不可想象的。唯有通过在科学上无知的但又极想获得耸人听闻的一些记者和媒体，替他大肆宣传，有可能传播到富可敌国但极想盛名天下的慈善家那里，从而得到大量的研究资助。对于他的公关宣传，媒体当然不能置之不理，但理应对他的所言所行仔细追究考查，而不是人云亦云，充当伪科学的传声筒。他说，他的头颅移植在动物实验上获得了成功，我们的媒体也替他吹嘘获得成功；他说，他的头颅移植在人类遗体上成功实施，我们的媒体也人云亦云地帮他吹嘘说在人类遗体上成功实施。[13，23，24] 这样，我们的媒体不仅在给伪科学家帮腔，而且忘却了我们兴办媒体的初心，忘却了我们应尽的义务：我们要向读者传递新颖而真实的知识，而不是为了增加报纸销路而不顾一切地吸引读者的眼球。

最后我们必须讨论我国研究机构、相关管理部门以及政府对新兴技术开发应用的管理问题。例如，按照我国卫计委的规定，国际研究项目必须经过所在国双方研究人员所属机构伦理审查委员会的审查批准。任晓平与卡纳韦罗这一已经进行多年的合作研究项目经过哈尔滨医科大学相关机构伦理委员会审查批准了吗？卡纳韦罗那边是意大利哪一研究机构的伦理委员会审查批准的呢？卡纳韦罗现在所属哪一个研究机构，这个研究机构的资质是否已经哈尔滨医科大学核查过？前几年美国科学家利用我国研究管理的薄弱以及研究人员的腐化，违背我国法律偷运转基因大米（"黄金大米"）入境，与我方研究人员互相勾结违背知情同意的伦理要求，欺骗家长说他们所做的是"营养素"试验，最后恶行暴露，相关研究人员受到了行政处分。在推行未经证明和不受管理的所谓"干细胞治疗"乱象猖獗之际，也有境外人员与我国医院和生物技术公司一些人员相互勾结，利用这些伪干细胞疗法，欺骗和伤害病人，掠取病人钱财。如今，又有卡纳韦罗之流流窜到我国，利用我国在研究管理上的漏洞，企图实现他的科学上没有证据、严重违反伦理规范，并且有可能触犯刑法的所谓头颅移植计划，我们对此必须提高警惕。一方面，我们应该组织专家组对任晓平与卡纳韦罗的所谓合作计划以及哈尔滨医科大学对这一计划的管理情况进行调查，提出处理和改进意见；另一方面，更重要的是，我们要加强对新兴技术研发和应用的管理，使得境外的伪科学家再也找不到"空子"可以钻进来为非作歹。

参考文献

[1] S. Canavero. HEAVEN：The Head Anastomosis Venture

Project Outline for the First Human Head Transplantation with Spinal Linkage (GEMINI). Surgical Neurology International, 2013 (4) (Suppl 1): 335-342.

[2] M. Stuwart. Volunteer Set to Become the First Person to Undergo a HEAD TRANSPLANT Admits He Will NOT Now Undergo the Surgery and Says: "That's a Weight off My Chest". Mail Online, 21 June 2017. http://www. dailymail. co. uk/news/article-4624364/Man-undergo-head-transplant-gives-hope-surgery. html.

[3] A. Caplan. Head Transplant: Could This Irresponsible Procedure Really Take Place? Medscape, 22 May 2015. https://www. medscape. com/viewarticle/844157.

[4] B. Crew. World's First Head Transplant Volunteer Could Experience Something "Worse Than Death". Science Alert, 10 April 2015. https://www. sciencealert. com/world's-first-head-transplant-volunteer-could-experience-something-worse-than-death.

[5] S. Fecht. No, Human Head Transplants Will Not be Possible by 2017. Popular Science, 27 February 2015. https://www. popsci. com/no-human-head-transplants-will-not-be-possible-2017.

[6] A. Martin. Human Head Transplant: Controversial Procedure Successfully Carried out on Corpse; Live Procedure "Imminent". Alphr, 17 Nov 2017 (including Jerry Silver's comment). http://www. alphr. com/science/1001145/human-head-transplant.

[7] Ren X P, S. Canavero. HEAVEN in the Making: Between the (the Academe) and a Hard Case (a Head Transplant). American Journal of Bioethics Neuroscience, 2017, 8 (4): 1-12.

[8] T. Lewis. Why Head Transplants won't Happen Anytime Soon?. Live Science, 6 March 2015. https://www. livescience. com/50074-head-transplants-wont-happen. html.

[9] S. Parry. Chinese Surgeon Prepares for World's First Head Transplant. Post Magazine, 18 March 2016. http://www. scmp. com/magazines/post-magazine/health-beauty/article/1926361/chinese-surgeon-prepares-worlds-first-head.

[10] R. Wolpe. Response to HEAVEN in the Making: Between the (the Academe) and a Hard Case (a Head Transplant). Ameri-

can Journal of Bioethics Neuroscience, 2017, 8 (4): 13-28.

[11] J. Jane. Five Major Problems that the World's First Human Head Transplant would Face. Science Times, 29 April 2017. http://www.sciencetimes.com/articles/13831/20170429/five-major-problems-that-the-worlds-first-human-head-transplant-would-face.htm.

[12] Ren, X P, Ye Y J, Li P W et al. Head Transplantation in Mouse Model. CNS Neuroscience & Therapy, 2016, 48 (21): 615-618.

[13] 头颅移植术在人类遗体上成功实施. 参考消息, 2017-11-19 (7).

[14] S. Wong. Head Transplant Carried out on Monkey, Claims Maverick Surgeon. Daily News, 2016-01-19. https://www.newscientist.com/article/2073923-head-transplant-carried-out-on-monkey-claims-maverick-surgeon/.

[15] Kim, C Y. PEG-Assisted Reconstruction of the Cervical Spinal Cord in Rat: Effects on Motor Conduction at 1 Hour. Spinal Cord, 2016 (54): 910-912.

[16] S. Kean. The Audacious Plan to Save This Man's Life by Transplanting His Head. The Atlantic, September 2016. https://www.theatlantic.com/magazine/archive/2016/09/the-audacious-plan-to-save-this-mans-life-by-transplanting-his-head/492755/.

[17] A. Ghorayshi. No, Head Transplants are Definitely not Going to Happen. Buzzfeed, 27 February 2015. https://www.popsci.com/no-human-head-transplants-will-not-be-possible-2017.

[18] W. Glannon. Bioethics and the Brain. Oxford: Oxford University Press, 2010: 13-44.

[19] W. Glannon. Brain, Body, and Mind: Neuroethics with a Human Face. Oxford: Oxford University Press, 2011: 11-40.

[20] K. Evers. Can We be Epigenetically Proactive? //T. Metzinger, J. Windt. Open Mind: 13 (T). Frankfurt am Main: Mind Group. DOI: 10.15502/9783958570238.

[21] S. Amstrong, R. Botzler. The Animal Ethics Reader. Oxford: Routledge, 2008.

[22] 杨立新, 曹艳春. 论尸体的法律属性及其处置规则. 法学

家，2005，1（4）：76-83.

[23] 新华社. 首例"换头术"在遗体上完成 引发医学界巨大争议. http://news.cyol.com/content/2017-11/20/content_16705647.htm.

[24] S. Kirkey. World's First Human Head Transplant Successfully Performed on a Corpse, Scientists Say. National Post, 17 November 2017. http://nationalpost.com/health/worlds-first-human-head-transplant-successfully-performed-on-a-corpse-scientists-say.

附录七
杂合体和嵌合体研究：应该允许还是应该禁止？
——生命科学中的伦理问题*

前　言

　　2003年8月中国《细胞研究》13卷（251-263页）发表了上海第二医科大学盛慧珍教授等的一篇论文，报告他们成功地将人类皮肤细胞卵转移入新西兰兔子的去核卵内，创造了400个人/动物胚胎，即杂合体胚胎，其中100个存活若干天。盛教授说她不想将这些胚胎植入人类妇女子宫内，而是要引出胚胎干细胞，进行研究。这种胚胎在实验室发育几天，然后毁掉，获得干细胞。在发表前他们曾投寄美国《科学》《国家科学院院刊》等国际著名学术杂志，但被拒绝刊登。理由呢？是不相信中国科学家能够做出这类先驱性工作，还是认为他们的工作超越了伦理底线，例如跨越人与其他动物物种界限，有损人类尊严等？这种理由在伦理学上能够站得住脚吗？

　　2007年7月国内外媒体广泛报道了美国内华达大学Zanjiani教授的工作，他成功地创造了一只含15%人类细胞的绵羊，即绵羊/人嵌合体。那么，他是否跨越物种界限，有损人类尊严呢？

什么是杂合体和嵌合体？

　　在讨论是否应该允许或禁止杂合体和嵌合体研究之前，我们必

---

* 本文根据2007年9月25日在复旦大学复旦学院举办的讲座上的演讲整理而成，发表于《文汇报》2007年10月14日。

须首先弄清什么是杂合体和嵌合体？然后分别考察反对和支持杂合体和嵌合体研究的论证。

杂合体（hybrid）是由不同物种的配子结合成的机体，其每一个细胞核内都有两个物种的遗传物质。骡子就是驴与马的杂合体，是公驴的精子和母马的卵相结合的产物。如果将人的配子与动物①的配子交配产生的胚胎或机体，就是人/动物杂合体，这种杂合体的每一个细胞的核内都有人和动物两个物种的遗传物质，所以又称真正的杂合体（true hybrid）。而盛教授所做的工作是将人的体细胞核转移到去核的动物卵内形成的胚胎，这种胚胎也是每个细胞含有两个物种的遗传物质，但其细胞核内是一个物种的遗传物质，而在细胞质的线粒体②内是另一个物种的遗传物质，在盛教授所创造的杂合体胚胎内，细胞核的遗传物质是人的，而细胞质线粒体内的遗传物质是兔子的。这种杂合体称为细胞质杂合体（cybrid）。也有可能将动物的体细胞核转移到人的去核卵内形成另一种细胞质杂合体，目前未见有人做的报道。

嵌合体的英语 chimera（喀迈拉）一词来源于希腊文，原意是 she-goat（女山羊），意指神话中兼有狮子头、山羊身和蛇尾的能够喷火的雌性怪物。这一术语最早来自荷马，荷马在公元前9世纪的《伊利亚特》史诗中提到 Chimera 是巨人 Typhoon 与半女半蛇 Echidna 所生，前身是狮子，后身是蛇，中间是山羊，鼻子喷火。科林斯的 Bellerophon 骑有翼神马 Pegasus 杀死了她。神话中的嵌合体还有：Centaur（半人半马），Gorgon 或 Medusa（蛇发女怪），Geryon（三体有翼怪物），Harpy（身为女人，翅膀、尾巴、爪为鸟的怪物），Sphynx（狮身人头），Griffin（狮身鹫首），Siren（女人身鸟首），Mermaid（美人鱼），Satyr（人头羊，有山羊腿的人），Minotaur（半人半牛），Echidna（半女半蛇）等。但现在嵌合体一般都用 chimera 一词概括，chimera 也不再专指具有狮子头、山羊身和蛇尾的喷火的雌性怪物了。其他文化，如古埃及、古印度、中国的神话、小说中都有幻想或想象的嵌合体，在一些文学名著中也有嵌合体的人物出现，如莎士比亚的《暴风雨》，威尔斯（H. G. Wells）的《莫洛博士岛》等，尤其是中国的古典小说《西游记》充满了栩栩如生

---

① 本文中"动物"一词意指与人相对的"非人动物"（nonhuman animal）。
② 细胞由细胞质和细胞核组成，细胞核内的基因占全部的99%以上，余下的在细胞质的线粒体内，线粒体负责供应细胞的能量。

的有些还讨人喜欢的人/动物嵌合体。

目前没有发现自然的杂合体，人工产生的杂合体有骡子以及狮虎杂合体等。

嵌合体是由两个同种的受精卵发育而来的细胞或两个不同物种的细胞组成的机体，也就是说，在嵌合体内，有两类细胞或组织，一类细胞和组织来自某一受精卵或某一物种，另一类细胞和组织则来自另一个受精卵或另一物种。在人和动物中可产生自然的嵌合体。在早期胚胎阶段两个受精卵有可能融合，融合后的胚胎是由两个受精卵的遗传物质组成，即由2个卵和2个精子的染色体组成。生出的嵌合体可能肝有一组染色体，肾有另一组染色体，可有两群红细胞，来源于不同的受精卵，形成"马赛克"机体。这两个融合的受精卵往往是异性，既有卵巢又有精囊，形成真性雌雄同体性，2003年全球报告有40例。美国有个人叫 Lydia Fairchild，由于牵涉到一桩民事案件，需要做亲子鉴定，经检测错误地认为她的孩子不是她的，因为DNA不相配。但后来发现她是一个嵌合体，在她的卵巢中发现的DNA与她女儿是相配的。

近几年来，研究中创造的嵌合体多有报道。1984年美国科学家用一只山羊和一只绵羊胚胎结合在一起产生嵌合体 geep；另有人将一个鹌鹑胚胎移植进一个鸡胚胎产生一只有鹌鹑脑的鸡。2002年斯坦福大学的威斯曼（Irving Weissman）教授创造了具有人类神经元的小鼠。人类神经元在这种小鼠脑中占1%，但其功能活动不清楚。2007年内华达大学的 Zanjiani 创造了一只有15%人细胞的绵羊。

按照上面的嵌合体概念，那么移植了猪心瓣膜的人也应该是嵌合体了，这是治疗的产物。如果将来异种移植获得成功，例如器官衰竭的病人移植了一头猪的器官，那么移植后那位病人也应该是个嵌合体。

目前科学研究中创造的嵌合体都是将少量人类细胞注射入动物胚胎或胎儿。也可以通过将动物细胞注射入人类胚胎制造嵌合体，目前还没有人这样做。将人类干细胞注射入动物胚胎，会产生两个问题：其一，如果将人胚胎干细胞注射入早期动物胎儿，它们很可能移动到动物胎儿生殖系产生人类的精子和卵。如果这两个嵌合体交配，在交配中一个人类精子使一个人类卵受精，结果可能在一个动物子宫生长一个人类胚胎。如果有人将这种嵌合体产生的人类精子和卵，用体外方法受精，再移植到动物或人的子宫内，生出一个人的婴儿。在这两种情况下，从这个人类胚胎生长出的孩子，他或她的父母是谁？就会造成很大的难题。其二，如果有大量人胚胎干细胞移动到动物大脑，这个嵌合体的大脑会不会产生出人的认知能力？上面提及的斯坦福大学威斯曼教授，他计划创造出人类神经细胞占100%的小鼠。那么有朝一日，这种小鼠会不会站起来说："嗨，我是米老鼠！"这种可能似乎不大。小鼠脑不到人脑大小的千分之一，创造一个具有人认知能力的动物，可能必须利用与我们在物种上非常接近的动物，例如黑猩猩。那么将人类干细胞注射入与人更接近的灵长类内，是否有可能发育生长出"人化的"、具有某种"人性"功能的嵌合体（例如孙悟空），就很难说了。出现一个具有人类认知能力的动物或嵌合体，我们人类还没有做好准备。

应该允许还是禁止杂合体和嵌合体的研究？

首先，我们根据什么来评判杂合体和嵌合体研究应该允许还是应该禁止呢？评判这方面研究行动的伦理框架应该是生命伦理学基本原则，即不伤害/有益、尊重、公正三个基本原则。不伤害/有益原则要求我们有义务避免、减少对他人的伤害，使这种伤害最小化，并有义务使他人受益，使受益最大化，必须评价我们行动的风险/受益比，永远采取受益大于风险的行动。尊重原则要求我们尊重自主性，对于有自主性、行为能力的人，坚持知情同意或知情选择，对于缺乏自主性或无行为能力的人，坚持代理同意，并给予特别保护。公正原则要求我们公平对待人，防止、反对各种歧视。

其次，我们需要根据这些原则来考察反对和支持杂合体和嵌合体研究的论证。反对杂合体和嵌合体研究的论证有：

（1）厌恶。一些人根据人们一看到杂合体或嵌合体就会有厌恶的情感，反对进行这方面的研究。美国总统生命伦理学委员会前主席卡斯（Leon Kass）在《厌恶的智慧》（"Wisdom of Repugnance"）一文中说："厌恶是深刻智慧的情感表达，超越能完全表达的理性力量。"当杂合体和嵌合体与人的区别仅在体内时，人们会泰然处之，例如对于移植有猪心瓣膜或胰岛细胞，甚至移植有动物器官的病人，一般不会产生异样情感。但如果动物的形状出现在体外，例如人长个猪鼻子，人体出现个羊尾巴，那就容易产生不舒服、反感、厌恶、恶心的情感，这是自然的。问题是这种情感能够作为理性论证的基础或根据吗？厌恶基于情感和直觉，情感可能是偶然的、含混的，可能放错了地方；直觉也可能是错误的，相互矛盾的。它们都不能提供理性伦理思维的根据。生命伦理学是理性事业，反对或支持某项行动应该以理性的批判论证作为基础或根据，不允许用非理性的情感代替理性的论证。厌恶、反感可能产生歧视，例如导致对黑人、同性恋、艾滋病感染者的歧视。而厌恶或反感的情感也可以因理性的理解而消失。当来自上海的曹教授及其同事1997年在美国《塑料再造手术》（Plastic Reconstructive Surgery）上发表他们的成果，即将聚合体模板置于小鼠背皮肤下，生长出人的外耳时，一些美国人的评论是"令人作呕"，我在介绍这个成果给听众时至少超过50%的人也感到厌恶，或至少不舒服。但是当我解释了那些由于种种原因失去耳朵的人多么需要移植人耳来解除他们生活中遭受到的痛苦时，许多听众就改变了原先的情感。

（2）不自然。一些人指出，杂合体和嵌合体"不自然"，因而反对进行研究。不自然（unnaturalness）可能意指违反既定的自然秩序。但自然是流动的，现存的自然秩序也可能改变，由于人类改造自然的活动，使这改变更加容易发生，并且使我们这个世界充满不自然的东西。我们环顾四周，就可以发现没有多少纯自然的东西！"不自然"的论证将生物学事实与伦理规范混为一谈，不能说明对自然的干预在伦理上哪些可接受的，哪些则不能接受。

（3）破坏物种整体性。一些人认为，杂合体和嵌合体破坏了物种整体性，不应该允许研究。物种概念本身并不是清晰的，其界限也不固定，而且物种也是演化的。人创造出了骡子，也该是"破坏物种整体性"吧，但满足了当时社会的需要，并没有产生任何负面后果，也得到人们的广泛接受。生物学的物种分类是经验的和实用的，与规范性的伦理判断无关。没有可靠的标准来确定何时跨越了物种之间的界限，为什么这种跨越是伦理上不可接受的。

（4）道德滑坡。允许进行杂合体和嵌合体研究会形成道德滑坡，滑向理应禁止的做法，例如克隆人、将人与动物杂交等。首先，像克隆人和人与动物杂交等理应禁止的做法与其他理应允许的做法之间本身可以在概念上区分，不一定存在滑坡。其次，即使存在这种滑坡，我们可以在实践上通过管治措施防止从可允许的做法滑向被禁止的做法。

（5）违反人的尊严。最重要的反对论证是认为杂合体和嵌合体的研究违反人的尊严。美国生命伦理学家卡尔波维茨（Karpowicz）等人说："当一个具有某种程度的人性的存在被囚禁于一个动物体内，不能体验我们物种独特享有的所有认知、情感和道德权利的能力，这样人的尊严（human dignity）处于风险之中。"

什么是人的尊严概念？康德认为尊严体现在人本身是目的之中，人不能仅仅被当作手段。人的尊严体现在人为自己确定目的和为实现这些目的而行动的能力之中，表现在理性的本性和根据原则行动的能力之中，因此，人具有不能赋予市场价格的独特尊严。但西方有些人将人的尊严应用于人的受精卵、胚胎和胎儿。从儒家的"士可杀而不可辱"和"三军可以夺帅，匹夫不可以夺志"等论点中可以看出儒家对人的尊严的观点。但韩非子认为人"始于生，而卒于死"，在我国的《民法通则》中规定人拥有"人格尊严"（personal dignity），但这个人是从出生时开始的。从这些论述我们可以看出，西方有些人谈论"人的尊严"多半从人这个物种（homo sapiens）的独特性出发，而我们则将尊严与人格联系起来。如果其他物种，或未来的智能机器人，或未来可能发现的外星人，他们都不是人类（human beings），只要具备理性、情感、社会交往能力，就被看作具有人格的人，就应该享有人的尊严或人格的尊严。

因此，尊严问题可能出现在人类细胞占大多数，因而有可能是"人化"、具有"人性"的嵌合体机体，如果将有关杂合体的研究限于胚胎阶段，则不存在尊严问题。另外，如果我们从另一方向来看，"人化"的或具有人性的嵌合体可能不是对人的贬低，而是对动物的提升；它们可提醒我们人与动物的区别不是那么截然分明的；也可帮助我们理解动物的生活和精神。

评判杂合体/嵌合体研究是否应该允许的主要标准应该是不伤害/有益原则。如能促进科学发展和未来使许多人受益，而伤害较小，则应允许进行。当有可能对杂合体和嵌合体自身或周围生命体的伤害超过受益时，就应中止或制止。基于这一标准，可以提出如下建议：

（1）应该允许细胞质杂合体研究。

理由1：用细胞质杂合体胚胎获取干细胞进行研究，将有利于科学发展。

理由2：在人胚胎干细胞研究中用人卵是浪费。将来将干细胞研究用于临床时，需要大量人卵，不能将细胞质嵌合体干细胞用于临床，因为动物细胞质内的线粒体与人不同，用于临床可能产生线粒体病。

理由3：使用细胞质嵌合体胚胎与使用用人卵的细胞核转移胚胎没有道德上的区别。

理由4：将细胞质嵌合体胚胎的研究限制在14天，不将它转移到妇女体内，就不会造成伤害或出现人类尊严等问题。

但这里的细胞质嵌合体是指人/动物细胞质嵌合体，将人的体细胞核转移到动物去核卵内，不是动物/人细胞质嵌合体，即将动物的体细胞核转移到人的去核卵内，目前这既没有科学上的需要，也会造成对宝贵的人卵的浪费。

（2）继续不允许进行真正的人/动物杂合体研究。这类杂合体研究类似克隆人，可能造成伤害和浪费宝贵资源。

（3）应该允许嵌合体研究。

理由1：干细胞移植到病人体内后如何活动？它们如何分化、移动和形成新组织？目前在人身上试验不道德，可首先在动物体内进行研究。将人类干细胞植入动物不可避免创造嵌合体。例如哈佛大学的研究组将人类神经祖细胞①注射入猴胎儿，看它们与猴的脑细胞如何一起生长、移动和分化。

理由2：建立人类疾病模型。传统上用动物模型来研究人类疾病，往往会得出南辕北辙的结果，因为人与动物毕竟存在物种差异。利用嵌合体可在动物体内建立人类疾病模型。如美国塔夫特大学库珀沃瑟（Charlotte Kuperwasser）创造了具有人类乳腺组织的小鼠，她将人的乳腺细胞加到免疫缺陷的成熟前小鼠体内，可在小鼠体内观察正常人乳腺如何发育，如何发生人的乳腺癌，然后检测什么药物治疗有效。耶鲁大学的雷蒙德（Eugene Redmond）则将人类神经祖细胞注射入猴脑，目的是探索如何治疗人的帕金森病。

理由3：研究异种移植。正如上面提及的Zanjiani的工作，他创造出人的细胞占15%的嵌合体绵羊，目的是看这种嵌合体绵羊的器官能否移植到人体而免受排斥。

但这种嵌合体研究应该有条件限制：其一，人/动物嵌合体研究应该在动物/动物嵌合体基础上进行；其二，研究人/动物嵌合体时，

---

① 神经祖细胞是干细胞在变成脑细胞前的细胞。

应选择与人物种关系较远的物种进行，而不要选择与人的亲缘关系太近的物种；其三，注入动物胚胎或胎儿的人类基因或干细胞尽可能要少；其四，一旦有迹象表明对嵌合体或周围生物体产生严重伤害，就应中止或停止这类研究；其五，目前不进行将动物干细胞注入人胚胎的嵌合体研究：一方面目前科学上没有这种必要，另一方面这样做可能会对人胚胎造成伤害。

虽然人胚胎不是具有人格的人，但它与人胎儿、人的尸体以及所有比较高等的动物一样，具有一定的道德地位。上述实体的道德地位处于具有人格的人与无生物之间。具有人格的人拥有完全的道德地位，无生物没有任何道德地位，处于中间地位的实体则拥有一定的道德地位，因此享有一定程度的尊重。操纵和毁坏它们，需要一定的地位。为了挽救千百万人的生命，进行干细胞研究，这是不得不毁坏一些人的胚胎的充分理由。这在伦理学上是可以得到辩护的，因此是可以允许的。但没有充分的理由，看不到这样做后可推进科学，可有利于人类和社会的前景，那么这样做就得不到伦理学上的辩护，因而是不能允许的。

附录八
非人灵长类动物实验的伦理问题 *

非人灵长类动物实验的相关事实和情况

在生物学分类系统中非人灵长类动物①属灵长目（学名：Primates，中译文为日本首创），是哺乳纲的 1 个目，共 14 科约 51 属 560 余种。英国外科医生、灵长类动物学家和人类学家克拉克（Clark）爵士 [6] 将未灭绝的灵长目依升序方式排序，最末端（即演化程度最高）的为人类：（1）原猴；（2）猴：新大陆猴（阔鼻猴），旧大陆猴（窄鼻猴）；（3）小猿：长臂猿和大长臂猿（合趾猿）；（4）大猿：大猩猩，倭黑猩猩，猩猩，黑猩猩；（5）人：智人，尼安德特人，其他人。

每年有超过 10 万只的非人灵长类动物被用于生物医学研究，主要在美国、日本、欧洲（未包括中国数字）。在美国大概每年有 7 万只非人灵长类动物用于研究，另外还有 45 000 只在繁殖饲养，准备用于研究，其中包括仍用于研究的黑猩猩，但数量在下降。在英国从 1998 年开始不允许用大猿（大猩猩、倭黑猩猩、猩猩、黑猩猩）进行研究，但仍然用猕猴进行研究，大多数来自毛里求斯、中国、越南、柬埔寨和以色列。这些海外猴类动物繁殖中心的水准各异，有些非常差。猕猴不得不经历的旅途非常漫长而且紧张。在欧洲据 1999 年的统计，用于实验的猴类动物数目分别为：原猴亚目（如眼镜猴）726 只（仅在德国、法国）、新大陆猴 1 353 只（在比利时、荷兰、德国、法国、意大利、西班牙、瑞典、英国）、旧大陆猴

---

* 作者为雷瑞鹏、邱仁宗，原载《科学与社会》2018 年第 2 期 74-88 页。
① 我们这里使用"非人灵长类动物"一词的目的是要强调我们人也是"灵长类动物"。

5 199只（在比利时、荷兰、德国、法国、意大利、瑞典、英国）、新大陆猴和旧大陆猴合计1 813只（在德国）、猿6只（仅在荷兰），原猴、猴、猿相加为9 097只，不到实验动物总数的0.1％。每年使用非人灵长类动物于研究或试验的有10万～20万，其中大部分在美国。[2，4，7，8，14]目前我国已有大大小小的猕猴养殖场近100家，一些大的猴场存栏猴有1万～2万，估计我国利用非人灵长类做研究的数目会大大超过美国。[28]

在各国的社会中人们对利用非人灵长类动物进行研究持不同的态度。在科学共同体内，许多科学家认为，由于非人灵长类动物与人的密切系统发育关系，它们是最佳的动物模型，在不存在可供选择的其他办法时，在某些生物医学、生物学研究领域和为了对药物进行安全性评价，对它们适当的使用仍是不可缺少的。[2，5，9，11，22]然而，动物保护共同体的意见是，其一，正由于非人灵长类动物与人这种密切关系，它们能够与人一样感受痛苦，因此反对利用它们进行科学研究和产品试验；其二，它们对参加研究不能表示同意；其三，它们本身不能从研究中受益。因此，将非人灵长类动物用于试验和研究不合伦理，应该禁止或尽快逐步取消。[2，9，22]

驱动非人灵长类动物研究的有以下因素：其一，一些科学家持有的"高保真"（high-fidelity）观念，即认为研究人类的疾病、开发药物，研究人的生物学必须用非人灵长类动物最接近真实。其二，对动物伦理问题，例如对非人灵长类动物在研究或试验中遭受的痛苦、它们的道德地位等问题几乎从不考虑，漠然处之，对非人灵长类动物在实验中可能遭受的痛苦缺乏敏感性。其三，逐利的目的，我国一些人认为，当其他研究大国逐渐减少非人灵长类动物研究时，我们来繁殖饲养，一方面用于国内，另一方面可大量出口赚取外汇。

2011年有两份关于非人灵长类动物的研究报告值得我们注意。一份是英国已故动物行为学家贝特森（Patrick Bateson）爵士主持并撰写的《非人灵长类动物研究审查》[2]研究报告。报告指出，在英国几乎70％的非人灵长类动物使用符合立法或管理的要求，但这些使用非人灵长类动物研究并不一定为达到科学目标所必不可少。报告建议，对非人灵长类动物研究的评估标准应该是：（1）科学价值；（2）医学或其他受益的可能性；（3）其他可供办法的可得性；（4）动物所受痛苦的概率和程度。报告指出，如果研究引起非人灵长类动物痛苦大，唯有受益很大才可允许。报告在检查中发现，约

9％的研究意义不大，但引起非人灵长类动物的痛苦很大。报告建议采取替代非人灵长类动物的其他办法，如脑影像术、非侵入性的电生理技术、体外和电脑模拟技术甚至利用人类受试者进行研究，以及其他减少研究所需非人灵长类动物数量的方法，例如数据共享、发表所有研究结果（包括阴性结果），以及定期检查研究的结局、受益和影响，以避免不必要的重复。然而，也有学者批评这份报告低估了非人灵长类动物在研究中所承受的伤害，忽视这些动物的内在价值，几乎少有证据能证明这些研究对科学和医学有多大的受益。[13]

另一份是美国医学科学院利用黑猩猩于生物医学和行为研究委员会（主任委员为生命伦理学家卡恩［Jeffrey Kahn］教授）的报告《生物医学和行为研究中的黑猩猩：必要性评估》。[4] 该报告提出了使用非人灵长类动物于研究的三原则：（1）获得的知识为推进公众的健康所必需；（2）获得这类知识必须没有其他研究模型，以及研究不能在人类受试者身上合乎伦理地进行；（3）在研究中所用动物必须维持在对动物行为学合适的自然和社会环境之中或在自然栖息地内。这些原则也是该委员会用来评估目前和未来使用黑猩猩于生物医学研究和行为研究的具体标准的基础。目前并无一套统一的标准用以评估将黑猩猩用于生物医学和行为研究的必要性。虽然黑猩猩在过去一直是一个有价值的动物模型，但根据该委员会确定的标准，目前使用黑猩猩于生物医学研究大多数是不必要的。但该委员会认为可能有两个例外：（1）由于目前可得的技术，研发未来的单克隆抗体治疗将不需要黑猩猩，然而有限数量的单克隆抗体已经在研发之中，可能要求继续使用黑猩猩；（2）对研发预防性丙型肝炎病毒（HCV）疫苗是否有必要使用黑猩猩未能达成共识。目前的情况表明，由于出现非黑猩猩模型和技术，黑猩猩研究的科学需要正在减少，需要持续支持研发非黑猩猩的动物模型。从未来的科学需要看，新的、正在出现的或重新出现的疾病或障碍，可能会对治疗、预防和/或控制提出挑战，这些挑战需要使用黑猩猩；为理解人的发育、疾病机制和易感性，比较基因组学研究可能有必要使用黑猩猩，因黑猩猩在基因上接近于人。但应设法多使用给黑猩猩带来最小伤害的方法。例如当生物学材料来源于现有的样本时对黑猩猩没有风险，或在从活体动物采集样本时，将疼痛和痛苦减少到最小程度。对此报告，也有人评论说，虽然该委员会说，几乎所有目前的黑猩猩研究的必要性非常难以得到辩护，但它仍不建议直接禁止进行这类研究；他们质疑该委员会支持有限的非侵入性的黑猩猩研究，没有鉴定在哪些生物医学研究领域非侵入性的黑猩猩研究是必要的；该委员会在得出他们的结论时很少提到非侵入性黑猩猩研究提出的动物福利和其他伦理问题。[14] 2016 年美国国会和 NIH 决定要审查有关所有非人灵长类动物的研究的政策。[10, 23]

我国自 2002 年开始讨论动物权利问题 [16]，2004 年出版了祖述宪翻译的彼得·辛格（Peter Singer）的《动物解放》[18]，2012 年中国疾病预防控制中心发布《关于非人灵长类动物实验和国际合作项目中动物实验的实验动物福利伦理审查规定（试行）》[26]，2014—2017 年我国与英国方面连续举行 4 届中英实验动物福利伦理国际论坛 [27]，2016 年中华人民共和国国家标准发布《实验动物：福利伦理审查指南（征求意见稿）》[24]。这一历程说明，我国也正在对动物福利以及与动物实验有关的伦理问题给予关切。然而，我们必须首先重视并研讨对非人灵长类动物实验中的相关问题尤其是伦理问题。

非人灵长类动物研究存在的问题

非人灵长类动物研究存在的伦理问题

非人灵长类动物研究存在着许多在我国很少关切和讨论的问题。首先是伦理问题。非人灵长类动物研究的伦理问题是利用非人灵长类动物进行研究是否能够得到伦理学的辩护？而讨论利用非人灵长类动物进行研究是否能够得到伦理学的辩护必须涉及两个问题：一是利用非人灵长类动物于研究所致伤害的问题；二是非人灵长类动物的道德地位问题。

让我们先讨论利用非人灵长类动物于研究所致伤害的问题。在做出伦理决策时必须考虑是否对无辜他人造成伤害以及可能造成的伤害有多大，这已经是没有争议的问题。在医学中希波克拉底的箴言"首先，不伤害"已成为世界各国医务人员决策的标准，而且对他人的伤害的敏感性和不忍之心也已成为我们衡量一个社会道德进步的标尺，例如德国的纳粹和日本的军国主义就是道德上的大倒退，因为他们以制造他人痛苦为乐。在儒家的思想中，例如主要代表人物孟子在说"无伤也，是乃仁术也"时，他不仅指的是不要伤害无辜的人，也包括不要伤害无辜的动物。在全世界（包括我国）发展起来的动物伦理学，我们人类所采取的行动是否给无辜动物造成伤害，是其中一个主要的伦理问题。非人灵长类动物研究的伦理问题与一般的动物研究的伦理问题大同小异，其区别点就在于非人灵长类动物的特殊性质。非人灵长类动物拥有认知和情感能力，它们有计算、记忆和解决问题的技能，有意识和自我意识，能体验抑郁、焦虑和欢乐，有些能学习语言，而且寿命较长。它们可能被囚禁在实验室10余年甚至数十年，被反复进行实验。强有力的证据显示，包括黑猩猩在内的大猿具有类似人的复杂心智能力，例如拥有自我意识，可洞察自己的思想和感情；拥有时间和目的感，能反思过去，思考未来；拥有分享同一物种其他成员思想和感情的能力；用符号进行思想和感情交流的能力（语言能力）。因此，这些能力也增强了它们感受痛苦的能力，使它们对于所遭受的痛苦有极高的敏感性，将它们囚禁于实验室并用于研究使它们感到异常痛苦。[1, 9]因此，在实验以及为实验做准备的整个过程中它们遭受的痛苦要比啮齿动物严重很多。每年有数千只亚洲猴在野外被逮住，抓到繁殖基地，再被卖到和运送到其他国家。在运输过程中遭受极大的伤害和痛苦，被关在板条箱内，限制饮食。它们的生理学系统要有几个月的时间才能回复到基线水平。然后它们要面对研究中的巨大创伤、感染病毒、被隔离、不能正常饮水进食、撤除药物治疗，以及反复进行手术。在实验室为非人灵长类动物提供福利是非常具有挑战性的。必须有良好的环境才能确保它们的心理健康，这要解决集体安置、改善环境、照料婴幼动物的问题。那些显现精神悲痛的动物，尤其是猿，更要关注它们的心理健康。对于大多数猿猴，社会结伴（social companionship）是最重要的心理因素。因此，必须集体安置它们，除非因年老或其他病情，不得不单独安置。因此，与啮齿动物不同，非人灵长类动物在实验或研究中不仅遭受巨大的身体伤害，而且要遭受严重的精神伤害。这是在判断非人灵长类研究是否能够在伦理学上得到辩护时必须考虑的一个要素：非人灵长类动物在研究中受到的身体和精神伤害是否能在这种研究中得到伦理学的辩护？

非人灵长类动物的道德地位问题。一个实体拥有道德地位当且仅当它或它的利益对其本身一定程度上在道德上是重要的。例如我们说一个动物拥有道德地位，如果它遭受的痛苦对此动物本身在道德上是糟糕的，不管其对其他实体后果如何，因而采取不可辩护地违反它利益的行动不仅是错误的,而且是错误地对待了动物。而其他人对这个动物就应该避免采取此类行动。[20] 但对动物之所以应该拥有道德地位,以及人类之所以应该在道德上考虑动物利益的最系统、最具有说服力,并且已经不仅为主流伦理学家接受,而且为国际组织和主要国家决策者接受的论证则是澳大利亚哲学家彼得·辛格[18]提供的,即决定动物拥有道德地位的既不是智能,也不是理性,而是它们感受痛苦的能力。辛格的感受痛苦能力论证与雷根(Tom Regan)的"生活主体"(subject of a life)论证在原则上是一致的。雷根论证说,与人一样,动物都是它自己生活的主体,因此动物也应享有它们的权利。[17] 我们认为,不管是讨论动物的道德地位还是讨论动物的权利,定位在拥有感受痛苦的能力的动物比较合适。如果这样,辛格和雷根的论证都蕴含着动物本身有其内在价值和意义,而不仅仅有外在价值或工具价值,不仅仅是供人使用的资源。

在这样的论证基础上,一些哲学家论证了实体或动物之间有不同的道德地位:有些实体有完全的道德地位,有些实体(如无生物)毫无道德地位,有些实体则具有不同程度的道德地位。例如有些动物没有感受痛苦的能力,它们的道德地位要比能感受痛苦的动物的道德地位低一些,而另一些动物不仅有感受痛苦的能力,而且有意识和自我意识能力以及社会交往能力,它们的道德地位理应更高一些。如此说来,非人灵长类动物的道德地位及其内在价值,应该大大高于小鼠那样的啮齿动物,甚至应该拥有与人类相似或接近的道德地位。目前一般用于研究的非人灵长类动物(主要是绒猴和猕猴)虽然没有大猿那种最精致的心智能力,但有无可辩驳的证据显示猴的丰富社会生活和心智能力,因使用它们于研究而破坏它们的生活方式,有可能使它们遭受比其他实验动物更大的身体和精神痛苦。更不要说拥有自我意识、社会交往能力,有家庭有社群,是自己的生活主体,与人类中的脆弱人群几乎没有根本性差异的大猿了。而且所有的大猿以及某些猴类均属于濒危物种,这对使用非人灵长类动物进行研究或试验施加了更严重的限制。任何使用非人灵长类动物于研究和测试都要求比使用其他动物强得多的辩护。①

---

① 因此,动物伦理学主要是感受能力的动物的伦理学,这与佛家的思想是不同的。例如我们不认为,蚊子或苍蝇本身有什么道德地位,它们也没有感受痛苦的能力,唯有在它们成为生态系统一环时,即唯有它们被整合入生态系统时才有价值。那时拥有道德地位的是生态系统,不是它们孤立的个体。但生态系统的道德地位是另一个问题,不在本文赘述。

非人灵长类动物研究存在的科学问题

非人灵长类动物研究存在的科学问题主要是非人灵长类动物研究是否为科学所必需。对啮齿类动物的研究已经成为研究人类生理功能、代谢变化、病态改变的极佳模型，为什么非要使用非人灵长类动物进行研究呢？这是在使用非人灵长类动物进行研究前必须回答的一个问题，即科学上的必要性问题。"高保真"的观念多半基于推理，而非有科学根据的经验事实。然而，迄今为止对使用非人灵长类动物的科学价值仅有很少的详细的考察和评估。2011年美国医学科学院发表了一个里程碑的报告，题目就是《用于生物医学和行为研究的黑猩猩：对必要性的评价》，在经过详细的评价后得出的结论是："目前于生物医学研究使用黑猩猩大多数是不必要的。"[4]同年英国的评估报告（Bateson Report）得出类似的结论，即满足科学的目标，灵长类并非不可缺少的，并建议对非人灵长类研究的评估应基于科学价值、医学或其他受益的可能性、其他可供办法的可得性以及动物所受痛苦的概率和程度。[2]正因为对非人灵长类动物研究在科学上的必要性缺乏评估，2016年美国国会和国立卫生研究院（NIH）决定要审查有关非人灵长类动物研究的政策。虽然生物医学和行为研究是否有必要使用非人灵长类动物是一个科学问题，但同时也是一个伦理问题。如果评估的结论是生物医学和行为研究没有必要使用非人灵长类动物或必要性很小，那么非人灵长类动物研究就是不合伦理的；如果生物医学和行为研究有必要使用非人灵长类动物，那么我们就要进一步研究在什么条件下非人灵长类动物研究是可以在伦理学上得到辩护的。

非人灵长类动物研究存在的经济问题

非人灵长类动物的供养非常昂贵。美国8家国立灵长类研究中心从NIH获得总额320亿美元的预算。照料供养它们每天每只20美元～25美元，而大小鼠每天才0.20美元～1.60美元。许多非人灵长类动物研究价值有问题未经仔细评价和辩护。许多科学家询问：这些资金用于能代替非人灵长类动物的若干技术以及动物模型岂不更好？在2011年甚至NIH院长柯林斯（Francis Collins）指出，动物模型的缺点是既慢又昂贵，与人类生物学和药理学不那么相干，而采用高通量径路可克服动物模型的这些缺点。[7]高通量径路是对传统径

... 333

路的一次革命性的改革,例如它可一次对几十万到几百万条 DNA 分子进行序列测定,同时高通量测序使得对一个物种的基因组和转录组进行细致而全面的分析成为可能,所以又被称为深度测序(deep sequencing)。高通量研究可被定义为一种自动化实验,使大规模的反复成为可能,因为生物科学研究者面对的是大数据,例如人类基因组含有 2.1 万个基因,它们对细胞功能或疾病都有作用,为了理解这些基因如何相互作用,哪些基因参与,在哪里起作用,必须拥有从细胞到基因组的研究方法。高通量筛查是一种尤其用于发现药物以及与生物学和生物化学有关的科学实验方法,利用机器人、数据加工/控制软件、流体操作装置和敏感的探测器,高通量筛查可使研究人员快速地进行数百万次化学、基因或药理测试。通过这一操作,人们可迅速鉴定调节特定生物分子通路的活性化合物、抗体或基因。这些实验结果可提供药物设计的出发点,以及理解特定生物化学过程在生物学中的相互作用或所起的角色。因此,与动物实验相比,高通量研究高效快速,成本低廉,且与人体生物学和药理系密切相关。[19]

评价在研究中使用非人灵长类动物相关决策的伦理标准

在研究中使用非人灵长类动物的基本伦理问题与使用其他动物的基本伦理问题是一样的,但其问题更为突出:我们人类在使用非人动物于研究中使它们遭受疼痛、痛苦、不幸、伤害,目的是减轻或防止人类的痛苦或推进科学知识。那么这在伦理学上能否得到辩护呢?对此的回答各种各样:(1)所有动物实验都是不道德的;(2)只要有益于人类,所有动物实验都可以得到辩护;(3)逐步做到不用或少用动物实验(先是使大猿,然后使所有非人灵长类动物退出实验),在必须用时要满足一定条件,要有科学和伦理上充分的论证和辩护,要经过伦理审查。我们支持第(3)种观点,因此我们需要确定评价在研究中使用非人灵长类动物相关决策的伦理标准,即建立评价在研究中使用非人灵长类动物相关决策的伦理原则。

在中国疾病预防控制中心《关于非人灵长类动物实验和国际合作项目中动物实验的实验动物福利伦理审查规定(试行)》[26]第六条中提到动物伦理审查委员会审查依据的基本原则:动物保护原

则，动物福利原则，伦理原则，综合性科学评估原则。在综合性科学评估原则中又包括：公正性、必要性以及利益平衡。"利益平衡"这一条说，以当代社会公认的道德伦理价值观，兼顾动物和人类利益；在全面、客观地评估动物所受的伤害和应用者由此可能获取的利益基础上，公正负责地出具实验动物或动物实验伦理审查报告。这里存在着概念的混乱和许多不必要的重复。其一，这样的行文会误导读者认为仿佛动物保护和动物福利不属于伦理范围。动物保护和动物福利是在讨论动物伦理学的过程中提出的话题，它们与伦理不是同一回事。实际上，在"伦理原则"的行文中也涉及动物保护和动物福利的内容。其二，虽然第六条的标题是一般原则，但其（三）则以"伦理原则"为标题，那么这条的内容稍嫌贫乏，似乎动物伦理仅限于动物保护和动物福利两个问题，比动物保护和动物福利更深层的问题是：是否承认非人灵长类动物应有的道德地位或内在价值问题。其三，在列出的原则中混淆了科学问题和伦理问题。是否有必要使用非人灵长类动物进行生物医学研究，这是一个科学问题，当然这个科学问题有伦理意义，但其本身不是伦理问题。伦理问题是应该做什么和应该如何做的问题，即实质性伦理问题和程序性伦理问题，其中包括从根本上是否应该或禁止用非人灵长类动物进行生物医学研究，还是允许用非人灵长类动物进行生物医学研究；如果允许，那么在什么条件下用非人灵长类动物进行生物医学研究是能够得到伦理学辩护的。在"利益平衡"这一条中，既没有说"当代社会公认的道德伦理价值观"是什么，也没有说如何才能"兼顾动物和人类利益"，更没有说如何"全面、客观地评估动物所受的伤害和应用者由此可能获取的利益"，在原则中使用抽象而模棱两可的语言会使人无所适从，使这些原则变成一纸空文。

我们建议如下的评价在研究中使用非人灵长类动物相关决策的伦理标准：

1. 伤害-受益比评估。对于一项涉及使用非人灵长类动物的研究方案，必须进行伤害-受益比的评估。这里的伤害-受益比的评估，是指应在非人灵长类动物研究时使人类受益这一价值与避免伤害非人灵长类动物这一非人灵长类动物利益这一价值之间加以权衡。其内容可包括：（1）如科学上不必要，则非人灵长类动物研究的伤害-受益比的值就高于不用非人灵长类动物的伤害-受益比的值，前者就得不到辩护。（2）如果在非人灵长类动物研究时确实可使人类受益，那么要看研究给非人灵长类动物带来多大伤害,如果研究可造成非人灵长类动物死亡或残疾,则这项研究就得不到伦理学的辩护。(3)伤害-受益比评估必须检查非人灵长类动物研究全过程是怎样做的,要计算或估计全过程非人灵长类动物可能受到的伤害;还要看人类由此获得的受益是否重要,以及价值的大小。(4)评估非人灵长类动物在研究过程中所受到的净伤害,净伤害是非人灵长类动物在研究过程中受到的伤害减去人类受益后获得的伤害值,净伤害越大,非人灵长类动物研究越得不到辩护。(5)就总体而言,人类应减少利用非人灵长类动物进行生物医学研究和其他产品的试验,但在特定情况下可接受的非人灵长类动物研究应该满足如下条件:对人类社会价值很大;科学上必要,没有其他办法可替代;带来的伤害可接受(一般来说是最低程度伤害,高于此者,则必须对社会价值非常大)。

2. 3R 原则的落实。一项涉及使用非人灵长类动物的研究方案必须有落实 3R 的内容。3R,即在动物实验中用其他方法代替动物(Replacement)、在实验中减少实验动物的数量(Reduction)和在全实验过程中改善动物福利(Refinement),3R 原则已经成为全世界科学界普遍接受的动物伦理学原则。最早是在英国生物医学家梅多沃(Peter Medawar)爵士指导下英国动物学家拉塞尔(William Russell)和伯奇(Rex Burch)提出的,在梅多沃的鼓励之下英国大学动物福利联合会于 1959 年正式采纳。1969 年梅多沃预言在 10 年内实验室动物使用将达到高峰,然后下降。他论证说,动物研究使研究人员有可能获得最终导致代替实验室动物使用的知识和技能,果然 2010 年实验室动物使用为 1970 年的 50%。[7]最近研究发现,从 2006 年到 2010 年,12 家最大的制药公司减少实验动物 53%,相当全世界每年减少使用 15 万只大鼠,同时增加采用计算机模拟和体外的方法。[21]在生物医学研究和测试产品器件中使用非人灵长类动物方面实施 3R 原则,开发和应用新方法也有进步,但仍存在科学的、实际的和文化的障碍。考虑到非人灵长类动物的高度感受能力以及社会对其使用的关切度,应将克服这些障碍视为一种道德律令。为此,要求研究人员有更强的意识来研发实施 3R 的方法,增加开发新的研究模型和工具、完善基础设施和训练的资助;对涉及非人灵长类动物研究方案进行更为健全的科学和伦理的审查,对非人灵长类动物研究积累的经验教训进行系统的回顾性评估。这样才能提高非人灵长类动物研究的质量，改善对这些研究成果的转化，提高工作效率以及增加公众的支持。[15]

3. 非人灵长类动物的道德地位和内在价值。在一项涉及利用非人灵长类动物的研究方案中必须体现对非人灵长类动物的道德地位和内在价值的承认。鉴于非人灵长类动物不仅具有感受痛苦的能力，而且具有意识和自我意识的能力以及社会交往的能力，然而它们难以与我们人类沟通，我们建议将它们视为类似人类的"脆弱群体"，可邀请研究非人灵长类动物的动物学家和富有经验的动物管理人员担任它们的监护人，作为委员参与动物伦理审查委员会，或为它们参与研究做出代理决策，也可邀请保护动物组织的代表作为独立代表参与动物实验伦理审查委员会审查会议。我们反对在目前阶段禁止一般非人灵长类动物参与研究，因为一则非人灵长类动物本身的疾病需要研究；二则我们人类本身为了他人和社会利益也在被利用来进行临床试验和其他临床研究，但我们受到知情同意伦理要求以及其他一系列有关研究的法律法规保护。我们也可以设置代理同意制度以及其他相应的法律法规来保护非人灵长类动物参与研究。但鉴于大猿目前处于濒危状态，可考虑禁止利用大猿进行实验和研究（但也不排除个别的例外，然而必须严格控制条件，并经特别委员会审查批准）。

4. 责任。人与动物、人与自然必须维持和谐，它们之间的任何分裂、冲突，和人与人之间的分裂、冲突一样，都是危险的，最终会导致人类的毁灭。因此，所有科学家、研究赞助者和管理者以及政府与代表人民的立法机构，都有责任保护动物，维护动物的福利，关心有感受痛苦能力、意识和自我意识能力以及社会交往能力的动物的权益，使非人灵长类动物仅用于绝对必要的（即没有其他方法可得时）、伦理学上得到辩护的，以及所用数量和动物所受痛苦保持在最低限度的研究。为此，必须制定相应的保护非人灵长类动物参与研究的法律法规，进行非人灵长类动物研究机构的科学和伦理资质必须严格审定，这些机构必须建立具备足够资质的动物伦理审查委员会，委员会中需有非人灵长类动物监护人或代理人参加。

5. 伦理审查。对于所有利用非人灵长类动物进行生物医学研究的方案必须进行严格的伦理审查，经批准后方可进行研究。伦理审查的内容包括：使用非人灵长类动物科学上是否必要？设计方案是否合乎科学？伤害-受益比是否有利？净伤害值是否很高（伤害是否严重或不可逆)？科学、医学和社会受益是否很大？3R的措施是否充分？每次操作期间和之后对它们的照护如何？研究的终点是什么？它们的最后命运是什么，是被处死、重新利用、重回居处，或其他？是否经监护人或代理人同意？

我们建议，鉴于非人灵长类动物的道德地位、内在价值及其濒危状态，基本战略目标应该是逐渐让非人灵长类动物退出研究；在此过程中，如果一项研究必须使用非人灵长类动物而无其他办法替代，就应提供充分的科学和伦理的论证与辩护，在我国尤其必须对非人灵长类动物的饲养、管理与它们之使用和参与研究进行全面而系统的评估。

参考文献

[1] S. Armstrong, R. Boltzler. Animal Ethics Reader. Part III: Primates and Cetaceans. 3rd edition. Routledge, 2017: 18-22.

[2] P. Bateson. Review of Research Using Non-Human Primates. 2011. https://wellcome.ac.uk/sites/default/files/wtvm052279_1.pdf.

[3] M. Brouillette. 胡砚泊, 译. 科学家呼吁公开灵长类动物研究数据. 中国数字科技馆, 2017-08-01. https://www.cdstm.cn/gallery/hycx/qyzx/201708/t20170801_540065.html.

[4] M. Bruce et al. (eds.) Chimpanzees in Biomedical and Behavioral Research: Assessing the Necessity, Committee on the Use of Chimpanzees in Biomedical and Behavioral Research; National Research Council National Academy of Sciences, Washington, DC, 2011. https://www.nap.edu/catalog/13257/chimpanzees-in-biomedical-and-behavioral-research-assessing-the-necessity.

[5] 陈乾生. 非人灵长类动物实验中的动物福利. 实验动物科学与管理, 2003 (20): 108-110.

[6] Clark, W. E. Le Gros. The Classification of the Primates. Nature, 1930 (125): 236-237.

[7] K. Conlee, A. Rowan. The Case for Phasing out Experiments on Primates//S. Gilbert et al. (eds.) Animal Research Ethics:

Evolving Views and Practices. The Hastings Center Special Report, 2012, 42 (6): 31-34. http://animalresearch. thehastingscenter. org/report/the-case-for-phasing-out-experiments-on-primates/.

[8] European Commission. The Welfare of Non-Human Primates Used in Research. Report of the Scientific Committee on Animal Health and Animal Welfare, 17 December 2002. https://ec. europa. eu/food/sites/food/files/safety/docs/sci-com_scah_out83_en. pdf.

[9] S. Gilbert et al. (eds.) Animal Research Ethics: Evolving Views and Practices. The Hastings Center Special Report, 2012: 42 (6). http://animalresearch. thehastingscenter. org/report/the-case-for-phasing-out-experiments-on-primates/.

[10] D. Grimm. NIH to Review its Policies on All Nonhuman Primate Research, Science Online, 22 February 2016. http://www. sciencemag. org/news/2016/02/nih-review-its-policies-all-non-human-primate-research.

[11] 季维智, 等. 非人灵长类在生物医学研究中的应用及其保护. 动物学研究, 1996, 17 (4): 509-519. http://xueshu. baidu. com/s? wd = paperuri: (9024a1bd08708d4e8ee7b7aac5aaaa81) & filter = sc_long_sign & sc_ks_para = q%3D 非人灵长类在生物医学研究中的应用及其保护.

[12] A. Knight. A Critique of the Bateson Review of Research Using Non-Human Primates, AATEX (Alternatives to Animal Testing and Experimentation), 2012, 17 (2): 53-60. https://www. andrewknight. info/resources/Publications/Animal-research--medical-applications/AK-Bateson-review-AATEX-2012-17. pdf.

[13] A. Knight. Assessing the Necessity of Chimpanzee Experimentation, AATEX, 2012, 29 (1): 93-94. http://www. altex. ch/resources/altex_2012_1_093_094_Knight. pdf.

[14] M. Prescott. Ethics of Primate Use. Advances in Scientific Research, 2010 (5): 11-22. www. adv-sci-res. net/5/11/2010/.

[15] M. Prescott et al. Applying the 3Rs to Non-Human Primate Research: Barriers and Solutions. Drug Discovery Today: Disease Models, 21 November 2017. https://www. sciencedirect.

com/science/article/pii/S1740675717300385.

[16] 邱仁宗. 动物权利何以可能?. 自然之友，2002（3）：14-18.

[17] T. Regan. A Case for Animal Rights//S. Armstrong，R. Boltzler. Animal Ethics Reader. Part I：Theories of Animal Ethics. 3rd edition. Routledge，2017：67-81.

[18] 彼得·辛格. 动物解放. 祖述宪，译. 青岛：青岛出版社，2004.

[19] J. Seo et al. High-through Put Approaches for Screening and Analysis of Cell Behaviors. Biomaterials，2018（153）：85-101. https：//www. sciencedirect. com/science/article/pii/S0142961217304209.

[20] Stanford Encyclopedia of Philosophy. The Grounds of Moral Status. 2013. https://plato. stanford. edu/entries/grounds-moral-status/.

[21] E. Törnqvist et al. Strategic Focus on 3R Principles Reveals Major Reductions in the Use of Animals in Pharmaceutical Toxicity Testing，23 July 2014. https：//doi. org/10. 1371/journal. pone. 0101638. http：//journals. plos. org/plosone/article? id＝10. 1371/journal. pone. 0101638.

[22] D. Weatherall. The Use of Non-Human Primates in Research. A Working Group Report Chaired by Sir David Weatherall. 2006. https：//www. mrc. ac. uk/documents/pdf/the-use-of-non-human-primates-in-research/.

[23] 张荐辕. 美评估非人灵长类研究政策. 中国科学报，2016-03-03. http：//www. biotech. org. cn/information/140269.

[24] 中华人民共和国国家标准. 实验动物：福利伦理审查指南（征求意见稿）. 2016. https：//max. book118. com/html/2017/0428/102938709. shtm.

[25] 中华人民共和国驻欧盟使团. 欧盟研究报告倡导坚持非人类灵长类动物实验3R原则. 2016-09-28. http：//www. fmprc. gov. cn/ce/cebe/chn/kjhz/kjdt/t1401684. htm.

[26] 关于非人灵长类动物实验和国际合作项目中动物实验的实验动物福利伦理审查规定（试行）. 2012. http：//www. chinacdc. cn/ztxm/lib/ggwssjgxgc_4856/201211/t20121102_71387. htm.

[27] 中国疾病预防控制中心实验动物福利伦理委员会. 我中心派员参加"中英第四届实验动物福利伦理国际论坛", 2017-03-14—16. http://www.minimouse.com.cn/plan/2017/0329/12624.html.

[28] 中国实验动物的悲惨现状//新浪博客. 2014-05-28. http://blog.sina.com.cn/s/blog_ec87b41a0101r8j2.html.

附录九
医疗卫生改革和卫生政策在认识和伦理学上的失误[*]

关于魏则西事件的追问

2014年4月,西安电子科技大学大二学生魏则西被检查出患有滑膜肉瘤。这是一种罕见的恶性软组织肿瘤,5年生存率是20%~50%。他在百度上搜到治疗这种病的排名第一的医院是武警北京市总队第二医院(以下简称"武警二院")。他入院治疗后,该院对他进行一种叫DC-CIK(树突状细胞-细胞因子诱导杀伤细胞)肿瘤免疫治疗,医生告知他和家人这种疗法"特别好",该院与美国斯坦福大学合作,"有效率达到百分之八九十",保他"20年没问题"。2016年4月12日在一则"魏则西怎么样了?"的知乎帖下,魏则西父亲用魏则西的知乎账号回复:"我是魏则西的父亲魏海全,则西今天早上八点十七分去世,我和他妈妈谢谢广大知友对则西的关爱,希望大家关爱生命,热爱生活。"

一个因未能早期确诊的恶性肿瘤病人,经过治疗未能治愈或缓解,病人两年后去世,为什么会引起全国人民的关切甚至愤怒呢?这固然是因为由此揭发出的一系列令人震惊的事实,包括百度的竞价排名,武警二院采用的未经证明的疗法,身为公立医院的武警二院将科室承包给莆田系,莆田系人员对病人采取其一贯的欺诈和营销办法骗取病人20万元,以及莆田系医院占全国民营医院(其数目已超公立医院)总数量的80%等。但是,更深层的原因可能是,在20世纪80年代以市场为导向的医疗卫生改革(以下简称"医改")

---

[*] 原文名《从魏则西事件看医改认知和政策误区》,原载《昆明理工大学学报(社会科学版)》,2016年第16卷第4期1-16页。

转变为政府主导的医改之后，尤其是在我国政府2009年发布《关于深化医药卫生体制改革的意见》并提出了一些非常重要的理念，如维护社会公平正义，着眼于实现人人享有基本医疗卫生服务的目标，坚持公共医疗卫生的公益性质，坚持以人为本，把维护人民健康权益放在第一位，从改革方案设计、卫生制度建立到服务体系建设都要遵循公益性的原则，把基本医疗卫生制度作为公共产品向全民提供，努力实现全体人民"病有所医"，维护公共医疗卫生的公益性，促进公平、公正，促进城乡居民逐步享有均等化的基本公共卫生服务等之后，在确立了于2020年要达到全民享有基本医疗卫生服务的战略目标且已花费纳税人4万亿元人民币巨款之后，还会发生随魏则西去世而揭发出的种种丑恶现象——这些丑恶现象在近几年似乎有愈演愈烈的趋势，使人不禁产生如下疑问：20世纪80年代那场以市场为导向的医改是否要卷土重来？

一些新闻记者、网民和法学家更感兴趣的似乎是，在魏则西的案例中百度是否负有法律责任？武警二院将科室承包出去是否违规？他们提供的DC-CIK疗法是否与斯坦福大学合作、是否有效？莆田系已经将他们的魔爪伸向全国多少公立医院？诸如此类问题。弄清事实，厘清责任是必要的，也是重要的。

但笔者更想追问的是：

为什么像魏则西这样的大学生患了自己不了解的病之后会去查百度，而不是去找校医院？每个学校的校医院不是应该承担初级医疗的义务吗？

为什么百度能够对医院进行竞价排名？它不是医院管理委员会，更不是卫生部门的医院管理者，其员工也不是医学专业人员，为何能给全国的医院排名并从这种排名中捞取巨量费用？

为什么一家公立医院而且是一家武警医院能够长期向病人提供未经证明的疗法，并从中榨取病人钱财？以前有些武警医院开展的是手术戒毒和假冒的干细胞疗法，而这次是肿瘤免疫疗法。它们长期运作的这种在欧美可构成刑事犯罪的行为，为什么既没有受到监管它们的武警相关部门的查处，也没有受到国家卫生部门的查处？

为什么公立医院或部队医院（包括武警医院）会把自己的科室转包给缺乏起码医学专业资质而且臭名昭著的莆田系人员？

为什么靠欺诈和营销策略发家的莆田系能够发展成全国有8 000多家医院"成员"的集团？全国民营医院中的其余5 000家医院是否

也是靠莆田的欺诈和营销策略发家的？当下比公立医院数量还多的民营医院在"使全民享有基本医疗卫生服务"方面做出了哪些贡献？为什么莆田系能够与百度及全国多家公立医院结成难以告人的利益链联盟？为什么现在会有保险公司、地产商和银行家等将巨额资本投入这个集团（或联盟）？其资本是吃"荤"的（目的是增值资本、获取利润）还是吃"素"的（服务于"病有所医"）？

为什么我国许多医生会发生人格分裂，在救灾的"白衣天使"与平时的"白衣恶狼"之间转换？为什么我国的医患关系会恶化到极点？是什么造成他们两败俱伤？

最后，上述种种乱象为什么会发生在我国？而不会发生在欧洲、日本、韩国、澳大利亚、加拿大、古巴、美国，甚至我国香港、台湾、澳门地区？

前医改办主任孙志刚说过一句非常重要的话：医改首先要改革政府、改革政策。寻根问源，之所以会产生这种种乱象而长期得不到解决，而且可能今后会愈演愈烈，就是因为我们在有关医改一些关键性问题的认知上长期存在的误区没有得到纠正，继而出台似乎又回到市场导向的医改政策。这些认知和政策上的误区不能得到纠正，则"2020年实现全民享有基本医疗卫生"恐怕将成为一句空话！

医疗市场的失灵是内置的

误区之一是，没有认识到医疗市场失灵是内置的，即这种失灵是在医疗市场结构内部，不是靠人为努力就能够克服和纠正的；医疗市场的种种乱象并不是因为市场扭曲才出现的，以为建立一个"非扭曲"的医疗市场就不会出现这些乱象，这是一厢情愿——医疗市场失灵必然导致扭曲的市场，出现种种乱象。[1] 医疗市场的预设是基于亚当·斯密的"看不见的手"的论点，按照这个论点，每个人在市场上都追求个体利益，而每个人通过市场交易获得了利益，从而全社会受益。于是，有人认为，按照斯密的论点，如果我们能够建立一个医疗市场，那么病人通过费用低且有效的治疗而得益，医生通过治疗行动增加收入而得益，全社会的健康水平就大大提高。然而，实质上斯密的这个论点不适用于医疗卫生领域。虽然斯密本人希望通过市场把人性的两个方面，即自我利益与同情的美德结合起来，然而医学的利他主义目的（有益于病人）与医者之关注自我利益（逐利赚钱）之间始终不能通过市场结合起来。迄今为止，世界上没有一个能使患者和医者都受益的市场，美国、中国、印度三大医疗市场都是失败的或失灵的市场，这些市场也不能实现全民健康覆盖，病者不能有所医，以及看病难、看病贵的问题仍然长期得不到解决。

为什么会这样？

美国诺贝尔奖获得者、经济学家阿罗（Kenneth Arrow）首次在理论上说明了是什么使得医疗市场根本不同于大多数其他物品和服务的市场。他在1963年题为《不确定性和医疗保健的福利经济学》的文章中论证，医疗卫生与市场中的许多其他物品不同，医疗卫生市场固有的问题往往歪曲正常的市场运作，从而导致广泛的失效或市场的失灵。阿罗指出，如果市场满足一些条件，那么市场在效率方面比其他配置方法优越，其中有两个条件特别重要：其一，为使市场有效运作，买卖双方都必须能够评价市场上可得的所有物品和服务及其增强效用的特点——由于来源于物品和服务的信息不完全或有关效用有实质上的不确定性，期望通过消费者的选择实现效率就不能实现；其二，有效市场要求有关增强效用的信息以及所有物品和服务的价格为所有市场参与者获得——如买卖双方在信息分配方面不对称则无效率可言，专门化专业知识的生产者提供的商品和服务价值方面的信息不容易为消费者获得，后者不是这些商品和服务可比较的评判者，这时效用最大化就不可实现。阿罗的结论是，不确定性和信息的不对称性都是医疗市场所固有的，它们是医疗市场失灵的基础。[2]

不确定性。不确定性渗透医学，挥之不去。这种不确定性的一个来源是医学需要的性质。有些医学需要是偶尔发生或不规则发生的，它们非常多变，往往不可预测，无论是发生时间还是其严重程度都是如此。与之相反，其他不可缺少的消费者商品，如食品和住房的需要则是规则的、可预测的。许多医疗需要产生出计划外的消费。目前人们有关健康状态的知识不能满足预测未来的医疗需要，而且病人不知道对他们现在患有或可能发生的病情将会有哪些可得的或可供选择的办法。当需要发生时，个体往往没有实际的机会根据价格和质量比较结果去购买所需医疗服务。医疗服务需求是刚性的，人们很难预先计划或做好预算来满足这种突然性的需求。与运输市场的对比可使这一点更为清楚。消费者可决定是否买一辆经济车，或者干脆不买车，乘公交或步行。如果缺乏可得的资金来满足交通需要，或者其他需要更为迫切，那么消费者可根据轻重缓急原则做出合理决定，而且后果一般不是灾难性的。与之相对照，在医疗市场，有些特殊种类的服务（例如治疗癌症）是不能放弃的，必须付出身体、情感和经济上的很大代价。也许最重要的事实是，从医疗中得到的实际受益是不确定的。患有同样疾病的个体在许多方面是不同的。例如，在发病年龄、患病的严重性、是否存在合并症、并发症的影响、诊断阶段所用检查以及对特定治疗方法的反应等方面，在人与人之间都有不同。这些区别造成对特定病人疾病治疗有效性的不确定性。医疗因此不像电视机、电冰箱或汽车等其他市场商品那样——对于这些商品，与消费者的选择有关的主要因素是个人爱好以及经济状况问题。总而言之，与商品效用和价格有关的不确定性是医疗市场上普遍的特点，使得消费者导向的效率追求难以实现。

信息不对称性。除了不确定性使得所有的市场参与者对医疗市场都只有不完备的信息以外，医疗市场因信息的不对称分配又使情形进一步复杂化。阿罗指出这样一个事实：对于许多医疗服务，病人必须依赖专业判断来评估需要的存在和性质，以及满足需要的适当手段。如果医疗市场是高度有效的，病人就会与生产者一样理解被生产出来的产品的效用。然而，医疗市场的商品和服务不显示新古典经济学理论所预设的信息的对称分配，它们往往被称为信任商品（credence goods）。消费者必须信任和服从医生的专业判断，这种服从的基础往往是相信医生（他们是专业人员，不是职业人员）拥有卓越知识和所要求的信托诚信（这是医生向病人提供符合他们最佳利益的建议时所必需的）。例如，病人需要做阑尾手术，一家医院说需支付5 000元费用，另一家医院说需支付1万元，病人如何选择？病人不拥有关于这两家医院的信息，他无法做出合理的、对他最有利的选择。随着医学知识的普及，不确定性的某些领域会缩小，但随着高新科技进入医学领域，新的治疗方法的涌现又将不断地把新的不确定性引入医疗市场，包括医学知识爆炸和极端专业化趋势引入的新的信息不对称，甚至专业人员之间也有对信息的不对称。因此，不确定性和信息不对称性是医疗市场挥之不去的持续性存在，并且是医疗市场失灵的一个内置性来源。

而医疗市场的国际经验又能提示什么呢？美国是唯一的一个按照市场来组织医疗系统的发达国家，除大约覆盖人口 1/3 的贫困医疗保障制度（Mediaid）和老年医疗保障制度（Medicare）以及可公费报销的其他医疗制度（如所有现役和退役军官及其家庭的医疗、所有退伍军人的医疗、所有印第安人的医疗，以及不能享有保障的儿童医疗等）外就是各种各样的保险计划，由私人保险公司运营，由机构或个人购买，许多医院以营利为目的，进行企业化管理，形成强大的公司医学（corporate medicine）。欧洲是两种医疗保险制度，一种是以税收为基础的公费医疗制度（tax-based health systems，TBH，如英国），一种是社会医疗保险制度（social health insurance systems，SHI，如德国），由雇员和雇主共同出资，由半官方的机构（如疾病基金会）负责管理该制度并支付医疗费用，政府负责失业或无职业人员的医疗费用。

从微观层次看，美国通过市场控制医疗费用的设想没有实现。1997 年哥伦比亚大学经济学教授金兹伯格（Eli Ginzberg）在审查了有关市场和竞争的证据后得出结论，"唯有脑子不清的乐观主义者才能相信竞争的市场能够限制和遏制未来医疗费用的增长"。美国卫生政策和卫生经济学家罗宾逊（James Robinson）和卢夫特（Harold Luft）使用了 1982 年的数据指出："关于医院的成本，在更具竞争性的当地环境中运营的医院，大大高于在不那么具有竞争性的环境中运营的医院。"这个信息令那些相信医疗市场的人感到震惊。更多的竞争怎能导致更高的成本呢？这完全破坏了有关竞争影响的既有经济学理论！但是我们很快就明白，医院的竞争不是价格上的竞争，而是医疗上的"军备竞赛"，医院彼此竞争的不是价格，而是设备数量、质量以及技术的高低。

1986—1994 年美国一些州的调查结果表明当时竞争降低了医疗价格、费用和医院成本，但 20 世纪 90 年代晚期开始费用又陡然上涨，到了 2003 年医院成本的增加超过了药物费用的增加。对美国主要大都市医院竞争的一项研究表明：更大的竞争"与更高的费用，而不是与较低的费用相关联"[3]。这与我国的情况是完全一样的，医院之间竞争拼的是 CT、核磁共振，然后各种新发明的或假冒的高新技术疗法。这一点连莆田系的人员也是很清楚的。

那么美国私立营利医院起了什么作用呢？由投资者拥有的、旨在营利的医院,在美国医疗实业中起着越来越大的作用。营利健康计划的市场份额从20世纪80年代中的1/4上升到20世纪90年代晚期的近2/3。临终关怀项目越来越营利,从1992年的13%上升到1999年的27%。虽然美国仅有10%的医院是营利医院,但20世纪90年代从非营利医院转到营利医院的医院数量迅速增长。事实说明,营利的医疗敌视医学利他主义传统,获利动机损害医患关系,营利导向的医院与其周围社区的关系恶化。其基本问题是,营利医疗会对"医疗可及"(access to health care)构成危险,因为不是所有人都能负担得起医疗费用。在发展中国家的一个特殊危险是,"喂养"富人的营利医院往往从公立部门吸引走最佳的医护人员,使问题复杂化。在医疗费用方面,《新英格兰医学杂志》的一项研究显示,所有医院的管理及服务费用1990—1994年均呈增长趋势,营利医院增长尤其高。这项研究的结论说:"与市场的言辞相反,市场的力量推高管理费用,我们也许应该问:我们的市场医学实验是否已经失败?"另一项研究显示,1989年、1992年和1995年,在营利医院服务地区的老年人人均医疗保险费用更高。有关1986年、1989年、1992年和1994年的医院数据显示,1994年营利医院的服务价格平均比非营利医院高10%。一项更近的研究显示,过去30年在控制人均医疗开支的增长率方面,美国老年医疗保障制度比私营保险更为成功。在医疗质量方面,美国的营利医疗机构显然比非营利医疗机构在病人医疗上花费少,提供的预防服务少,出院率更高,拒绝受益人要求更多。那些健康状况较差或很糟糕的病人似乎在总体上对非营利医疗计划更为满意。有研究提示,营利医院病人的死亡风险较高;还有研究提示,营利医院的透析中心比非营利医院的透析中心高出8%的死亡风险。[3]

从宏观层次看,我们可以考察美国的预期寿命和医疗开支。据2003年的统计数据,美国人平均寿命为76.8岁,欧洲为79岁左右;医疗开支方面,2004年的统计显示,2001年医疗开支占美国GDP的15%,每人4370美元,这一比值和数据在欧洲分别是7.6%~9.5%和1763美元~2349美元;心脏旁路手术方面,2000年的统计数据显示,美国每10万人中有205人,此数据在欧洲为40至66人;在医院床位方面,2001年的统计数据显示,美国每10万人有350张床位,欧洲则为每10万人有417张~820张床位。欧洲对SHI(社会医疗保险制度)的一份研究报告说,从费用控制到健康状况，欧洲的 SHI 国家和 TBH（以税收为基础的公费医疗制度）国家都比美国做得好；而在公平和"医疗可及"方面 TBH（例如英国）比 SHI 稍好。换言之，严重市场导向的美国医疗卫生系统，比欧洲国家产生更糟糕的健康状况和不公正，且费用非常高。美国在医疗卫生上花费的钱更多，但在总体健康状况上排名低，公众的认可度低，在一些指标上逊于其他国家。美国的大学教授们有雇主提供的好的医疗计划，他们可以很快在大学的医院去看急诊、与专家约谈以及享有极佳的医疗。但只有 62% 的美国人有这种雇主提供的医疗，并且人数每年在下降，而同时有数千万人根本没有保险，这是从克林顿政府到奥巴马政府一直试图解决的问题，但其努力受到迷恋市场的政客的严重干扰。[3]

百度—莆田—武警医院肮脏利益链之所以能形成并大行其欺诈和营销之道，最清楚不过地表明他们利用了医疗市场内置的失灵。不确定性使病人突然生病，一下子将他置于脆弱和依赖的地位。由于信息的不对称，他必须求助于人。从社会学视角看，病人与医者之间还存在地位的不对称，医者处于强权地位，病人处于无权地位——他几乎没有讨价还价的余地，只能听命于医者。这就给了那些逐利者（不管是医生，还是医疗集团）一个绝佳的机会来剥削病人。请看记者与他们访谈后概括的"营销策略"报告[4]：

通过广告把消费者"忽悠"过来，或者通过"医托"把在正规医院排队的人"忽悠"到他承包的科室。之后，他把没病的看成有病，有病的过度治疗。正常的药，消费者可以去药店比价，不好骗，所以他往往要求病人使用医院的制剂，而且要求把包装都留在医院，下次来的时候拿上次的单子取药。他使用的药，可能是真药，比如青霉素，他可以编一个名字，换上包装，对病人进行欺诈。还有一些假医疗器械，什么"微创手术"，就是在皮肤上拉一个口，因为本来没病，实际上也没做手术。骗钱上有几个技巧。一是所谓的医导，病人进了医院后就有一个人形影不离，跟导购一样，对病人不停地洗脑、恐吓——你这个手术必须得做，立即签字，立即手术，要不然后果很严重——不给病人独立思考和寻求亲朋好友支援的机会。二是通过医导跟病人沟通聊天，掌握病人的收入情况，看人"下菜单"，制定收费方案。一般一次五六百，要十次一个疗程才能好，骗个五六千。当时的收入比较低，现在就多了，骗五六万。现在莆田系一些人还是在骗，手法上没什么太大变化，只不过很多变成了私立医院，还有一些骗子出国，摇身成了外资企业，聘请一些卫生局的退休官员作为他们的顾问，帮忙疏通关系。他们也收购药厂，收购媒体，医院规模越来越大，涉及领域越来越多。当时是以治疗皮肤病、性病为主，现在凡是疑难杂症他们都治。不仅仅是莆田系，甚至其他系的骗子也开始这样了。他们一般注册在北京、上海等大城市，名为什么医疗公司、管理集团，还有的开始托管一些国有医院。莆田系这种转变，是中国特有的悲剧。

有人认为我国医疗市场乱象是市场扭曲所致，而不是由于市场本身失灵。[5]然而，由于医疗市场结构上的特点，即不确定性和信息不对称，再加上医患双方地位不对称，医疗市场就有扭曲的必然趋势。这种医疗市场扭曲的必然趋势，既见于20世纪80年代以市场为导向的医改，也见于21世纪医疗中引入社会资本的所谓"新医改"。这是偶然的吗？

试图用市场解决我国的看病难、看病贵问题，是一种市场谬误或市场激进主义，即错误地相信自由市场政策总能产生最佳结果、能解决所有或至少大多数经济和社会问题。试图用市场方法解决医疗领域的所有问题，其结果必然是南辕北辙，看病将仍然很难、仍然很贵，也许会越来越难、越来越贵。市场必须营销，营销必须做广告，巨额广告费最终还是要落在病人身上。例如莆田系每年要付百度120亿元广告费，这笔巨额费用最终要由病人负担，还不算其他地方的广告费和其他方面的营销费。这种情况下，看病能不贵吗？将看病难、看病贵问题的解决寄托于民营医院，不是很天真吗？百度—莆田—武警医院肮脏的利益链之所以能乘虚而入，也是由于政府失灵所致。因为政府忙于去邀请社会资本进入医疗卫生领域[6, 7]，而没有认真地去建立一个可负担的、可及的、可得的、优质的和公平的医疗配送系统。我们将在第三部分讨论这个问题。政府失灵与医疗市场失灵不同，它是可以补救的，关键是要纠正决策者若干重要的认知和政策误区。

医学是人道的专业

误区之二是，不了解医学是人道的专业。医学与一般职业不同，一般职业是谋生计，而医学是救人生命；医生不能将自我利益放在第一位，而必须将病人的利益置于首位；医患之间是信托关系，而不是销售商与消费者之间的契约关系；医院是治病救人的专业机构，而不是企业，它不能以追求利润和增值资本为目的。

在英语词典里，"专业"（profession）是指"一种要求严格训练和专门学习的职业，如法律、医学和工程专业"；"职业"（occupation）则是"作为人们生计的常规来源的一项活动"。如何鉴定专业？哪些职业应该被称为专业？标准是什么？概括来说，一个职业形成专业的标准有：（1）具有独特的系统知识（或形式知识）作为知识基础，获得这种知识和技能需要较长时期专业化的教育和训练，这种知识一般在大学获得认可；（2）拥有这种知识不是仅为自己谋生，而是应满足社会需要，为他人服务，与它服务的人形成特殊关系；（3）服务于社会和人类，有重要贡献，因而专业声誉卓著；（4）有自己的标准和伦理准则（如医学伦理学这种专业伦理学），有自主性（包括自律）；（5）专业和专业人员的形成是文明社会的标志、中产阶级的主体、社会的中坚。

我国古代医生对医学是专业而不是一般职业的认识是非常清晰的。中国医学史上"金元四大家"之一的李杲（1180—1251）问前来学医的年轻人："汝来学觅钱医人乎？学传道医人乎？"（［元］砚坚《东垣老人传》）清代著名医学家赵学敏说："医本期以济世。"（［清］赵学敏《串雅内编》）明代医药学家李时珍等一再强调"医本仁术"或"医乃仁术"。清代名医徐大椿说："救人心，做不得谋生计。"（［清］徐大椿《洄溪道情·行医叹》）著名中医学家喻昌说："医之为道大矣，医之为任重矣。"（［清］喻昌《医门法律·自序》）做医生不应该是限于追求"觅钱""谋生计"的一般职业者，而是任重道远的专业人员。

医学是最古老的专业之一，也是最为典型的专业：有关人体结构和功能、健康和疾病的知识以及诊断、治疗、预防疾病的技能是最复杂的，因而学制最长；医学不仅是有学问的专业，而且是解救人民疾苦、拯救最宝贵的人类生命的高尚行动；医学这项专业有高度自主性，由谁来行医、怎样行医、如何评价，都由专业人员决定（即使规则由政府颁布，也要征询医学专业人员的意见）；医学有自己的伦理学以及据之制定的种种伦理准则、规则和规范，其中有些转化为法律法规。

医学这门专业的关键方面是：其一，社会给予医学专业垄断权，

附录九　医疗卫生改革和卫生政策在认识和伦理学上的失误

...351

不允许专业以外的人从事诊疗活动，作为回报，医学专业要完成社会所委托的常规和急需任务——这是医生社会责任的来源；其二，病人前来就诊，把自己的健康、生命和隐私都交托给医生，医生就要将病人安危、利益放在首位——这是医生专业责任的来源。这决定了医学专业的本性是利人、服务社会的道德专业，不能商品化、商业化、资本化和市场化。这并不排斥在一定条件下可以有以营利为目的的医院，但必须是有限的——例如不能成为医疗系统中的主体，且仅限于高档的、非基本医疗层次的。[8]

作为医疗系统主体的医院（尤其是公立医院），有自己的身份和使命。医院不是一般的社会机构，而是将医学知识转化为力量的专业机构。医院不是受商业利益驱使的、服从市场规律的、旨在增值资本的企业，而是服务于社会健康需要的社会机构，有时要蒙受经济损失。为社会服务与谋取商业利益这两种角色、治病救人的使命与追求自身利益（以至超越补偿而成为营利）的行为不能共存，它应该比企业有更崇高的目的。因此，医院不能企业化和资本化，也不能行政化。当为病人和社会服务的义务被为自己或机构谋取利益的行为压倒时，就发生了"利益冲突"，这种冲突损害医患关系，破坏病人的信任。我们的决策者缺乏"利益冲突"概念，致使医疗卫生领域和行政领域缺乏防止和避免利益冲突的措施，使贪腐现象容易滋生蔓延，像癌症转移一样腐蚀整个社会和国家，成为破坏社会稳定、瓦解国家基石的极具威胁性的不稳定因素。

世界各国的医疗卫生都曾出现过危机。在解决医疗卫生福利制度中的问题时，有些国家尝试运用市场机制，由于医疗市场内置失灵，均在一定程度上呈现出医学专业精神（medical professionalism）的缺失。因此，呼唤医学精神回归是一项国际性"事务"。自第一轮具有方向性错误的医改以来，我国的医学专业精神已严重丧失，亟待重整。在这样一个历史性关头，中国医师学会以及某高校医学部却提出"医学职业精神"！"职业精神"译为英文是 occupationalism，但英语词典里没有这个词！一般的职业（例如理发师、售货员）需要讲职业道德，却无须 professionalism（专业精神），因为一般职业缺乏医学专业精神所需要的基础，即上述医生与社会的契约关系及医生与病人的信托关系——这决定了医生必须具备医学专业精神。《新世纪医师职业精神——医师宣言》（"医师宪章"）由欧洲内科联合会、美国内科协会、美国内科医师协会、美国内科理事会等共同发起和倡议，首次发表于 2002 年《美国内科学年刊》和《柳叶刀》杂志。目前为止，包括中国在内的 130 个国际医学组织认可和签署该宪章。

医学专业精神具有普遍性。技术的急剧发展及市场化、全球化使得医生对病人和社会的责任意识淡化，重申医学专业精神基本和普遍的原则与价值就变得非常重要。医学虽然植根于不同的文化和民族传统之中，但医生治病救人的任务是共同的。[9]"医师宪章"确定了医学专业精神的 3 条基本原则：(1) 将病人利益放在首位，(2) 病人自主性，(3) 社会公正；以及 10 项承诺：(1) 提高业务能力，(2) 对病人诚实，(3) 为病人保密，(4) 与病人保持适当关系，(5) 提高医疗质量，(6) 改善医疗可及，(7) 有限资源公正分配，(8) 推进科学知识，(9) 在处理利益冲突时要维护信任，(10) 专业责任。

在这里我们不禁要问：莆田系或其他民营医院以及从事营销的公立医院知道这 3 条原则和 10 项承诺吗？我们热衷于医疗市场化的决策者知道这 3 条原则和 10 项承诺吗？

上文谈到，信息和权力的不对称使病人处于脆弱和依赖的地位，他们不得不将自己的隐私、健康、生命全都交托给医生，这是一种比较密切的关系，不是陌生人关系。由于病人的脆弱性，他必须信任医生，医生也必须以自己的行动获得病人信任，这样才能维持正常医患关系，医疗工作才能顺利完成。因此，我国传统医师说："医者不可不慈仁，不慈仁则招非。病者不可猜鄙，猜鄙则招祸。"([宋]寇宗奭《本草衍义·序例》)医患关系的不对称产生医生的特殊义务——运用自己的知识和能力来帮助病人、关怀病人。"人之所重，莫大乎生死。"([清]叶天士《临证指南医案·华岫云序》)"医系人之生死。"([清]沈金鳌《沈氏尊生书·自序》)"医之为道大矣，医之为任重矣。"([清]喻昌《医门法律·自序》)这种特殊的义务要求医务人员将病人最佳利益置于首位，富有同情心，要"设身处地"地努力了解病人的经验、体验，对病人及时做出回应。医患关系不对称也给医生提供了可以利用病人脆弱性的诱惑，并误用或滥用这种不对称和脆弱性为自己谋利。[10, 11]这些医生正如徐大椿在他的《论人参》一文中所说的那样，"天下之害人者，杀其身未必破其家，破其家未必杀其身，先破其家而后杀其身者，人参也"。当下一些医生为了逐利，虚开昂贵药物和检查，与当年一些用人参"破家杀人"的医生有何二致?[10]徐大椿进一步说:"医者误治,杀人可恕;而逞己之意,害人破家,其恶甚于盗贼,可不慎哉!"所以我国古代医生强调:"未医彼病,先医我心。"([宋]刘昉《幼幼新书·自序》)"为医之道,必先正己,然后正物。"(《医工论》)

因此,引入市场机制、引入资本、视医院为企业,必然会损害医学的核心价值,将医患关系恶化到极致,使医患关系永远处于动荡不安之中,也必将引起社会的不稳定。一些决策者急于要将社会资本引入医疗卫生领域,而没有认真考虑一下,社会资本进入医疗卫生领域的目的是什么?将对我国"2020年实现全民享有基本医疗卫生服务"产生什么影响?资本运动的目的是增值资本,否则就不是资本。马克思在《资本论》中说:"如果有10%的利润,它就保证到处被使用;有20%的利润,它就活跃起来;有50%的利润,它就铤而走险;为了100%的利润,它就敢践踏一切人间法律;有300%的利润,它就敢犯任何罪行,甚至冒绞首的危险。"[12]莆田系的所作所为不就是资本本性最清楚不过的写照吗?关于医疗市场化和资本化,《医学与哲学》主编杜治政在2005年说,医疗市场化会迫使医院牟利,偏离医院的真正目的;医疗卫生商业化会急剧提高医疗费用,加重国家、单位和个人的负担,浪费资源并造成资源的不公平分配,削弱预防和初级卫生保健;医疗卫生服务市场和商业化会滋生腐败。[13]2010年他在谈到我国情况时说,"资本给医学人性致命一击","在资本全面入侵医学的情况下,医学在异化,医生的角色也在发生转换。医生在治疗疾病、完成医院经济指标的同时,也是药品与器械的推销员,医学也逐渐从治疗疾病走向制造疾病,从治疗异常体征走向治疗正常体征,从满足保健需求走向满足生活需求,从医疗服务走向非医疗服务"[14]。

许多美国医生对美国市场思潮的崛起和医学日益商业化持否定态度。克林顿卫生改革失败后,旨在营利的种种计划遽然兴起,人们评论说:市场是对美国医学会要维护的医德丧失的悼念,对保持医患关系的神圣性不感兴趣。市场做法包括价格竞争、组合的费用控制措施、利用经济奖励管理医生行为、严厉拒绝病人和医生选择的医疗类型,由工商管理硕士(MBA)而不是医学博士(MD)来决定什么是合适的医疗。这些做法与医学的核心价值对立。医学的核心价值体现在6个方面(即6C),包括:选择(choice)、胜任(competence)、沟通(communication)、同情(compassion)、关怀

(care)，以及利益冲突（conflict of interest）。在市场化和商业化作用下，作为医患关系关键要素的病人的信任受到侵蚀，被不顾伦理原则的医生颠覆。投资者拥有的医疗（investor-owned care）体现了一种新的价值系统，切断了医院公益之本和"撒玛利亚传统"（好心，见义勇为），使医生和护士成为投资者的工具，而视病人为商品。诺贝尔奖获得者经济学家弗里德曼（Milton Friedman）说，市场病毒横扫美国的医学，绝无仅有地强烈破坏我们社会的基础，这个基础是仅认可具有社会责任的人，而不是尽可能为股东赚钱。《新英格兰医学杂志》前主编、医学教授雷尔曼（Arnold S. Relman）说，不仅有《希波克拉底誓言》嘱咐医生仅服务于"病人的利益"，而且迈蒙尼德也说过不应允许"渴求赢利"或"追求名声"来干预医生的专业义务。他指出，医学实践与商业之间有截然区别，不应让医生被卷入"医学-工业复合体"之中——后者越来越使用广告、营销以及公关技术来吸引病人，视医生之间的竞争是必要的，甚至是有益的，于是使得行为像生意人而不是利他主义者的医生太多了。雷尔曼的继任者、医学教授卡西雷尔（Jerome P. Kassirer）所写的1997社论《我们濒危的诚信：它只能变得更糟》指出，赚钱的商业文化越来越压倒医学文化及其传统价值（利他主义）。[3]

　　医疗商业化、产业化、资本化破坏医学这一专业传统的利他主义价值的最好例子，是自 2005 年左右兴起的所谓"干细胞治疗"热，全国有近 500 家医院（其中不乏军队和武警医院）在开展这一未经证明的疗法，直到 2012 年左右被卫生部禁止。该疗法并不是真正的干细胞疗法。真正的干细胞疗法是一种细胞移植疗法，将培养的多能干细胞定向分化为专能的细胞，移植到患者体内，以修复或替换受损细胞或组织，从而达到治愈的目的。这需要艰苦的基础研究。而在我国开展的所谓"干细胞治疗"是将病人体内的干细胞取出（也有利用脐带血干细胞），经培养扩增再注射回病人体内，这与目前的所谓肿瘤免疫疗法如出一辙。"干细胞治疗"彼时业已形成产业化。伴随着商业资本的介入，从干细胞的获取、制备、生产到医院的治疗，形成了完整的产业链。中国干细胞产业收入估计在 5 年内从 20 亿元增长到 300 亿元，年均增长率达 170%。[15] 巨大的利润空间使得干细胞治疗这一"章鱼"生出众多产业"腕足"：有的做干细胞产品代工，有的做干细胞储存，有的做细胞产品研发等。北京一家"生物技术服务公司"，每个月收到来自各种医疗和美容机构的近 10 份订单，请该公司代为进行"干细胞培养"，用来治疗包括糖尿病在内的各种疾病及祛除皱纹等。一个治疗单位（细胞数量5 000 万）付费 1 万元左右，某些业务员每月能有上百万元的销售额。[16] 干细胞的研究和应用已与资本、市场等商业力量结合在一起，尤其在临床应用方面，企业化的生物技术公司和医院对利润最大化的追求，驱使一些医生、科学家迫不及待地将很不成熟的干细胞疗法尽可能广泛地应用于更多的病人。这是那些鼓励科研与产业结合、科学家或医生兼企业家的政策所必然产生的负面影响。当公立医院还没有回归公益性、仍然以追求利润为第一要务时尤其如此。[17，18]

莆田系那样的社会资本兴建大型医院的目的何在？莆田系兴办的新安国际医院是商务部和卫生部批准的首家民营综合性国际医院，于 2005 年动工，2009 年开业，莆田系投资不到 2 亿美元，大概 10 亿元人民币，预期收支是 4 年持平，2014 年会达到盈亏平衡，大概要十六七年才能收回成本。[4] 那么以后呢？按逻辑推论下去，那就是要大赚一笔了！在记者访谈莆田系相关人员的全过程中，被访者谈得最多的就是赚钱，什么"治病救人""为全民享有基本医疗做贡献"之类的话只字未提。我们能期望他们什么？

决策者将社会资本引入医疗卫生领域，究竟是请来了一位"财神爷"，还是引狼入室，我们将拭目以待！

按照前面我们讨论的思路，我们首先应全面而坚决地让公立医院回归公益性，切断医生收入与病人付费之间的联系。公立医院应该成为向全民提供基本医疗的主体。正如北京大学卫生经济学教授李玲所说，"公立医院改革是医改的重中之重"，这是牛鼻子，"你把这个牛鼻子牵住了，把医院这个创收机制破了，一切问题迎刃而解"。要把公立医院建成医院的标兵，让民营医院向它们看齐，而不是现在公立医院在向莆田系医院看齐。李玲还指出，"其实医改很简单，预防、看病、吃药、报销，几件事综合起来，一把抓好就可以做好"，"很多基层，像安徽、陕西、三明一些真正有能力的，真心想为老百姓服务的领导就做成了，基层的医改已经探索出中国医改之路了"。关键是有些决策者对此没有兴趣，他们的兴趣是建立医疗集团，引进社会资本，研发高新技术，营利增值，为 GDP 做贡献。李玲说得好："公立医院就是政府的第二支部队。军队是保卫国土安全，医院这支部队是保卫人民健康安全，同样很重要。不光是救死扶伤，医院也是用来防范风险的，平时可能感觉不到，关键时刻就看出这支部队不可或缺——任何大灾大难的危急时刻，都是军人和医生冲在前面。"[19，20，21] 因此，公立医院改革，必须增加政府投入。公立医院的医生应该享受类似公务员的待遇，让他们无后顾之忧，一心一意为病人解除病痛，救死扶伤。

2006年，我于北京大学、卫生部和世界卫生组织联合举办的"健康与发展国际研讨会"上，在对阿玛蒂亚·森（Amarty a Sen，诺贝尔经济学奖获得者）、埃文斯（Timothy Evans，世界卫生组织助理总干事）和王陇德（时任卫生部副部长）等几位人士发言的评论中说：

第一点，在21世纪，我们可以期望我国的经济和社会将会以更大的规模发展，我们预防和治疗疾病、增进健康的能力将进一步提高，增进人群健康的条件将进一步改善，但应该"居安思危"，我们面临的风险和挑战仍然会很大。上一世纪遗留下的艾滋病尚未得到有效控制，结核病和疟疾在卷土重来，新的突发传染病有可能再次袭击我们，随着人口结构变化而来的老龄化问题会更为突出，生活水准提高也会给我们带来健康问题，例如肥胖、糖尿病等。因此我们必须在理念、政策和体制上有所改革和改进，使我们的医疗卫生基础设施进一步改善，以便应对这些问题和挑战。

第二点，大家谈到人群健康对经济和社会发展的重要促进作用。但我们应该进一步看到，健康是公民的权利，甚至可以说是"第一权利"，没有健康，人们就不能行使和享有其他权利。由于健康是权利，因此政府就有义务向公民提供医疗卫生服务。在这方面过去有些专家建议政府退出医疗卫生领域，这是一个不好的意见。目前，政府资金占所有医疗费用的17%，对公立医院的投入仅占10%或不到10%。这就会产生灾难性后果：公共卫生遭到严重削弱，健康医疗领域存在严重不公平现象，看病难、看病贵，脆弱人群因病致病返贫，医学专业诚信丧失，医患关系面临严重危机。同时，人群健康不仅是卫生部一个部门的工作，也是政府所有部门的工作，政府所有部门都与人群健康有关。

第三点，必须认识到医疗卫生事业的公益性，因此原则上它不能依靠市场来调节，不能"市场化"——"化"者，彻头彻尾、彻里彻外也。公共卫生、传染病控制、疫苗接种、初级卫生保健、脆弱人群的医疗等，都是市场不愿管也管不了的。医患关系是信托关系，不是契约关系，更不是买卖关系。而摆脱目前医学诚信危机和医患关系危机的关键是将医生收入与病人费用脱钩。为此，政府应增加对公立医院的投入——既要马儿跑得快，又要马儿不吃草，这是不现实的；圈养的鸡不给食，它们就会飞出去乱吃，这也是自然的。

第四点，卫生改革必须有基于伦理考虑的基准，不能仅有经济指标。例如改革应减少人群与风险因素的接触，除了减少与物理、化学和生物致病因子接触外，也包括改善营养、住房、环境、教育，减少车祸、暴力（包括家庭暴力）等；减少医疗卫生可及的经济和非经济障碍，包括城乡、性别、文化、种族、宗教、阶层等方面的歧视；扩大医疗卫生覆盖面，使医疗卫生服务更为可及、可得、可负担；增加筹资公平性，"60%～70%依靠个人支付"是一种倒退，必须扭转。基准的确定必须有伦理考虑，伦理学不是培养圣人，而是帮助我们探讨在一定情况下我们应该做什么。伦理学不是万能的，但没有伦理学是万万不能的。

时隔10年的今天，这四点意见基本上还是适用的。有人担心这样做，国家财务是否会有问题。早在2006年，当准备推行基本医疗保险制度时，在一次国务院社会发展研究中心召开的座谈会上，就基本医疗保险制度计划进行讨论时，财政部代表的回答是三个字："没有钱"。我回答说，我们首先应该明确向全体城乡居民提供基本医疗是不是政府的义务，如果是，那么没有钱就想方设法筹款……实际上我们每年用于现称之为"三公"经费的非政府义务方面支出有多少？这不是一个财务问题，而是一个观念问题、价值观问题。

让国有企业来办公立医院，这是一个馊主意。凡企业，不管是国有还是民营，都要营利增值，为投资者增加红利。这是天经地义，无可厚非的。但是，医院要将病人利益放在第一位，即使赔钱也要抢救生命，国有企业怎能胜任？其结果要么走莆田系的老路，用营销办法办医院，破坏公立医院的公益性，损害病人利益，要么拖累国有企业，使本来不那么赚钱甚至陷入亏损境地的国有企业雪上加霜。

让社会资本投资公立医院，这是另一个馊主意。资本以营利增值为目的，公立医院以治病救人为目的，二者的价值追求不相容并必然发生冲突，而冲突的最可能结果是改变公立医院的公益性，损害病人利益。

基于医疗卫生的特殊性，应该鼓励非营利的民营医院，如果它们具备必要的资质，可以纳入医保范围。营利民营医院应严格限制在非必需、非基本的医疗和向富人提供特殊服务两个层面，不应纳入医保范围。如果用数字来表示，医疗服务中的80%应由公立医院提供，15%由非营利的民营医院提供，5%可由营利医院提供。这个数据并不一定准确，只是代表一种价值观念和取向。

这里反映两个认知误区。其一，决策者缺乏"利益冲突"（conflict of interest）概念。利益冲突是指专业人员或公务人员因自我利益或其他社会集团利益而损害了他们应为之服务的个体或群体（如病人、纳税人）的合理或合法的利益。现实中，我们的一些政策或做法却是在促使利益冲突。例如不给公立医院医生合理的工资，让他们想方设法从病人腰包里捞钱；不给政府部门监管人员足够的办公费用，让被监管企业提供办公费用等。这将使贪腐蔓延，并腐蚀国家与社会，破坏社会稳定。医疗商业化和资本化引起的腐败不可小视，迄今没有认真揭发和查处。其二，决策者缺乏"财务灾难"概念。我们的医疗费用管理必须极力避免或努力补救因费用过高而使病人陷入"财务灾难"，例如倾家荡产、因病返贫等。

建立以初级医疗为中心，与二级、三级医疗协调的医疗配送系统

误区之三是，不了解建立一个以初级医疗为中心并与二级、三级医疗协调的医疗配送系统的重要性。随着我国老龄化和人群中非传染病或慢性病增多，成本效果更佳的配送办法是以初级医疗为中心并与二级、三级医疗整合的配送模型，集中于以人群为基础的预防、健康促进以及疾病管理，将初级、二级、三级医疗机构协调起来，并与社会照护结合。例如对患有多种疾病的老年人群，就需要将医疗照护与社会照护结合起来。初级医疗的核心功能是：预防、病例检出和管理、看管、转诊、协调医疗等。WHO要求建立的医疗配送系统是以人群为中心的和整合的医疗卫生服务。以人群为中心是指要围绕健康需要组织医疗活动，它既包括临床医疗，也包括（也许更为重要的）社区人群疾病的预防、促进健康（例如改变吸烟、酗酒等不健康的生活和行为方式）、及早发现和处置病例、健康

信息的提供和教育等。整合的医疗服务包括优质医疗服务的管理和配送，使人们受到连续的健康促进、疾病预防、诊断、治疗、疾病管理、康复和姑息治疗服务，不管在什么地点和什么时间，医疗服务要根据人们的需要进行。这样一种医疗配送系统是为了实现全民健康覆盖，向全民提供可负担、可及、可得且优质、公平、体面的医疗卫生服务。如果有了这样一种系统，那么魏则西那样的病人就不会去找百度，初级医疗的全科医生就会照护他。例如学校的校医室就应该是一个初级医疗中心。

与美国相类似，我国的医疗配送系统是碎片化的，质量低而效率差，不平等和不公平的问题严重。医疗系统的建立缺乏顶层设计，往往各做各的，结果是逐利趋势占据上风，浪费社会资源和纳税人的税款。阻碍初级医疗与二、三级医疗整合的因素是：目前支付制度刺激增加医疗活动，而不是改善病人健康；医生对与其他医疗机构协调没有兴趣，因为他们的经济利益是将病人留住，在逐利机制下，每一位病人都是"摇钱树"，把病人留得越久，"摇"出来的钱就越多；公立医院与民营医院之间的竞争更像是营利医院之间的竞争，更高的费用压在病人身上或社会保险医疗上。可以预测，随着民营医院增多，超量使用高技术的诊断检查和昂贵的药物问题将更为严重，甚至出现大量使用未经证明的新疗法（如手术戒毒、DC-CIK疗法）或假冒的新技术（如所谓"干细胞治疗"），以及用换了包装的旧药冒充新药的现象——因为它们可产生更多利润，而病人不能评判临床医疗质量。如2006—2008年我国CT和MRI的使用数年均增加50%，这种增加是出于病人病情的需要，还是医方及资本方为了获取更大利润？配送系统朝市场方向转变和鼓励社会资本投资医疗，将使我国更为远离"人人享有基本医疗"的战略目标，而不公平和费用飙升将变本加厉。[22]如果将这种民营医院纳入医保，我们的基本医疗保险机构必定很快会变得入不敷出，进而发生严重的财务危机。

为了建立这样一个医疗配送系统，必须解决三个问题。

其一，这一系统是为了满足人们客观的健康需要，能产生获得健康结局的结果。因此必须将客观的需要与主观的欲望加以分开。美国医学家兼法学家卡茨（Jay Katz）指出，医生应起教育者的作用，帮助病人筛除越来越多的直接针对消费者的广告以及其他动摇人们判断的甜言蜜语。德国古典哲学家黑格尔指出，市场不只是满足 wants（想要、欲望），而且创造 wants。当代医生及其背后的医学机构最重要的任务之一，是帮助人们区别医疗需要（needs）与医疗欲望（desires）。这意味着医学必须进行自我考查，分辨哪些是不当影响以及病人如何受到这种影响，探讨医学如何能够在压力之下仍然忠于它的核心价值。黑格尔对需要和欲望的区分的思想对此很有启发。医学目的毫无边际的模型刺激了市场经常不断地将想要（wants）转变为需要（needs）。商业市场创造需求（wants，想要）——且不谈这种"想要"是否合适——往往使得欲望没有止境。追求无止境获得的是一种"恶的无限"：好的健康总是暂时的，没有最好，只有更好，医学进步总是重新定义什么是"好的健康"，因此我们目前的健康决不是足够好的，于是医学就变成满足健康的无限欲望的无底洞。[3] 我们的一些医生不是教育病人区分需要与欲望，而是鼓励病人甚至引诱病人产生越来越多的欲望，以便让他们可以乘机获利。在一次北京电视台组织的有关干细胞治疗的节目中，我问一位某空军医院的医生：你们为什么要开展这种未经证明的"干细胞疗法"？她说"因为病人要求"。当问及"病人怎么知道有这种干细胞疗法时"，她无言以对。显然，病人的这种所谓"要求"是广告或者干脆是医生直接诱导出来的。

其二，在这种医疗配送系统中必须进行供给侧的改革或控制。当前，我们在社会基本医疗保险中只进行消费侧的控制，不控制供给侧。对消费者和病人的需求的管理与管控，即需求侧控制，已经被证明是一个完全不能令人满意的控制费用方法，这是一个折磨大多数医疗卫生制度并严重损害病人利益的问题。一方面是排队问题引起的病人不满意，另一方面是医疗费用报销差异导致的医疗不平等，妨碍病人寻求他们所需要的医疗。病人自己截肢和开腹的极端案例就与此问题有关。比如病人的费用在医疗保险中只能报销一半，他就要自己选择哪种治疗，或者干脆不治疗。可是病人缺乏医学专业知识，如何做出合理的、最符合自身利益的抉择？许多病人往往只能选择不去治疗、不佳治疗。这也是一个认知误区，即不能认识到，在医疗卫生领域，筹资决定于支付能力，但医疗的可及应该决定于病人所患病情的需要，而不是病人的支付能力。[23] 美国卫生政策和管理专家赖斯（Thomas Rice）考查了市场维护者控制医疗需求侧而不控制医疗供给侧背后的假定。首先，无论如何，在许多情况下拥有必要的医疗信息才能做出好的健康选择。可我们大部分人不能事先知道我们选择的结果,许多这种选择提出了一个"反事实"问题:如果不治疗,是否问题就会消失?如果我去找不同的医生,或去找专家而不是初级医疗医生,结果是否会不同?因此,赖斯论证,旨在控制病人需求的卫生政策不仅不起作用,而且依赖的是一个可疑的假定。管控个体健康消费者和病人的行为最后被证明是"至多仅有少许有效",并通常伴随一些不幸的结局。但对供给侧的管控却不是这样,因为这种管控旨在控制医疗卫生产品的生产和分配,而不是其消费。依赖控制供给侧的卫生政策取得卓越的结果。然而,美国政府控制医院病床和昂贵技术供给的努力却遭到了抵制,种种政治和经济利益集团的抗拒通常使这种努力破产。我国的医改受到既得利益集团抵制也是一个不争的事实。然而,事实也强有力地表明,当控制供给侧的努力强有力且比较到位,并不受干扰时,它们的确能起到限制费用和改善质量的作用,正如欧洲国家的证据显示的那样。美国能否不采取限制供给侧的措施来对付迅速攀升的费用呢?不可能!高新技术的医疗是医生即供给侧诱导出来的。因此,医改,尤其是控制费用必须进行医疗供给侧的改革和控制。哈佛大学公共卫生学院萧庆伦教授于2009年指出:"大约20年前,中国把公立医院改成一个私人营利的单位,追求金钱,而且没有股东,这些钱被医院和医生瓜分了。他们的生活好了,但他们也变成了一个强而大的利益团体。所以这次改革很难真正动这些既得利益团体。对于这些问题,其实大家看得很清楚。可是,在这个政治环境下,因为每个强大的既得利益团体都在政治上有他的力量,所以很难出台一个明确的政策。"[24] 2015年的所谓"新医改"是否代表了这一既得利益集团及其背后的政治力量对以政府为主导的医改的抵制?

其三,在这个系统内必须由初级医疗唱主角,高新技术医疗唱配角。医疗市场营销的一个价值前提,是将医疗卫生仅仅或永远部署在高新技术的领域内。但是这种观点,即认为更好的健康的秘密在于部署高新技术导向的医疗卫生,绝不是真理,而且将越来越稀缺而宝贵的卫生资源投在临终前几周或几天上,会走向经济上的死胡同。替代的观点是,集中于预防,减少与行为相关的疾病和死亡原因,让改进健康的社会经济条件起更大的作用。古巴的经验是一个范例。在美国的封锁下,这个人均GDP不到5 000美元的国家实行全民公费医疗制度,平均预期寿命达79岁,医生每67人/1万,过去10年5岁以下儿童死亡率为5.7/1 000活产儿，低于美国。他们的经验就是重点发展初级医疗、强调预防、早发现早治疗，而不是将资源分配于高技术医学。[3]在我国，要建立以初级医疗为中心的医疗配送系统，必须加强政府对初级医疗的支持，确保初级医疗工作人员的工资收入，提高全科医生的社会地位。在支持不足的初级医疗单位，往往医疗质量差，服务态度糟，不用基本药物，而诱使病人购买更为昂贵的进口药物。这使得病人即使是小病也不愿在初级医疗单位就诊，宁可千里迢迢跑到上海、北京等地就医，加剧看病贵、看病难的状况。

解决上述三个问题，建立可负担、可及、可得且优质、公平、体面的医疗配送系统，必须首先破除逐利机制，否则就是事倍功半，再投入4万亿元也建立不起公平有效的医疗配送系统，医疗卫生领域仍将乱象丛生，魏则西那样的病人还要去找百度，还可能落在莆田系的陷阱里。

根据世界卫生组织发表的题为《在全民健康覆盖道路上做出公平的抉择》(Making Fair Choices on the Path to Universal Health Coverage)的有关公平与全民健康的最终报告，全民健康覆盖是指所有人接受到满足他们需要的优质医疗卫生服务，不会因无力支付而陷入财务困难。为了实现全民健康覆盖，国家必须在三个层面做出努力：（1）扩展优先的服务，这是指成本有效比较高的服务，优先提供服务给最穷的人，以及防止病人陷入财务灾难；（2）纳入更多的人，这是指扩展覆盖面时首先扩展低收入群体、农村人群和其他处于弱势的人群；（3）减少现款支付，这是指必须逐渐消除现款支付制度（现在实际上在营利的公立医院以及差不多所有的民营医院都是现款支付），过渡到强制性的预付制度。[23]这就是我国各级政府和所有医疗卫生部门与机构所必须做的，唯有如此才能实现"人人享有基本医疗服务"的目标。

未经证明疗法的临床不当应用严重损害病人利益

误区之四是，不了解未经证明疗法在临床上的不当应用严重损害病人利益，必须明文禁止，对违规者严厉追责。即便是市场化的美国，对于临床上任意应用未经证明的疗法，一经查实，也会对违法者进行严厉处罚。2011年美国逮捕了3名男子，控告其涉嫌未经美国食品药品管理局（U.S. Food and Drug Administration，FDA）批准就进行制造、销售和使用干细胞等15宗犯罪活动。一名在得克萨斯经营一家产科门诊的持照助产妇，以研究为名从分娩产妇那里获得脐带血，将之卖给亚利桑那一家实验室，该实验室又将其送给南卡大学一位助理教授制成干细胞产物，然后实验室将其卖给美国一持照医生，该医生旅行到墨西哥后将这些干细胞产物在患癌症、多发性硬化以及其他自体免疫疾病的病人身上进行干细胞治疗。这三位被告收取病人150万美元费用。三名被告及助产妇被判徒刑和罚款。美国食品药品管理局于2012年对病人提出警告说，干细胞的临床应用虽有前途，但是目前尚未形成安全可靠的治疗方法，病人寄治愈的希望于这些尚不可得的疗法可能使他们受到寡廉鲜耻的医生的剥削，他们提供的是非法的、可能有害的干细胞治疗。[25] 但是，在我国，从"手术戒毒"到所谓"干细胞疗法"，如此众多的医院违规榨取病人钱财，卫生行政部门却从不严加查处并进行追责，以至于这些医院今天更加花样翻新，变本加厉地利用所谓的"细胞治疗""肿瘤免疫治疗"来诈骗病人。

从药物开发到临床应用，医学界已经探索一条既有效又合乎伦理的道路。一种新研发的药物或生物制品必须经过临床前研究（包括实验室研究和动物实验）和临床试验证明安全、有效，才能获得药品管理部门批准上市，之后才能在临床上应用。① 为新研发的新药或其他临床研究制定这种试验研究、审查批准、推广使用的质量控制程序，是基于无数的历史教训，一旦其安全性和有效性得不到保障，就有可能导致更多患者服用后致残、致死。因此，所有研发新药的国家都以法律法规的形式制定了一整套新药临床试验质量控制的规范。通常，遵循这一规范的临床试验分为三期。Ⅰ期是初步进行安全性研究，通常在小量健康人（志愿者）中进行，逐渐增加剂量以确定安全水平。这些试验平均需要6个月至1年，约29%的药物不能通过这一阶段。Ⅱ期是检验药物的有效性并提供安全性的进一步证据。这通常需要2年时间，涉及数百名用该药物治疗的患者，约39%的药物无法通过这一阶段。Ⅲ期是较为长期的安全性和有效

---

① 我国已有国家食品药品监督管理局颁布的《药物临床试验质量管理规范》（2003）以及中华人民共和国国家卫生和计划生育委员会颁布的《涉及人的生物医学研究伦理审查办法（试行）》（2007）。

性研究，涉及众多研究中心的数千名患者，旨在评估药物的风险-受益值，一般需要 1 至 3 年，而这一阶段通不过的药物只有 3% 至 5%。[26] 在 III 期临床试验结果证明安全有效后需报请药品管理部门批准，批准后方可应用于临床。在动物实验前，研究计划要由动物伦理审查委员会审查批准；临床试验前，研究计划要递交伦理审查委员会审查批准，委员会要审查该项试验或研究是否有社会价值，研究设计是否合乎科学和伦理，试验中的受试者的风险-受益比是否可接受，受试者是否都经过有效知情同意的程序，试验所得数据如何保密，受试者的权利是否得到了保障。这样，就在制度上保障了受试者和病人的安全、健康和利益。但是，莆田系医院、武警二院，以及其他一些公私医院，受逐利动机驱使，均未经这一套确保受试者和病人安全与健康的程序，也未实行有效的知情同意，连骗带哄地将未经证明的手术戒毒、干细胞治疗、DC-CIK 疗法直接应用于病人身上，使病人在身体、精神和经济上遭受重大损失。

在特殊条件下，未经证明的疗法，在满足一定条件时可以作为试验性治疗用于病人。试验性治疗又称"创新疗法"，使用的是新研发的、未经临床试验或正在试验之中的药物，其安全性和有效性尚未经过证明。然而，它已经通过实验室研究，尤其是经过动物（一般用小鼠，有时必须用灵长类动物）实验证明在动物身上是比较安全、有效的。所以，试验性药物既不是药品管理部门批准、医学界认可的疗法，也不是"江湖医生"那种无科学根据的所谓"灵丹妙药"。上述那种按部就班的较为漫长的临床试验程序，在面对疫情凶险、传播迅速的传染病挑战时，就会产生一个问题：如果我们手头已有一些已经通过动物实验但尚未进行临床试验或正在进行临床试验的药物或疫苗，能不能先拿来救急，挽救患者的生命？或者，我们还是要等到临床试验的程序全部走完，再将其用于患者？我们与之斗争了数十年的艾滋病，在刚开始蔓延的时候就遇到了类似的情形。当初疫情危急，患者的死亡率很高。一些患者不愿坐等死亡，出于绝望，他们中的 60% 至 80% 的人纷纷自行寻找疗法，将生命置于危险的境况之中。当时研发的双去羟肌苷是一种有希望的抗逆转录病毒药物，可代替毒性较大的齐多夫定，但它还没有完成临床试验。艾滋病在当时没有有效的治疗方法，临床试验设置的标准会将许多患者剔除，符合标准的患者又因各种原因不能前去，接受安慰剂治疗的患者更不能从试验中获益，到药物最终被确认为安全有效时，许多患者已经死于非命。因此，在艾滋病患者的强烈要求下，美国当局决定将安全性和有效性尚未最终证明的双去羟肌苷提前发放，并实行"双轨制"，即一方面继续对药物进行临床试验，另一方面立即将该药发放给患者服用。前些时日，西非有2 000多人感染埃博拉病毒，死亡率也极高。埃博拉病毒的进一步传播，必将导致更多人的死亡，对这些国家和地区以至全人类构成严重的威胁。埃博拉病毒及其引起的疾病已经被发现近40年，虽然有关药物和疫苗的研发工作一直都在进行中，但长时间止步不前。由于制药产业的商业化，制药公司对发生在贫困国家穷人身上的疾病缺乏兴趣，认为无钱可赚。这种市场失灵造成目前没有专门用于治疗或预防埃博拉病毒引发的出血性发热的药物或疫苗，少数药物或疫苗尚未进行临床试验或正在临床试验之中。在这种非常情况下，人们面前就出现了一个"两难"：是等待这些新研发的药物或疫苗走完较长时间的临床试验程序后再用于临床，同时眼睁睁地看着许多患者死去，还是在抓紧临床试验的同时提前发放这些药物或疫苗，同时由于它的安全性和有效性未获最后证明，让服用药物或疫苗的患者面临风险呢？显然，这两个选项都有较大的风险。此时，合乎伦理的选择应该是：两害相权取其轻。挽救人类生命是第一要务，医学伦理学的第一原则是不伤害，二者之中哪个伤害的可能性更大一些呢？在按常规进行临床试验时，死亡率高达55%以上的埃博拉患者肯定会逐一死亡。服用那些已经动物实验或尚未完成临床试验的药物或疫苗的患者虽有风险，但很可能会低于或显著低于前者。已经服用针对埃博拉病毒的实验性药物ZMapp的两位美国医生情况好转这一实例说明，对后一选项抱较为乐观的态度是有根据的。[26，27]在临床上也会遇到这样的情况，当病人患有无法治愈的病症时，迫切要求医生试验一些新疗法，它们的安全有效尚未证明，但根据医生临床经验和文献搜索，也许对病人有好处。那么，在一定条件下将某些疗法用于试验性治疗在伦理学上也是可以允许的，但必须满足以下条件：

（1）治疗前应制订相应方案，包括说明其有合理成功机会的科学根据和辩护理由，以及临床前研究获得的有关药物安全和有效的初步证据；

（2）治疗方案应经伦理审查委员会审查批准，在不存在伦理审查委员会时可建立特设委员会来从事治疗方案的审查批准工作；

（3）必须坚持有效的知情同意，明确告知患者或家属药物可能带来的风险和受益，尊重患者的选择自由；

（4）如果这种试验性结果良好，应立即转入临床试验；

（5）这种试验性治疗必须是只用于个别病人身上，不可像手术戒毒、干细胞治疗、DC-CIK 肿瘤免疫治疗那样大范围使用；

（6）违反以上规定者应追求行政或民事甚至刑事责任。

我国卫生行政部门应该对将未经证明的疗法任意直接用于病人的医务人员和他们所在的医疗机构严厉追责并进行惩处。对过去的手术戒毒和假冒的"干细胞治疗"没有追责查处，是一种是非不分、姑息养奸的态度，它使得一些医者和医疗部门觉得违法违规不会付出任何成本，于是他们为了逐利而变本加厉，假冒的"干细胞治疗"和"肿瘤免疫治疗"等花样百出，制造更多的医疗乱象。我国卫生行政部门应采取果断的行动。

参考文献

[1] 曹健. 从"莆（田系）百（度）"事件看医改疏漏.（2015-04-08）[2016-05-18]. http://opinion.caixin.com/2015-04-08/100798212.html.

[2] A. Kenneth. 不确定性和医疗保健的福利经济学. 美国经济评论，1963，53（5）：941.

[3] D. Callahan, A. Angela, A. Wasunna. Medicine and the Market: Equity v. Choice. Baltimore: Johns Hopkins University Press, 2006.

[4] 黑马. 起底"魏则西事件"背后的莆田系.（2016-05-01）[2016-05-18]. http://tech.163.com/16/0501/22/BM0VNJAH-000915BF.html.

[5] 邱仁宗. 论卫生改革的改革. 医学与哲学，2005（9）：6-10.

[6] 国务院. 国务院关于鼓励和引导民间投资健康发展的若干意见.（2010-05-13）[2016-05-18]. http://www.gov.cn/zwgk/2010-05/13/content_1605218.htm.

[7] 国务院办公厅. 关于促进社会办医加快发展的若干政策措

施. (2015-06-15)[2016-05-18]. http://www.gov.cn/zhengce/content/2015/06/15/content_9845.htm.

[8] 邱仁宗. 过度医疗之恶：从仁术到"赚钱术". 健康报，2014-01-17（5）.

[9] 邱仁宗. 医学专业精神亟待重整. 中国科学报，2014-02-16（5）.

[10] 邱仁宗. 医患关系严重恶化的症结在哪里. 医学与哲学，2005（13）：5-7.

[11] 翟晓梅. 医学的商业化与医学专业精神的危机. 医学与哲学：A，2016，37（4）：1-3.

[12] 马克思. 资本论：第一卷. 北京：人民出版社，1975：829.

[13] Du Zhi Zheng. Establishing a Humanistic Health Care Market//International Conference on Health Care Services, Markets, and the Confucian Moral Tradition. Jinan, 2005：27-28.

[14] 杜治政. 资本、科技与人性化医学//"全民健康：医学的良知与承诺"医学分论坛论文或摘要集. 北京论坛，2010：1-13.

[15] 中国医疗科技网. 未来5年中国干细胞产业收入年均增长率达170％.（2014-02-25）[2016-05-18]. http://www.medscience-tech.com/view.php?fid-235-id-157965page-1.htm.

[16] 秦珍子. 内地干细胞医疗混乱 有机构直接将干细胞注射到血管.（2012-04-25）[2012-05-18]. http://news.ifeng.com/society/2/detail_2012_04/25/141258191.shtml.

[17] 邱仁宗. 从中国"干细胞治疗"热论干细胞临床转化中的伦理和管理问题. 科学与社会，2013（1）：8-25.

[18] 邱仁宗. 为何干细胞领域造假多发. 中国科学报，2014-09-10（5）.

[19] 李玲. 中国的医改这些年做了什么?.（2014-05-14）[2016-05-18]. http://finance.sina.com.cn/zl/china/20140501/115918982894.shtml.

[20] 李玲. 两会再谈医改，公立医院才是医改的牛鼻子.（2015-03-04）[2016-05-18]. http://www.guancha.cn/liling2/2015_03_04_311011.shtml.

[21] 玛雅. 民生保障：新中国经验 vs 市场化教训——专访北

京大学中国健康发展研究中心主任李玲.（2015-08-10）[2016-05-18]. http://www.guancha.cn/liling2/2015_08_10_329980.shtml.

[22] W. Yip, W. Hsiao. Harnessing the Privatisation of China's Fragmented Health-Care Delivery. Lancet, 2014, 384 (9945): 805-818.

[23] T. Ottersen, O. F. Norheim Making Fair Choices on the Path to Universal Health Coverage. Bulletin of the World Health Organization, 2014 (92): 389.

[24] 戴廉. 医改当务之急：改变医院和医生的追求——对话哈佛大学公共卫生学院教授萧庆伦（William Hsiao）. 中国医院院长, 2009 (18): 56-59.

[25] 为什么干细胞领域造假事件多发?.（2015-07-02）[2016-05-18]. http://blog.sina.com.cn/s/blog_b367248b0102vjjm.html.

[26] 邱仁宗. 直面埃博拉治疗带来的伦理争论. 健康报, 2014-08-29 (5).

[27] 提前使用试验性抗埃博拉药物是否合乎伦理?.（2015-07-02）[2016-05-18]. http://blog.sina.com.cn/s/blog_b367248b0102vjjn.html.

附录十
基本医疗保险制度中的公平问题[*]

2009年中共中央国务院发布了《中共中央、国务院关于深化医药卫生体制改革的意见》（简称《意见》），其中提出了一些非常重要的理念，例如：（1）维护社会公平正义；（2）着眼于实现人人享有基本医疗卫生服务的目标；（3）坚持公共医疗卫生的公益性质；（4）坚持以人为本，把维护人民健康权益放在第一位；（5）从改革方案设计、卫生制度建立到服务体系建设都要遵循公益性的原则；（6）把基本医疗卫生制度作为公共产品向全民提供；（7）努力实现全体人民病有所医；（8）维护公共医疗卫生的公益性，促进公平公正；（9）促进城乡居民逐步享有均等化的基本公共卫生服务。这些理念是我们工作的出发点，是评价我们工作的标准，也是我们工作的目标。特别值得指出的是，这个划时代文件追求的是"均等"、"公平"、"公正"和"正义"。然而，在我们的具体的基本医疗保险制度［11，12］中，即在城乡职工基本医疗保险制度（简称"城乡职工"）、城乡居民基本医疗保险制度（简称"城乡居民"）以及新型农村合作医疗制度（简称"新农合"）之间存在的不平等，与上述理念是不一致的，亟待改进。

我国基本医疗保险制度中的不平等和不公平

这种不平等体现在这三种医疗保险制度之间医疗保险报销的差异。这些差异包括城乡之间、在职与失业之间以及不同地区经济状况之间的差异。例如在"新农合"中医疗费用报销的比例取决于所

---

[*] 本文是发表在 Asian Bioethics Review（《亚洲生命伦理学评论》）2014年第6卷第2期108-124页的中文文本，但略有修改，特别是删除了历史部分。

用的药物是否属于基本药物范畴以及所选的医院类别（如果是住院病人）。以河北省为例，如果所用药物在基本药物范畴内，则报销为95%，如果所用药物属非基本药物则必须自费；如果是住院病人，那么住进乡医院报销85%～95%，县医院报销70%～82%，市医院报销60%～65%，省医院50%～55%，省外三级医院40%～45%。（河北2013）然而在"城乡居民"中住院病人医疗费用报销比例分别为初级医院60%，二级医院55%～60%，三级医院50%～55%。[2,3]而在"城乡职工"中则分别为90%～97%，87%～97%，85%～95%。[4]一些疾病非常严重，但有办法治疗，预后良好，但不治就可能死亡，这些疑难疾病必须到省级或省外三级医院住院和手术，这样在这三类医疗保险制度中报销比例分别为：50%～55%或40%～45%（新农合），50%～55%（城乡居民），85%～95%（城乡职工）。无可否认，这里存在着重大的不平等。

问题是：这种不平等是不是不公正？对这个问题的一种回答是：这种不平等不是不公平。理由（1）在这三类医疗保险制度中参保者缴纳的保险金有差别。例如自2012年以来"新农合"的参保者平均每年缴纳保险金不到60元（政府补贴240元）[2,3]；"城乡居民"则缴纳更多，如上海70岁以上每人缴纳240元（政府补贴1260元），60—69岁每人缴纳360元（政府补贴840元），19—59岁每人缴纳480元（政府补贴220元），学生/婴儿每人缴纳60元（政府补贴200元）[26]；"城乡职工"则缴纳的费用更多，职工工资的2%以及雇主每年所付总工资的6%～7%用于职工的医疗保险。理由（2）经济发达地区的参保者对GDP做出的贡献比欠发达地区社群成员做出的贡献大。在这两个理由背后隐藏的假定是：医疗好比商品，你支付越多，则你报销的医疗费用越多。

另一种回答则是：这种不平等就是不公平。我国党和政府明确指出"人人享有基本医疗卫生服务""全体人民病有所医"。[37]其背后的假定是医疗卫生权利概念：当一个人患病了，他/她有权获得医疗；或一个人享有医疗卫生的权利。当说"人人享有基本医疗卫生服务""全体人民病有所医"，这意味着政府有义务提供医疗卫生给它的公民们。一个人享有医疗卫生的权利与他/她缴纳多少保险金或对社会做出多大贡献没有关系。我国医疗保险制度的许多问题都是由于未能认识到一个人病有所医即享有医疗卫生的权利。这是其一。其二，不同医疗保险制度的不同报销比例并不是由于生物学的或其他自然的、不可避免的因素，而是由于社会化的医疗保险制度本身的缺陷，因此这种不平等就是不公平，为了社会正义必须加以修改。[9] 其三，这种不平等已经引起严重的负面后果。根据统计，门诊病人平均一次就诊要付 179.20 元，而住院病人平均每人住院费约为 6 632.20 元，相当于一个农民一年全部收入的 1/3。[38] 如果这些费用仅报销 50%，一个贫困农民如何负担得起即使这是一半的医疗费用？不仅如此，近年来医疗费用持续飞涨。根据卫生部统计，2010 年医疗卫生总费用已经从 5 年前的 8 659 亿元攀升到 19 600 亿元，年增长率 13.6%，远超 GDP 的增长率。其中除了通货膨胀和技术进步等合理因素外，驱动医疗费用飞涨的主要原因是过度医疗。根据心脏病学家何大一教授的报告，对于同样的冠心病病人，在欧洲实施支架植入术者为 40%，在中国大陆则为 80%。一个病人一般植入的支架不超过 3 个，而在中国大陆给同一病人植入的支架达 7 个之多，甚至有报告植入 11 个。这种过度医疗受利益驱动，因为尚未改革的公立医院仍然被作为企业对待，有些公立医院仍然千方百计获取利润而不关心病人的利益。在医疗费用只能报销 40%～50% 的条件下，过度医疗危及病人的健康和生命，并使病人再度陷入贫困。[22] 过度医疗也使许多地方在报销的医疗费用与保险金收入之间发生失衡，这些地方的许多公立医院财政赤字已达 700 万元～1 000 万元。为了控制医疗费用，人力社会保障部从 2011 年起实行一项"总额预付"政策。[25] 即在前几年经验的基础上，医疗保障部门预先付给公立医院估计的全部费用。如果医疗支出低于预付费用，多余归医院；如果有亏损，则由医院支付。然而，根据前几年估计的总费用往往低于实际费用，因为医疗保险部门对促使医疗费用增长的许多因素不予考虑。当预付费用即将用尽时，医生和医院就不再愿意治疗严重病人。于是在媒体或网上有许多病人被拒绝治疗或收治入院的报告。仅山东济南市一地，2011 年有 270 位病人被拒绝治疗。[35] 这对病人造成极大的身体和精神伤害。或者医生使用不在基本药物目录内的昂贵药物，病人不得不自己掏腰包支付这些药费。在上海某些医院，病人自己付费的比例达 50%～60%。这造成对病人的经济伤害。对于不得不自己付费的病人来说，如果一样要付费他们就宁愿到上海或北京去治病，这造成三级医院医疗资源的不当使用。或者医生和医院宁愿治疗来自其他城市的病人，因为总额预付只控制当地医疗费用，不管外省来的病人。结果，总额预付也许有助于控制当地医疗费用，但不能控制总体医疗费用。因此，总额预付被指责为不能控制医疗费用、确保医院合理收入与维护病人权利之间的平衡。总额预付制是一项"坏改革"。[6，35] 控制总体医疗费用或遏止医疗费用增长在伦理学上能够得到辩护，因为巨大亏损可能导致医疗保障破产。然而，部分医疗费用也许是不能预测到的，由于病人越来越增长的健康需要，总医疗费用超过总额预付也许是合理的。如果如此，那么超过总额预付那部分费用应该由医疗保障部门支付，而不应该成为强加在医院身上的负担，而这部分负担最终必定转嫁到病人身上，在实行总额预付时的经济考虑不应该压倒对病人生命健康的考虑。

因此，至少对于穷苦民众（也许是一大群农村贫苦农民与城镇中的失业者、半失业者）基本医疗仍然是不可及的，这一后果与第二轮医疗卫生改革的宗旨和建立社会化的医疗保障制度以及维护社会正义的目标是南辕北辙的。有两个案例可例证这一论点。[16]

案例 1：河北省 Q 县 Z 村男性农民 Z 右腿溃疡。2012 年 1 月他去 B 市某医院看病，被告知住院手术需支付 30 万元。按照他参加的新农合，费用只能报销一半，但他无法支付另一半费用。4 月 14 日他决定自己在家里将病腿锯掉。幸运的是，他存活了下来。这说明他的病虽然严重但是可以治愈的。那么这种情况是否属于人人理应享有的"基本医疗"呢？或者说"基本医疗"就是那可报销的一半？这就涉及"基本医疗"的含义问题。

案例 2：一位老人患癌症。他付不起可报销部分剩余的医疗费用，于是他试图在家里自己打开腹腔摘除癌症器官。但不幸的是他失败了，因失血过多而死亡。

这两个案例使公众震惊，于是又激起我们是否应该效法英国提供免费医疗的争论。[16] 这两个例子表明，医疗上的不平等已导致健康结局的不平等。在目前我国的社会化医疗保障制度下，有一群穷人，他们与比较富裕的人相比，在健康方面不平等，即在健康结局（health outcome）、健康绩效（health performance）或健康成就（health achievement）上处于不平等的地位。这里我们必须区分不同的但相关的概念：医疗与讲课，医疗公平/不公平，健康公平/不公平。医疗是疾病、患病、损伤或伤残的诊断、治疗和预防。医疗可及随国家、群体和个体而异，主要受社会和经济条件以及卫生政策影响。医疗在广义上指医疗服务的接受、利用及其质量，医疗资源的分配，以及医疗的筹资。健康则代表身体和精神的安康，不只是没有疾病。[34]健康指健康结局、健康绩效或健康成就，例如预期寿命、生活质量、死亡率等。医疗是健康的社会决定因素之一，除了健康意外还有许多因素影响一个人的健康。健康的关键社会决定因素包括生活条件、社区和职场条件，以及影响这些因素的相关政策和措施。医疗不平等是指医疗可及方面的差异，这些差异可由种种经济和非经济的障碍所引起，例如缺乏保险覆盖、缺乏正规的医疗资源、缺乏经济资源、法律方面的障碍、结构方面的障碍、医务人员的稀缺、缺乏医疗卫生知识等等。健康公平可界定为"不必要的、可避免的、不公平和不公正的健康差异"[33]，或"不存在群体之间健康的系统差异，这些群体处于不同的有利或不利的社会地位，例如财富、权力或声望。健康不平等系统地使在社会上已经处于不利地位的人进一步在健康方面处于不利地位"[5]。在医疗可及方面的不平等并不总是导致健康不平等或不公正。在许多情况下，有钱的病人服用进口的昂贵的药物，而贫穷的病人只能获得负担得起的药物，但仍然是安全有效的。因此，他们的健康结局并没有实质上的不同。然而，上面两个例子说明，医疗可及的不平等已经导致健康结局的严重差异。这是我们应该给予权重更大的关注。正如阿兰德（Anand）指出，种种不平等都引起人们的不舒服或厌恶，然而相比收入不平等而言，人们对健康的不平等更不能容忍，因为收入不平等有可能以激励人们努力工作，有助于增加社会总收入从而有利于社会为由得到辩护。[1]但激励论证不适用于健康不平等，因为它不能激励人们去改善健康从而有利于社会。人们可以容忍在衣着、家具、汽车或旅行方面的不平等，而对营养、健康和医疗方面的不平等感到厌恶。因此，健康或医疗卫生的分配不应该比在收入不平等条件下由市场分配的更不平等。健康或医疗卫生应该被视作一种特殊品（specific good），它理应为每个人享有，而不应该按收入或贡献（例如付更多保险金或对GDP贡献更大）来分配。收入仅有工具性价值，与收入不同健康既有内在价值又有外在（工具性）价值。健康对一个人的幸福（well-being）有直接影响，是一个人作为一个行动者进行其活动的前提条件。这就是为什么德谟克里特在他的《论膳食》一书中说，"没有健康什么东西都没有用。金钱或其他东西都没有用"，以及笛卡儿在他的《论方法》中断言"维护健康无疑是第一美德，且是生活中所有美好事物的基础"。[1]因此，健康或医疗卫生的公正和公平的分配是社会正义的本质要素。由于社会安排问题（例如贫困）而不是个人选择（例如吸烟或酗酒）致使患病得不到治疗，健康得不到维护，是严重的社会不公正。

我国社会化医疗保障制度的伦理基础

由于健康公平或基本医疗公平是社会正义的本质要素，在面临健康或医疗卫生不平等或不公平时我们承诺某种平等论（egalitarianism）①。在追求健康或医疗卫生平等化（或均等化）之中，何种平等论适合于作为我们社会化的医疗保障制度的伦理基础呢？

第二轮医疗卫生改革旨在缩小贫富在医疗卫生可及方面的鸿沟。然而，我们可以发现在相关政策方面在若干概念上的模糊和不一致。在《意见》（2009）中决策者坚持着眼于实现人人享有基本医疗卫生服务的目标，坚持公共医疗卫生的公益性质，坚持以人为本，把维护人民健康权益放在第一位，努力实现全体人民病有所医，维护公共医疗卫生的公益性，促进公平公正。所设计的"城乡职工基本医疗保险制度"和"城乡居民基本医疗保险制度"都采用了"基本医疗"概念。基本医疗应该接近或蕴含着某种基于需要的足量平等论（sufficientarianism，下面将仔细讨论）。然而，所设计的三种医疗保障制度及其不平等、不公平的差异似乎基于医疗卫生按贡献分配。足量平等论与按贡献分配原则之间是不一致的，并且是不相容的。

平等论不一定意味着使人们所处条件在任何方面都同样或应该同样对待人们的任何方面，而是坚持默认地应该平等对待人，某些方面的不平等需要伦理学的辩护。在《哥达纲领批判》中马克思断言，在共产主义社会第一阶段要实行按劳分配原则。[18] 然而其一，一个人做出贡献（"劳"）依赖于他或她的能力，而能力又依赖于许多本人无力控制的许多因素。一个人生来就是在基因组结构（生物学彩票）及其生长的社会环境（社会彩票）上不平等的。其中许多因素她或他不能控制。其二，什么样的成就算是贡献依赖于价值系统。在男尊女卑的社会里，家庭妇女的工作根本不被认为是"贡献"。在中国的现实中贡献往往用官职衡量：职位越高，贡献越大。这种资源分配贡献原则的后果是造就一个拥有过度财富和不受

---

① 将 egalitarianism 译为"平等论"，希望较为中性一些。如译为"平均主义"则寓有贬义。

制衡的权力的阶层。贡献原则与"应得"(desert)类似：每个人应根据其美德获得财运，即美德高财运多，美德低财运少，缺德没有财运。然而，在一个多样化的现代社会，美德的标准难以确定。至于健康或医疗卫生，它们是不可能按美德或贡献分配的，唯有根据治疗、预防、护理和康复的实际客观需要。因此，贡献或应得原则不宜成为社会化医疗保障制度的伦理基础。

缩小贫富之间不平等或不公平鸿沟的另一进路是严格平等论(strict egalitarianism)。严格平等论主张，每个人应该拥有同等水平的物品和服务，因为人们在道德上是平等的，而物品和服务方面的平等是实现这种道德理想的最佳途径。[28] 然而，严格平等论认为，公正的不可简约的方面是采取一种相对的理想，公正总是关注与他人相比他或她的遭遇如何，而不单是关注在绝对意义上穷人的遭遇有多糟糕。因此，公正要求平等是一种相对于他人人们的遭遇如何的理想。对于这种进路，人们的相对地位要比他们的绝对地位更重要，甚至人们的相对地位最重要，绝对地位根本不重要。因此，平等之有价值在于平等本身。[29，19，28] 对严格平等论有许多反对意见。其中最有影响的是向下拉平论证（leveling-down argument）。这种论证是说，达到平等可以通过减少较富裕者的幸福（向下拉平），也可以通过增加较贫困者的幸福（向上拉平）。如果平等本身是目的，我们有什么理由反对向下拉平呢？[17] 让我们设想有两个世界 A 和 B [20]：在世界 A，所有人在所有方面都是平等的，但条件是如此苦不堪言，人们勉勉强强地活着。而在世界 B，存在着相当程度的不平等，但即使是最穷的人，他们的生活也远比世界 A 的所有人的生活要美好。如果我们仔细考察一下"文化大革命"前某些时期，尤其是"文化大革命"时期，我们似乎是在采取一种严格平等论的进路，例如大幅度减少较富裕的人的幸福来追求平等，将脑力劳动者的条件向下与体力劳动拉平。虽然大多数原本贫困的人条件有一点儿改善，但少数原本富裕的人情况变糟了。通过将一些人变穷来达到平等这种做法在道德上是成问题的：使人人平等的目的是什么？不能为平等而平等，平等是为了使所有人更幸福。我国追求平等的经验可为反对严格平等论的向下拉平论证提供鲜明的例证。因此，严格平等论不适合成为社会化医疗保障制度的伦理基础。

我建议我国社会化医疗保障制度的伦理基础最好建立在下列三种进路上：特殊平等论、优先平等论、足量平等论，这三种进路在实际工作中是可以相容和互补的。

特殊平等论

特殊平等论（specific egalitarianism）由诺贝尔奖获得者托宾（James Tobin）提出。[30] 他主张，某些特殊品，例如医疗卫生和生活基本品的分配不应该比人们支付能力的不平等更为不平等。对于那些非基本的奢侈品，我们应该鼓励人们去努力、去竞争，然而对于医疗卫生和其他必需品，我们不应该将它们视为在任何意义上刺激经济活动或刺激人们去做贡献的东西。健康或医疗卫生的分配不应该比一般收入的不平等更不平等，不应该比市场按不平等收入分配来分配的不平等更不平等。这种理念是特殊平等论的基础。[1] 特殊平等论可作为当今中国将医疗卫生当作商品、将医院当作企业的错误理念的解毒剂。不少决策者似乎仍然不明白正是他们将医疗看作商品、将医院看作企业的观念①导致医疗可及的严重差异，这种严重差异又引起健康结局的严重差异。

优先平等论

在对严格平等论的批评中有一种是基于福利的、与帕累托（Pareto）效率要求有关的批评：如果收入不那么严格地平等，所有人在物质上可能更好一些。正是这种批评部分启发了罗尔斯的差异原则。[23] 人们认为，罗尔斯的差异原则对何种论证可作为对不平等的辩护提供了相当清晰的指南。罗尔斯在原则上并不反对严格平等的制度本身，但他关注的将是处于最不利地位的群体的绝对地位，而不是他们的相对地位。如果一个严格平等制度使社会中最不利地位群体的绝对地位最优化，那么差异原则就维护严格平等论。如果收入和财富的不平等有可能提高处于最不利地位群体的绝对地位，那么差异原则就要规定不平等仅可限于达到这样一点，在这一点上处于最不利地位群体的绝对地位不再有可能提高。[28] 这种观点称为优先平等论（prioritarianism）②，这一术语首先出现在1991年帕菲特

---

① 最新表现是让国有企业接管公立医院，以管理企业的方式管理医院，或创办最终以营利为目的的大型医院。这将进一步加剧"看病贵，看病难"的尴尬处境。

② 译为"优先平等论"也许不是很贴切，因为"优先"似乎离开了"平等"，但也是为了总体上较为平等或接近平等，因此还是译为"优先平等论"。"足量平等论"这一译名也有类似问题。

(Derek Parfit)的著名文章《平等或优先》内"优先观点"的名下。[19]优先平等论认为,某一结局的"好"(goodness)取决于所有个体的总幸福,给予最穷的人以额外的权重。优先平等论的提出是为了克服严格平等论的致命缺陷,即忽视最穷的人的绝对状况。优先平等论将优先重点置于使幸福水平非常低的那些人受益上,以此来帮助不幸的人们,而不是去帮助幸运的人们,即使该社会的幸福总体因而比如果资源分配给幸运儿的社会的幸福总体要降低一点儿。优先平等论的一个优点是不容易受到向下拉平的反对,另一个优点是有希望将幸福最大化的价值与将优先的重点置于穷人身上结合起来。[27]人们争辩说,将优先重点置于穷人,优先平等论强调的已经不是平等了,因此相对不平等或贫富条件之间的差距不是伦理学关注所在了,因为它唯独关注改善穷人的条件。[27]这种论证似乎并不在理,因为拉高穷人的条件是缩小贫富条件之间差距的第一步。优先平等论有助于克服我国目前医疗保险制度中最穷的人待遇最糟的荒谬状况:最穷的人(贫困农民、城镇失业居民)在医疗费用方面报销最少,而相比之下宽裕的人则报销更多。

足量平等论

严格平等论的另一种替代办法是足量平等论(sufficientarianism)。人们争辩说,也许问题不在穷人拥有的比富人少,而是穷人不拥有足量的资源来确保他们的健康的生活。伦理学上重要的,不是一些人的条件与其他人相比如何,而是他们是否拥有超过某一阈的足量资源,这个阈标志着一个体面的、健康的生活质量所要求的最低限度资源水平。对于足量平等论而言,一些人与其他人相对而言命运如何并没有使之不公正,不公正的是有些人的条件落在足量水平以下。例如,如果不平等主要是一些既不能预防,又不能纠正的因素的结果,或者如果不平等主要是否则会过体面生活的人选择的后果,或者减少不平等所需资源用于促进其他层面的幸福会更好,即使在健康方面存在相当大的不平等,这也可能不是不公正。虽然我国男性预期寿命(72岁)低于女性(77岁),但这已是接近"足量的"生命年限了。这里的要点不是,我们不应该去关注男性的预期寿命,而是这种差异并非标志着男性的预期寿命已经降低到足量生命年限水平以下了。拉兹(Joseph Raz)在阐述这种足量平等论的核心时表明了为什么和在什么条件下对最穷的人的关注应该成为公正的中心:"他们的饥饿更严重,他们的需要更迫切,他们的痛苦造成的伤害更大,因此不是我们对平等的关注,而是我们对挨饿的人、贫困的人、痛苦的人的关注使我们将他们置于优先的重点。"然而关注穷人也就蕴含着平等。虽然足量平等论与优先平等论一样不将平等本身作为公正的唯一目的,但它拥有优先平等论没有的吸引力,即其明确目的是使最穷的人过上最低限度的体面(健康)的生活。而且,足量平等论可导致更为平等或压缩不平等,如果实行足量原则时采取累进税和社会保障立法,使财富从富人向穷人转移。当这种转移增加享有体面和健康的生活的总人数时,足量平等论就使资源从富人向穷人的平等转移合理化了。足量平等论的潜在问题是,可能难以划定一条足量的线,使一个人超越这条线具有很大的伦理意义。然而,对于健康或医疗卫生来说,我们知道有无可争辩的例子说明,最低限度的体面或健康的水平(即基本医疗)没有满足,正如前面两个例子说明的。因此,在医务专业人员帮助下和公众参与下人们在最低限度的体面的健康水平是什么(基本医疗)达成一致意见,是有可能的。真正的问题也许是,给予低于这个阈的需要帮助的人多大的优先重点,尤其是当这样做会与帮助高于这个阈以上的人发生竞争时。例如具有良好预后的器官移植应该被纳入阈内。现在贫困年轻病人得不到移植的器官因为费用负担不起,而有钱病人却能得到即使预后很差。

足量平等论可帮助我国决策者确保基本医疗为最穷的人可及,使他们获得体面的最低限度水平的健康结局,避免发生前述的两个案例。

按照特殊平等论、优先平等论和足量平等论的理念,我国社会化的医疗保障制度应该进行如下的改革:

提高最穷人的医疗费用报销比例,以使人人享有医疗;

缩小目前三种医疗保障制度内部以及彼此之间医疗费用报销的差距;

将三种医疗保障制度逐步统一为一种医疗保障制度,但不发生向下拉平的情况;

具体划定人人必须享有的体面的最低限度健康的线,即规定基本医疗的细节;以及将卫生资源转移给最穷的人,以纠正目前在公平可及方面的失衡状况。

参考文献

［1］S. Anand. The Concern for Equity in Health//S. Anand et al. （eds.）Public Health，Ethics and Equity. Oxford：Oxford University Press，2004：15-20.

［2］城乡居民的基本医疗保险//百度百科，2013a. http：//baike. baidu. com/link？url＝XNaLlP58qYccMGG4w3W3PJVp958SJ5b9-tClxIgWHtGn7GPYPBO7MZB6d5B4pN5C.

［3］新型农村合作医疗//百度百科，2013b. http：//baike. baidu. com/link？url＝vF29U1fkZwSUmji4YYqHrhNFgFRNGaec55YdsS4iaMoVColQgCurSZazMK6bl9em.

［4］北京职工基本医疗保险报销比例//百度文库，2013. http：//wenku. baidu. com/link？url＝bB9nJQLCRDYXrdhv958VeuQ2EaaQiwIvs3Pkf6bhLDvRrEE-IjQKWoghyOQjfa0G1d9-L4SJIKvgXPOpZu_WqtPY9bTPCWpVs_NG2IkHLQO.

［5］P. Braveman，S. Gruskin. Defining Equity in Health. Journal of Epidemiological Community Health，2003（57）：254-258.

［6］于文军，等."总额预付制"是项坏改革，南方都市报，2012-04-24.

［7］Bulletin of World Health Organization. 2008：86（10）：737-816.

［8］Ying Cheng. Misunderstandings of Liver Transplantation. Beijing News. 2 September 2005.

［9］N. Daniels. Equity and Population Health：Toward a Broader Bioethics Agenda. Hastings Center Report July-August 2006：22-25.

［10］R. Dworkin. Sovereign Virtue：Equality in Theory and Practice. Cambridge：Harvard University Press，2000.

［11］国务院. 关于建立城镇职工基本医疗保险制度的决定. 2005. http：//www. gov. cn/banshi/2005-08/04/content_20256. htm.

[12] 国务院. 关于开展城镇居民基本医疗保险试点的指导意见. 2007. http://www.gov.cn/zwgk/2007-07/24/content_695118.htm.

[13] 国务院医改办. 关于加快推进城乡居民大病保险工作的通知. 人民网, 2014-02-08.

[14] 国务院医改办. 全国深化医药卫生体制改革三年总结报告. 2012. http://www.doc88.com/p-367148244963.html.

[15] 河北省卫生计生委 河北省财政厅. 河北省2014年新型农村合作医疗统筹补偿方案基本框架. 2013. http://www.hebwst.gov.cn/index.do?id=52837&templet=con_news.

[16] 李玲. "免费医疗"与贫困人群医疗保障. 2013-10-17. http://js.people.com.cn/html/2013/10/17/262384.html.

[17] J. R. Lucas. Against Equality. Philosophy, 1965 (40): 296-307.

[18] K. Marx. The Critique of the Gotha Program. //Robert C. Tucker (ed.) The Marx-Engels Reader. New York: W. W. Norton, 1978: 525-541.

[19] D. Parfit. Equality or Priority? (Lindley Lecture, University of Kansas). Lawrence: Philosophy Department, University of Kansas. 1991.

[20] D. Parfit. Equality and Priority. Ratio (new series). 1997, 10 (3): 202-221.

[21] M. Powers, R. Faden. Social Justice: the Ethical basis of Public Health and Health Policy. Oxford: Oxford University Press, 2006.

[22] 邱仁宗. 过度医疗之恶: 从仁术到"赚钱术". 健康报, 2014-01-17 (5).

[23] J. Rawls. A Theory of Justice. Cambridge: Harvard University Press, 1971.

[24] J. Rawls. Political Liberalism. New York: Columbia University Press, 1993.

[25] 人力资源社会保障部. 关于进一步推进医疗保险付费方式改革的意见. 2011. http://www.gov.cn/gongbao/content/2011/content_2004738.htm.

[26] 上海市人民政府. 上海市城镇居民基本医疗保险试行办法. 2007. http://baike.baidu.com/link?url=oQnQTglmHM89l0Dv31rsbUjYm6VrzvlrgaxwOzaqeDmHde07dbAJL74jhnSQmv5BqpwBZ460eHi39fQn45bSW_.

[27] Stanford Encyclopedia of Philosophy. Egalitarianism. http://plato.stanford.edu/entries/egalitarianism/. 2013a.

[28] Stanford Encyclopedia of Philosophy. Distributive Justice. http://plato.stanford.edu/entries/justice-distributive/. 2013b.

[29] L. Temkin. Inequality. Oxford: Oxford University Press, 1993.

[30] J. Tobin. On limiting the Domain of Inequality. The Journal of Law and Economics, 1970 (13): 263-277.

[31] Wang Chunshui. Justice in the Expansion of Medical Insurance Coverage in China. Asian Bioethics Review, 2010, 2 (3): 173-181.

[32] 王海鹰, 等. 新华视点: 同样的医保卡为何待遇不同? http://news.xinhuanet.com/politics/2013-01/10/c_114323303.htm.

[33] M. Whitehead. The Concepts and Principles of Equity in Health. International Journal of Health Services, 1992 (22): 429-445.

[34] WHO. Preamble to the Constitution of the World Health Organization as Adopted by the International Health Conference, New York, 19-22 June 1946; Official Records of the World Health Organization, no. 2, 1946: 100.

[35] 于璐. 因总额预付制度病人被拒绝治疗. 经济参考报, 2013-01-25.

[36] 张蕊, 等. 医疗卫生制度改革. 健康报, 2005-07-01 (7).

[37] 中共中央、国务院. 关于深化医药卫生体制改革的意见. 2009. http://www.sdpc.gov.cn/shfz/yywstzgg/ygzc/t20090407_359819.htm.

[38] 中共中央宣传部理论局. 辩证看务实办: 理论热点面对面 2012. 北京: 学习出版社, 2012: 14.

图书在版编目（CIP）数据

生命伦理学/邱仁宗著．--增订本．--北京：中国人民大学出版社，2020.9
（当代中国人文大系）
ISBN 978-7-300-27951-0

Ⅰ.①生… Ⅱ.①邱… Ⅲ.①生命伦理学 Ⅳ.①B82-059

中国版本图书馆 CIP 数据核字（2020）第 029988 号

当代中国人文大系
生命伦理学（增订版）
邱仁宗 著
Shengming Lunlixue

出版发行	中国人民大学出版社		
社　　址	北京中关村大街 31 号	邮政编码	100080
电　　话	010-62511242（总编室）		010-62511770（质管部）
	010-82501766（邮购部）		010-62514148（门市部）
	010-62515195（发行公司）		010-62515275（盗版举报）
网　　址	http://www.crup.com.cn		
经　　销	新华书店		
印　　刷	北京联兴盛业印刷股份有限公司	版　次	2010 年 1 月第 1 版
规　　格	155 mm×235 mm　16 开本		2020 年 9 月第 2 版
印　　张	25 插页 3	印　次	2020 年 9 月第 1 次印刷
字　　数	387 000	定　价	98.00 元

版权所有　　侵权必究　　印装差错　　负责调换